文本数据挖掘

（第2版）

宗成庆　夏睿　张家俊　著

清华大学出版社
北京

内 容 简 介

文本数据挖掘是通过机器学习、自然语言处理和推理等相关技术或方法，理解、分析和挖掘文本的内容，从而完成信息抽取、关系发现、热点预测、文本分类和自动摘要等具体任务的信息处理技术。本书主要介绍与文本数据挖掘有关的基本概念、理论模型和实现算法，包括数据预处理、文本表示、文本分类、文本聚类、主题模型、情感分析与观点挖掘、话题检测与跟踪、信息抽取以及文本自动摘要等，最后通过具体实例展示相关技术在实际应用中的使用方法。

本书可作为高等院校计算机、自动化、网络安全、大数据分析等专业，以及利用到文本信息处理的交叉学科（如金融财经、社会人文、生物医药等）的高年级本科生或研究生从事相关研究的入门参考书，也可供相关技术研发人员阅读和参考。

图书在版编目(CIP)数据

文本数据挖掘 / 宗成庆，夏睿，张家俊著.—2 版.—北京：清华大学出版社，2022.9 (2025.1 重印)
ISBN 978-7-302-61295-7

Ⅰ.①文…　Ⅱ.①宗…②夏…③张…　Ⅲ.①数据采集－高等学校－教材　Ⅳ.①TP274

中国版本图书馆 CIP 数据核字(2022)第 121954 号

责任编辑：黎　强　孙亚楠
封面设计：何凤霞
责任校对：欧　洋
责任印制：刘　菲

出版发行：清华大学出版社
　　　　网　　　址：https://www.tup.com.cn, https://www.wqxuetang.com
　　　　地　　　址：北京清华大学学研大厦 A 座　　　　邮　　编：100084
　　　　社 总 机：010-83470000　　　　　　　　　　邮　　购：010-62786544
　　　　投稿与读者服务：010-62776969, c-service@tup.tsinghua.edu.cn
　　　　质量反馈：010-62772015, zhiliang@tup.tsinghua.edu.cn
印 装 者：三河市君旺印务有限公司
经　　销：全国新华书店
开　　本：185mm×260mm　　　印　张：22　　　字　数：522 千字
版　　次：2019 年 5 月第 1 版　2022 年 11 月第 2 版　　印　次：2025 年 1 月第 2 次印刷
定　　价：99.00 元

产品编号：092827-01

Preface

We are living in the Big Data era. Over 80% of real-world data are unstructured, in the form of natural language text, such as books, news reports, research articles, social media messages, and webpages. Although data mining and machine learning have been popular in data analysis, most data mining methods handle only structured or semi-structured data. In comparison with mining structured data, mining unstructured text data is more challenging and will also play more essential role at turning massive data into structured knowledge. There is no wonder why we have witnessed the dramatical upsurge of research on text mining and natural language processing and their applications in recent years.

Text mining is a confluence of natural language processing, data mining, machine learning, and statistics for mining knowledge from unstructured text. There have already been multiple dedicated textbooks on data mining, machine learning, statistics, and natural language processing. However, we seriously lack textbooks on text mining that systematically introduce important topics and up-to-date methods on text mining. This book "Text Data Mining" bridges this gap nicely. It is the first textbook and also a brilliant one on text data mining, which not only introduces the foundational issues but also offers a comprehensive and state-of-the-art coverage of the important and on-going research themes on text mining. With an in-depth treatment of a wide-spectrum of text mining themes and a clear introduction to the state-of-the-art deep learning methods for text mining, it makes the book unique, timely, and authoritative. It is a great textbook for graduate students as well as a valuable handbook for practitioners working on text mining, natural language processing, data mining, machine learning and their applications.

This book is written by three pioneering researchers and highly reputed experts in the fields of natural language processing and text mining. The first author has written an authoritative and popular textbook on natural language processing, adopted as a standard textbook for university undergraduate and the first-year graduate students in China. However, this new text mining book has a completely different coverage from his NLP textbook, and offers new and complementary text mining themes. Both books can be studied independently although I would strongly encourage students working on NLP and text mining to learn both.

In this text mining book, it starts with text preprocessing, including both English and Chinese text preprocessing, and proceeds to text representation, covering vector space model and distributed representation of words, phrases, sentences and documents, both in statistical modeling and deep learning models. It then introduces feature selection methods, statistical learning methods and deep neural network methods, including multi-layer feed forward neural networks, convolutional neural networks and recurrent neural networks, for document classification. It then proceeds to text clustering, covering sample and cluster similarities, various clustering methods and clustering evaluation. After introducing the fundamental theories and methods of text mining, the book uses five chapters to cover a wide spectrum of text mining applications, including topic model which is also treated as a fundamental issue from some viewpoint but can be used independently, sentiment analysis and opinion mining, theme detection and tracking, information extraction and automated document summarization. These themes are active research frontiers in text mining, and are covered comprehensively and thoroughly, with a good balance between classical methods and recent developments, including deep learning methods.

As a data mining researcher, I have been recently deeply involved in text mining due to the need to handle the large scale of real-world data. I could not find a good text mining textbook to learn and teach no matter written in English or Chinese. It is exciting to see this book provides such a comprehensive and trendy introduction. I believe this book will benefit data science researchers, graduate students, as well as those who want to put text mining into practical applications. I love reading this book and recommend it highly to everyone who wants to learn text mining!

ACM Fellow and IEEE Fellow
Abel Bliss Professor
Department of Computer Science
University of Illinois at Urbana-Champaign

第 1 版序

我们生活在大数据时代，现实世界中 80% 以上的信息是以自然语言文本形式（如书籍、新闻报道、研究论文、社交媒体和网页等）记载的非结构化数据。尽管数据挖掘和机器学习已经成为数据分析的主要手段，但是大部分数据挖掘方法只能处理结构化的或半结构化的数据。与结构化的数据挖掘任务相比，非结构化的文本挖掘具有更大的挑战性，而且这项技术能够在将海量数据转化为结构化知识的过程中发挥巨大的作用。毫无疑问，我们已经欣喜地看到，近年来文本挖掘和自然语言处理技术研究迅速崛起，并得到了广泛应用。

文本挖掘是一门综合性的技术，涉及自然语言处理、数据挖掘、机器学习和从非结构化文本中挖掘知识的统计学方法等。目前已经有不少关于数据挖掘、机器学习和统计自然语言处理的专著和教材，但是，尚没有一部系统介绍文本挖掘重要主题和最新方法的学术专著，这本《文本数据挖掘》很好地填补了这一空缺。这是第一部，也是非常优秀的一部文本数据挖掘的教科书，它不仅介绍了文本挖掘的基础性问题，而且较为全面地阐述了当前文本挖掘研究的重要课题和最新方法。该书通过对大范围文本挖掘主题的深入分析和当前最前沿的深度学习方法的清晰介绍，使其成为一部及时、权威和特色鲜明的力作。这是一部研究生的优秀教材，也是从事文本挖掘、自然语言处理、数据挖掘、机器学习及其应用技术研究和开发的专业人员的宝贵手册。

本书由三位自然语言处理和文本挖掘领域具有较高声誉的学者完成。第一作者已经撰写和出版了一部广受欢迎的《统计自然语言处理》权威教材，被中国大陆的很多大学用作高年级本科生和一年级研究生的教科书。本书与《统计自然语言处理》的覆盖范围完全不同，它所呈现的是关于文本挖掘的新主题，是对已有著作的扩展和补充。这两本书可以分别单独学习，但我强烈地建议从事自然语言处理和文本挖掘的学生能够通读。

本书从文本预处理（包括英文的和中文的文本预处理）方法介绍开始，随后给出文本表示方法，包括向量空间模型和词汇、短语、句子及文档的分布式表示，均从统计建模和深度学习建模两个角度进行了阐述。之后针对文本分类问题介绍了特征选择方法、统计学习方法和深度神经网络方法，后者又包括多层前馈神经网络、卷积神经网络和循环神经网络。接下来是文本聚类，包括简单的类别相似性度量和各种聚类算法以及性能评价方法。在对上述文本挖掘基础理论和方法进行介绍之后，本书用 5 章介绍了文本挖掘技术的具体应用，包括主题模型（从某种角度讲它也是一种基础模型，但可以独立使用）、情感分析和观点挖掘、主题发现与跟踪、信息抽取及自动文摘。这些都是目前文本挖掘领域活跃的前沿研究课题，本书不但给予了全面而透彻的介绍，而且在传统方法和最新进展（包括深度学习方法）之间进行了很好的平衡。

近年来由于处理大规模真实数据的需要，我作为一名数据挖掘技术的研究者，已经全身心地投入到该技术的研究中。我很难找到一本很好的既可以自学，又可以用于教学的文本数据挖掘教科书，不管是中文的还是英文的。我相信这本书将使从事数据科学研究的专家、研究生和那些有意将文本数据挖掘技术融入实际应用的人们大获裨益。我喜欢这本书，并且很愿意将其推荐给所有愿意学习文本挖掘技术的读者！

韩家炜
ACM Fellow, IEEE Fellow
伊利诺伊大学厄巴纳-香槟分校计算机科学系阿贝尔·布利斯特聘教授

第 2 版前言

大数据、大算力、大模型技术的快速发展极大地推动和改变着自然语言处理领域的研究和应用方式、方法，这种改变的速度远远超出了我们的预估和设想。几乎在《文本数据挖掘（第 1 版）》出版的同时，预训练语言模型逐渐兴起，并得到了快速推广和应用。随后一系列大规模预训练语言模型不断在文本数据挖掘诸多任务上取得了更强的性能，获得了广泛的成功。与此同时，我们也发现了第 1 版中的缺陷和不足，热心的读者以不同方式给我们提出了宝贵的建议。这些因素促使我们撰写了第 2 版。

第 2 版与第 1 版的主要区别体现在如下三个方面：①内容更加丰富：在第 2 版中除了增加最近几年流行的预训练语言模型（包括 BERT，GPT-3 等）以外，还增加了最后一章技术应用，通过两个应用案例将全书各章的知识点串联起来，让读者看到每一章中介绍的技术如何在实际应用中发挥作用。②对部分内容进行了整合：考虑到神经网络模型是分布式表示和深度学习方法的基础性知识，第 1 版第 3 章和第 4 章中均有涉及，部分内容略有重叠，因此，第 2 版对这两章内容进行了整合。③增加了习题：在第 2 版中各章最后增加了习题，以便于读者，尤其是学生结合每章的内容进行练习和实践。

在第 2 版的撰写过程中得到了很多同事和朋友的帮助，他们或提供素材，或与作者讨论书中的内容，或帮助作者校对书稿。他们是中科院自动化所自然语言处理团队的向露博士和赵阳博士、北京中科凡语科技有限公司技术团队、南京理工大学计算机学院博士生沈祥清等。在此谨向他们表示衷心的感谢！同时感谢在互联网上对本书第 1 版提出修改建议的热心读者们。

本书的撰写工作得到了中国科学院大学教材出版中心的资助（项目编号：YJF0812003），特此感谢！

还是那句老话，尽管作者尽了最大努力希望把这本书写好，但限于水平和时间，书中难免有诸多不足和疏漏。我们真诚地欢迎并接受读者以任何方式给予的批评指正！

作者
2021 年 12 月

第 1 版前言

随着互联网和移动通信技术的快速发展和普及应用，文本数据挖掘技术备受关注，尤其随着云计算、大数据和深度学习等一系列新技术的广泛使用，文本挖掘技术已经在众多领域（如舆情分析、医疗和金融数据分析等）发挥了重要作用，表现出广阔的应用前景。

虽然十多年前我就指导博士生开展文本分类和自动文摘等相关技术的研究，但对文本数据挖掘的整体概念并没有一个清晰的认识，只是将研究的单项技术视为自然语言处理的具体应用。韩家炜教授主笔的《数据挖掘 —— 概念与技术》和刘兵教授撰写的 *Web Data Mining* 等专著曾让我大获裨益，每次聆听他们的学术报告和与他们当面交谈也都受益匪浅。促使我萌生撰写这部专著念头的是中国科学院大学让我开设的"文本数据挖掘"课程。2015 年底我接受中国科学院大学计算机与控制学院的邀请，开始准备"文本数据挖掘"课程的内容设计和课件编写工作，我不得不静下心来查阅大量的文献资料，认真思考这一术语所蕴藏的丰富内涵和外延，经过几年的学习、思考和教学实践，文本数据挖掘的概念轮廓渐渐清晰起来。

夏睿和张家俊两位青年才俊的加盟让我萌生的写作计划得以实现。夏睿于 2007 年硕士毕业，以优异成绩考入中国科学院自动化研究所跟随我攻读博士学位，从事情感文本分析研究，在情感分析与观点挖掘领域以第一作者身份在国际一流学术期刊和会议上发表了一系列有影响力的论文。此外，他在文本分类与聚类、主题模型、话题检测与跟踪等多个领域都颇有见地。张家俊于 2006 年本科毕业后被免试推荐到中国科学院自动化研究所跟随我攻读博士学位，主要从事机器翻译研究，之后在多语言自动摘要、信息获取和人机对话等多个研究方向都有出色的表现。自 2016 年起他同我一道在中国科学院大学讲授"自然语言处理"课程的机器翻译、自动文摘和文本分类等部分内容，颇受学生的欢迎。仰仗两位弟子扎实的理论功底和敏锐的科研悟性，很多最新的技术方法和研究成果能够得到及时的验证和实践，并被收入本书，使我倍感欣慰。

自 2016 年初动笔，到此时收官，全书耗时两年多，当然大部分写作都是在节假日、周末和其他本该休息的时间里完成的，其间进行了无数次的修改、补充和调整，所花费的时间和精力及感受到的快乐和烦恼难以言表，正所谓"痛并快乐着"。在写作过程中和初稿完成之后，得到了很多同行专家的大力支持和帮助，他们是（以姓氏拼音顺序排列）：韩先培、洪宇、李寿山、刘康、万小军、徐康、章成志、赵鑫、周玉。他们分别审阅了部分章节的内容，提出了宝贵的修改意见和建议。另外，部分研究生和博士生也为本书的写作提供了力所能及的帮助，他们是：白赫、蔡鸿杰、丁子祥、何烩烩、金晓、李俊杰、马聪、王乐义、向露、郑士梁、朱军楠。他们帮助作者收集整理了部分文献资料，绘制了书中的部分图表，为作者节省了宝贵的时间。在此一并向他们表示衷心的感谢！

由衷地感谢韩家炜教授对本书提出的指导性意见和建议！他能够在百忙之中为本书撰序，是我们的荣幸，不胜感激！

本书的撰写工作得到了中国科学院大学教材出版中心的资助和国家自然科学基金重点项目的资助（项目编号：61333018）。

另外，不得不说的是，由于作者的水平和能力所限，加之时间和精力的不足，书中一定存在疏漏或不足，衷心地欢迎读者给予批评指正！

宗成庆

2018 年国庆节期间

目 录

第1章 绪 论

数据挖掘（data mining）技术近年来备受关注，在快速发展的大数据时代展现了极其重要和广泛的应用前景。根据文献（Han et al., 2012）给出的广义解释，数据挖掘是指从大量数据中挖掘有趣模式和知识的过程。其中，数据源包括数据库、数据仓库、Web、其他信息存储库或动态地流入系统的数据。由于这项技术最早起源于从数据库中发现和提炼有用的知识，因此这一术语的英文通常写作 knowledge discovery in database（基于数据库的知识发现，简称"知识发现"，英文缩写为 KDD）。

互联网技术的快速发展和普及应用无时无刻不在改变着人们的思维方式和生活方式。尤其 Web 2.0 出现以后，任何人都可以随时随地以任何语言通过各种平台发布信息，互联网上急速增长的海量文本成为大数据时代无法忽视的一类重要数据。文本数据挖掘（text data mining）就是从自然语言文本中自动发现和挖掘用户感兴趣的模式、信息和知识的一种方法和技术，也常常简称为文本挖掘（text mining）。这里所说的文本包括普通 TXT 文件、doc/docx 文件、PDF 文件和 HTML 文件等各类以语言文字为主要内容的数据文件。

1.1 基本概念

与广义的数据挖掘技术相比，除了解析各类文件（如 doc/docx 文件、PDF 文件和 HTML 文件等）的结构所用到的专门技术以外，文本数据挖掘的最大挑战在于对非结构化自然语言文本内容的分析和理解。这里需要强调两个方面：一是文本内容几乎都是非结构化的，而不像数据库，都是结构化的；二是文本内容是由自然语言描述的，而不是纯用数据描述的。当然，文件中含有图形、图像、表格和数据也是正常的，但文件的主体内容是文本。因此，文本数据挖掘是自然语言处理（natural language processing, NLP）、模式识别（pattern recognition）和机器学习（machine learning, ML）等相关技术密切结合的一项综合性技术。

所谓的挖掘通常带有"发现、寻找、归纳、提炼"的含义。既然需要去发现和提炼，那么，所要寻找的内容往往都不是显而易见的，而是隐蔽和藏匿在文本之中的，或者是人无法在大范围内容易发现和归纳出来的。这里所说的"隐蔽"和"藏匿"既是对计算机系统而言，也是对用户而言。但无论哪一种情况，从用户的角度看，肯定都希望系统能够直接给出所关注问题的答案和结论，而不是像传统的信息检索系统一样，针对用户输入的关键词输出无数多可能的搜索结果,让用户自己从中分析和寻找所要的答案。粗略地讲,文本挖掘类型可以归纳成两种,一种是用户的问题非常明确、具体,只是不知道问题的答案是什么,如用户希望从大量的文本中发现某人与哪些组织机构存在什么样的关系,或者根据某人对某个事件发表的言论(文字材料)分析该人所持有的观点倾向性或情绪。另一种情况是用户只是知道大概的目的,但并没有非常具体、明确的问题,如医务人员希望从大量的病例记录中发现某些疾病发病的规律和与之相关的因素。在这种情况下,可能并非指某一种疾病,也不知道哪些因素,完全需要系统自动地从病例记录中发现、归纳和提炼出相关的信息。当然,这两种类型有时并没有明显的界限。

　　文本挖掘技术在国民经济、社会管理、信息服务和国家安全等各个领域中都有非常重要的应用,市场需求巨大,如对于政府管理部门来说,可以通过分析和挖掘普通民众的微博、微信、短信等网络信息,及时准确地了解民意、把握舆情;在金融或商贸领域,通过对大量的新闻报道、财务报告和网络评论等文字材料的深入分析和挖掘,预测某一时间段的经济形势和股市走向;电子产品企业可随时了解和分析用户对其产品的评价及市场反应,为进一步改进产品质量、提供个性化服务等提供数据支持;而对于国家安全和公共安全部门来说,文本数据挖掘技术则是及时发现社会不稳定因素、有效掌控时局的有力工具;在医疗卫生和公共健康领域,可以通过分析大量的化验报告、病例、记录和相关文献、资料等,发现某种现象、规律和结论等。

　　文本挖掘作为多项技术的交叉研究领域,起源于文本分类(text classification)、文本聚类(text clustering)和文本自动摘要(automatic text summarization)等单项技术。大约在 20 世纪 50 年代文本分类和聚类作为模式识别的应用技术崭露头角,当时主要是面向图书情报分类等需求开展研究。当然,分类和聚类都是基于文本主题和内容进行的。1958 年,H.P. Luhn 提出了自动文摘的思想(Luhn, 1958),为文本挖掘领域增添了新的内容。20 世纪 80 年代末期和 90 年代初期,随着互联网技术的快速发展和普及,新的应用需求推动这一领域不断发展和壮大。美国政府资助了一系列有关信息抽取(information extraction, IE)技术的研究项目,1987 年美国国防高级研究计划局(DARPA)为了评估这项技术的性能,发起组织了第一届消息理解会议(Message Understanding Conference, MUC)。在随后的 10 年间连续组织的 7 次评测使信息抽取技术迅速成为这一领域的研究热点。之后,情感分析与观点挖掘(sentiment analysis and opinion mining)、话题检测与跟踪(topic detection and tracking, TDT)等一系列面向社交媒体的文本处理技术相继产生,并得到快速发展。现在,这一技术领域不仅在理论方法上快速成长,在系统集成和应用形式上也不断推陈出新。

1.2　文本挖掘任务

　　正如前面所述,文本挖掘是一个多项技术交叉的研究领域,涉及内容比较宽泛。在实际应用中通常需要几种相关技术结合起来完成某个应用任务,而挖掘技术的执行过程通常隐藏在应用系统的背后。例如,一个问答系统(question and answering, Q&A)通常需要问句解析、知识库搜索、候选答案推断和过滤、答案生成等几个环节,而在知识库构建的过程中离不开文本聚类、分类、命名实体识别（named entity recognition, NER）、关系抽取（relation extraction）和消歧等关键技术。因此，文本挖掘通常不是一个单项技术构成的系统，而是若干技术的集成应用。以下对几种典型的文本挖掘技术做简要的介绍。

（1）文本分类

文本分类是模式分类技术的一个具体应用，其任务是将给定的文本划分到事先规定的文本类型。例如，根据中国图书馆分类法（第 5 版）[1]，所有图书按其学科内容被划分成五大类：马列主义、毛泽东思想，哲学，社会科学，自然科学和综合性图书，并细分成 22 个基本大类。"新浪网"首页划分的内容类别包括：新闻、财经、体育、娱乐、汽车、博客、视频、房产等。如何根据一部图书或者一篇文章的内容自动将其划归为某一种类别，是一项具有挑战性的任务。

本书第 5 章详细介绍文本分类技术。

（2）文本聚类

文本聚类的目的是将给定的文本集合划分成不同的类别。通常情况下从不同的角度可以聚类出不同的结果，如根据文本内容可以将其聚类成新闻类、文化娱乐类、体育类或财经类等，而根据作者的倾向性可以将其聚成褒义类（持积极、支持态度的正面观点）和贬义类（持消极、否定态度的负面观点）等。

文本聚类和文本分类的根本区别在于：分类事先知道有多少个类别，分类的过程就是将每一个给定的文本自动划归为某个确定的类别，打上类别标签。而聚类事先不知道有多少个类别，需要根据某种标准和评价指标将给定的文档集合划分成相互之间能够区分的类别。但两者又有很多相似之处，所采用的算法和模型有较大的交集，如文本表示模型、距离函数、K-means（K-均值）算法等。

本书第 6 章详细介绍文本聚类技术。

（3）主题模型

通常情况下每一篇文章都有一个主题和几个子主题，而主题可以用一组词汇表示，这些词汇之间有较强的相关性，且其概念和语义基本一致。我们可以认为每一个词汇都通过一定的概率与某个主题相关联。反过来，也可以认为某个主题以一定的概率选择某个词汇。因此，可以给出如下简单的式子：

$$p(\text{词}_i|\text{文档}_j) = \sum p(\text{词}_i|\text{主题}_k) \times p(\text{主题}_k|\text{文档}_j)$$

由此，可以计算出文档中与某个主题相关联的词汇的概率。

为了从文本中挖掘隐藏在词汇背后的主题和概念，人们提出了一系列统计模型，称为主题模型（topic model）。

本书第 7 章详细介绍主题模型。

（4）情感分析与观点挖掘

所谓的文本情感是指文本作者所表达的主观信息，即作者的观点和态度，通常指"积极（positive）""消极（negative）"或"中性（neutral）"三类极性。因此，情感分

---

[1] https://baike.baidu.com/item/中国图书馆图书分类法/1919634?fr=aladdin。

析（sentiment analysis）又称文本倾向性分析或观点挖掘（opinion mining），其主要任务包括情感分类（sentiment classification）和属性抽取等。情感分类可以看作文本分类的一种特殊类型，它是指根据文本所表达的观点和态度等主观信息对文本进行分类，或者判断某些（篇）文本的褒贬极性。例如，某一特殊事件发生之后（如马航 MH370 飞机失联、联合国秘书长潘基文参加中国纪念反法西斯战争胜利和抗日战争胜利 70 周年阅兵活动、朝韩领导人对话等），互联网上有大量的新闻报道和用户评论，如何从这些新闻和评论中自动了解各种不同的观点（倾向性）呢？某公司发布一款新的产品之后，商家希望从众多用户的网络评论中及时地了解用户的评价意见（倾向性）、用户年龄区间、性别比例和地域分布等，以帮助公司对下一步决策做出判断。这些都属于文本情感分析所要完成的任务。

本书第 8 章介绍情感分析与观点挖掘技术。

（5）话题检测与跟踪

话题检测（topic detection, TD）通常指从众多新闻事件报道和评论中挖掘、筛选出文本的话题，而多数人关心、关注和追踪的话题称为"热点话题"。热点话题发现（hot topic discovery）、检测和跟踪是舆情分析、社会媒体计算和个性化信息服务中一项重要的技术，其应用形式多种多样。例如，"今日热点话题"是从当日所有的新闻事件中筛选出最吸引读者眼球的报道，"2021 热门话题"则是从 2021 年全年（也可能是自 2021 年 1 月 1 日起到当时某一时刻）的所有新闻事件中挑选出最受关注的前几条新闻。

本书第 9 章介绍话题检测与跟踪技术。

（6）信息抽取

信息抽取是指从非结构化、半结构化的自然语言文本（如网页新闻、学术文献、社交媒体等）中抽取实体、实体属性、实体间的关系以及事件等事实信息，并形成结构化数据输出的一种文本数据挖掘技术（Sarawagi, 2008）。典型的信息抽取任务包括命名实体识别、实体消歧（entity disambiguation）、关系抽取和事件抽取（event extraction）。

近年来，生物医学文本挖掘（biomedical/medical text mining）技术备受关注。生物医学文本挖掘指的是专门针对生物和医学领域的文本进行的分析、发现和抽取。例如，从大量的生物医学文献中研究发现某种疾病与哪些化学物质（药物）存在关系，或从大量医生记录的病例中分析、发现某些疾病的诱因或某种疾病与其他疾病之间的关系等。与其他领域的文本挖掘相比，生物医学领域的文本挖掘面临很多特殊问题，如文本中存在大量的专用术语和医学名词，甚至还有习惯用语，包括临床上使用的一些行话或者实验室命名的一些蛋白质名称等。另外，不同来源的文本格式差异很大，如病历、化验单、研究论文、公共健康指南或手册等有很大的区别。此外，如何表示和利用生物医学领域的常识，如何获取大规模标注语料等，这些都是该领域面临的特殊问题。

另外，金融领域的文本挖掘技术也是近年来研究的一大热点。如从普通用户或监管部门的角度通过可获取的财务报告、公开报道、社交网络的用户评论等信息分析某家金融企业的运营状况和社会声誉，从企业的角度通过分析内部各类报告预警可能存在的风险，或者通过分析客户数据把控信贷风险等。

需要说明的是，信息抽取中的关系通常是指两个或多个概念之间存在的某种语义联系，关系抽取就是自动发现和挖掘概念之间的语义关系。事件抽取通常是针对特定领域的"事件"对构成事件的元素进行抽取。这里所说的"事件"与日常人们所说的事件有所不同。日常人们所说的事件是指在什么时间、地点、发生了什么事情,所发生的事情往往是一个完整的故事,包括起因、过程和结果等很多详细的描述,而事件抽取中的"事件"往往指由某个谓词框架所表达的一个具体行为或状态。如"特朗普会见安倍晋三首相"是一个由谓词"会见"触发的事件。如果说一般人所理解的事件是一个故事的话,那么,事件抽取中的"事件"只是一个动作或状态。

本书第 10 章介绍信息抽取技术。

(7)文本自动摘要

文本自动摘要或简称自动文摘(automatic summarization)是指利用自然语言处理方法自动生成摘要的一种技术。在信息过度饱和的今天,自动文摘技术具有非常重要的用途。例如,信息服务部门需要对大量的新闻报道进行自动分类,然后形成某些(个)事件报道的摘要,推送给可能感兴趣的用户,或者某些公司、政府舆情监控部门想大致了解某些用户群体所发布言论(短信、微博、微信等)的主要内容,自动摘要技术就派上了用场。

本书第 11 章介绍文本自动摘要技术。

1.3　文本挖掘面临的困难

开展文本挖掘技术研究是一项极具挑战性的工作。一方面,自然语言处理的理论体系尚未完全建立,目前对文本的分析在很大程度上仅仅处于"处理"阶段,远未达到像人一样能够进行深度语义理解的水平。另一方面,由于自然语言是人类表达情感、抒发情怀和阐述思想最重要的工具,当人们针对某些特殊的事件或现象表述自己观点的时候,往往采用委婉、掩饰甚至隐喻、反讽等修辞手段,尤其在汉语文本中这种现象更加明显,从而使得文本挖掘面临很多特殊的困难,很多在图像识别和语音识别等其他领域能够取得较好效果的机器学习方法在自然语言处理中往往难以大显身手。归纳起来,文本挖掘的主要困难大致包括如下几点。

(1)文本噪声或非规范性表达使自然语言处理面临巨大的挑战

自然语言处理通常是文本挖掘的第一步。由于文本挖掘处理的主要数据来源是互联网,而与规范的书面语相比(如各类正式出版的新闻报刊、文学作品、政论和学术论著,以及国家和地方政府电视台、广播电台播出的正规新闻稿件等),网络文本内容存在大量的非规范表述。根据(宗成庆,2013)对互联网新闻文本进行的随机采样调查,网络新闻中词的平均长度约为 1.68 个汉字,句子平均长度为 47.3 个汉字,均短于规范的书面文本中的词长和句长。相对而言,网络文本中大量使用了口语化的甚至非规范的表述方式,尤其在网络聊天文本中非规范的表述比比皆是,如"很中国""都是咱的福祉""摩登萌妹子一秒变身刚刚受到表彰的车间女主管~"等。下面是一条典型的微博信息:

> //@XXXX: //@YYYYYY: 中国科学院大学本科招生网 bkzs.ucas.ac.cn 正式开通,本科招生简章业已公布。期待我们的母校在充实新鲜血液后能够再创辉煌! 晚安,果壳大!

噪声、非规范语言现象和中英文混杂等表达形式的存在使常规自然语言处理工具的性能大幅下降,如在《人民日报》《新华日报》等规范文本上训练出来的汉语分词工具通常可以达到 95% 以上的准确率,甚至高达 98% 以上,但在网络文本上的性能立刻下降到 90% 以下。根据(张志琳,2014)实验的结果,采用基于最大熵(maximum entropy, ME)分类器的由字构词的汉语分词方法(character-based Chinese word segmentation),当词典规模增大到 175 万多条(包括普通词汇和网络用语)时,微博分词的性能 F_1 值只能达到 90% 左右。众多汉语句法分析器(syntactic parser)在规范文本上的准确率可以达到 86% 甚至更高,而在网络文本上分析准确率平均下降 13 个百分点(Petrov and McDonald, 2012)。这里所说的网络文本还不包括那些微博、微信中的对话聊天文本。

(2)歧义表达与文本语义的隐蔽性

歧义是自然语言文本中常见的现象,如英语单词"bank"既可以指银行,也可以指河岸,而汉语词汇"苹果"可以指能吃的苹果,也可以指苹果公司或其电脑、手机等品牌。另外,句法结构歧义同样大量存在,如句子"关于鲁迅的文章"既可以理解为"关于[鲁迅的文章]",也可以理解为"[关于鲁迅]的文章"。如何解析这种固有的自然语言歧义表达早已成为自然语言处理领域研究的基础问题,但令人遗憾的是这些问题至今没有十分奏效的处理方法,在实际网络对话文本中却又出现了大量人为的千奇百怪的"特殊表达",例如,"木有""坑爹""奥特"等。

有时候说话人为了回避某些事件或人物,也会故意使用一些特殊用词或者使用英文单词代替某个词汇,如"康师傅""国妖""范爷"等在某个特定的时间里都有具体的所指。或者说话人故意绕弯儿,如"请问 ××× 的爸爸的儿子的前妻的年龄是多大?"。

请看下面的一则新闻报道:

> 张小五从警 20 多年来,历尽千辛万苦,立下无数战功,曾被誉为孤胆英雄。然而,谁也未曾想到,就是这样一位曾让毒贩闻风丧胆的铁骨英雄竟然为了区区小利铤而走险,痛恨之下昨晚在家开枪自毙。

对于任何一位正常的读者,无须多想就可以完全理解这则新闻所报导的事件,但如果基于该新闻向一个文本挖掘系统提出如下问题:张小五是什么警察?他死了没有?恐怕目前很难有系统能够给出正确的回答,因为文本中并没有直接说张小五其人是警察,而是用"从警"和"毒贩"间接地告诉读者他是一名缉毒警察,用"自毙"说明他已经自杀身亡。这种隐藏在文本中的信息需要通过深入的分析和推理技术才有可能将其挖掘出来,而这往往是困难的。

(3)样本收集和标注困难

目前主流的文本挖掘方法是基于大规模数据的机器学习方法,包括统计机器学习方法和深度学习(deep learning, DL)方法,需要大量训练样本,对于统计学习方法还需要对训练数据进行标注,而收集足够多的训练样本本身就是一件非常困难的事情。一方面,很多网络内容涉及版权或隐私权的问题而难以任意获取,更不能公开或共享;另一方面,即使能够获取一些数据,处理起来也是非常耗时费力的事情,因为这些数据往往含有大量的噪声和乱码，格式也不统一，而且没有数据标注的标准。另外，能够收集到的数据一般属于某个特定的领域，一旦领域改变，数据收集、整理和标注工作又得重新开始，而且很多非规范语言现象（包括新的网络用语、术语等）随领域而异，且随时间而变，这就极大地限制了数据规模的扩大，从而影响了文本挖掘技术的发展。

（4）挖掘目标和结果的要求难以准确表达

文本挖掘不像其他理论问题，可以清楚地建立目标函数，然后通过优化函数和求解极值最终获得理想答案。在很多情况下，我们并不清楚文本挖掘的结果将会是什么，应该如何用数学模型清晰地描述预期想要的结果和条件。例如，我们可以从某些文本中抽取出频率较高的、可以代表这些文本主题和故事的热点词汇，但如何将其组织成以流畅的自然语言表达的故事梗概（摘要），却不是一件容易的事情。再如，我们想从某个群体大量的聊天文本中发现异常，分析其是否存在什么不良图谋，那么，如何界定"异常"？什么叫"不良图谋"？本身就是模糊的概念，很难给出明确的定义，更不可能给出精确的数学描述公式。

难以描述挖掘目标的另一个原因还在于，即使同一段文字，从不同的角度对不同的评价对象考虑可能会得出不同的结论。例如，有如下一段描述：

> "I bought an iPhone a few days ago. It was such a nice phone. The touch screen was really cool. The voice quality was clear too. Although the battery life was not long, that is ok for me. However, my mother was mad with me as I did not tell her before I bought the phone. She also thought the phone was too expensive, and wanted me to return it to the shop. ..."

从被评价的对象看，结论各异：手机整体上很好（a nice phone），尤其触摸屏很酷（really cool），通话质量也清楚（clear），但是电池寿命短（battery life was not long），价格贵（too expensive）。被评价的对象通常为商品实体（entity）及其属性（aspect），详见本书第 8 章的介绍。而从不同的评价角度看，结论也不一样：站在"我（I）"的角度，这是一部很好的手机，"我"很喜欢；但站在"母亲"的角度，她非常不喜欢这部手机，因为太贵了（my mother was mad with me）。

由此可见，文本挖掘与具体分析的对象和所处的角度密切相关，不能一概而论。

（5）语义表示和计算模型不甚奏效

如何有效地构建语义计算模型是长期困扰自然语言处理和计算语言学（computational linguistics）领域的一个基础问题。自深度学习方法兴起以来，词向量（word vector）表示和基于词向量的各类计算方法在自然语言处理中发挥了重要作用。但是，自然语言中的语义毕竟与图像中的像素不一样，像素可以精确地用坐标和灰度描述，而如何定义和表征词汇的语义，如何实现从词汇语义到短语语义和句子语义，最终构成段落语义和篇章语义的组合计算，始终是语言学家、计算语言学家和从事人工智能研究的学者们共同关注的核心问题之一。迄今为止，还没有一种具有较好解释性、被广泛接受且有效的语义计算模型和方法。目前大多数语义计算方法，包括众多词义消歧方法、基于主题模型的词义归纳方法和词向量组合方法等，都是基于统计的概率计算方法,从某种意义上讲统计方法就是选择大概率事件的"赌博方法",无论在什么情况下,只要概率大,就会成为最终被选择的答案。这实际上是一种凭经验猜谜式的权宜之计,由于计算概率的模型是基于训练样本建立起来的,而实际情况(测试集)未必都与训练样本的情况完全一致,这就必然使部分小概率事件成为"漏网之鱼",因此,一律用概率来衡量的"赌博方法"只能解决大部分容易被统计出来的问题,却无法解决那些不易被发现、出现频率低的小概率事件,而那些小概率事件往往都是难以解决的困难问题,也就是文本挖掘面临的最大"敌人"。

综上所述,文本挖掘汇集了自然语言处理、机器学习和模式分类等各个领域的难题于一身,甚至有时候需要与图形、图像和视频理解以及真伪辨识等技术相结合,是一项综合性的应用技术。这一领域的理论体系尚未建立,而应用前景极其广阔,且时不我待,因此文本挖掘必将成为一个备受瞩目的研发热地,并将伴随相关技术的发展而迅速成长壮大。

1.4 方法概述与本书的内容组织

正如 1.1 节所述,文本挖掘属于自然语言处理、模式分类和机器学习等相关技术的交叉研究领域,因此其技术方法的使用和发展轨迹也随着相关技术的发展和变迁而改变。

回顾半个多世纪的发展历史,概括地讲,文本挖掘方法大致可以分为知识工程方法和统计学习方法两种类型。在 20 世纪 80 年代之前,文本挖掘以知识工程方法为主,这与当时基于规则的自然语言处理方法、句法模式识别和以逻辑推理方法为主导的专家系统占据主流地位的历史轨迹相吻合。这类方法的基本思路是由领域专家基于给定文本集合的经验知识和常识,人工提取和设计逻辑规则,通过推理算法对文本进行分析和挖掘。这种方法的优点是可以利用专家的经验和常识,推理的每一步都有明确的依据,最终结果有很好的解释性,但是问题在于需要耗费大量的人类资源分析和总结经验知识,系统的性能受到专家知识库(规则、词典等)的约束,一旦需要将系统移植到新的领域和任务上时,很多经验知识无法重用,系统移植周期长。到了 90 年代以后,随着统计机器学习方法的快速发展和广泛应用,基于统计机器学习的文本挖掘方法在准确率和稳定性等方面具有明显的优势,而且不需要长期占用人工资源,尤其在网络大数据时代,面对海量文本,人工手段无论在速度,还是处理数据的规模和覆盖面等各个方面显然无法与机器相比,因此统计机器学习方法逐渐成为这一领域的主流。近年来兴起的深度学习方法,或称基于神经网络的机器学习(neural network based ML)方法属于同一类方法,这类方法也可统称为数据驱动方法(data driven methods)。统计学习方法也有自身的缺陷,如有指导的(supervised),或称有监督的机器学习方法需要大量的人工标注样本,而无指导的(unsupervised)模型性能通常都比较差,而且无论是有指导的还是无指导的统计学习方法,系统最终产生的结果都缺乏充分的可解释性。

总体而言,知识工程方法和数据驱动的方法各有利弊,因此在实际应用中系统开发人员往往将两者结合起来,在某些环节利用知识工程方法,而在某些技术模块中使用统计学习方法,通过两种方法的融合尽量使系统达到较高的性能。从技术的成熟度看,知识工程方法相对成熟，其性能的天花板也是可以预见的，而统计学习方法随着已有模型不断改进，新的模型不断提出，模型和算法的性能逐渐得到改善，而且仍有很大的上升空间，尤其在大规模数据处理方面拥有不可替代的优势，因此统计学习方法方兴未艾。这也是本书将内容重心放在统计学习方法上的原因所在。

　　本书主要介绍文本挖掘的基本方法和模型思路，而不涉及具体系统的实现细节，也不对具体应用领域的任务需求和面临的特殊问题给予过多的阐述，如近年来生物医药领域和金融领域的文本挖掘技术备受关注，面向这些领域需要很多领域相关的技术和资源，如领域知识库、领域相关数据的标注工具和标注样本等。作者希望本书介绍的基本方法和模型具有一定的通用性和普适性，读者掌握这些基本理论方法之后，能够根据自己面对的具体任务需求进行方法扩展和系统实现。

　　除了本章内容之外，后面 11 章的内容按如下思路组织，见图 1.1。

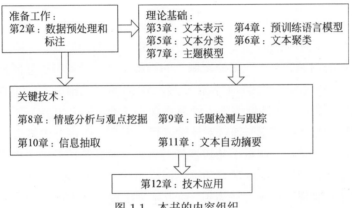

图 1.1　本书的内容组织

　　第 2 章介绍数据预处理和标注方法。数据预处理是后续所有模型和算法实现之前的准备阶段，如汉语、日语、越南语等文本的词语切分，尤其对于网络文本来说，文本中含有大量的噪声和非规范表达，如果不对这些数据进行预处理，后续的模型和算法必将受到干扰，很难达到预期的效果，甚至无法运行。第 3 章文本表示（text representation）和第 4 章预训练语言模型是后续几章的基础，如果不能准确地表示文本，就无法运用后面各章介绍的数学模型。第 5 章介绍的文本分类方法、第 6 章介绍的文本聚类算法和第 7 章介绍的主题模型从某种意义上讲是其他文本挖掘技术的理论基础，因为分类和聚类是模式识别最基础、最核心的两个问题，也是统计机器学习和统计自然语言处理中最常用的两种方法，后续几章介绍的模型和方法大都可以被归结为分类和聚类问题，或者采用分类或聚类的思想解决。所以，第 4 章 ～ 第 7 章可以看作全书内容的理论基础，或称基础模型。需要说明的是，文本分类、聚类和主题模型除了作为基础模型以外，有时也被作为一种具体应用。

　　第 8 章 ～ 第 11 章可以看作文本挖掘关键技术。某一项技术可以针对某个特定任务构建一个系统，也可以是几项技术联合完成一系列任务。在实际应用中，多数情况下不是单个技术的应用，而是多项相关技术的联合应用和集成。例如，在医药领域的文本挖掘任务通常涉及文本自动分类和聚类、主题模型、信息抽取和自动文摘等技术，而在面向社交网站的舆情监控任务中，可能涉及文本分类、聚类、主题模型、话题检测与跟踪，以及情感分析和观点挖掘等，甚至还涉及自动文摘。第 12 章给出两个应用示范。作者希望通过这两个应用实例简要介绍文本挖掘技术如何在实际应用中解决问题，以满足不同用户的需求。

随着互联网和移动通信技术的快速发展和普及，很可能会出现新的应用需求和归属于文本数据挖掘的新技术，但是，我们认为不管什么样的应用需求，也无论被冠以什么名称的新技术，可能会有新的文本表示方法和类别距离计量方法，也可能会有新的实现方法和模型（如端到端（end-to-end）的神经网络模型），但聚类和分类的基本思想及其在各种任务里的渗透和应用，不会发生根本性的改变。正所谓"万变不离其宗"。

1.5   进一步阅读

本书后续各章分别介绍不同任务的文本挖掘方法，以任务目标为导向阐述各种文本挖掘任务的目标、解决思路和实现方法。本章作为全书的开篇，主要介绍文本挖掘的基本概念和面临的问题。关于数据挖掘概念的详细阐述，读者可以参阅如下文献：(Han et al., 2012)、(程显毅 等，2010)、(李雄飞 等，2010) 和 (毛国君 等，2007) 等。(吴信东 等，2013) 介绍了数据挖掘领域的十大经典算法。(Aggarwal, 2018) 是一部比较全面的介绍文本数据挖掘技术的专著，通过对比读者可以发现，在该书中将文本数据挖掘看作机器学习技术的具体应用，侧重于从机器学习方法（尤其是传统的机器学习方法）的角度探讨文本信息处理问题，深度学习和神经网络方法涉及较少，并且对文本挖掘各项任务的相关工作介绍也都以传统方法为主，而近年来出现的基于深度学习方法的相关工作介绍的不多，如在文本分类、情感分析与观点挖掘中几乎都没有提及。而在本书中，我们将文本数据挖掘看作自然语言处理技术的实际应用，因为文本是自然语言的一种呈现方式，既然要从文本中挖掘用户所需要的信息，当然离不开自然语言处理技术。因此，本书以任务需求为驱动，从自然语言处理的视角通过实例和过程化描述阐述文本数据挖掘模型和算法的基本原理，如在文本表示一章中，分别从词、句子、文档的粒度归纳了基于深度学习方法的文本表示和建模方法，并且在后面的文本挖掘各项任务中，除了介绍传统的经典方法以外，都特别关注了近年来备受推崇的深度学习方法。

如果说 (宗成庆，2013) 是自然语言处理技术入门的一本基础性专著或教材的话，那么，本书则是一本自然语言处理技术应用的导论性读物。前者主要介绍自然语言处理的基本概念、基础理论、工具和方法，而本书重点阐述自然语言处理应用系统的实现方法和经典模型。

有些专著对某些文本数据挖掘的专项技术进行了详细阐述，具有很好的参考价值，如 (Liu, 2011；2012；2015) 对网络数据挖掘、情感分析和观点挖掘等概念和相关技术给予了详细介绍；(Marcu, 2000) 和 (Inderjeet, 2001) 对自动摘要技术有详细的阐述，尤其是对早期文摘技术的介绍。在后续各章的"进一步阅读"中都会给出相关的推介。

另外需要说明的是，本书默认读者已经具备一定程度的模式识别和机器学习基础，因此对很多基础理论和方法并不做详细的介绍，略去了很多模型和公式的详细推导，只是将其作为工具引用。如果读者想了解关于模式分类和机器学习等基础模型和公式的详细推导过程,推荐读者参阅如下专著:(李航,2019)、(周志华,2016)、(于剑,2017)、(张学工,2016)等。

习　　题

1.1　请通过例子对比知识挖掘(KDD)与文本数据挖掘之间的差异。

1.2　分析互联网上各种文本的差异,根据其结构化或规范化的程度进行分类比较。

1.3　请给出 2~3 个文本数据挖掘技术实际应用的例子。

1.4　收集一组微信或手机短信文本,分析这些文本的特点,总结一下你从这些文本中挖掘某些信息时利用了哪些特征?采用了什么方法?这些方法能否被形式化?

1.5　如果有一批外文的语料,可以先将其翻译成中文,然后再进行挖掘分析,也可以在原文的基础上先进行挖掘分析,完成之后再将结果翻译成中文。请讨论分析两种不同做法的利弊。

第 2 章　数据预处理和标注

2.1　概　　述

正如第 1 章所述，在实际应用中有监督的统计学习方法是目前构建实用系统的主流方法，而大规模带标注的数据是这种方法实现的基础和前提。在网络大数据时代，海量文本、图像和视频等各类数据都可以轻易获得。但是，直接从网上获取的数据或者来自其他渠道的原始数据，如医生书写的病历，各种微信、微博等聊天记录，各种会议记录、政府文件等，很多聊天记录和经语音识别后的文本往往都含有噪声，存在大量的非规范语言现象，这就为后续任务的模型学习造成了很大的障碍，因此在执行后续具体的挖掘任务之前通常需要对输入数据进行预处理。另外，有些后续的任务模型也需要利用文本中的某些特征信息，如词性或短语的类型、n 元词组、词之间的依存关系等。那么，通过什么工具获取这些信息呢？或者说，某些信息和问题是采用什么方法处理的呢？这就需要一些基本的自然语言处理工具。

本章简要介绍网络数据爬取、预处理和标注以及汉语自动分词、词性标注、句法分析和语言模型等基础工具和方法。

2.2　数　据　获　取

针对不同的数据挖掘任务，数据获取渠道和方式有所不同。从数据来源的渠道考虑，通常有两种情况：一种是开放域的，如面向社交媒体构建舆情检测系统时，数据自然来自所有能够获取的公共社交网络，包括移动终端，尽管文本的主题可能是关于某个或某些特定的话题，但是数据来源却是公开的；另一种是封闭域的，如面向金融领域的文本数据挖掘任务处理的数据是来自银行等金融行业的专有数据，而面向医院的数据挖掘任务处理的文本存在于医院的医疗机构内部的专用网络，普通用户是无法获取的。当然，所谓的开放域和封闭域都不是绝对的，或者在实际系统实现时，仅仅依靠某个领域内的数据是不够的，因为领域内的数据主要包含的是专业领域知识和数据，而很多常识往往存在于公共文本中，因此需要从公网上（包括维基百科、百度百科等）或教科书、专业文献中获取和补充。相对而言，来自专用网络平台的数据比较规范，而公共网络平台（尤其是社交网站）上的数据含有较多的噪声和非规范语言现象，因此需要花费更多时间进行数据的清理和预处理。

下面以获取电影评论为例，说明数据获取的一般方法。

在获取数据之前首先得知道所需要的数据一般存在于哪些网站上。"豆瓣电影"①提供用户对电影的评论，主页内有很多电影的链接，如图 2.1 所示（2018 年）。以《碟中谍6》为例，这部电影的主页内部有很多评论，如图 2.2 所示，一共有 22.08 余万人给予了点评，平均分数为 8.2 分（见图 2.2 右边的"豆瓣评分"）。这个主页的下面也会提供一些评论内容及其得分，如图 2.3 所示，但不够全面，点击图中最上面一行的"全部 79481 条"之后可以查看全部短评的链接②。每个页面最后都会有一个"后页 >"的按钮，点击后得到下一页评论内容。通过使用 Python 的 urllib2 库可以下载一个链接所包含的数据。

图 2.1　豆瓣电影主页

碟中谍6：全面瓦解 Mission: Impossible - Fallout (2018)

导演: 克里斯托弗·麦奎里
编剧: 克里斯托弗·麦奎里 / 布鲁斯·盖勒
主演: 汤姆·克鲁斯 / 亨利·卡维尔 / 文·瑞姆斯 / 西蒙·佩吉 / 丽贝卡·弗格森 / 更多...
类型: 动作 / 惊悚 / 冒险
制片国家/地区: 美国
语言: 英语 / 法语
上映日期: 2018-08-31(中国大陆) / 2018-07-27(美国)
片长: 147分钟 / 148分钟(中国大陆)
又名: 碟中谍6：不可能的任务：全面瓦解(台) / 职业特工队：叛逆之谜(港) / Mission: Impossible 6 / MI6
IMDb链接: tt4912910

豆瓣评分

8.2 ★★★★☆
220825人评价

5星	30.9%
4星	50.6%
3星	17.1%
2星	1.2%
1星	0.2%

好于 95% 动作片
好于 89% 冒险片

图 2.2　《碟中碟 6》主页面③

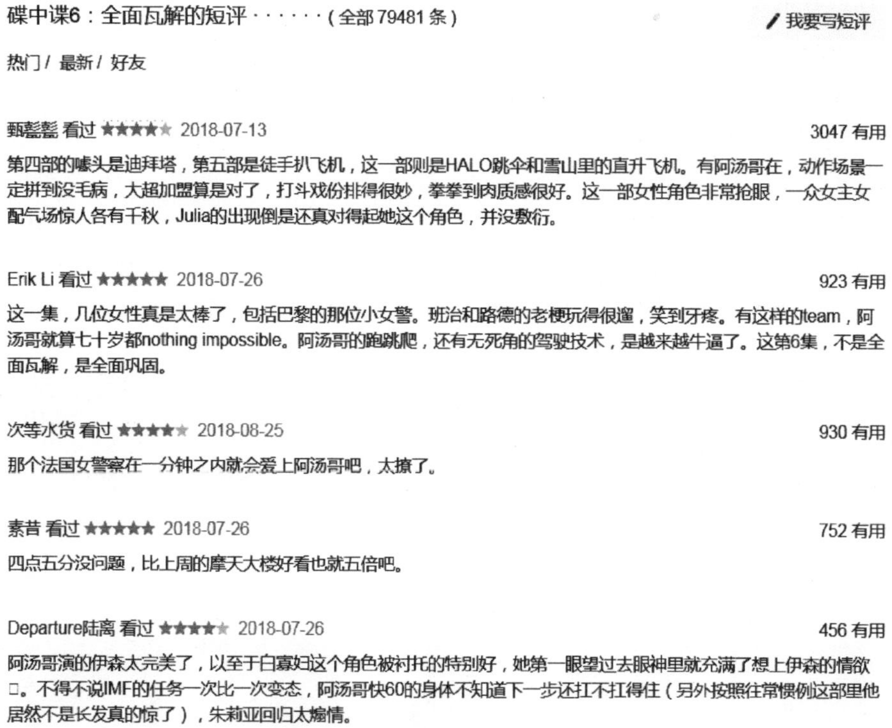

碟中谍6：全面瓦解的短评 ······（全部 79481 条）　　　　　　　　　　　✐ 我要写短评

热门 / 最新 / 好友

甄彭彭 看过 ★★★★☆ 2018-07-13　　　　　　　　　　　　　　　　　　　　　3047 有用

第四部的噱头是迪拜塔，第五部是徒手扒飞机，这一部则是HALO跳伞和雪山里的直升飞机。有阿汤哥在，动作场景一定拼到没毛病，大超加盟算是对了，打斗戏份排得很妙，拳拳到肉质感很好。这一部女性角色非常抢眼，一众女主女配气场惊人各有千秋，Julia的出现倒是还真对得起她这个角色，并没敷衍。

Erik Li 看过 ★★★★★ 2018-07-26　　　　　　　　　　　　　　　　　　　　　923 有用

这一集，几位女性真是太棒了，包括巴黎的那位小女警。班治和路德的老梗玩得很遛，笑到牙疼。有这样的team，阿汤哥就算七十岁都nothing impossible。阿汤哥的跑跳爬，还有无死角的驾驶技术，是越来越牛逼了。这第6集，不是全面瓦解，是全面巩固。

次等水货 看过 ★★★★☆ 2018-08-25　　　　　　　　　　　　　　　　　　　　930 有用

那个法国女警察在一分钟之内就会爱上阿汤哥吧，太撩了。

素昔 看过 ★★★★★ 2018-07-26　　　　　　　　　　　　　　　　　　　　　　752 有用

四点五分没问题，比上周的摩天大楼好看也就五倍吧。

Departure陆离 看过 ★★★★☆ 2018-07-26　　　　　　　　　　　　　　　　　　456 有用

阿汤哥演的伊森太完美了，以至于白寡妇这个角色被衬托的特别好，她第一眼望过去眼神里就充满了想上伊森的情欲，不得不说IMF的任务一次比一次变态，阿汤哥快60的身体不知道下一步还扛不扛得住（另外按照往常惯例这部里他居然不是长发真的惊了），朱莉亚回归太煽情。

图 2.3　《碟中谍6》评论页面 [①]

　　值得注意的是，通常这个短评网站只能访问 10 页，超过 10 页的数据需要用户登录才可以访问，一般有两种解决方案：①每部电影只抓取前 10 页内容，更多地抓取不同电影的影评数据；②使用爬虫对网站进行模拟登录，主要思路是分析人工登录网页时的信息流走向，通过爬虫模拟人工登录的过程。有的网站针对豆瓣网给出了模拟登录的方法和 Python 实战纪要，或者总结了 Python 模拟登录的一般方法，可供读者参考。

　　使用 Python 编程语言对某个网站进行数据抓取时，首先要查看并遵守该网站的 Robot 协议，该协议定义了网站的哪些数据可以被抓取，哪些不能抓取。图 2.4 给出了豆瓣的 Robot 协议内容，协议中的"Disallow"限定了不能被抓取的内容（很多搜索相关的内容都不能被抓取），同时规定了抓取时两次访问的时间间隔为 5 秒（即"#Crawl-delay:5"）。其中并没有约束不能抓取的影评内容，因此这部分内容是可以获取的，但是要符合抓取时间间隔的规定。其次，在抓取过程中，应尽量降低抓取的频次，实际上每次抓取都是对网站服务器的一次访问，如果抓取过于频繁，必然会影响网站服务器的正常运行。另外，应尽量在网站访问流量较少时进行抓取（如夜间），以免干扰网站的正常工作。

　　下载之后的网页数据一般都有较好的结构，可以通过 Python 的 Beautiful Soup 工具包对下载的网页进行解析，提取网页中的内容，并获取下一页的链接。解析网页时需要将网页的行分隔符（"\r"，"\n"）删除，网页数据中可能有很多类似于" ""<"的特定符号，分别表示空格和小于号等，不需要时可以将其替换掉。常见的网页特殊符号对应情况见表 2.1。

---

① https://movie.douban.com/subject/26336252/?from=showing。

```
User-agent: *
Disallow: /subject_search
Disallow: /amazon_search
Disallow: /search
Disallow: /group/search
Disallow: /event/search
Disallow: /celebrities/search
Disallow: /location/drama/search
Disallow: /forum/
Disallow: /new_subject
Disallow: /service/iframe
Disallow: /j/
Disallow: /link2/
Disallow: /recommend/
Disallow: /trailer/
Disallow: /doubanapp/card
Sitemap: https://www.douban.com/sitemap_index.xml
Sitemap: https://www.douban.com/sitemap_updated_index.xml
# Crawl-delay: 5

User-agent: Wandoujia Spider
Disallow: /
```

图 2.4 豆瓣的 Robot 协议 [①]

表 2.1 网页中常见的特殊符号对应表

显示结果	描述	实体名称	实体编号
	空格		
<	小于号	&lt;	&#60;
>	大于号	&gt;	&#62;
&	和号	&amp;	&#38;
"	引号	&quot;	&#34;
'	撇号	' (IE 不支持)	&#39;
¢	分 (cent)	&cent;	&#162;
£	镑 (pound)	&pound;	&#163;
¥	元 (yen)	&yen;	&#165;
€	欧元 (euro)	&euro;	&#8364;
§	小节	&sect;	&#167;
©	版权 (copyright)	&copy;	&#169;
®	注册商标	&reg;	&#174;
TM	商标	&trade;	&#8482;
×	乘号	&times;	&#215;
÷	除号	&divide;	&#247;

得到评论内容后还需要进行数据清理,删除噪声或者是过短的评论(通常没有意义),具体过程如下:

(1)噪声处理:抓取到的中文文本中可能会有一些英文的评论,或者在抓取英文数据时有一些其他语言的文本。这就需要对字符串的语言类型进行识别,可以借助 Python 的 langdetect 工具包帮助识别,删除那些不需要的语言数据。另外,抓取到的微博数据

---

① https://www.douban.com/robots.txt。

中可能含有广告链接和"@"等，需要做特殊处理。链接类可以直接删除，"@"后面一般会跟用户名，可以利用规则或模板等简单的方法判断后删除。

（2）繁体字转换：抓取到的中文文本中可能会有一些繁体字，需要将其转换成简体字，可以借助开源工具包 OpenCC^①或其他工具完成。

（3）删除过短的评论：对于英文的评论，可以直接利用空格统计评论文本的词汇数，对于中文文本，需要使用分词工具对评论进行分词之后统计词汇数目，当然也可以简单地统计字的数目。通常删除词或字数量少于某个阈值（如 5）的评论。

（4）标签对应：不同网站上提供的标签类别不尽相同，而类别数目与希望使用的分类器也会有所差异，因此需要进行标签或类别对应。例如，从网站上抓取的评价打分是 5 分制，而情感分类器可能只需区分褒、贬两类，因此需要把不同打分的评论标签对应到"褒义"或"贬义"两个类别上，如将得分为 4 分和 5 分的样本作为褒义样本，得分为 1 分和 2 分的样本作为贬义样本，而删除那些得分为 3 分的"中立"样本。如果要学习一个褒义、中性和贬义的三类分类器，那么就可以将那些得分为 3 分的样本标注为中性。

对于其他任务的开放领域数据获取方法大同小异，只是后续的标注方法各不相同，如文本自动摘要、信息抽取等，需要人工标注的内容远比简单地标记类别复杂得多。

2.3　数据预处理

数据获取之后，通常还需要对文本进一步做预处理，主要任务包括：

（1）词条化（tokenization）：是指将给定的文本切分成为词汇单位的过程。西方语言（如英语等）天然使用空格作为词的分隔符，因此只需利用空格或标点就能实现词条化，而汉语、日语、朝鲜语（韩语）和越南语等书写中没有词语分隔标记，因此需要先进行词语切分，这一过程在中文信息处理中称作汉语自动分词（Chinese word segmentation, CWS）。

（2）去停用词：停用词（stop words）主要指功能词（functional words），通常指在各类文档中频繁出现的、附带极少实际含义的助词、介词、连词、语气词等高频词和系动词，如英文中的 the, is, at, which, on 等，汉语中的"的""了""是"等，这些词出现频率很高，但对于文本区分没有实质性意义，因此为了减少模型规模，节省存储空间，提高运行效率，通常在文本表示时就将这些停用词过滤掉。在具体实现时通常建立一个停用词表，在特征抽取时直接删除停用词表中的词。

（3）词形规范化：在针对西方语言的文本挖掘任务中，需要对一个词的不同形态进行归并，即词形规范化，从而提高文本处理的效率，同时减缓离散特征表示可能造成的数据稀疏问题。词形规范化过程包含两个概念，一是词形还原（lemmatization），即把发生形态变化之后的词汇还原成为原形（能够表达完整的语义），如将 cats 还原为 cat, did 还原为 do 等；二是词干提取（stemming），即去除词缀得到词根的过程，去除后的词干不一定能够表达完整的语义，如将 fisher 转换为 fish, effective 转换为 effect。

---

① https://opencc.byvoid.com/。

词形规范化过程一般通过规则或正则表达式实现。波特词干提取算法（Porter stemming algorithm）是一种广泛使用的英语词干提取算法[①]，采用基于规则的实现方法（Porter, 1980）。该算法主要包括如下 4 步：①将字母分为元音和辅音；②利用规则处理以 -s, -ing 和 -ed 为后缀的单词；③设计专门的规则处理复杂的后缀（如 -ational 等）；④利用规则微调处理结果。下面给出该算法的基本流程。

输入：一个英文单词；

输出：输入单词的词干或原形。

算法描述：

第 1 步：利用如下规则区分元音字母和辅音字母：

  （1）字母 a, e, i, o, u 为元音；

  （2）字母 y 有如下 3 种情况：

   ①如果 y 是单词的开头，判断为辅音，如在单词 young 中，y 是辅音；

   ②如果 y 的前一个字母为元音，y 被判断为辅音，如在单词 boy 中，y 是辅音字母；

   ③如果 y 的前一个字母为辅音，y 被判断为元音，如在单词 fly 中，y 为元音字母。

  （3）除了 a, e, i, o, u, y 的其他字母均为辅音字母。

第 2 步：利用如下规则处理以 -s、-ing 和 -ed 为后缀的单词：

  （1）以 -s 结尾的单词分如下几种情况处理：

   ①如果单词以 -sses 结尾，将其还原为 -ss，如单词 caresses 应还原为 caress；

   ②如果单词以 -ies 结尾，删除 -es，如 cries 变为 cri；

   ③如果单词以 -s 结尾，并且 s 之前的所有字母至少有一个为元音字母，考虑如下两种情况：

    （a）如果该元音字母在结尾的 s 之前，则单词不变，如单词 gas 就是原形，无须变动；

    （b）否则，删除尾端的字母 s，如 gaps 还原为 gap。

  （2）以 -ing 结尾的单词，并且单词除了 -ing 之外，前面部分包含一个元音字母，那么，删除 -ing，如单词 doing 还原为 do。

第 3 步：利用如下规则处理其他后缀的单词：

  （1）如果单词以 -y 结尾，并且 -y 前面的部分包含了元音字母，那么，将 -y 改为 i，如单词 happy 被改写为 happi；

  （2）如果单词以 -ational 结尾，并且 -ational 前面的部分包含元音字母，那么，将 -ational 改写为 ate，如单词 relational 被改写为 relate。

第 4 步：利用规则微调：

  对于以 -e 结尾的单词，如果该单词除去首字母和尾字母之后，其他部分包含的辅音字母个数大于 1，则去掉尾端字母 e，如 relate 被改为 relat。

算法 2.1　Porter 词干提取算法

在上述 Porter 词干提取算法中，第 2 步至第 4 步中只是给出了部分主要的改写规则，其余情况没有一一陈列，只是以此为例说明算法的基本原理。该算法的详细描述可见如下网页：

http://snowball.tartarus.org/algorithms/english/stemmer.html

[①] https://tartarus.org/martin/PorterStemmer/。

算法的在线测试网址为:

http://facweb.cs.depaul.edu/mobasher/classes/csc575/porter.html

算法的实现代码可从以下网页获取:

https://tartarus.org/martin/PorterStemmer/

另外,Python 的 NLTK 工具包也提供了该算法的调用函数。

需要说明的是,词干提取结果并没有统一的标准,对于同一种语言的词汇不同的词干提取算法可能给出不同的结果。除了 Porter 算法以外,Lovins stemmer(Lovins,1968)和 Paice stemmer(Paice,1990)也是常用的英语词干提取算法。对于其他语言,通常会参照英文的处理方式,结合语言自身的特点,专门建立针对特定语言的词干提取算法。

2.4　数 据 标 注

数据标注是有监督的机器学习方法赖以实现的基础。一般而言,数据标注的规模越大、质量越高、覆盖范围越广,处理模型的性能越好。对于不同的数据挖掘任务,数据标注的标准和规范不同,复杂程度也不一样。例如,对于文本分类任务而言,只需要对每个文档标记类别标签,而对于某些复杂任务,需要标记的信息要多得多。例如,针对电子病例分析任务,需要标注出病例中每一个"实体"的边界、类型以及与其他"实体"之间的关系。这里所说的"实体"既包括通常我们所说的命名实体(人名、地名、组织机构名、时间、数字等),也包括很多医疗领域的专用名词,如疾病、有某种症状、无某种症状、发生的频率、恶化因素、无关因素、程度等。请看如下两个例子:

①患者于【1971 年】$_{Time}$ 因时有【尿痛】$_{Sym}$ 在【当地医院】$_{Hosp}$ 检查,自述【尿液检查】$_{Test}$ 发现【尿红细胞阳性】$_{TR}$,【白细胞阳性】$_{TR}$,其余化验检查结果不详,诊断"【肾炎】$_{Dis}$",予【"链霉素"静滴】$_{Treat}$ 治疗,后长期间断【口服中药】$_{Treat}$ 治疗。

②既往【高血压】$_{Dis}$ 病史【30 年】$_{Dur}$,【冠心病】$_{Dis}$ 病史【8 年】$_{Dur}$,【2009 年 9 月】$_{Time}$ 行【冠状动脉造影】$_{TR}$ 检查,于【前降支放置 1 枚支架】$_{Treat}$,目前偶有【胸闷】$_{Sym}$ 发作。

其中,标签 Time 表示时间,Sym 表示有这种症状,Hosp 表示医院名称,Test 表示化验检查,TR 表示化验检查结果,Dis 表示疾病名称,Treat 表示治疗方法,Dur 表示持续时间。

在电子病例分析任务中,通常会定义 20 多种不同的标签。具体标注时,一般需要开发一个标注工具,除了标注出所有"实体"的边界和类型以外,还要标注出它们之间的关系。对于上述例①,我们的标注工具给出的是图 2.5 所示的关系图。

当然,这种关系图只是为了方便标注者和领域专家直观地检查和标注,实际上系统内部存储的是特定的符号标记。例如,如果系统采用 BIO 标记法,"B"表示实体的开始,"I"表示当前"字"属于该实体,"O"表示当前"字"不属于该实体(这里的"字"可以是任何语言单位，包括汉字、符号、标点和数字等），那么，上面例子中的第一个子句对应如下标注序列：

> 患/O 者/O 于/O 1/B-Time 9/I-Time 7/I-Time 1/I-Time/ 年/I-Time/因/O
> 时/O 有/O 尿/B-Sym 痛/I-Sym 在/O 当/B-Hosp 地/I-Hosp 医/I-Hosp 院/I-Hosp
> 检/O 查/O

一个实体起始于 B 标记的"字"，紧随其后的被标记为 I 的任何"字"都属于始于 B 的同类实体，而终止于非 I 标记"字"。对于这种需要专业知识指导的标注任务，如果没有领域专家的指导是很难完成的。

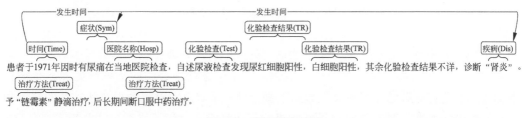

图 2.5　病例标注示例

针对多模态自动摘要方法研究，我们标注了一批包含文本、图像、音频和视频信息在内的多模态自动摘要数据。不同于同步的多模态数据（如电影），该数据集由异步多模态数据构成，即图片与文本中的句子或者视频与语句之间均不构成一一对应关系。该数据集以中英文新闻主题为中心，围绕同一个主题有多个新闻文档、新闻配图，对于每个主题都给出了限定字数的中英文文本摘要。

在数据收集时，我们选取了当时近 5 年的中英文新闻主题各 25 个，如埃博拉病毒、抗议"萨德"反导系统、李娜澳网夺冠等。对于每个主题，我们收集了同一个时间段的 20 篇新闻文档和 5~10 段视频，并确保收集到的新闻文本长度没有悬殊差异，文本一般不超过 1000 个汉字（英文词），视频不超过 2 分钟。其主要原因是，如果文本过长或视频过长，会严重增加人工标注的难度，有可能导致不同人给出的结果差异性太大。

数据标注时，我们参考了文档理解会议（Document Understanding Conference, DUC）和文本分析会议（Text Analysis Conference, TAC）的标注原则。我们聘请了 10 名研究生进行语料标注，要求他们首先阅读同一个主题的新闻文档和视频新闻，然后独立撰写摘要。撰写摘要的原则为：①确保摘要保留了新闻文档和视频新闻的重要信息；②避免摘要中出现冗余信息；③具有良好的可读性；④满足字数限制（中文摘要不超过 500 个汉字，英文摘要不超过 300 个英文词）。

每个主题最终保留三个由不同标注人独立撰写的摘要，作为参考答案。

目前大多数自动摘要系统输出的文摘形式都是文本，考虑到图文并茂的形式能够更好地提升用户体验，我们也标注了由文本和图片两种模态形式输出的摘要数据。标注这批数据时涉及文本摘要的撰写和图片的选取两项任务。关于文本摘要的撰写要求与前面介绍的方法并没有什么不同。为了完成图片选取，每个主题我们邀请两名研究生各自独立地标注出最重要的三幅图片，然后让第三位标注者综合前两位标注者给出的结果选出三幅图片，作为最终的标准答案。选取图片的基本原则是：①与新闻的主题密切相关；②与文本摘要的内容密切相关。

上述自动文摘语料已经发布在如下网站上：http://www.nlpr.ia.ac.cn/cip/dataset.htm，有兴趣的读者可以下载使用。

综上所述，数据标注是一件费时、费力的事情，往往需要投入大量的人力和财力，因此数据共享尤为重要。本节介绍的方法和例子只是众多文本数据挖掘任务中的基本做法，在具体系统实现时需要更多详细的标注规范、标准和说明，对于很多复杂的标注任务，开发方便好用的标注工具是标注大规模数据的基本保障。

2.5 基 本 工 具

正如前面所述，文本挖掘涉及自然语言处理、模式分类和机器学习等多种技术，属于具有明确应用目标的多技术交叉研究领域。无论是前面介绍的数据预处理和数据样本标注，还是实现后面介绍的某些数据挖掘方法，通常都需要用到很多基础性的技术和方法，如在文本表示时需要对汉语文本进行词语切分、对句子进行句法分析（syntactic parsing）、词性标注（part-of-speech tagging）和语块分析（chunking）等。下面对部分技术方法和工具做简要介绍。

2.5.1 汉语自动分词与词性标注

汉语自动分词的主要任务是将汉语文本自动切分成词序列。由于词是自然语言中具有独立含义的最小的语言单位，而汉语文本中词与词之间有分隔标记，因此，词语切分是汉语文本处理的第一步。关于汉语自动分词方法，国内外有大量的研究工作，从早期的基于词典的分词方法（如最大匹配方法、最短路径分词方法等），到基于 n 元语法（n-gram）的统计切分方法，再到后来的由字构词的汉语分词方法（character-based Chinese word segmentation）等，人们先后提出了数十种切分方法。其中，由字构词的分词方法是汉语分词研究中一种标志性的创新方法，其基本思路是：句子中的任何一个单位，包括字、标点、数字和字母等（统称为"字"）在词中的位置只有 4 种可能：词首字（记为 B）、词尾字（记为 E）、词中字（记为 M）和单字词（记为 S）。B, E, M 和 S 称为词位标记。B 和 E 总是成对出现。情况见如下例子：

原始句子：特朗普在白宫会见安倍晋三。

分词结果：特朗普/ 在/ 白宫/ 会见/ 安倍晋三/ 。

用词位标记表示的分词结果：特/B 朗/M 普/E 在/S 白/B 宫/E 会/B 见/E 安/B 倍/M 晋/M 三/E 。/S

这样汉语分词问题转化为序列标注（sequence labeling）问题，可以借助大规模训练样本训练分类器完成分词任务。在实际应用中，人们也尝试将这些方法融合或集成起来，如基于 n-gram 的生成式方法与由字构词的区分式方法相结合（Wang et al., 2012），由字构词的切分方法与神经网络方法相结合等，以建立性能更好的分词系统。

在基于统计方法（包括神经网络）的自然语言处理中，对于处理单元的选择也有一定的技巧。最初研究人员以单词作为处理单元，为了降低计算的复杂度，仅会保留训练语料中高于一定频次的单词，剩余的低频词会以生词（unknown word, UNK）代替。尽管上述做法能够降低计算复杂度，但是生词导致的数据稀疏问题和语义不连贯问题是影响系统性能的重要因素，对于训练语料规模不是很大的低资源语言，问题尤其严重。而如果以字母为单位，语义的不确定性和过长的序列又是一个显而易见的问题。因此，在实际系统实现时通常采用这种方案：以子词为处理单元。所谓的子词是指介于词与字母之间的语言单位。对于屈折语，可以直接采用基于字节对编码（byte pair encoding, BPE）算法获得子词序列。该算法是 1994 年由 Philip Gage 提出来的（Gage, 1994），最初用于文本压缩，所以也被称为双字节编码压缩算法，其基本思路是统计单词范围内两两邻近的字节对，将字节对出现次数最多的进行合并，作为一个单元进行下一轮统计，重复这一过程，直到没有可合并的单元为止。以如下英语句子（语料）为例：

that fat cat is on the mat

以字母为统计单位：t h a t / f a t / c a t / i s / o n / t h e / m a t（斜杠 "/" 只是为了表明邻近字节的统计是在单词范围内统计的）。

统计两两邻近字节在整个语料中出现的次数。a 和 t 字节对出现了 4 次，出现次数最多，将其合并后：

th at/ f at/ c at/ i s/ o n/ t h e/ m at

之后，在前面合并后的基础上重新统计，t 和 h 对出现了 2 次，出现次数最多，因此将其合并：

th at/ f at/ c at/ i s/ o n/th e/ m at

到此为止，没有可进一步合并的邻近字节对，终止压缩，th, at, f, c, i, s, o, n, e, m 为最终的子词词汇表。当然，在实际处理中，由于子词压缩是在较大规模的语料上进行的，最终的子词词汇表不会像这个例子一样有很大比例的单个字母。

对于汉语文本，系统同样会面临 UNK 的问题。为了缓解 UNK 对应用任务造成的负面影响，通常会在自动分词结果的基础上再进行子词压缩。当然，也是在词的边界范围内进行压缩。具体实现方法在此不多赘述，有兴趣的读者可参阅即将出版的（宗成庆等，2022）。

词性标注是指自动为句子中的每个词打上词性类别标签，如句子"天空是蔚蓝的。"被分词和加注词性后为"天空/NN 是/NV 蔚蓝/AA 的/Aux。/PU"。符号 NN 是名词标记，VV 是动词标记，AA 是形容词标记，Aux 是结构助词标记，PU 是标点符号的标记。词性标注是句法分析的基础，词性信息是文本表示的重要特征，对于命名实体识别、关系抽取和文本情感分析等都具有重要的帮助。

词性标注是一个典型的序列标注问题，对于汉语文本来说，词性标注与自动分词有着密切的联系，因此，在很多汉语自动分词工具中都将这两项任务集成在一起，甚至采用一个模型一体化完成，如基于隐马尔可夫模型（hidden Markov model, HMM）的自动分词方法。

2.5.2　句法分析

句法分析包括短语结构分析（constituent parsing 或 phrase structure parsing）和依存关系分析（dependency parsing）。短语结构分析的目的是自动分析出句子的短语结构关系，输出句子的句法结构树（syntactic structure tree）。依存关系分析的目的则是自动分析出句子中词汇之间的语义依存关系。例如，图 2.6 是句子"警方已到现场，正在详细调查事故原因"的短语结构树，图 2.6 中的节点标记 VV，NN，ADVP，NP，VP，PU 分别是词性符号和短语标记。IP 是句子的根节点标记。图 2.7 是该句子对应的依存关系树。

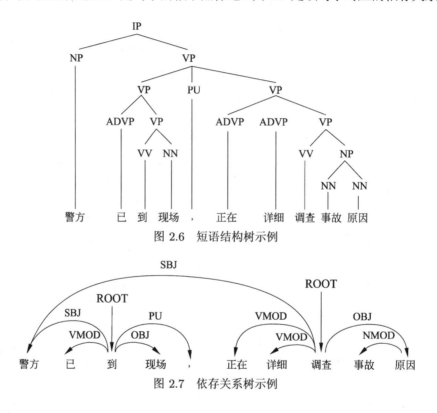

图 2.6　短语结构树示例

图 2.7　依存关系树示例

图 2.7 中的箭头表示依存（或支配）关系，箭头起始端为支配词，箭头指向端为被支配词。有向弧上的标记表示依存关系的类型，SBJ 表示主语关系，即箭头指向端的词是箭头起始端的词的主语。OBJ 表示宾语关系，即箭头指向端的词是箭头起始端的词的宾语。VMOD 表示动词修饰关系，即箭头指向端的词修饰箭头起始端的动词。NMOD 是名词修饰关系，即箭头指向端的词修饰箭头起始端的名词。ROOT 表示子句的根节点，PU 表示子句的标点符号。

一个句子的短语结构树可以被一一对应地转换为依存关系树，转换的基本思路是：首先确定句子的核心谓词，作为句子的唯一根节点，然后定义中心词抽取规则，抽取每个短语的中心词，非中心词受中心词的支配。

在自然语言处理中，通常将短语结构分析工具称为句法分析器，将依存关系分析工具称为依存分析器（dependency parser）。

如果句法分析器是针对一个完整的句子进行句法分析，最终希望获得句子完整的分析树,则其分析过程被称为完全句法分析(full parsing)。在实际应用中,有时并不需要获得一个句子的完整句法分析结果,而只需要识别出句子中所包括的基本名词短语(base NP)或者基本动词短语(base VP),例如,句子"外资企业在中国经济中也发挥了重要作用"中包含基本名词短语"外资企业""中国经济""重要作用"和基本动词短语"发挥"。识别句子中特定类型短语的分析技术称为浅层句法分析(shallow parsing)。目前使用较多的浅层句法分析方法类似于由字构词的分词方法,标记单位可以是词,也可以是字。词位标记可以采用 B, E, M, S 四种标记法,也可以采用 B, I, O 三类标记法,如 NP-B 表示基本名词短语的首词(字),NP I 表示该词(字)属于该名词短语,NP-O 表示该词(字)不属于该名词短语。

2.5.3 n 元语法模型

n 元语法(n-gram)(有时也称 n 元文法)是传统的语言模型(language model, LM),在自然语言处理中发挥了非常重要的作用,其基本思想是:对于一个由 l(l 为自然数,$l \geqslant 2$)个基元构成的字符串(短语、句子或片段)$s = w_1 w_2 \cdots w_l$,其概率可以用如下公式计算:

$$p(s) = p(w_1)p(w_2|w_1)p(w_3|w_1w_2)\cdots p(w_l|w_1w_2\cdots w_{l-1}) = \prod_{i=1}^{l} p(w_i|w_1w_2\cdots w_{i-1})$$

(2.1)

这里所说的"基元"可以是字、词、标点、数字或构成句子的其他任何符号,或者是短语、词性标记等,为了表述方便统称为"词"。在公式(2.1)中,意味着产生第 i($1 \leqslant i \leqslant l$)个词的概率是由前面(按文字的书写顺序"前面"通常指左边)已经产生的 $i-1$ 个词 $w_1w_2\cdots w_{i-1}$ 决定的。随着句子长度的增加,条件概率的历史数目呈指数级增长。为了简化计算的复杂性并提高可行性,假设当前词的概率只与前 $n-1$(n 为整数,$1 \leqslant n \leqslant l$)个词有关。于是,式(2.1)变为

$$p(s) = \prod_{i=1}^{l} p(w_i|w_1w_2\cdots w_{i-1}) \approx \prod_{i=1}^{l} p(w_i|w_{i-n+1},\cdots,w_{i-1})$$

(2.2)

当 $n=1$ 时,出现在第 i 位上的词 w_i 的概率独立于前面已经出现的词,句子是由独立的词构成的序列,这种计算模型通常称为一元文法模型,记作 unigram,或 uni-gram,或 monogram,每个词都是一个一元文法。当 $n=2$ 时,出现在第 i 位上的词 w_i 的概率只与它前面的一个词 w_{i-1} 有关,这种计算模型称为二元文法模型。两个邻近的同现词称作二元文法,记作 bigram 或 bi-gram。例如,对于句子"We helped her yesterday",如下词序列:We helped、helped her、her yesterday 都是二元文法。在这种情况下,句子可以看作由二元文法构成的序列链,称作一阶的马尔可夫链(Markov chain)。依此类推,当 $n=3$ 时,出现在第 i 位置上的词 w_i 的概率只与它前面的两个词 $w_{i-2}w_{i-1}$ 有关($i \geqslant 2$),这种计算模型称为三元文法模型。三个邻近的同现词构成的序列称作三元文法,记作 trigram 或 tri-gram。由三元文法构成的序列可以看作 2 阶的马尔可夫链,等等。

在计算 n 元语法模型时,面临的一个重要问题是如何进行数据平滑(date smoothing),以避免零概率事件(n 元语法)带来的问题。为此,人们先后提出了加 1 法(additive smoothing）、减值法或称折扣法（discounting），以及删除插值法（deleted interpolation）等若干数据平滑方法。同时，为了消除来自不同领域、不同主题和不同类型的训练样本对模型性能产生的影响，人们也提出了若干语言模型自适应方法，在此不再一一陈述，有兴趣的读者可参阅（Chen and Goodman, 1998）和（宗成庆，2013）等。

关于汉语分词、词性标注、句法分析方法和 n 元语法模型，在很多自然语言处理专著中都有详细的介绍，这里不再多述。

由于传统的 n 元语法模型是基于离散符号（基元）进行概率计算的，无法通过相似语义的基元替换近似处理未见"基元"（"生词"）带来的数据稀疏问题，而且在后续任务中基于离散符号的统计模型远不及基于分布式向量表示的神经网络模型，因此，近年来神经网络语言模型（neural network language model, NNLM）备受推崇。NNLM 通常被简称为神经语言模型（neural language model, NLM）。本书第 3 章将对神经语言模型进行简要介绍。

2.6   进一步阅读

除了上面提到的部分自然语言处理技术之外，词义消歧（word sense disambiguition, WSD）、语义角色标注（semantic role labeling, SRL）和文本蕴涵（textual entailment）等都有可能对文本数据挖掘有所帮助，只是目前的性能尚未达到较高的水平（例如，对于规范文本的语义角色标注准确率只有 70%~80%）。相关技术方法在很多自然语言处理论著中都有描述，有兴趣的读者可以参阅（Manning and Schütze, 1999）、（Jurafsky and Martin, 2000）、（宗成庆，2013）等自然语言处理专著，这里不再赘述。

习   题[①]

2.1   使用网络爬虫程序从相关网站上获取尽量多的语料，实现程序去除语料中的噪声。

2.2   尝试使用公开的汉语分词工具，在不同文本上测试分词工具的切分性能。

2.3   分别从社交媒体平台上（如微博、QQ、Twitter 等）和正规媒体网站上（如《人民日报》等）收集尽量多的语料，详细对比不同来源语料表达形式的差异。例如，统计分析不同语料中的词汇量、平均词长、句子长度等，以及句型、命名实体、指代使用等差异。对于汉语语料，可以对比不同语料词语切分的准确率等。

2.4   实现子词压缩算法，分别对英语和汉语文本进行子词压缩实验。对于汉语文本，对比分析对分词结果进行子词压缩前后的差别。

2.5   收集部分中文的医学专业文本，使用分词工具进行词语切分，分析并校对切分结果，标注出文本中的命名实体和类型。

2.6   了解句法分析器的功能，尝试使用某开源的句法分析器分析部分句子的短语结构和词汇依存关系，思考分析结果对下游文本挖掘任务可能的用途。

---

① 在完成本章习题时，应遵守数据获取规范和隐私保护法，尊重别人的知识产权。

第 3 章 文 本 表 示

3.1 概　　述

文本是由文字和标点组成的字符串。字或字符组成词、词组或短语，进而形成句子、段落和篇章。要使计算机能够高效处理真实文本，就必须找到一种理想的形式化表示方法。这种表示一方面要能够真实地反映文本的内容，包括文本的主题、领域、结构和语义等，另一方面又要对不同文本有较好的区分能力，而且便于计算或处理。

文本的本质是由字符构成的字符串。字符串是无结构化的数据，但是字符串具有语法，通过语法组织起来的字符串背后隐藏着丰富的含义，这些含义无法被机器学习模型直接使用，因此首先需要将真实的文本转化为机器学习算法易于处理的表示形式。机器学习方法首先将输入的文本进行形式化，将其表示为向量或者其他形式，并基于形式化表示进行机器学习模型的训练和决策。这种将文本进行形式化的过程称为文本表示（text representation）。

文本表示方法基本上是伴随着自然语言处理和文本数据挖掘的范式迁移得到不断发展的。在文本数据挖掘技术刚刚兴起的阶段，规则方法是主流。例如，针对文本的关键词挖掘，通常采用一些字符串直接匹配的方法，这一阶段的文本表示方法以独立的字符串表示为主。基于统计机器学习方法的文本数据挖掘技术兴起以后，以向量空间模型为核心的文本表示方法成为主流，无论是词语、句子还是文档，都将其表示为词表规模的向量，从而方便了文本之间的计算。例如，在文本聚类任务中，以向量空间模型表示每个文本，利用向量之间的距离计算方法度量文本之间的相似度，从而完成相似文本的聚类。近年来，深度学习技术逐渐主导了文本数据挖掘领域，文本表示方法也从基于离散符号的高维向量空间模型过渡到基于低维连续实数向量空间的分布式表示。而且，与基于离散符号统计的向量空间模型不同，分布式文本表示往往需要与深度学习模型联合学习，才能获得高质量的文本表示。

本章首先介绍向量空间模型，然后重点介绍词语、短语、句子和文档等不同粒度语言单位的分布式表示方法。

3.2　向量空间模型

3.2.1　向量空间模型的基本概念

向量空间模型（vector space model，VSM）是一种最简单的文本表示方法。该方法由 G. Salton 等人于 20 世纪 60 年代末期在信息检索领域中提出 (Salton et al., 1975)，最早用于 SMART 信息检索系统中，逐渐成为文本挖掘中最常用的一种表示模型。

在具体介绍 VSM 之前，我们首先给出几个相关的基本概念。

- 文本（text）：指具有长度不少于一个词的文档片段，如短语、句子、段落或整个篇章。

- 特征项（feature term）：是 VSM 中最小的不可再分的语言单元，可以是字、词、词组、短语等。在 VSM 中，一段文本被看成是由特征项组成的集合，表示为 $(t_1, t_2, \cdots, t_n)$，其中 t_i 表示第 i 个特征项。

- 特征权重（feature weight）：对于含有 n 个特征项的文本，每个特征项 t 都依据一定的原则被赋予一个权重 w，表示它们在文本中的重要性和相关性。这样，一个文本就可以用特征项及其对应的权重的集合表示：$(t_1 : w_1, t_2 : w_2, \cdots, t_n : w_n)$，简记为 $(w_1, w_2, \cdots, w_n)$。

向量空间模型假设文档符合以下两条约定：①各 t_i 互异（即没有重复）；②各 t_i 无先后顺序关系。我们可以把 $t_1, t_2, \cdots, t_n$ 看成是一个 n 维正交坐标系，那么，一个文本就可以表示为 n 维空间中的一个向量，其坐标值为 $(w_1, w_2, \cdots, w_n)$。通常我们将 $\boldsymbol{d} = (w_1, w_2, \cdots, w_n)$ 称为文本 $\boldsymbol{d}$ 在向量空间模型下的表示。如图 3.1 所示，文本 $\boldsymbol{d}_1$ 和 $\boldsymbol{d}_2$ 分别表示为向量空间中的两个 n 维向量。

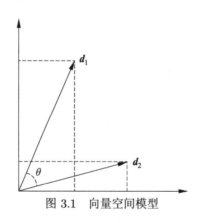

图 3.1　向量空间模型

构建向量空间模型的过程需要解决两个问题：一是如何构造特征项；二是如何计算特征项的权重。

3.2.2　特征项的构造与权重

在基于向量空间模型建立文本表示之前，通常需要依据本书第 2 章所述的词条化、去停用词、词形规范化等预处理技术，对给定文档进行规范和约减，将文档转化为词项的序列，然后定义文本表示的特征项，特征项构造好之后，向量空间就确定了，最后通过特征权重（feature weight）计算方法将每个文档表示为向量空间的一个向量表示。

首先，向量空间模型需要一个特征项集合 $(t_1, t_2, \cdots, t_n)$。如果使用词作为特征项，特征项的集合可以看作一个词表（vocabulary），此时特征项也称为词项。这个词表可以从语料集中产生，也可以从外部导入，我们将其形象地称为词袋（bag of words，BOW），向量空间模型被称作词袋模型。

其次，如何定义特征项的权重 $(w_1, w_2, \cdots, w_n)$。该权重为向量的每个维度赋予一个值。常见的特征项权重包括下列几种：

- 布尔（BOOL）权重：表示该特征项是否在当前文本中出现，如果出现，则记为 1，否则记为 0。特征项 t_i 在文本 $\boldsymbol{d}$ 中的布尔权重记为

$$\text{bool}_i = \begin{cases} 1, & \text{如果 } t_i \text{ 在文本 } \boldsymbol{d} \text{ 中} \\ 0, & \text{否则} \end{cases} \tag{3.1}$$

- 特征频率（term frequency, TF）：表示该特征项在当前文本中出现的次数。TF 权重假设高频特征包含的信息量高于低频特征的信息量，因此在文本中出现次数越多的特征项，其重要性越大。通常用下式表示：

$$\text{tf}_i = N(t_i, \boldsymbol{d}) \tag{3.2}$$

少数高频词如采用绝对词频权重会远高于平均权重，这样并不利于文本表示，为了降低这种影响，还可以采用对数词频权重进行文本表示：

$$f_i = \log(\text{tf}_i + 1) \tag{3.3}$$

为了表示简单，如果不作特殊说明，本书中的对数计算均以 2 为底。

- 倒文档频率（inverse document frequency, IDF）权重：文档频率（document frequency，DF）表示语料中包含特征项的文档的数目。一个特征项的 DF 越高，其包含的有效信息量往往越低。IDF 是反映特征项在整个语料中重要性的全局性统计特征，定义如下：

$$\text{idf}_i = \log \frac{N}{\text{df}_i} \tag{3.4}$$

其中，df_i 表示特征项 t_i 的 DF 值，N 是语料中的文档总数。

- 特征频率-倒文档频率（TF-IDF）权重：定义为 TF 和 IDF 的乘积：

$$\text{tf\_idf}_i = \text{tf}_i \cdot \text{idf}_i \tag{3.5}$$

TF-IDF 认为，对区别文本最有意义的特征项应该是那些在当前文本中出现频率足够高，而在文本集合的其他文本中出现频率足够低的词语。

在图 3.2 中，我们以词表作为特征项并采用 TF 权重建立向量空间模型，对左侧文档（"人工 智能 是 计算机 科学 的 一个 分支，它 企图 生产 出 一种 能 以 人类 智能 相似 的 方式 做出 反应 的 智能 机器"）进行文本表示。词表包括如下词汇：教育、智能、人类、体育、足球、运动会、AI、科学、文本、人工、计算机等，每个词汇左边对应的数字为该词汇在文档中出现的频率。

3.2.3　文本长度规范化

语料中每个文本的长度是不一样的，文本长度对于文本表示也会产生影响。举一个极端的例子，将一段文本进行两倍长度的复制扩展，并使用上面提到的 TF 权重进行文

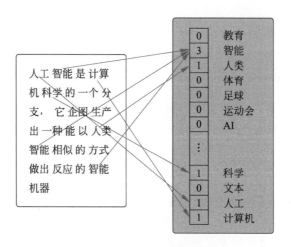

图 3.2　基于特征频率的特征权重

本表示，尽管扩展后的文本在信息量上并没有得到增加，但新的文本向量变成了原来的两倍。

因此，为了消除或减少文本长度对于文本表示的影响，需要对特征向量进行规范化处理，这一过程也称为文本长度归一化。对于文本 $\boldsymbol{d} = (w_1, w_2, \cdots, w_n)$，常见的长度规范化处理方法包括：

- 1-范数规范化

$$\boldsymbol{d}_1 = \frac{\boldsymbol{d}}{\|\boldsymbol{d}\|_1} = \frac{\boldsymbol{d}}{\sum_i w_i} \tag{3.6}$$

规范后的向量落在 $w_1 + w_2 + \cdots + w_n = 1$ 的超平面上。

- 2-范数规范化

$$\boldsymbol{d}_2 = \frac{\boldsymbol{d}}{\|\boldsymbol{d}\|_2} = \frac{\boldsymbol{d}}{\sqrt[2]{\sum_i w_i^2}} \tag{3.7}$$

规范后的向量落在 $w_1^2 + w_2^2 + \cdots + w_n^2 = 1$ 的球面上。

- 最大词频规范化

$$\boldsymbol{d}_{\max} = \frac{\boldsymbol{d}}{\|\boldsymbol{d}\|_\infty} = \frac{\boldsymbol{d}}{\max_i\{w_i\}} \tag{3.8}$$

需要说明的是，与机器学习和模式识别任务中常见的针对特征的去量纲归一化处理不同，文本表示中的归一化是针对样本的去长度因素进行的处理。

3.2.4　特征工程

向量空间模型假设空间中的坐标是两两正交的，即构成文本的特征项是相互独立的，与位置或顺序无关。事实上，这样的假设丢失了原始文档的词序、句法和部分语义信息等，虽然在一部分简单的文本挖掘任务上（如文本主题分类）这样的假设往往还算合理，但是对于很多其他相对复杂的文本挖掘任务（如情感分析和观点挖掘），表现往往差强人意。比如，语义倾向性完全相反的两个文本"John is quicker than Mary"和"Mary is quicker than John"在词袋模型下的文本表示完全一致，这显然是不合理的。

因此，依据任务的要求，除了词以外，还可以将特征项定义为关键词、词组、短语等，并向词和词组中加入位置、词性、句法结构、语义等其他信息。在文本挖掘任务中，这种在向量空间模型中加入更多语言学或其他类型特征的做法称为特征工程（feature engineering）。

常用的语言学特征包括如下几种。

（1）n 元语法特征

基本的向量空间模型通常以词作为特征项，这种方法丢失了词序信息。n 元语法（n-gram）以词组（词序列）特征作为基本单元，可以捕捉一部分词序信息。以句子"我 强烈 推荐 这部 电影"为例，其一元语法、二元语法和三元语法特征见表 3.1。

表 3.1 n 元语法示例

语法模型	我 强烈 推荐 这部 电影
一元语法（unigram）	{我，强烈，推荐，这部，电影}
二元语法（bi-gram）	{我 强烈，强烈 推荐，推荐 这部，这部 电影}
三元语法（tri-gram）	{我 强烈 推荐，强烈 推荐 这部，推荐 这部 电影}

其中，一元语法特征即词项特征。n 元语法特征表示法在文本分类、文本聚类等领域得到了较为广泛的运用。但是，n 元语法并不是一种性价比较高的特征项，随着 n 的增大，特征空间的维数呈指数级增长，特征向量变得愈加稀疏，牺牲了统计质量，也增加了计算开销。同时，虽然 n 元语法能够体现邻接词组的关系，但是它难以捕捉句子中距离较远的词和词之间的关系。要捕捉这种关系信息，就要借助于更深层次的语言处理技术。

（2）句法特征

句法分析是自然语言处理的重要手段之一，其基本任务是确定句子的句法结构。它能够提供句子的句法信息，为后续的自然语言处理任务提供帮助。其中，依存关系分析是句法分析的一个重要分支，它用词和词之间的依存关系描述语言结构（宗成庆，2013）。作为一种结构化的文本表示，一棵依存关系树以词为节点，用节点之间的指向关系表述词之间的支配和被支配关系。上述示例"我强烈推荐这部电影"的依存关系树如图 3.3 所示。

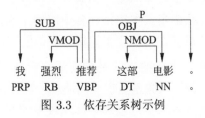

图 3.3 依存关系树示例

在向量空间模型中，一种简单的依存关系特征抽取方法是抽取相互依存的词对作为特征项，例如，上述例句中的"推荐电影"。这样一来，"推荐"和"电影"这种远距离依存关系就可以捕捉到了。

（3）语义知识库特征

一词多义、一义多词是自然语言中普遍存在的现象。识别两个单词是否表达同一个含义，或者判别多义词在文档中的具体含义，对于自然语言处理来说十分重要。借助额外的语义知识库（semantic knowledge base）（如英文的 WordNet、中文的知网 HowNet 等），利用词语在知识库中定义的语义概念等信息，作为词语的替代或者补充，可以在一定程度上解决歧义性和多样性给特征向量带来的噪声问题，提高文本表示的性能。

3.2.5　其他文本表示方法

除了用传统的向量空间模型表示文本和实现特征工程以外，还有一类分布式文本表示方法。与高维稀疏的向量空间模型不同，分布式表示方法通过建立主题模型或表示学习模型，实现文本的低维稠密表示。其代表性的方法包括文本概念表示和文本深度表示。

（1）文本概念表示

传统的向量空间模型是一种显式的文本表示方法，无法深入捕获文本中隐含的语义关系。以潜在语义分析（latent semantic analysis, LSA）、概率潜在语义分析（probabilistic latent semantic analysis, PLSA）和潜在狄利克雷分布（latent Dirichlet allocation LDA）为代表的主题模型，旨在挖掘文本中隐含的主题（topic）或概念（concept），可以较好地捕获多义性（polysemy）和同义性（synonymy），从而部分地解决一词多义和一义多词问题。同时，主题提供了一种高维文本数据维数的约减方法，将传统的向量空间模型中的高维稀疏向量转化为低维稠密向量，以缓解维数灾难问题，为文本表示提供了一种新的思路。本书将在第 7 章专门介绍文本主题模型和基于主题模型的文本概念表示。

（2）文本深度表示

文本表示学习的目标是通过机器学习方法，学习得到文本不同粒度单元的低维稠密向量。近年来，随着计算机计算能力的提升，基于人工神经网络（artificial neural network）的深度学习方法在自然语言处理中获得了很大的成功，涌现出了一系列基于深度学习的文本分布式表示方法。与传统的向量空间表示方法相比，分布式表示的向量维度较低，可有效缓解数据稀疏问题，从而提高计算效率。同时，表示学习方法在构造文本表示的过程中，可充分捕捉文本对象的语义信息和其他深度信息，避免了传统向量空间模型所需的复杂特征工程，在诸多文本挖掘任务中取得了高效的性能。在本书后面的章节里将对文本深度表示方法及其在不同文本挖掘任务中的应用方法分别进行介绍。

另外需要说明的是，文本表示的目的是构造适合自然语言处理任务的文本表示形式。对于不同的任务，文本表示的侧重点也有所不同。如针对文本情感分类任务的文本表示，需要在向量空间构造或表示学习过程中体现较多的文本情感属性，而在面向话题检测和跟踪任务中的文本表示则需更多地体现事件描述信息等。因此，文本表示往往是任务相关的。面向不同的任务，不存在一种好而全的文本表示方法。在评价文本表示方法的优劣时，也需要结合不同任务的特点分别进行，酌情而定。

在文本分类和情感分析等文本数据挖掘任务中，词袋模型是最流行的文本表示方法。正如前面所述，词袋模型将每个文本视为一个词语的集合，集合的大小由所有文本统计出的词表规模决定，集合中的每个元素表示某个特定词语是否在当前文本中出现，或者表示该特定词语在当前文本中的统计权重。可见，是否出现或者出现的权重都是依据词语本身的字符串匹配统计得出的，因此，词语本身的离散符号表示是词袋模型的基础。而词语的离散符号表示等价于词的独热表示（one-hot representation），即每个词语利用一个布尔向量表示，向量维度为词表规模，其中只有当前词语对应的位置处为 1，其余位置都是 0。例如，假设文本分类的训练样本中统计出 5 万个不同的词汇，那么 5 万就是词表的规模。我们可以依据词语在训练样本中的出现顺序为所有词语进行编号，例如，词汇"文本"出现在第一个位置上，"挖掘"出现在最后一个位置上，那么"文本"和"挖掘"两个词汇的编号分别是 1 和 50000。每个词语对应唯一的编号，那么，一个词语就对应一个 5 万维的向量。例如，"文本"对应 [1, 0, 0, · · ·, 0]，即除了第一个位置为 1，其余的 49999 个位置都是 0。

这种表示方法存在两个潜在的问题：一是基于 0 和 1 的离散符号匹配方法容易产生数据稀疏问题；二是任意两个词语在独热表示方法中都是相互独立的，即无法捕捉词语之间的语义相似性。近年来，在低维连续的语义向量空间中学习文本的分布式表示逐渐成为研究热点，并在情感分析和标题生成等文本挖掘任务中超越传统的词袋模型，取得了当前最佳的性能。下面我们将从词语、短语、句子到文档，分别介绍分布式表示的学习方法。

3.3 词的分布式表示

词是具有独立含义的最小的语言单位，是短语、句子和文档的基本组成单元。传统的独热表示方法无法刻画词语的语法和语义信息，那么，如何将语法和语义信息编码在词语的表示中，成为研究者关注的重点。Harris 和 Firth 分别于 1954 年和 1957 年提出并明确了词语的分布式假说：一个词的语义由其上下文决定，即上下文相似的词语，其语义也相似（Harris, 1954；Firth, 1957）。顾名思义，如果掌握了一个词所有的上下文信息，那么也就掌握了这个词的语义。因此，语料资源越丰富，获得的分布式表示越能够刻画词的语义信息。20 世纪 90 年代以来，随着统计方法的逐渐兴起和语料规模的快速扩大，如何学习词的分布式表示问题受到了越来越多的关注。简单地说，分布式表示学习的核心思想就是利用低维连续的实数向量表示一个词语，使得语义相近的词在实数向量空间中也临近。本节着重介绍几种典型的词的分布式表示方法。

分布式假说表明词语表示的质量很大程度上取决于对上下文信息的建模。在基于矩阵分解的分布式表示方法中，最常用的上下文是固定窗口中的词语集合，很难利用更加复杂的上下文信息。例如，若采用窗口内的 n 元语法（n-gram）作为上下文，n-gram 数

目将会随着 n 的增加呈指数级增长，数据稀疏和维数灾难问题将不可避免。神经网络模型实质上是由一系列线性组合和非线性变换等简单操作构成，理论上可以模拟任意函数，因此，可以对复杂的上下文通过简单的神经网络结构进行建模，从而使得词语的分布式表示能够捕捉更多的句法和语义信息。

不同于矩阵分解方法中的文档集合表示，神经网络模型中的训练数据都以句子集合的形式表示：$D = \{w_{i1}^{m_i}\}_{i=1}^{M}$，其中，$m_i$ 表示第 i 个句子包含的词语数目，$w_{i1}^{m_i}$ 表示该句子的词序列 $w_{i1}\ w_{i2}\ \cdots\ w_{mi}$。统计训练数据集 D 中出现的词语，可以得到一个词汇表 $V^{①}$，假设每个词语映射到一个 d 维[②]的分布式向量（通常称为词向量），那么词汇表 V 对应一个词向量矩阵 $\boldsymbol{L} \in \mathbb{R}^{|V| \times d}$。神经网络模型的目标在于如何优化词向量矩阵 $\boldsymbol{L}$，为每个词语学习准确的分布式向量表示。以下介绍几种常用的神经网络模型。

3.3.1　神经网络语言模型

在神经网络模型中，词向量表示最初用于神经网络语言模型的学习过程。语言模型用来计算一段文本的出现概率，度量该文本的流畅程度。给定 m 个词语构成的句子 $w_1\ w_2\ \cdots\ w_m$，其出现的可能性可通过链式规则计算：

$$p(w_1 w_2 \cdots w_m) = p(w_1)\,p(w_2|w_1) \cdots p(w_i|w_1, w_2, \cdots, w_{i-1}) \cdots p(w_m|w_1, w_2, \cdots, w_{m-1}) \tag{3.9}$$

在传统语言模型建模过程中，通常基于相对频率的最大似然估计（maximum likelihood estimation, MLE）方法估计条件概率 $p(w_i|w_1, w_2, \cdots, w_{i-1})$：

$$p(w_i|w_1, w_2, \cdots, w_{i-1}) = \frac{\text{count}(w_1, w_2, \cdots, w_i)}{\text{count}(w_1, w_2, \cdots, w_{i-1})} \tag{3.10}$$

由于 i 越大，词组 $w_1, w_2, \cdots, w_i$ 出现的可能性越小，最大似然估计越不准确。因此，典型的解决方案是采用 $(n-1)$ 阶马尔可夫链对语言模型进行建模（即 n 元语言模型），假设当前词的出现概率仅依赖于前 $(n-1)$ 个词：

$$p(w_i|w_1, w_2, \cdots, w_{i-1}) \approx p(w_i|w_{i-n+1}, \cdots, w_{i-1}) \tag{3.11}$$

若 $n = 1$，表示一元语言模型（unigram），假设词语之间是相互独立的；$n = 2$ 表示二元语言模型（bigram），当前词的出现概率与前一个词有关。$n = 3$、$n = 4$ 和 $n = 5$ 是使用最广泛的几种 n 元语言模型。这种近似方法使得词序列的语言模型概率计算成为可能。但是，基于词、词组等离散符号匹配的概率估计方法仍然面临严重的数据稀疏问题，并且无法捕捉词语之间的语义相似性。例如，两个二元词组"很无聊"和"很枯燥"的语义非常相近，p（无聊 | 很）与 p（枯燥 | 很）的概率应该非常接近，但实际上这两个二元词组在数据中的频率可能差别悬殊，导致两个概率 p（无聊 | 很）与 p（枯燥 | 很）的差别也较大。

Bengio 等提出了一种基于前馈神经网络（feed-forward neural network, FNN）的语言模型（Bengio et al., 2003），其基本思路是：将每个词映射为一个低维连续的实数向

---

① 一般根据词频对词汇表进行限制，例如，保留词频大于某个阈值的所有词语，或者保留词频最高的 $|V|$ 个词。

② d 是一个经验值，与具体应用有关，一般选取几十、几百或者一千左右。

量（即词向量），并在连续向量空间中对 n 元语言模型的概率 $p\left(w_i|w_{i-n+1},\cdots,w_{i-1}\right)$ 进行建模。图 3.4（a）展示了一个三层的前馈神经网络语言模型。首先，历史信息的 $(n-1)$ 个词被映射为词向量，并被拼接后得到 $\boldsymbol{h}_0$：

$$\boldsymbol{h}_0 = [\boldsymbol{e}\left(w_{i-n+1}\right);\cdots;\boldsymbol{e}\left(w_{i-1}\right)] \tag{3.12}$$

其中，$\boldsymbol{e}\left(w_{i-1}\right) \in \mathbb{R}^d$ 表示词语 w_{i-1} 对应的 d 维词向量，可通过检索词向量矩阵[①] $\boldsymbol{L} \in \mathbb{R}^{|V| \times d}$ 获得。$\boldsymbol{h}_0$ 通过非线性隐藏层学习 $(n-1)$ 个词的抽象表示：

$$\boldsymbol{h}_1 = f\left(\boldsymbol{U}^1 \times \boldsymbol{h}_0 + \boldsymbol{b}^1\right) \tag{3.13}$$

$$\boldsymbol{h}_2 = f\left(\boldsymbol{U}^2 \times \boldsymbol{h}_1 + \boldsymbol{b}^2\right) \tag{3.14}$$

其中，非线性激活函数可选择 $f\left(\cdot\right) = \tanh\left(\cdot\right)$。最后，利用 softmax 函数计算词表 V 中每个词的概率分布：

$$p\left(w_i|w_{i-n+1},\cdots,w_{i-1}\right) = \frac{\exp\left(\boldsymbol{h}_2 \cdot \boldsymbol{e}\left(w_i\right)\right)}{\displaystyle\sum_{k=1}^{|V|} \exp\left(\boldsymbol{h}_2 \cdot \boldsymbol{e}\left(w_k\right)\right)} \tag{3.15}$$

上述公式中，权重矩阵 $\boldsymbol{U}^1$，$\boldsymbol{U}^2$，$\boldsymbol{b}^1$，$\boldsymbol{b}^2$ 和词向量矩阵 $\boldsymbol{L}$ 都视为神经网络的参数 θ。训练过程便是优化参数 θ，使得整个训练数据上的对数似然值最大：

$$\theta^* = \underset{\theta}{\operatorname{argmax}} \sum_{m=1}^{M} \log p\left(w_{i1}^{m_i}\right) \tag{3.16}$$

语言模型训练结束后，就得到了优化后的词向量矩阵 $\boldsymbol{L}^*$，它包含了词表 V 中所有词语的分布式向量表示。

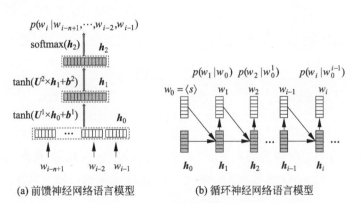

(a) 前馈神经网络语言模型   (b) 循环神经网络语言模型

图 3.4 神经网络语言模型示意图

    由于前馈神经网络语言模型仅能对固定窗口的上下文进行建模，无法捕捉长距离的上下文依赖关系，Mikolov 等便提出了采用循环神经网络（recurrent neural network，RNN）直接对概率 $p(w_i|w_1,w_2,\cdots,w_{i-1})$ 进行建模的思路（Mikolov et al., 2010），旨

[①] 词向量矩阵 $\boldsymbol{L}$ 一般可随机地进行初始化，并在模型训练过程中作为参数进行优化。

在利用所有的历史信息 $w_1, w_2, \cdots, w_{i-1}$ 预测当前词 w_i 的出现概率。循环神经网络的核心要点在于计算每一时刻的隐藏层表示 $\boldsymbol{h}_i$：

$$\boldsymbol{h}_i = f\left(\boldsymbol{W}e\left(w_{i-1}\right) + \boldsymbol{U}\boldsymbol{h}_{i-1} + \boldsymbol{b}\right) \tag{3.17}$$

其中，第 $i-1(i \geqslant 2)$ 时刻的隐藏层表示 $\boldsymbol{h}_{i-1}$ 蕴含从第 0 时刻到 $(i-1)$ 时刻的历史信息（第 0 时刻的历史信息通常设置为空，即 $\boldsymbol{h}_0 = 0$）。$f(\cdot)$ 为非线性激活函数，可取 $f(\cdot) = \tanh(\cdot)$。在第 i 时刻隐藏层表示 $\boldsymbol{h}_i$ 的基础上，可直接采用 softmax 函数计算下一个词 w_i 的出现概率 $p\left(w_i | w_1, w_2, \cdots, w_{i-1}\right)$。神经网络参数和词向量矩阵的优化方法与前馈神经网络方法类似，都是最大化训练数据的对数似然。

针对 RNN 在处理长序列输入时容易出现梯度消失或梯度爆炸的问题，（Hochreiter and Schmidhuber, 1997）提出了长短时记忆（long-short term memory, LSTM）模型。

图 3.5 比较了传统的 RNN 和 LSTM 模型结构。在图 3.5(a) 所示的 RNN 中，当前时刻的输入与上一时刻的隐层状态进行线性变化并相加，再经过非线性激活后得到当前时刻的隐层状态。在 RNN 的基础上，图 3.5(b) 所示的 LSTM 增加了单元状态或称细胞状态（cell state）和三个门控机制：输入门 $\boldsymbol{i}_t$、遗忘门 $\boldsymbol{f}_t$ 和输出门 $\boldsymbol{o}_t$。其核心是单元状态，它作为整个模型的记忆空间，可以被理解为一种传送带，随着时间变化传送模型的记忆信息。传送带的记忆控制通过三个控制门实现。

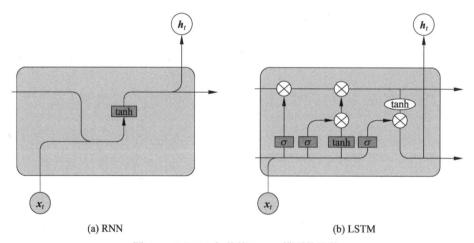

(a) RNN (b) LSTM

图 3.5 LSTM 与传统 RNN 模型的比较

三个控制门将当前时刻的输入 $\boldsymbol{x}_t$、上一时刻的隐层状态 $\boldsymbol{h}_{t-1}$ 和单元状态 $\boldsymbol{c}_{t-1}$ 的线性变化相加，再用 sigmoid 函数激活，得到一个 $[0,1]$ 之间的门限作为输出：

$$\boldsymbol{i}_t = \sigma(\boldsymbol{W}_{\mathrm{i}}\boldsymbol{x}_t + \boldsymbol{U}_{\mathrm{i}}\boldsymbol{h}_{t-1} + \boldsymbol{V}_{\mathrm{i}}\boldsymbol{c}_{t-1} + \boldsymbol{b}_{\mathrm{i}}) \tag{3.18}$$

$$\boldsymbol{f}_t = \sigma(\boldsymbol{W}_{\mathrm{f}}\boldsymbol{x}_t + \boldsymbol{U}_{\mathrm{f}}\boldsymbol{h}_{t-1} + \boldsymbol{V}_{\mathrm{f}}\boldsymbol{c}_{t-1} + \boldsymbol{b}_{\mathrm{f}}) \tag{3.19}$$

$$\boldsymbol{o}_t = \sigma(\boldsymbol{W}_{\mathrm{o}}\boldsymbol{x}_t + \boldsymbol{U}_{\mathrm{o}}\boldsymbol{h}_{t-1} + \boldsymbol{V}_{\mathrm{o}}\boldsymbol{c}_{t-1} + \boldsymbol{b}_{\mathrm{o}}) \tag{3.20}$$

其中，σ 表示 sigmoid 函数，$\boldsymbol{W}_{\mathrm{i}}, \boldsymbol{V}_{\mathrm{i}}, \boldsymbol{b}_{\mathrm{i}}, \boldsymbol{W}_{\mathrm{f}}, \boldsymbol{V}_{\mathrm{f}}, \boldsymbol{b}_{\mathrm{f}}, \boldsymbol{W}_{\mathrm{o}}, \boldsymbol{V}_{\mathrm{o}}, \boldsymbol{b}_{\mathrm{o}}$ 分别为输入门、遗忘门和输出门的参数。

假设 c_{t-1} 为上一时刻的单元状态，$\tilde{c}_t$ 是当前时刻的候选状态，那么，

$$\tilde{c}_t = \tanh(W_c x_t + U_c h_{t-1} + b_c) \tag{3.21}$$

上述门限与状态或输入进行点乘，决定传送带上多少信息可以被传送过去：当控制门的输出值为 0 时不传送；当输出值为 1 时全部传送。例如，输入门与候选状态点乘，可以控制将多少当前时刻的状态信息输入到传送带，而遗忘门与上一时刻的单元状态点乘，则控制需要遗忘多少过去时刻的状态信息。两者相加得到当前时刻的单元状态：

$$c_t = i_t \odot \tilde{c}_t + f_t \odot c_{t-1} \tag{3.22}$$

其中，$\odot$ 表示向量的点乘操作（element-wise multiplication）。

最后，单元状态经 tanh 非线性激活后与输出门点乘，得到当前时刻的隐层状态：

$$h_t = o_t \odot \tanh(c_t) \tag{3.23}$$

在标准的 RNN 模型中，每个词的表示只受位置之前的词的影响，位置之后的词对其不产生影响。为了更好地利用前向和后向的上下文信息，(Schuster and Paliwal, 1997) 提出了双向 RNN（bi-directional RNN）模型。(Graves et al., 2013) 在语音识别任务中使用了双向 LSTM（bi-LSTM），分别从前向后和从后向前两个方向对序列单元进行编码表示：

$$\overrightarrow{c}_t, \overrightarrow{h}_t = \text{LSTM}(\overrightarrow{c}_{t-1}, \overrightarrow{h}_{t-1}, x_t) \tag{3.24}$$

$$\overleftarrow{c}_t, \overleftarrow{h}_t = \text{LSTM}(\overleftarrow{c}_{t+1}, \overleftarrow{h}_{t+1}, x_t) \tag{3.25}$$

并将前向 LSTM 得到的隐层状态 $\overrightarrow{h}_t$ 与后向 LSTM 得到的隐层状态 $\overleftarrow{h}_t$ 拼接起来，作为最终的隐层状态：

$$h_t = [\overrightarrow{h}_t, \overleftarrow{h}_t] \tag{3.26}$$

模型结构如图 3.6 所示。这种双向结构同样适用其他 RNN 模型。

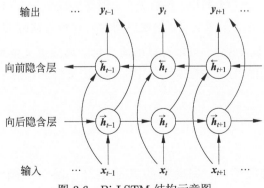

图 3.6　Bi-LSTM 结构示意图

　　针对 LSTM 门控网络结构复杂和存在冗余的缺点，论文（Cho et al., 2014）在 LSTM 的基础上提出了一种名为门控循环单元（gated recurrent unit, GRU）的 LSTM 变体。GRU 将遗忘门和输入门合并为更新门，同时将单元状态和隐藏层进行合并，从而简化了 LSTM 模型的结构。如图 3.7 所示。

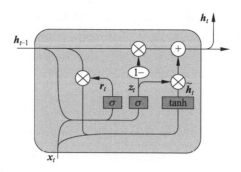

图 3.7　GRU 网络结构图

　　GRU 主要包含两个门控模块：重置门（reset gate）和更新门（update gate）。重置门主要决定有多少过去的信息需要遗忘，更新门则主要用于决定将多少过去的信息传递到未来：

$$r_t = \sigma(W_r x_t + U_r h_{t-1} + b_r) \tag{3.27}$$

$$z_t = \sigma(W_z x_t + U_z h_{t-1} + b_z) \tag{3.28}$$

基于重置门计算当前时刻的候选状态：

$$\tilde{h}_t = \tanh(W_h x_t + U_h(r_t \odot h_{t-1}) + b_h) \tag{3.29}$$

并基于更新门对隐层状态进行更新：

$$h_t = z_t \odot h_{t-1} + (1 - z_t) \odot \tilde{h}_t \tag{3.30}$$

其中，$\sigma(\cdot)$ 是 sigmoid 函数，$W_r, W_h, W_z, U_r, U_h, U_z$ 是参数矩阵。

　　GRU 在结构上比 LSTM 简单，参数更少，但在实践中与 LSTM 相比性能没有明显的劣势，甚至在一些任务上效果更好，因此也成为一种较为流行的 RNN 模型。

　　LSTM，GRU 和 Bi-LSTM 可以有效地捕捉长距离的语义依赖关系，在文本摘要和信息抽取等很多序列预测的文本挖掘任务中都体现出更优的性能（Nallapati et al., 2016; See et al., 2017）。

3.3.2　C&W 模型

　　在神经网络语言模型中，词向量的表示学习只是一个副产品，并不是核心任务。Collobert 和 Weston 于 2008 年提出了一种模型，直接以学习和优化词向量为最终目标，这种模型以两位学者的姓氏首字母命名，称为 C&W 模型（Collobert and Weston model）（Collobert and Weston, 2008）。

神经网络语言模型的目标在于准确估计条件概率 $p(w_i|w_1, w_2, \cdots, w_{i-1})$，因此每一时刻都需要利用隐藏层到输出层的矩阵运算和 softmax 函数计算整个词汇表的概率分布，计算复杂度为 $O(|\boldsymbol{h}| \times |V|)$，其中 $|\boldsymbol{h}|$ 是最高隐藏层的神经元数目（通常为几百或一千左右），$|V|$ 是词表规模（通常为几万至十万左右）。这个矩阵运算操作极大地降低了模型的训练效率。Collobert 和 Weston 认为，如果目标只是学习词向量，则没有必要采用语言模型的方式，而可以直接从分布式假说的角度设计模型和目标函数：给定训练语料中任意一个 n 元组（$n = 2C + 1$）$(w_i, C) = w_{i-C} \cdots w_{i-1} w_i w_{i+1} \cdots w_{i+C}$，如果将中心词 w_i 随机地替换为词表中的其他词 w_i'，得到一个新的 n 元组 $(w_i', C) = w_{i-C} \cdots w_{i-1} w_i' w_{i+1} \cdots w_{i+C}$，那么，$(w_i, C)$ 一定比 (w_i', C) 更加合理。如果对每个 n 元组进行打分，那么 (w_i, C) 得分一定比 (w_i', C) 高，即

$$s(w_i, C) > s(w_i', C) \tag{3.31}$$

如图 3.8 所示，简单的前馈神经网络模型只需要计算 n 元组的得分，并从得分能够区分输入的 n 元组是来自于真实的（right）训练文本，还是随机生成的（random）文本。我们将真实训练文本中的 n 元组 (w_i, C) 称为正样本，随机生成的 n 元组 (w_i', C) 称为负样本。

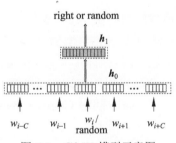

图 3.8 C&W 模型示意图

为了计算 $s(w_i, C)$，首先将 $w_{i-C} \cdots w_{i-1} w_i w_{i+1} \cdots w_{i+C}$ 中的每个词从词向量矩阵 $\boldsymbol{L}$ 中获得对应的词向量，并进行拼接，得到第一层表示 $\boldsymbol{h}_0$：

$$\boldsymbol{h}_0 = [e(w_{i-C}); \cdots; e(w_{i-1}); e(w_i); e(w_{i+1}); \cdots; e(w_{i+C})] \tag{3.32}$$

$\boldsymbol{h}_0$ 经过隐藏层得到 $\boldsymbol{h}_1$：

$$\boldsymbol{h}_1 = f(\boldsymbol{W}_0 \boldsymbol{h}_0 + \boldsymbol{b}_0) \tag{3.33}$$

其中，$f(\cdot)$ 为非线性激活函数。$\boldsymbol{h}_1$ 再经过线性变换，得到 n 元组 (w_i, C) 的得分：

$$s(w_i, C) = \boldsymbol{W}_1 \boldsymbol{h}_1 + \boldsymbol{b}_1 \tag{3.34}$$

其中，$\boldsymbol{W}_1 \in \mathbb{R}^{1 \times |\boldsymbol{h}_1|}$，$\boldsymbol{b}_1 \in \mathbb{R}^1$。可见 C&W 模型由隐藏层到输出层的矩阵运算非常简单，将计算复杂度由神经网络语言模型的 $O(|\boldsymbol{h}| \times |V|)$ 降低至 $O(|\boldsymbol{h}|)$，可以高效地学习词向量表示。

在词向量优化过程中，C&W 模型希望每一个正样本的打分比对应负样本的打分高 1 分，即

$$s(w_i, C) > s(w_i', C) + 1 \tag{3.35}$$

对于整个训练语料，C&W 模型需要遍历语料中的每个 n 元组，并最小化如下的目标函数：

$$\sum_{(w_i, C) \in D} \sum_{w_i' \in V_{\text{neg}}} \max(0, 1 + s(w_i', C) - s(w_i, C)) \tag{3.36}$$

其中，V_{neg} 为负样本集合。

3.3.3 CBOW 与 Skip-gram 模型

无论采用神经网络语言模型还是 C&W 模型，隐藏层都是不可或缺的，而输入层到隐藏层的矩阵运算也是高额时间开销的关键部分。为了进一步简化神经网络结构，更加高效地学习词向量表示，Mikolov 等在 2013 年提出了两种不含隐藏层的神经网络模型：CBOW 模型（continuous bag-of-words model）和 Skip-gram 模型（Skip-gram model）（Mikolov et al., 2013a）。

1. CBOW 模型

如图 3.9 所示，CBOW 模型的思想类似于 C&W 模型：输入上下文词语，预测中心目标词语。不同于 C&W 模型，CBOW 模型仍然以目标词的概率为优化目标，而且 CBOW 模型在网络结构设计上做了两点简化：一方面，输入层不再是上下文词对应词向量的拼接，而是忽略词序信息，直接采用所有词向量的平均值；另一方面，省略隐藏层，输入层直接与输出层连接，采用 logistic 回归（logistic regression）的形式计算中心目标词的概率。

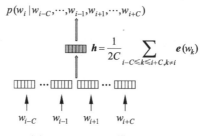

图 3.9 CBOW 模型示意图

形式化地，给定训练语料中任意一个 n 元组（$n = 2C + 1$）$(w_i, C) = w_{i-C} \cdots w_{i-1} w_i w_{i+1} \cdots w_{i+C}$，将 $WC = w_{i-C} \cdots w_{i-1} w_{i+1} \cdots w_{i+C}$ 作为输入，计算上下文词的平均词向量：

$$h = \frac{1}{2C} \sum_{i-C \leqslant k \leqslant i+C, k \neq i} e(w_k) \tag{3.37}$$

h 直接作为上下文的语义表示预测中心目标词 w_i 的概率：

$$p\left(w_i|WC\right) = \frac{\exp\left(\boldsymbol{h} \cdot \boldsymbol{e}\left(w_i\right)\right)}{\sum_{k=1}^{|V|} \exp\left(\boldsymbol{h} \cdot \boldsymbol{e}\left(w_k\right)\right)} \tag{3.38}$$

其中，V 表示所有词汇的集合，即词汇表，$|V|$ 表示词汇总数。

在 CBOW 模型中，词向量 $\boldsymbol{L}$ 是唯一的神经网络参数。对于整个训练语料，CBOW 模型优化词向量矩阵 $\boldsymbol{L}$ 以最大化所有词的对数似然：

$$\boldsymbol{L}^* = \underset{\boldsymbol{L}}{\operatorname{argmax}} \sum_{w_i \in V} \log p\left(w_i|WC\right)$$

2. Skip-gram 模型

与 CBOW 模型利用上下文词预测中心词的做法不同，Skip-gram 模型采用了相反的过程，即用中心词预测所有上下文词。图 3.10 展示了 Skip-gram 模型的基本思想。

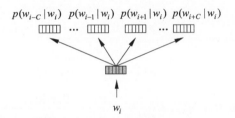

图 3.10 Skip-gram 模型示意图

给定训练语料中任意一个 n 元组 $(w_i, C) = w_{i-C} \cdots w_{i-1} w_i w_{i+1} \cdots w_{i+C}$，Skip-gram 模型直接利用中心词 w_i 的词向量 $\boldsymbol{e}\left(w_i\right)$ 预测上下文 $WC = w_{i-C} \cdots w_{i-1} w_{i+1} \cdots w_{i+C}$ 中每个词 w_c 的概率：

$$p\left(w_c|w_i\right) = \frac{\exp\left(\boldsymbol{e}\left(w_i\right) \cdot \boldsymbol{e}\left(w_c\right)\right)}{\sum_{k=1}^{|V|} \exp\left(\boldsymbol{e}\left(w_i\right) \cdot \boldsymbol{e}\left(w_k\right)\right)} \tag{3.39}$$

Skip-gram 模型的目标函数与 CBOW 模型的目标函数类似，都是优化词向量矩阵 $\boldsymbol{L}$ 以最大化所有上下文词的对数似然：

$$\boldsymbol{L}^* = \underset{\boldsymbol{L}}{\operatorname{argmax}} \sum_{w_i \in V} \sum_{w_c \in WC} \log p\left(w_c|w_i\right) \tag{3.40}$$

3.3.4 噪声对比估计与负采样

CBOW 模型和 Skip-gram 模型虽然极大地简化了神经网络结构，但是仍然需要利用 softmax 函数计算词汇表 V 中所有词的概率分布。为了加速神经网络模型的训练效率, Mikolov 等受 C&W 模型和噪声对比估计 (noise contrastive estimation, NCE) 方法的启发, 提出了负采样 (negative sampling, NEG) 技术 (Mikolov et al., 2013b)。

以 Skip-gram 模型为例, 通过中心词 w_i 预测上下文 $WC = w_{i-C} \cdots w_{i-1} w_{i+1} \cdots w_{i+C}$ 中的任意词 w_c, 负采样技术和噪声对比估计方法都是为每个正样本 w_c 从某个概率分布 $p_n(w)$ 中选择 K 个负样本 $\{w'_1, w'_2, \cdots, w'_K\}$, 并最大化正样本的似然, 同时最小化所有负样本的似然。

对于一个正样本 w_c 和 K 个负样本 $\{w'_1, w'_2, \cdots, w'_K\}$, 噪声对比估计方法首先对 $K + 1$ 个样本的概率进行归一化:

$$
\begin{aligned}
p(l = 1, w | w_i) &= p(l = 1) \, p(w | l = 1, w_i) \\
&= \frac{1}{K+1} p_\theta(w | w_i)
\end{aligned}
\tag{3.41}
$$

$$
\begin{aligned}
p(l = 0, w | w_i) &= p(l = 0) \, p(w | l = 0, w_i) \\
&= \frac{K}{K+1} p_n(w)
\end{aligned}
\tag{3.42}
$$

$$
\begin{aligned}
p(l = 1 | w, w_i) &= \frac{p(l = 1, w | w_i)}{p(l = 0, w | w_i) + p(l = 1, w | w_i)} \\
&= \frac{p_\theta(w | w_i)}{p_\theta(w | w_i) + K p_n(w)}
\end{aligned}
\tag{3.43}
$$

$$
\begin{aligned}
p(l = 0 | w, w_i) &= \frac{p(l = 0, w | w_i)}{p(l = 0, w | w_i) + p(l = 1, w | w_i)} \\
&= \frac{K p_n(w)}{p_\theta(w | w_i) + K p_n(w)}
\end{aligned}
\tag{3.44}
$$

其中, w 表示某个样本; $l = 1$ 表示该样本来自于正样本, 服从神经网络模型的概率输出[①]$p_\theta(w | WC)$; $l = 0$ 表示该样本来自于负样本, 服从噪声样本生成的概率分布 $p_n(w)$。噪声对比估计的目标函数如下:

$$
J(\theta) = \log p(l = 1 | w_c, w_i) + \sum_{k=1}^{K} \log p(l = 0 | w'_k, w_i)
\tag{3.45}
$$

负采样技术的目标函数与噪声对比估计相同, 但不同于噪声对比估计方法的是负采样技术不对样本集合进行概率归一化, 而直接采用神经网络语言模型输出:

$$
p(l = 1 | w_c, w_i) = \frac{1}{1 + e^{-\boldsymbol{e}(w_i) \cdot \boldsymbol{e}(w_c)}}
\tag{3.46}
$$

那么, 目标函数可以简化为

---

① $p_\theta(w | WC) = \dfrac{\exp(\boldsymbol{h} \cdot \boldsymbol{e}(w))}{\sum\limits_{k=1}^{|V|} \exp(\boldsymbol{h} \cdot \boldsymbol{e}(w_k))} = \dfrac{\exp(\boldsymbol{h} \cdot \boldsymbol{e}(w_i))}{z(w)}$, 在 NCE 方法中一般取 $z(w) = 1$。

$$J(\theta) = \log p(l = 1|w_c, w_i) + \sum_{k=1}^{K} \log p(l = 0|w_k', w_i)$$

$$= \log p(l = 1|w_c, w_i) + \sum_{k=1}^{K} \log(1 - p(l = 1|w_k', w_i))$$

$$= \log \frac{1}{1 + e^{-e(w_i) \cdot e(w_c)}} + \sum_{k=1}^{K} \log\left(1 - \frac{\cdot 1}{1 + e^{-e(w_k') \cdot e(w_c)}}\right)$$

$$= \log \frac{1}{1 + e^{-e(w_i) \cdot e(w_c)}} + \sum_{k=1}^{K} \log\left(\frac{1}{1 + e^{e(w_k') \cdot e(w_c)}}\right)$$

$$= \log \sigma(e(w_i) \cdot e(w_c)) + \sum_{k=1}^{K} \log \sigma(-e(w_k') \cdot e(w_c)) \tag{3.47}$$

Mikolov 等通过实验发现，负样本数目 $K = 5$ 时就能够取得很好的性能。可见，负采样技术极大地简化了概率估计方法，有效提升了词向量的学习效率。

3.3.5　字词混合的分布式表示方法

基于分布式假说的词向量表示学习需要足够的上下文信息去捕捉一个词的语义，也就是说，要求词出现的频率足够高。但是，根据齐夫定律（Zipf's Law），绝大多数词在语料中很少出现。对于这些词，无法依据分布式假说获得高质量的词向量表示。

虽然词是能够独立运用的最小语义单元，但是词并不是最小的语言单位，而是由字符或字构成的。例如，英文单词由字母组成，中文词由汉字构成。以中文词为例，研究者分析发现 93% 的中文词满足或部分满足语义组合特性[①]，即这些词是语义透明的。如果一个词是语义透明的，表明这个词的语义可以由内部汉字的语义组合而成。如图 3.11 中的词"出租车"，"出""租""车"三个汉字的语义进行合成，便能得到"出租车"的语义。相比于词汇规模，汉字集合是有限的，根据国标 GB 2312 常用的汉字不足 7000 个，而且汉字在语料中的频率都比较高，能够在分布式假说下获得高质量的汉字向量。因此，如果能够充分挖掘汉字的语义向量表示，设计准确的语义组合函数，就能够极大地增强汉语词（特别是低频词）的向量表示能力。基于这种想法，字词混合的分布式表示方法越来越受到研究者的关注（Chen et al., 2015a；Xu et al., 2016；Wang et al., 2017a）。

字词混合的分布式表示方法可以有多种，它们之间的区别主要在于两方面：一是如何设计准确的汉字语义组合函数；二是如何融合汉字组合语义和中文词语的原子语义。下面以 C&W 模型的思想为例介绍两种字词混合的分布式表示方法。

所有方法的目标仍然是区分正常的 n 元组和随机的 n 元组，核心任务还是计算一个 n 元组的得分。图 3.11（a）是一种简单而直接的字词混合方法。假设中文词 $w_i = c_1 c_2 \cdots c_l$ 由 l 个汉字组成（例如，"出租车"由 3 个汉字组成），该方法首先学习汉字串 $c_1 c_2 \cdots c_l$ 的语义向量组合表示 $\boldsymbol{x}(c_1 c_2 \cdots c_l)$ 和中文词 w_i 的原子向量表示

---

① 其中，70% 是部分满足，30% 是完全满足。

$\boldsymbol{x}(w_i)$。在组合汉字的语义向量时，假设各个汉字的贡献相同，利用平均字向量表示 $\boldsymbol{x}(c_1 c_2 \cdots c_l)$：

$$\boldsymbol{x}(c_1 c_2 \cdots c_l) = \frac{1}{l} \sum_{k=1}^{l} \boldsymbol{x}(c_k) \tag{3.48}$$

其中，$\boldsymbol{x}(c_k)$ 表示汉字 c_k 的向量表示。为了获得最终的词向量，该方法直接将汉字的语义组合表示和中文词向量表示进行拼接：

$$\boldsymbol{X}_i = [\boldsymbol{x}(c_1 c_2 \cdots c_l) ; \boldsymbol{x}(w_i)] \tag{3.49}$$

之后的 $\boldsymbol{h}_0$，$\boldsymbol{h}_1$ 和最终得分的计算与 C&W 模型相同。

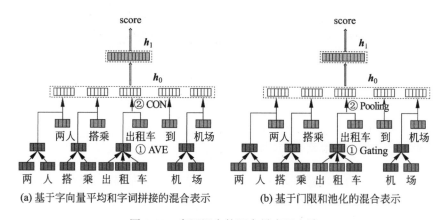

(a) 基于字向量平均和字词拼接的混合表示　　(b) 基于门限和池化的混合表示

图 3.11　字词混合的词向量表示方法

不难看出，上述方法并未考虑不同的汉字对组合语义的影响，也没考虑组合语义和原子语义对最终词向量的影响。例如，在中文词语"出租车"中，汉字"车"的贡献最大，"出"和"租"仅起修饰作用，贡献相对较小。可见，不同汉字不应该等同视之。另一方面，有的词是透明词，更多地依赖组合语义，而有的词是非透明的（例如，"苗条"），则更多地依赖词的原子语义。图 3.11（b）所展示的是同时考虑上述两点因素的字词混合方法。首先通过门限（gating）机制获得汉字的组合语义：

$$\boldsymbol{x}(c_1 c_2 \cdots c_l) = \sum_{k=1}^{l} \boldsymbol{v}_k \odot \boldsymbol{x}(c_k) \tag{3.50}$$

其中，$\boldsymbol{v}_k \in \mathbb{R}^d$ 表示控制门，控制汉字 c_k 的向量 $\boldsymbol{x}(c_k)$ 对组合语义的贡献，可通过如下方式计算：

$$\boldsymbol{v}_k = \tanh\left(W\left[\boldsymbol{x}(c_k) ; \boldsymbol{x}(w_i)\right]\right) \tag{3.51}$$

其中，$\boldsymbol{W} \in \mathbb{R}^{d \times 2d}$。在融合组合语义和原子语义时，通过最大池化（max-pooling）方式获得：

$$\boldsymbol{X}_i = \max_{k=1}^{d}\left(\boldsymbol{x}(c_1 c_2 \cdots c_l)_k , \boldsymbol{x}(w_i)_k\right) \tag{3.52}$$

通过池化机制，可以学习出最终词的语义更加依赖于哪一种语义（是组合语义还是原子语义）。大量的实验表明，考虑词内汉字贡献度后获得的词向量具有更准确的表达能力。

3.4　短语的分布式表示

在统计自然语言处理中，短语一般指连续的词串，并非只是句法意义上的名词短语、动词短语和介词短语等。短语的分布式表示学习方法分为两种：一种方法视短语为不可分割的独立语义单元，然后基于分布式假说学习短语的语义向量表示；另一种方法认为短语的语义由词组合而成，关键是学习词和词之间的语义组合方式。

与词相比，短语的出现频率更低，因此基于分布式假说的短语向量表示在质量上无法得到保证。Mikolov 等只是将部分英语常见短语（例如，"New York Times" 和 "United Nations" 等）视为不可分割的语义单元，与词等同对待（例如，"New_York_Times" 和 "United_Nations"），利用 CBOW 模型或 Skip-gram 模型学习相应的分布式表示。可见，这类方法无法适用于普通的短语表示学习。

3.4.1　基于词袋的分布式表示

基于组合语义的短语表示学习是一种更加自然合理的方法。如何将词的语义组合成短语的语义是这类表示学习方法的核心。给定一个由 i 个词组成的短语 $\mathrm{ph}_i = w_1 w_2 \cdots w_i$，最简单的语义组合方法就是采用词袋模型（Collobert et al., 2011），即对词向量平均或者对词向量的每一维取最大等方式：

$$\mathbf{ph}_i = \frac{1}{i} \sum_{k=1}^{i} \boldsymbol{x}(w_k) \tag{3.53}$$

$$\mathbf{ph}_i = \max_{k=1}^{d} \left(\boldsymbol{x}(w_1)_k, \boldsymbol{x}(w_2)_k, \cdots, \boldsymbol{x}(w_i)_k \right) \tag{3.54}$$

当然，这种方法不考虑短语中不同词的权重，而且没有对词的顺序进行建模。针对前者，可以在对词向量平均的基础上添加词的权重信息：

$$\mathbf{ph}_i = \sum_{k=1}^{i} v_k \boldsymbol{x}(w_k) \tag{3.55}$$

其中，v_k 可以是词 w_k 对应的词频或 TF-IDF 等信息，或者可采用字词混合模型中的门限机制控制不同词对短语表示的贡献。

3.4.2　基于自动编码器的分布式表示

正如前面所述，基于词袋模型的短语表示方法还存在另一个问题，即无法捕捉短语中的词序信息。在很多情形下，词序不同，短语的语义完全不同。例如，两个短语"猫吃鱼"和"鱼吃猫"使用相同的三个词语，语义却完全相反。因此，短语的分布式语义表示学习需要对词语的顺序进行有效建模。本节介绍短语表示学习的一种典型方法，即递归自动编码器（recursive autoencoder, RAE）（Socher et al., 2011b）。

顾名思义，递归自动编码器就是以递归的方式自底向上不断地合并两个子节点的向量表示，直至获得短语的向量表示。图 3.12 给出了一个递归自动编码器应用于二叉树的

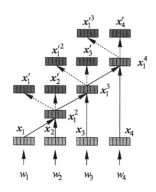

图 3.12　递归自动编码器示意图

例子，其中树上的每个节点都采用相同的标准自动编码器。标准自动编码器的目的是学习给定输入的一个精简、抽象的向量表达。例如，对于图 3.12 中前两个输入词对应的向量 $\boldsymbol{x}_1$ 和 $\boldsymbol{x}_2$，标准自动编码器将利用如下的方式学习一个抽象表示 $\boldsymbol{x}_1^2$：

$$\boldsymbol{x}_1^2 = f\left(\boldsymbol{W}^{(1)}\left[\boldsymbol{x}_1;\boldsymbol{x}_2\right]+\boldsymbol{b}^{(1)}\right) \tag{3.56}$$

其中，$\boldsymbol{W}^{(1)} \in \mathbb{R}^{d\times 2d}$，$\boldsymbol{b}^{(1)} \in \mathbb{R}^d$，$f(\cdot) = \tanh(\cdot)$，即输入两个 d 维向量 $\boldsymbol{x}_1$ 和 $\boldsymbol{x}_2$，输出一个 d 维向量 $\boldsymbol{x}_1^2$，并且要求 $\boldsymbol{x}_1^2$ 是 $\boldsymbol{x}_1$ 与 $\boldsymbol{x}_2$ 的一个压缩抽象表示。为了验证 $\boldsymbol{x}_1^2$ 的质量，可以从输出 $\boldsymbol{x}_1^2$ 重构出输入：

$$[\boldsymbol{x}_1';\boldsymbol{x}_2'] = f\left(\boldsymbol{W}^{(2)}\boldsymbol{x}_1^2+\boldsymbol{b}^{(2)}\right) \tag{3.57}$$

其中，$\boldsymbol{W}^{(2)} \in \mathbb{R}^{2d\times d}$，$\boldsymbol{b}^{(1)} \in \mathbb{R}^{2d}$，$f(\cdot) = \tanh(\cdot)$。标准自动编码器要求输入 $[\boldsymbol{x}_1;\boldsymbol{x}_2]$ 和重构输入 $[\boldsymbol{x}_1';\boldsymbol{x}_2']$ 之间的误差越小越好：

$$E_{\text{rec}}\left([\boldsymbol{x}_1;\boldsymbol{x}_2]\right) = \frac{1}{2}\|\,[\boldsymbol{x}_1;\boldsymbol{x}_2]-[\boldsymbol{x}_1';\boldsymbol{x}_2']\,\|^2 \tag{3.58}$$

将 $\boldsymbol{x}_1^2$ 和 $\boldsymbol{x}_3$ 作为输入，相同的自动编码器可以获得短语 $\boldsymbol{w}_1^3$ 的表示 $\boldsymbol{x}_1^3$。然后以 $\boldsymbol{x}_1^3$ 和 $\boldsymbol{x}_4$ 作为输入，可以得到整个短语的表示 $\boldsymbol{x}_1^4$。

　　作为一种无监督方法，递归自动编码器以最小化短语的重构误差之和作为目标函数：

$$E_{\theta}\left(\text{ph}_i\right) = \underset{\text{bt}\in A(\text{ph}_i)}{\arg\min}\sum_{\text{nd}\in\text{bt}} E_{\text{rec}}\left(\text{nd}\right) \tag{3.59}$$

其中，$A(\text{ph}_i)$ 表示短语 ph_i 对应的所有可能的二叉树，nd 表示特定二叉树 bt 上的任意一个节点，$E_{\text{rec}}(\text{nd})$ 表示节点 nd 的重构误差。

　　为了检验整个短语的语义向量表示的质量，可以测试语义相近的短语在语义向量空间中能否聚集在一起。假设用于训练的短语集合为 $S(\text{ph})$，对于一个未见的短语 ph^*，利用短语向量之间的余弦距离度量任意两个短语之间的语义相似度，从 $S(\text{ph})$ 中搜索与 ph^* 相似的短语列表 $\text{List}(\text{ph}^*)$，检验 $\text{List}(\text{ph}^*)$ 与 ph^* 是否真正的语义相近。表 3.2 的第一列给出了 4 个不同长度的英文测试短语，第二列展示了无监督递归自动编码器 RAE 能够找到的向量空间中相近的候选短语列表。

表 3.2 RAE 和 BRAE 在短语语义表示方面的对比

新输入短语	RAE	BRAE
military force	core force main force labor force	military power military strength armed forces
at a meeting	to a meeting at a rate a meeting	at the meeting during the meeting at the conference
do not agree	one can accept i can understand do not want	do not favor will not compromise not to approve
each people in this nation	each country regards each country has its each other, and	every citizen in this country all the people in the country people all over the country

可以发现，RAE 能够在一定程度上捕捉短语的结构信息，例如，"military force"和"labor force"以及"do not agree"和"do not want"等。但是，RAE 在编码短语的语义信息方面比较欠缺。

当然，如果存在一些短语，有正确的语义向量表示作为监督信息，就可以采用有监督的递归自动编码器学习短语的语义表示模型。但是，正确的语义表示在现实中并不存在。为了让短语的向量表示刻画足够的语义信息，Zhang 等提出了一种双语约束的递归自动编码器框架（Zhang et al., 2014），其基本假设是：两个互为翻译的短语具有相同的语义，那么它们应该共享相同的向量表示。基于这个前提假设，可以采用协同训练（co-training）的思想同时学习两种语言的短语向量表示。首先，利用两个递归自动编码器以无监督方式学习语言 X 和语言 Y 中短语的初始表示，然后，以最小化语言 X 和语言 Y 中互译短语 $(\mathrm{ph}_x, \mathrm{ph}_y)$ 之间的语义距离为目标函数，优化两种语言的递归自动编码器网络。图 3.13 展示了该方法的基本框架，其中 $f(\boldsymbol{x}_1^3, \boldsymbol{y}_1^4)$ 表示源语言短语 $\boldsymbol{x}_1^3$ 和目标语言短语 $\boldsymbol{y}_1^4$ 之间的语义距离，θ 表示神经网络参数。

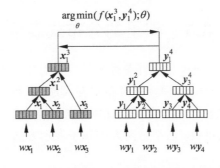

图 3.13 双语约束的递归自动编码器示意图

该方法的目标函数包括两部分：一部分是递归自动编码器的重构误差，另一部分是互译短语之间的语义误差：

$$E\left(\mathrm{ph}_x, \mathrm{ph}_y; \theta\right) = \alpha E_{\mathrm{REC}}\left(\mathrm{ph}_x, \mathrm{ph}_y; \theta\right) + (1-\alpha) E_{\mathrm{SEM}}\left(\mathrm{ph}_x, \mathrm{ph}_y; \theta\right) \tag{3.60}$$

其中，$E_{\mathrm{REC}}\left(\mathrm{ph}_x, \mathrm{ph}_y; \theta\right)$ 表示两个短语的重构误差，$E_{\mathrm{SEM}}\left(\mathrm{ph}_x, \mathrm{ph}_y; \theta\right)$ 表示互译短语之间的语义误差，α 调节重构误差和语义误差之间的权重。$E_{\mathrm{REC}}\left(\mathrm{ph}_x, \mathrm{ph}_y; \theta\right)$ 包括两个短语的重构误差：

$$E_{\mathrm{REC}}\left(\mathrm{ph}_x, \mathrm{ph}_y; \theta\right) = E_{\mathrm{REC}}\left(\mathrm{ph}_x; \theta\right) + E_{\mathrm{REC}}\left(\mathrm{ph}_y; \theta\right) \tag{3.61}$$

每个短语重构误差的计算方式与无监督递归自动编码器的计算方法相同。$E_{\mathrm{SEM}}(\mathrm{ph}_x, \mathrm{ph}_y; \theta)$ 包含两个方向的语义误差：

$$E_{\mathrm{SEM}}\left(\mathrm{ph}_x, \mathrm{ph}_y; \theta\right) = E_{\mathrm{SEM}}\left(\mathrm{ph}_x | \mathrm{ph}_y; \theta\right) + E_{\mathrm{SEM}}\left(\mathrm{ph}_y | \mathrm{ph}_x; \theta\right) \tag{3.62}$$

$$E_{\mathrm{SEM}}\left(\mathrm{ph}_x | \mathrm{ph}_y; \theta\right) = \frac{1}{2}\|\boldsymbol{x}\left(\mathrm{ph}_x\right) - f\left(\boldsymbol{W}_x^l \boldsymbol{y}\left(\mathrm{ph}_y\right) + \boldsymbol{b}_x^l\right)\|^2 \tag{3.63}$$

$$E_{\mathrm{SEM}}\left(\mathrm{ph}_y | \mathrm{ph}_x; \theta\right) = \frac{1}{2}\|\boldsymbol{y}\left(\mathrm{ph}_y\right) - f\left(\boldsymbol{W}_y^l \boldsymbol{x}\left(\mathrm{ph}_x\right) + \boldsymbol{b}_y^l\right)\|^2 \tag{3.64}$$

对于包括 N 个互译短语的短语集合 $\left(\mathrm{ph}_x, \mathrm{ph}_y\right)$，希望在整个数据集上的误差最小：

$$J_{\mathrm{BRAE}}\left(\mathrm{PH}_x, \mathrm{PH}_y; \theta\right) = \frac{1}{N} \sum_{\left(\mathrm{ph}_x, \mathrm{ph}_y\right) \in \left(\mathrm{PH}_x, \mathrm{PH}_y\right)} E\left(\mathrm{ph}_x, \mathrm{ph}_y; \theta\right) + \frac{\lambda}{2}\|\theta\|^2 \tag{3.65}$$

其中，第二项表示参数的正则化项（regularization term）。当然，在最小化互译短语的语义距离的同时，也可以最大化非互译短语的语义距离：

$$E_{\mathrm{SEM}}^*\left(\mathrm{ph}_x | \mathrm{ph}_y; \theta\right) = \max\left\{0, E_{\mathrm{SEM}}\left(\mathrm{ph}_x | \mathrm{ph}_y; \theta\right) - E_{\mathrm{SEM}}\left(\mathrm{ph}_x | \mathrm{ph}_y'; \theta\right) + 1\right\} \tag{3.66}$$

其中，$\left(\mathrm{ph}_x, \mathrm{ph}_y\right)$ 是互译短语，$\left(\mathrm{ph}_x, \mathrm{ph}_y'\right)$ 为随机采样的非互译短语。通过协同训练机制，最终可得到两种语言的短语表示模型。

表 3.2 中第三列展示了 BRAE 模型的效果。与无监督的 RAE 相比，BRAE 能够编码短语的语义信息。例如，输入短语 "do not agree"，BRAE 能够为其找到语义相近但用词差别较大的短语："will not compromise" 和 "not to approve"。可见，双语约束的递归自动编码器 BRAE 能够学习较为准确的短语语义向量表示。

3.5　句子的分布式表示

由于词和短语往往不是文本挖掘任务处理的直接对象，因此，对于词和短语的表示学习主要还是采用通用（或任务无关）的分布式表示方法。相对而言，句子是很多文本挖掘任务的直接处理对象，例如，面向句子的文本分类、情感分析和蕴涵推断等。所以，句子的分布式表示学习至关重要。通常有两大类句子表示方法，一类是通用的，另一类则是任务相关的。

3.5.1　通用的句子表示

通用的句子表示几乎都是以无监督方法为核心思想，设计简单的基于神经网络的句子表示模型，在大规模句子集合 $D = \{w_{i1}^{m_i}\}_{i=1}^{M}$ 的训练数据上优化神经网络参数。以下介绍三种典型的通用句子表示方法。

1. PV-DM 和 PV-DBOW 模型

Le 和 Mikolov 于 2014 年对词表示学习中的 CBOW 模型和 Skip-gram 模型进行了扩展，使其可以同时学习词向量和句子向量（Le and Mikolov, 2014）。对于集合 D 中的 M 个句子，按照顺序，每个句子 D_i 对应一个序号 i，该序号 i 可以唯一代表该句子。假设我们希望句子向量的维度为 p，那么训练集中所有句子的向量对应一个矩阵 $\mathbf{PV} \in \mathbb{R}^{M \times p}$。序号为 i 的句子对应的向量是 $\mathbf{PV}$ 中的第 i 行。

对 CBOW 词表示模型的扩展，形成了句子表示模型 PV-DM（paragraph vector with sentence as distributed memory）。如图 3.14（a）所示，PV-DM 模型将上下文所在的句子视为一个记忆单元，捕捉当前上下文缺失的信息。对于任意一个 n 元组 $(w_i, C) = w_{i-C} \cdots w_{i-1} w_i w_{i+1} \cdots w_{i+C}$ 和该 n 元组所在的句子序号 SenId，将 SenId 和 $\mathrm{WC} = w_{i-C} \cdots w_{i-1} w_{i+1} \cdots w_{i+C}$ 作为输入，计算句子和上下文词的平均词向量（或采用向量拼接的方式）：

$$h = \frac{1}{2C+1} \left(e\left(\mathrm{SenId}\right) + \sum_{i-C \leqslant k \leqslant i+C, k \neq i} e\left(w_k\right) \right) \tag{3.67}$$

其中，$e\left(\mathrm{SenId}\right)$ 表示 $\mathbf{PV}$ 中 SenId 对应的句向量。中心词的概率 $p(w_i | w_{i-C}, \cdots, w_{i-1}, w_{i+1}, \cdots, w_{i+C}, \mathrm{SenId})$ 计算方法、目标函数和训练过程均与 CBOW 模型一致。

对 Skip-gram 模型扩展之后，形成了句子表示模型 PV-DBOW（distributed bag-of-words version of paragraph vector）。如图 3.14（b）所示，该模型以句子为输入，以句子中随机抽样的词为输出，即要求句子能够预测句中的任意词。其目标函数设计和训练方式与 Skip-gram 模型相同。

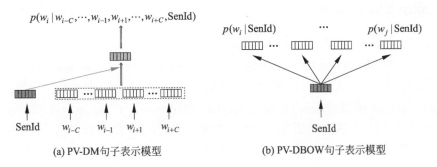

(a) PV-DM句子表示模型 (b) PV-DBOW句子表示模型

图 3.14 PV-DM 模型和 PV-DBOW 模型

PV-DM 和 PV-DBOW 两个模型简单有效，但是仅能够对训练数据中的句子学习对应的向量表示。如果希望获得未见测试句子的向量表示，则需要将该句子放入训练集中重新训练模型。所以，这类模型的泛化性能受到了一定的限制。

2. 基于词袋模型的分布式表示

基于语义组合的通用句子表示方法是目前研究的一个热点。其中一类方法是基于词袋模型进行句子表示，该方法认为句子的语义是句中词汇语义的简单组合，最简单就是

采用词向量平均的方法:

$$e_s = \frac{1}{n} \sum_{k=1}^{n} e(w_k) \tag{3.68}$$

其中，$e(w_k)$ 表示词 w_k 对应的词向量，可通过词向量学习方法获得；n 表示句子的长度；e_s 是句子的向量表示。由于句子中不同词对句子语义的贡献也不尽相同，例如，句子"明天将在北京举行'一带一路'论坛"中，"一带一路"显然对句子语义的贡献更大。因此，在简单组合词汇语义时，如何为每个词赋予合适的权重是这类方法研究的重点，即

$$e_s = \sum_{k=1}^{n} v_k e(w_k) \tag{3.69}$$

其中，v_k 表示词 w_k 的权重。可以采用 TF-IDF 值或信息论中的自信息（self-information）等统计量近似 v_k。（Wang et al., 2017b）提出了一种基于自信息的权重计算方法，通过如下方式计算 v_k:

$$v_k = \frac{\exp(\mathrm{si}_k)}{\sum_{i=1}^{n} \exp(\mathrm{si}_i)} \tag{3.70}$$

其中，$\mathrm{si}_k = -\log(P(w_k|w_1 w_2 \cdots w_{k-1}))$，表示词 w_k 的自信息，可通过语言模型进行估计。词 w_k 的自信息越大，表明该词所携带的信息量越多，所以在句子表示中应该被赋予更大的权重。这类基于词袋模型的句子表示方法虽然思想简单，但是在相似句子判别、文本蕴涵等自然语言处理任务中表现出很强的竞争力。

3. Skip-Thought 模型

Skip-Thought 方法是另一类基于语义组合的句子表示方法（Kiros et al., 2015），该方法类似于 PV-DBOW 模型（distributed bag-of-words version of paragraph vector），其基本思想也来源于 Skip-gram 模型，但不同于 PV-DBOW 模型利用句子预测句中的词，Skip-Thought 模型（Skip-Thought model）利用当前句子 D_k 预测前一个句子 D_{k-1} 和后一个句子 D_{k+1}。该模型认为，文本中连续出现的句子 $D_{k-1}D_k D_{k+1}$ 表达的意思比较接近，因此，根据句子 D_k 的语义可以重构出前后两个句子。

图 3.15 给出了 Skip-Thought 模型的示意图。该模型有两个核心模块：一个负责对当前句子 D_k 进行编码，另一个负责从 D_k 的语义表示解码生成 D_{k-1} 和 D_{k+1}。编码器采用基于语义组合的循环神经网络，每个神经单元采用门控循环单元（GRU）。编码过程与循环神经网络语言模型一致，这里不再赘述。如图 3.15 左侧所示，得到句中每个位置的隐藏表示 h_i^k 后，最后一个位置对应的隐藏表示 h_n^k 将作为整个句子的语义编码表示。

解码器类似于基于 GRU 的神经网络语言模型，唯一的区别在于每个时刻的输入除了上一时刻的隐藏表示 h_{j-1} 和输出 w_{j-1} 之外，还有句子 D_k 的隐藏表示 h_n^k，每个时间节点 GRU 单元的计算过程如下（以预测前一个句子为例）:

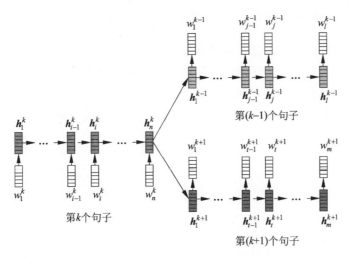

图 3.15 Skip-Thought 句子表示模型

$$r^j = \sigma \left(W_r^{k-1} e \left(w_{j-1}^{k-1} \right) + U_r^{k-1} h_{j-1}^{k-1} + C_r^{k-1} h_n^k + b_r^{k-1} \right) \tag{3.71}$$

$$z^j = \sigma \left(W_z^{k-1} e \left(w_{j-1}^{k-1} \right) + U_z^{k-1} h_{j-1}^{k-1} + C_z^{k-1} h_n^k + b_z^{k-1} \right) \tag{3.72}$$

$$\tilde{h}_j = \tanh \left(W e \left(w_{j-1}^{k-1} \right) + U \left(r^j \odot h_{j-1}^{k-1} \right) + C^{k-1} h_n^k + b \right) \tag{3.73}$$

$$h_j^{k-1} = z^j \odot \tilde{h}_j + \left(1 - z^j \right) \odot h_{j-1}^{k-1} \tag{3.74}$$

给定 h_j^{k-1}、已经产生的词语序列 $w_1^{k-1} w_2^{k-1} \cdots w_{j-1}^{k-1}$ 和句子 D_k 的隐藏表示 h_n^k,生成下一个词语 w_j^{k-1} 的概率为

$$p \left(w_j^{k-1} | w_{<j}^{k-1}, h_n^k \right) \propto \exp \left(e \left(w_j^{k-1} \right), h_j^{k-1} \right) \tag{3.75}$$

后一个句子 D_{k+1} 的计算过程类似。

Skip-Thought 模型训练的目标函数为

$$\sum_{k=1}^{M} \left\{ \sum_{j=1}^{l} p \left(w_j^{k-1} | w_{<j}^{k-1}, h_n^k \right) + \sum_{t=1}^{m} p \left(w_t^{k+1} | w_{<t}^{k+1}, h_n^k \right) \right\} \tag{3.76}$$

其中,M 为训练集合中句子的数目,l 和 m 分别是前一个句子和后一个句子的长度。

Skip-Thought 模型充分结合了语义组合思想和分布式假说。如果训练语料都是由连续文本形式构成的,那么 Skip-Thought 模型可以获得高质量的句子向量表示。

3.5.2 任务相关的句子表示

任务相关的句子表示以具体任务的性能指标为优化目标,例如,在句子级的情感分析任务中,句子的向量表示最终是为了预测该句子的情感极性。以下分别以递归神经网络(recursive neural network, RNN)(Socher et al., 2013)和卷积神经网络(convolutional neural networks, CNN)(Kim, 2014)为例介绍两种任务相关的句子表示学习方法。

1. 基于递归神经网络的句子表示方法

递归神经网络是一种适合于树结构的深度学习模型。给定子节点的向量表示，递归神经网络自底向上地递归学习父节点的向量表示，直至当前父节点覆盖整个句子。图 3.16 分别给出了同一个句子对应的循环神经网络表示（图 3.16（a））和递归神经网络表示（图 3.16（b））。给定一个句子，可以首先通过句法分析技术获得该句子的树结

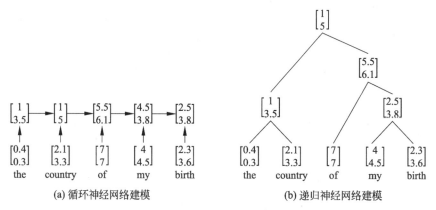

(a) 循环神经网络建模　　　　　　　　(b) 递归神经网络建模

图 3.16　针对句子的两种神经网络建模方法示例

构，通常是一棵二叉树。以图 3.17 所示的句子及其对应的二叉树为例，叶子节点对应每个词的 d 维词向量①，递归神经网络沿着树结构合并叶子节点的词向量，分别得到词组 w_1^2，w_3^4 和 w_5^6 的向量表示 $\boldsymbol{x}_1^2$，$\boldsymbol{x}_3^4$ 和 $\boldsymbol{x}_5^6$：

$$\boldsymbol{x}_1^2 = f\left(\boldsymbol{W}_1^{(1)}\left[\boldsymbol{x}_1;\boldsymbol{x}_2\right] + \boldsymbol{b}_1^{(1)}\right) \tag{3.77}$$

$$\boldsymbol{x}_3^4 = f\left(\boldsymbol{W}_2^{(1)}\left[\boldsymbol{x}_3;\boldsymbol{x}_4\right] + \boldsymbol{b}_2^{(1)}\right) \tag{3.78}$$

$$\boldsymbol{x}_5^6 = f\left(\boldsymbol{W}_3^{(1)}\left[\boldsymbol{x}_5;\boldsymbol{x}_6\right] + \boldsymbol{b}_3^{(1)}\right) \tag{3.79}$$

然后，以子节点 $\boldsymbol{x}_3^4$ 和 $\boldsymbol{x}_5^6$ 为输入，获得词组 w_3^6 对应的向量表示 $\boldsymbol{x}_3^6$：

$$\boldsymbol{x}_3^6 = f\left(\boldsymbol{W}_1^{(2)}\left[\boldsymbol{x}_3^4;\boldsymbol{x}_5^6\right] + \boldsymbol{b}_1^{(2)}\right) \tag{3.80}$$

最后，以子节点 $\boldsymbol{x}_1^2$ 和 $\boldsymbol{x}_3^6$ 为输入，递归神经网络得到整个句子的向量表示 $\boldsymbol{x}_1^6$：

$$\boldsymbol{x}_1^6 = f\left(\boldsymbol{W}_1^{(3)}\left[\boldsymbol{x}_1^2;\boldsymbol{x}_3^6\right] + \boldsymbol{b}_1^{(3)}\right) \tag{3.81}$$

上述公式中的参数矩阵 $\boldsymbol{W}_1^{(1)},\boldsymbol{W}_2^{(1)},\boldsymbol{W}_3^{(1)},\boldsymbol{W}_1^{(2)},\boldsymbol{W}_1^{(3)} \in \mathbb{R}^{d \times 2d}$，偏置 $\boldsymbol{b}_1^{(1)},\boldsymbol{b}_2^{(1)},\boldsymbol{b}_3^{(1)},\boldsymbol{b}_1^{(2)}$，$\boldsymbol{b}_1^{(3)} \in \mathbb{R}^d$。如果是预测句子的情感极性（正面、负面或中性），$\boldsymbol{x}_1^6$ 将作为句子的抽象特征表示通过 softmax 函数计算情感极性的概率分布：

$$\boldsymbol{t} = \mathrm{softmax}\left(\boldsymbol{W}\boldsymbol{x}_1^6 + \boldsymbol{b}\right) \tag{3.82}$$

---

① 在任务相关的句子表示学习中，可以随机初始化词向量，也可以采用 Skip-gram 等模型预训练获得的词向量作为初始值，然后在句子表示学习的过程中进一步优化底层词向量。

其中，$\boldsymbol{W} \in \mathbb{R}^{3 \times d}$，$\boldsymbol{b} \in \mathbb{R}^3$，数字 3 对应情感极性的维度（1 表示正面，−1 表示负面，0 表示中性）。给定 n 组"句子，情感极性"的训练数据 $D = (D_i, L_i)_{i=1}^n$，递归神经网络以最小化交叉熵为目标函数优化网络参数 θ（包括参数矩阵、偏置和词向量）：

$$\theta^* = \underset{\theta}{\operatorname{argmin}} -\sum_{i=1}^n \sum_l \delta_{L_i}(l) \log p(D_i, l) \tag{3.83}$$

其中，$L_i \in \{-1, 0, 1\}$，如果 $l = L_i$，$\delta_{L_i}(l) = 1$，否则 $\delta_{L_i}(l) = 0$；$p(D_i, l)$ 表示 $\boldsymbol{t}$ 中情感极性 l 对应的概率。

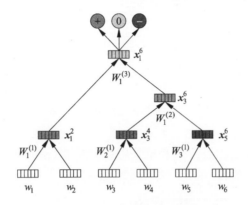

图 3.17　基于递归神经网络的句子表示方法

从图 3.17 可以发现，递归神经网络与递归自动编码器非常相似，主要区别有三点：第一，递归神经网络以具体的一棵二叉树为输入，而递归自动编码器需要搜索一棵最佳的二叉树；第二，递归神经网络不需要在每个节点计算重构误差；第三，递归神经网络在不同的节点可使用相同的参数，也可以根据子节点类型采用不同的参数，例如，参数矩阵 $\boldsymbol{W}_1^{(1)}, \boldsymbol{W}_2^{(1)}, \boldsymbol{W}_3^{(1)}, \boldsymbol{W}_1^{(2)}, \boldsymbol{W}_1^{(3)}$ 和偏置 $\boldsymbol{b}_1^{(1)}, \boldsymbol{b}_2^{(1)}, \boldsymbol{b}_3^{(1)}, \boldsymbol{b}_1^{(2)}, \boldsymbol{b}_1^{(3)}$ 可以相同，也可以不同。

2. 基于卷积神经网络的句子表示方法

递归神经网络基于树结构，适合于对词序和层次化结构有依赖的任务，例如，情感分析和句法分析等。对于句子的主题分类任务，句子中的某些关键信息对于主题类别预测起着决定性的作用，因此，卷积神经网络成为解决这类任务的经典模型。如图 3.18 所示，对于一个句子，卷积神经网络以每个词的词向量作为输入，通过顺序地对上下文窗口①进行卷积（convolution）总结局部信息，并利用池化层（pooling）提取全局的重要信息，再经过其他网络层（卷积池化层、Dropout 层和线性层等），得到固定维度的句子向量表示，以刻画句子全局性的语义信息。

形式化地，给定包含 n 个词的句子 $w_1 w_2 \cdots w_n$，每个词首先利用预训练（pre-train）或随机初始化的词向量矩阵 $\boldsymbol{L} \in \mathbb{R}^{|V| \times d}$ 映射为词向量列表 $\boldsymbol{X} = [\boldsymbol{x}_1, \boldsymbol{x}_2, \cdots, \boldsymbol{x}_n]$。对于

---

① 在窗口大小 h 的选择方面，可采用多组窗口（例如，图 3.18 中 $h = 3, 5$）进行全局的信息提取。

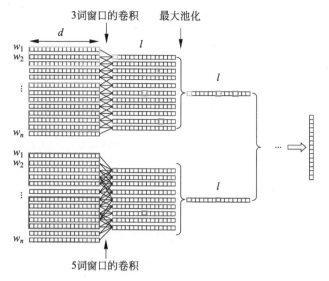

图 3.18 基于卷积神经网络的句子表示方法

任意一个 h 长度的窗口 $\boldsymbol{x}_{i:i+h-1}$，卷积层采用卷积算子（convolution operator）[①]F_t（$1 \leqslant t \leqslant T$，$T$ 表示卷积算子数目）得到一个局部特征 y_i^t：

$$y_i^t = F_t\left(\boldsymbol{W}\boldsymbol{x}_{i:i+h-1} + b\right) \tag{3.84}$$

其中，$F_t\left(\cdot\right)$ 表示非线性激活函数，$\boldsymbol{W} \in \mathbb{R}^{hd}$，$b \in \mathbb{R}$，$y_i^t \in \mathbb{R}$。卷积算子 F_t 从 $\boldsymbol{x}_{1:h-1}$ 到 $\boldsymbol{x}_{n-h+1:n}$ 遍历整个句子，得到特征列表 $\boldsymbol{y}^t = \left[y_1^t, y_2^t, \cdots, y_{n-h+1}^t\right]$。可见，$\boldsymbol{y}^t \in \mathbb{R}^{n-h+1}$ 是一个不定长的向量，维度直接取决于句子长度 n，句子长度从几个词到上百个词，$\boldsymbol{y}^t$ 的维度也将随着句长改变而动态变化。

为了将不定长的 $\boldsymbol{y}^t$ 转换为定长的输出，池化成为不可或缺的操作。最大池化是最流行的池化方法（Collobert et al., 2011；Kim, 2014），该方法认为 $\hat{y}^t = \max\left(\boldsymbol{y}^t\right)$ 代表了卷积算子 F_t 在整个句子上获得的最重要特征。T 个卷积算子将得到一个 T 维的特征向量 $\boldsymbol{y} = \left[\hat{y}^1, \hat{y}^2, \cdots, \hat{y}^T\right]$。

窗口大小 h 是一个经验值，为使模型具有一定的鲁棒性，卷积神经网络一般尝试多个不同尺度的窗口 h，例如，图 3.18 分别采用了 $h = 3$ 和 $h = 5$，其中每个窗口对应一个 T 维的特征向量 $\boldsymbol{y} = \left[\hat{y}^1, \hat{y}^2, \cdots, \hat{y}^T\right]$。之后经过其他网络层便可以获得句子定长的向量表示。如果应用于句子主题分类任务，则可以在训练数据上采用类似于情感分析任务中的最小化交叉熵的目标函数优化卷积神经网络中的所有参数。

3.6 文档的分布式表示

在文本分类、情感分析、文本摘要和篇章分析等诸多自然语言处理任务中，文档是最常见的直接处理对象。对文档的深度理解是实现这些任务的关键，而文档理解的前提

[①] 一般也称为过滤器，完成对上下文窗口中信息的过滤。

是对文档进行表示。由于文档的分布式表示可以捕捉更多全局的语义信息，因此成为一个重要的研究方向。如何从词、短语和句子的分布式表示学习文档的分布式表示是整个问题的关键。本节将从通用模型和面向任务的模型两个角度介绍文档的分布式表示方法。

3.6.1 通用的文档分布式表示

1. 基于词袋的文档表示

在通用的文档分布式表示中，文档可视为一个特殊的句子，即所有句子的自然拼接。因此，可以采用类似于句子的分布式表示方法学习文档的分布式表示。例如，基于组合语义的词袋模型可以快速地从词的分布式表示获得文档 $D = (D_i)_{i=1}^{M}$ 的分布式表示：

$$e_D = \sum_{k=1}^{|D|} v_k e(w_k) \tag{3.85}$$

其中，v_k 表示词 w_k 的权重，$|D|$ 表示文档 D 中不同词的数目。可以采用平均词向量方法 $v_k = \dfrac{1}{|D|}$，或者采用加权的词向量方法 $v_k = \text{TF-IDF}(w_k)$。这类方法简单高效，但不足之处在于既没有考虑句子内部词语之间的顺序，也没有考虑文档内部句子和句子之间的相互关系。

2. 基于层次化自编码器的文档表示

针对词袋模型表示能力不足的问题，Li 等提出了一种层次化的自编码器模型（Li et al., 2015），其基本思想是：对 M 个句子的文档 $D = (D_i)_{i=1}^{M}$ 进行编码获得对应的向量表示 e_D，若能够从 e_D 重构出文档 D，那么 e_D 就应该是文档 D 正确的分布式表示。

该层次化自编码器模型分为两个部分，一个是从文档 D 到向量表示 e_D 的编码模型，另一个是从向量表示 e_D 到文档 D 的重构模型。在编码模型中，长短时记忆网络（LSTM）首先用于获得每个句子的表示 e_{s_i}，然后以句子表示为输入，采用第二层 LSTM 网络对文档中的句子序列进行建模，从而获得文档的表示 e_D。其中 e_{s_i} 和 e_D 分别是句子和文档结尾符对应的 LSTM 隐层表示：

$$e_{s_i} = h_{\text{end}_s}^{s}(\text{enc}) \tag{3.86}$$

$$h_t^s(\text{enc}) = \text{LSTM}\left(e_{w_t}, h_{t-1}^s(\text{enc})\right) \tag{3.87}$$

$$e_D = h_{\text{end}_D}^{D}(\text{enc}) \tag{3.88}$$

$$h_t^D(\text{enc}) = \text{LSTM}\left(e_{s_t}, h_{t-1}^D(\text{enc})\right) \tag{3.89}$$

重构网络的目标在于从文档的分布式表示 e_D 重构出文档 D，所采用的方法同样是层次化的 LSTM 模型：首先重构出句子级隐层表示 $h_t^s(\text{dec})$，然后重构出句子 s_t 中的所有词语：

$$\boldsymbol{h}_t^D\left(\text{dec}\right) = \text{LSTM}\left(\boldsymbol{e}_{s_{t-1}}', \boldsymbol{h}_{t-1}^D\left(\text{dec}\right), \boldsymbol{c}_t^D\right) \tag{3.90}$$

$$\boldsymbol{h}_t^s\left(\text{dec}\right) = \text{LSTM}\left(\boldsymbol{e}_{w_{t-1}}, \boldsymbol{h}_{t-1}^s\left(\text{dec}\right)\right) \tag{3.91}$$

其中，$\boldsymbol{h}_0^D\left(\text{dec}\right) = \boldsymbol{e}_D$，$\boldsymbol{e}_{s_{t-1}}'$ 表示前一个句子结尾符对应的隐层表示，$\boldsymbol{c}_t^D$ 表示编码模型的上下文表示，可通过注意力机制计算：

$$\boldsymbol{c}_t^D = \sum_{k=1}^{M} a_k \boldsymbol{h}_k^D\left(\text{enc}\right) \tag{3.92}$$

$$a_k = \frac{\exp\left(v_k\right)}{\displaystyle\sum_{k'} \exp\left(v_{k'}\right)} \tag{3.93}$$

$$v_k = \boldsymbol{v}^{\mathrm{T}} f\left(\boldsymbol{W}_1 \boldsymbol{h}_{t-1}^D\left(\text{dec}\right) + \boldsymbol{W}_2 \boldsymbol{h}_k^D\left(\text{enc}\right)\right) \tag{3.94}$$

其中，a_k 表示编码模型中每个句子的权重，$\boldsymbol{W}_1, \boldsymbol{W}_2 \in \mathbb{R}^{d \times d}$，$\boldsymbol{v} \in \mathbb{R}^{d \times 1}$。$\boldsymbol{h}_0^s\left(\text{dec}\right) = \boldsymbol{e}_{s_0}'$，表示重构句子的隐层表示。依据 $\boldsymbol{h}_t^s$，计算词汇 w_t 的概率：

$$p\left(w_t \mid \cdot\right) = \text{softmax}\left(\boldsymbol{e}_{w_t}, \boldsymbol{h}_t^s\left(\text{dec}\right)\right) \tag{3.95}$$

上述神经网络在训练过程中以最大化原始文档的似然概率为目标函数，即每个时刻重构的输出词与原始文档对应位置的词应该相同。

在图 3.19 中，文档包含两个句子。首先进行第一层 LSTM 编码，分别得到两个句子的表示 $\boldsymbol{e}_{s_1}$ 和 $\boldsymbol{e}_{s_2}$（句子结束符对应的隐层表示）。然后第二层 LSTM 用于对句子序列 $\boldsymbol{e}_{s_1}$ 和 $\boldsymbol{e}_{s_2}$ 进行编码，得到文档表示 $\boldsymbol{e}_D$。以文档表示 $\boldsymbol{e}_D$ 为输入，采用注意力机制计算编码模型句子级表示 $\boldsymbol{e}_{s_1}$ 和 $\boldsymbol{e}_{s_2}$ 的上下文。之后重构每个句子的隐层表示 $\boldsymbol{h}_t^D\left(\text{dec}\right)$，并逐词生成重构句子。模型训练结束后，层次化的编码网络就可以获得任意文档的分布式表示 $\boldsymbol{e}_D$。

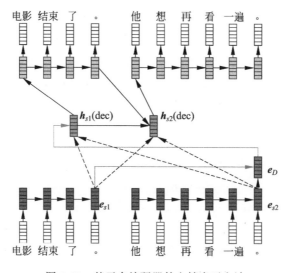

图 3.19　基于自编码器的文档表示方法

3.6.2 任务相关的文档分布式表示

任务相关的文档分布式表示方法以优化任务的性能为最终目标,广泛应用于文本分类和情感分析等任务。本节介绍 Tang 等(2015)提出的一种任务相关的文档表示方法。

在这类方法中,文档被视为句子的有机组合,句子又可以看作词的有机组合。因此,从词到句子和句子到文档的语义组合方式是文档表示方法学习的核心任务。假设文档 $D = (D_i)_{i=1}^{M}$ 由 M 个句子组成,其中第 i 个句子 $D_i = s_i = w_{i,1}, w_{i,2} \cdots w_{i,n}$ 由 n 个词组成。那么,文档的表示学习模型可分为三层:底部的句子表示层、中间的文档表示层和顶部的分类层,如图 3.20 所示。

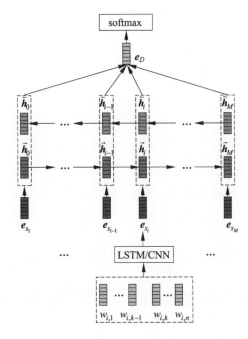

图 3.20 基于层次化模型的文档表示方法

句子表示层学习从词序列 $w_{i,1} w_{i,2} \cdots w_{i,n}$ 到句子 s_i 的语义组合方式。在本章前面几节中已经介绍了循环神经网络、递归神经网络和卷积神经网络等句子表示模型。其中,循环神经网络和卷积神经网络应用得最为广泛。这两种网络都可以用来获得句子的分布式表示:

$$\boldsymbol{e}_{s_i} = \text{LSTM}\,(w_{i,1} w_{i,2} \cdots w_{i,n}) \tag{3.96}$$

$$\boldsymbol{e}_{s_i} = \text{CNN}\,(w_{i,1} w_{i,2} \cdots w_{i,n}) \tag{3.97}$$

在实际任务中,可以分别尝试上述两种模型,然后选择一种效果更好的方法。

文档表示层用来学习从句子序列 $s_1 s_2 \cdots s_M$ 到文档 D 的语义组合方式,在这一过程中双向循环神经网络是一种常用的方法。以句子的分布式表示 $\boldsymbol{e}_{s_1} \boldsymbol{e}_{s_2} \cdots \boldsymbol{e}_{s_M}$ 为输入,双向 LSTM 模型分别学习每个句子 s_i 的正向隐层表示 $\overrightarrow{\boldsymbol{h}}_i$ 和逆向隐层表示 $\overleftarrow{\boldsymbol{h}}_i$:

$$\overrightarrow{\boldsymbol{h}}_i = \text{LSTM}\left(\boldsymbol{e}_{s_i}, \overrightarrow{\boldsymbol{h}}_{i-1}\right) \tag{3.98}$$

$$\overleftarrow{\boldsymbol{h}}_i = \text{LSTM}\left(\boldsymbol{e}_{s_i}, \overleftarrow{\boldsymbol{h}}_{i+1}\right) \tag{3.99}$$

将双向隐层表示拼接成为句子 s_i 对应的隐层表示 $\boldsymbol{h}_i = [\overrightarrow{\boldsymbol{h}}_i; \overleftarrow{\boldsymbol{h}}_i]$。依据每个句子的隐层表示，可以采用平均策略或注意力机制模型得到文档的表示：

$$\boldsymbol{e}_D = \sum_{i=1}^{M} v_i \boldsymbol{h}_i \tag{3.100}$$

其中，$v_i = \dfrac{1}{M}$，或者 v_i 是由注意力机制模型学习的权重。

给定文档的分布式表示 $\boldsymbol{e}_D$，分类层首先采用一个全连接网络将 $\boldsymbol{e}_D$ 转换为维度为类别数目 C 的分值向量 $\boldsymbol{x} = [x_1, x_2, \cdots, x_C]$，然后 softmax 函数将分值向量 $\boldsymbol{x}$ 转化为类别的概率分布 $\boldsymbol{p} - [p_1, p_2, \cdots, p_C]$：

$$\boldsymbol{x} = f\left(\boldsymbol{W}\boldsymbol{e}_D + \boldsymbol{b}\right) \tag{3.101}$$

$$p_k = \frac{\exp\left(x_k\right)}{\sum_{k'=1}^{C} \exp\left(x_{k'}\right)} \tag{3.102}$$

在文本分类或情感分析等任务中，存在大量的标注数据 $T = \{(D, L)\}$，D 为文档，L 是文档对应的正确类别。训练过程以最小化交叉熵损失为模型优化目标：

$$\text{Loss} = -\sum_{D \in T} \sum_{k=1}^{C} L_k\left(D\right) \log\left(p_k\left(D\right)\right) \tag{3.103}$$

其中，如果文档 D 属于第 k 类，则 $L_k\left(D\right) = 1$；否则，$L_k\left(D\right) = 0$。模型训练后，句子和文档层的网络就可以学习任意文档的分布式表示。

3.7　进一步阅读

由于词是构成短语、句子和篇章的基本语言单元，因此，词的表示学习是基础，也是最受关注的研究方向。词的分布式表示学习的前沿研究主要体现在如下 4 个方面：①如何充分挖掘词的内部结构信息（Xu et al., 2016; Bojanowski et al., 2017; Pinter et al., 2017）；②如何更加有效地利用上下文信息（Ling et al., 2015; Hu et al., 2016; Li et al., 2017a）和词典、知识图谱等外部知识（Wang et al., 2014; Tissier et al., 2017）；③如何更好地解释词向量表示（Arora et al., 2016; Wang et al., 2018）；④如何有效地评价词分布式表示的质量（Yaghoobzadeh and Schutze, 2016）。Lai 等（2016）总结了主流的词表示方法，并提出了如何学习更优词向量的一些设想。

短语、句子和义档的表示学习多集中在语义组合方式的学习上。例如，（Yu and Dredze, 2015）提出了多种特征融合的语义组合函数模型，用来学习短语分布式表示，（Wang and Zong, 2017）对比了不同组合方式在短语表示学习方面的优势和不足；(Hashimoto and Tsuruoka, 2016) 研究了短语是否可由内部词的语义组合而成。句子表示学习更加关注语义组合方式 (Gan et al., 2017；Wieting and Gimpel, 2017) 和语言学知识的利用问题 (Wang et al., 2016d)。文档通常有基于组合语义的分布式表示和基于主题分布的表示两种表示方法，如何将两者优势互补，学习更加准确的文档表示也是一个研究热点 (Li et al., 2016b)。

习　　题

3.1　给定以下 4 个文档：

d1 北京理工大学计算机专业创建于 1958 年是中国最早设立计算机专业的教育高校之一

d2 北京理工大学学子在第四届中国计算机博弈锦标赛中夺冠教育

d3 北京理工大学体育馆是 2008 年中国北京奥林匹克运动会的排球预赛场地体育

d4 第五届东亚运动会中国军团奖牌总数创新高男女排球双双夺冠

基于向量空间模型，以文档中出现的所有词作为特征项，分别使用 BOOL 权重、TF 权重、IDF 权重和 IT-IDF 权重，建立 4 个文档的文本表示向量。

3.2　在向量空间模型的特征性权重计算中，TF 和 IDF 的计算都采用了对数形式，请分析说明如果不采用对数形式会遇到哪些问题。

3.3　在向量空间模型中，向量的长度等于词表的规模。如果训练数据中的所有词汇都进行统计，那么词表规模可能会达到十万甚至更多，导致文本表示和计算的效率很低。请阐述有哪些降低词表规模的方法，并说明每种方法的优劣。

3.4　在 C&W 模型中，我们将目标函数设为正样本的得分 $s(w_i, C)$ 大于负样本的得分与特定间隔（例如，1.0）之和 $s(w_i', C) + 1$。请分析为什么需要添加一个特定间隔，如果不添加会导致什么问题。

3.5　在噪声对比估计与负采样方法中，负样本数目 K 是一个需要人工设定的超参数，请分析 K 的大小对效率和效果的影响，对比采用噪声对比估计或负采样方法后计算复杂度的变化情况，并且说明应该如何选择负样本。

3.6　汉语里的很多词语是语义透明的，也就是词语的语义可以由组成该词语的汉字的语义组合获得。请分析在文中介绍的字词混合模型中如何自动地判别一个词语是否语义透明。

3.7　无论是前馈神经网络语言模型还是循环神经网络语言模型，优化目标都是最大化每个时刻标准答案（该时刻应该输出的目标词汇）的概率。请证明最大化对应词汇概率的目标函数等价于最小化交叉熵损失函数。

3.8　在句子的分布式向量表示方法中，卷积神经网络是比较有效的方法之一，但是卷积神经网络中的池化算子主要实现了全局信息汇聚的功能，而忽略了文本中词汇之间的顺序。请设计一种方法，既能够保持卷积神经网络的优势，又能一定程度地建模文本中的语序信息。

第 4 章　预训练语言模型

4.1　概　　述

在第 3 章，我们介绍了单词、短语、句子和文档的分布式表示的各种学习方法。这些分布式表示通常应用于下游文本数据挖掘任务，例如，实体识别、文本情感分析、关系抽取和文本摘要等。虽然这些表示学习方法可以显著改善下游任务的性能，但是下游任务的性能却因一些关键问题受到限制。首先，下游任务采用的神经网络模型层数不能太深，因为下游任务对应的有监督训练数据相对稀缺，导致海量的模型参数在训练中无法得到充分优化。其次，通过学习获得的分布式表示通常是固定的（静态的），不能解决文本的多义性问题。例如，"star"一词可以表示"明星"和"发光的天体"两种含义，而静态的分布式表示不能在动态的上下文中区分不同含义。再次，不同的下游任务通常采用不同的模型进行学习，知识共享没有得到充分利用。

近年来，一种被称作预训练和微调的新范式被提出，并已广泛应用于自然语言处理任务。在执行具体任务之前，研究者们通常设计大规模神经网络模型，并基于海量的无标注文本数据（或称自监督文本数据，可在互联网上轻松获得），按照语言模型或者其他自监督目标函数对神经网络参数进行优化。由于整个训练过程与任何具体任务无关，因此称为预训练。

基于海量文本数据进行预训练而产生的模型将会更加鲁棒，并且模型内部参数能够记忆更多的语言规律。在随后的微调步骤中，可以使用特定任务对应的少量标注数据来微调任务相关的模型参数，从而可以更好地适应特定的下游任务。由于有效地使用了海量无标注数据和与少量任务相关的标注数据，该范式能够在诸多文本处理任务中达到最先进的性能表现。本章简要介绍几种被广泛使用的预训练模型，包括 ELMo，GPT，BERT，XLNet 和 UniLM。

4.2　ELMo：源自语言模型的语境化分布式向量表示

如 4.1 节所述，一个单词可以由其上下文进行表示。因此，单词表示（词向量）的质量至少取决于两个因素。一方面，上下文是否足够丰富，即我们是否有大量的文本数据，其中每个单词都拥有类型丰富的上下文；另一方面，能否很好地捕获和利用上下文。换句话说，如果模型不能有效地利用并表示一个单词的全部上下文，我们就无法得到令人满意的词向量。当我们把词向量应用于下游任务时，还会出现另一个必须解决的关键问题：词向量是否与下游任务的上下文相关？例如，词向量是基于递归神经网络（RNN）的大型语言模型的副产品。如果直接将预训练的词向量应用于下游任务，那么这种用法只是用到了静态的词向量，与下游任务的上下文无关。但是，如果我们首先使用预训练好的 RNN 语言模型获取测试语句的语境化动态表示，然后将其应用到下游任务中，那么这种用法就是与下游任务上下文相关的。

普遍认为，Peters 等提出的 ELMo[①]模型（Peters et al., 2018）是第一个着眼于解决上述所有问题的模型，它在多个下游文本处理任务中实现了显著的性能提升。ELMo 采用的预训练框架如下：在预训练阶段，利用包含 10 亿词的数据集（包括大约三千万个句子）[②]训练一个基于双向长短时记忆网络（LSTM）的语言模型；在特定的下游任务应用中，首先将待测试的句子输入预训练好的双向 LSTM 中，然后利用神经网络中的动态隐层表示来计算与上下文相关的语境化词向量，最后，该语境化词向量在任务相关的模型中进一步微调，以执行特定的文本处理任务。

4.2.1 基于双向 LSTM 的语言模型

ELMo 使用了基于双向 LSTM 的语言模型进行预训练。给定一个句子 (SOS $x_1 \cdots x_{j-1} x_j \cdots x_n$ EOS)（SOS 和 EOS 是表示句子开始和结束的特殊符号），前向的语言模型以左侧的上下文作为历史条件计算 x_j 的概率 $p(x_j \,|\, \mathrm{SOS}\, x_1 \cdots x_{j-1})$，与此同时，后向的语言模型以右侧的上下文作为历史条件计算 x_j 的概率 $p(x_j \,|\, x_{j+1} \cdots x_n\, \mathrm{EOS})$。直观地，左右两个方向的上下文都能够被语言模型捕获。

如图 4.1 所示，底层首先将单词映射至分布式向量表示（ELMo 采用字符级卷积神经网络 CNN 获得词汇表示）。然后，利用 L 层前向和后向的 LSTM 来学习两个方向上的语言模型。为了计算概率 $p(x_j \,|\, \mathrm{SOS}\, x_1 \cdots x_{j-1})$，前向语言模型首先将词向量 $\boldsymbol{x}_{j-1}$ 送入 L 层的前向 LSTM 中，得到顶层表示 $\overrightarrow{\boldsymbol{h}}^L_{j-1}$，然后使用 softmax 函数计算 x_j 的概率。

$$p(x_j \,|\, \mathrm{SOS}\, x_1, \cdots, x_{j-1}) = \mathrm{softmax}(\overrightarrow{\boldsymbol{h}}^L_{j-1}, \boldsymbol{x}_j) = \frac{\overrightarrow{\boldsymbol{h}}^L_{j-1} \cdot \boldsymbol{x}_j}{\displaystyle\sum_{x'} \overrightarrow{\boldsymbol{h}}^L_{j-1} \cdot \boldsymbol{x}'} \tag{4.1}$$

类似地，后向语言模型使用 L 层后向 LSTM 获得顶层表示 $\overrightarrow{\boldsymbol{h}}^L_{j+1}$，并计算概率 $p(x_j \,|\, x_{j+1} \cdots x_n\, \mathrm{EOS})$。双向 LSTM 用 T 个句子（原始的 ELMo 工作中使用了三千万个句子）进行训练，通过最大化前向语言模型和后向语言模型的联合对数似然概率来优化网络参数。

$$\sum_{t=1}^{T} \sum_{j=0}^{n+1} \left(\log p\left(x_j^{(t)} \,|\, \mathrm{SOS}\, x_1^{(t)}, \cdots x_{j-1}^{(t)}; \boldsymbol{\theta}\right) + \log p\left(x_j^{(t)} \,|\, x_{j+1}^{(t)} \cdots x_n^{(t)}\, \mathrm{EOS}; \boldsymbol{\theta}\right) \right) \tag{4.2}$$

[①] 全称为 Embeddings from Language Models，代码和模型见 https://allennlp.org/elmo。

[②] https://github.com/ciprian-chelba/1-billion-word-language-modeling-benchmark。

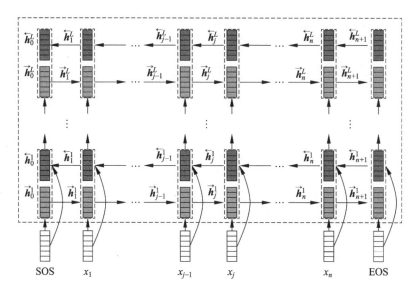

图 4.1　ELMo 模型结构

4.2.2　适应下游任务的语境化 ELMo 词向量

经过预训练，我们得到了双向 LSTM 语言模型以及副产品词向量。如果在下游任务中直接利用词向量 x_j，一方面无法区分 "star" 等多义词的语义，另一方面完全浪费了双向 LSTM 语言模型。ELMo 旨在学习动态词向量，会根据测试句子的上下文得到语境化的词向量。具体地，将下游任务中的每个测试语句输入预训练得到的双向 LSTM 语言模型中，从而得到 $(2L+1)$ 层的表示，包括一个输入层表示和两个 L 层的前向后向 LSTM 隐层表示（在原始的 ELMo 文章中，$L=2$）。x_j 的所有 $(2L+1)$ 层表示可以改写为如下形式：

$$R_j = \{x_j, (\overrightarrow{h}_j^l, \overleftarrow{h}_j^l) \mid l = 1, 2, \cdots, L\} = \{h_j^l \mid l = 1, 2, \cdots, L\} \tag{4.3}$$

其中，$h_j^0 = x_j$ 代表输入层的表示，如果 $l \in \{1, 2, \cdots, L\}$，则 $h_j^l = [\overrightarrow{h}_j^l, \overleftarrow{h}_j^l]$。给定下游任务的一个测试句子，双向 LSTM 语言模型将获取 L 层前向和后向的隐层表示；之后通过线性组合得到语境化的 ELMo 词向量表示：

$$ELMo_j^{\text{task}} = \gamma^{\text{task}} \sum_{l=0}^{L} w_l^{\text{task}} h_j^l \tag{4.4}$$

其中，w_l^{task} 决定了每一层隐层表示的贡献，γ^{task} 则表示 ELMo 词向量在特定任务中的重要性。

如图 4.2 所示，图中上半部分表示当采用静态词向量时，多义词 "小米" 在语义空间中无法区分究竟是公司品牌还是食物种类。ELMo 可以根据具体上下文学习语境化的词向量，从而可以分辨 "小米" 的具体含义。

在处理下游任务时，语境化 ELMo 词向量通常作为额外特征应用到处理特定文本任务的有监督模型之中。假定在特定下游任务中，测试句子为 $(x_1, \cdots, x_j, \cdots, x_n)$，

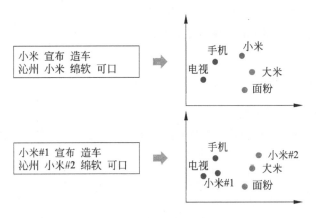

图 4.2 一词多意示意图

基线监督模型（例如，CNN，RNN 或者前馈神经网络）学习到的最终隐层表示为 $(h_1^{\text{task}}, \cdots, h_j^{\text{task}}, \cdots, h_n^{\text{task}})$。可以通过两种方式利用语境化 ELMo 词向量来增强基线监督模型。一方面，ELMo 词向量可以与输入向量 x_j 组合在一起，作为有监督模型新的输入 $[x_j; \textbf{\textit{ELMo}}_j^{\text{task}}]$。另一方面，ELMo 词向量可以与基线模型得到的最终表示 h_j^{task} 拼接在一起，即 $[h_j^{\text{task}}; \textbf{\textit{ELMo}}_j^{\text{task}}]$，这种方式可以直接应用到结果预测之中，而不需要修改基线监督模型的网络结构。

引入语境化 ELMo 词向量来增强模型后，若干文本处理任务取得了显著的性能提升，例如，问答系统、文本蕴涵、语义角色标注、共指消解、命名实体识别和情感分析等。

4.3 GPT：生成式预训练模型

ELMo 预训练模型取得了巨大成功，但是仍然有一些不足之处。首先，ELMo 采用了较浅的两层双向 LSTM，这使得其难以习得海量文本数据中的所有语言规律，因此潜力有限。其次，双向 LSTM 并不是捕获长距离依赖性的最佳方法。例如，当我们需要建模序列中第一个单词和第 n 个单词之间的依赖关系时，无论是前向 LSTM 还是后向 LSTM，都需要 $n-1$ 次迭代才能实现，并且其结果会因为梯度消失的问题受到进一步的影响。再次，双向 LSTM 采用从左往右或者从右往左的链式计算方法，只有当第 $n-1$ 个位置计算完毕后才能计算第 n 个位置，无法采用并行化算法提升模型训练和推断的效率。最后，ELMo 预训练模型的能力尚未得到充分利用。从 4.2 节介绍可知，ELMo 仅用于获取隐层表示，并作为额外的特征应用于下游任务。也就是说，下游监督任务中的微调模型并非 ELMo 采用的双向 LSTM 模型，微调模型的参数需要从头开始学习。

鉴于 EMLo 模型的不足，Radford 等（2018）受到 Transformer（Vaswani et al., 2017）的启发，提出了一种基于注意力机制的深层模型 GPT（generative pre-training, 即生成式预训练模型），不仅用于预训练过程，后续的微调过程也采用相同的模型。具体地，GPT 采用了包含 12 个自注意层的 Transformer 解码器，使用前向的语言模型作为预训练目标，在下游任务中，微调的对象仍然是这 12 层的自注意模型。本节将首先简要介绍 Transformer，然后对 GPT 模型进行概述。

4.3.1　Transformer

Transformer[①]的提出最初是为了解决机器翻译任务，即将源语言句子自动转换成为目标语言句子。Transformer 模型遵循编码器-解码器架构，其中编码器用于学习源语言句子的语义表示，解码器则根据源语言句子的语义表示，从左向右逐词解码生成目标语言句子。

编码器包括 L 层，每层由两个子层组成，分别是自注意力子层和前馈神经网络子层，如图 4.3 中左侧所示。其中，核心的自注意子层通过使用当前层中的第 i 个位置的表示来与包括其自身在内的所有位置的表示计算注意力权重，然后将所得权重用于线性组合当前层中的所有位置的表示，进而得到上层的第 i 个位置的隐层状态。我们稍后将对其进行正式定义。解码器如图 4.3 右侧所示，它也有 L 层。每层包括三个子层。第一子层是含有掩码的自注意力层，第二子层是解码器-编码器的跨语言注意力子层，第三子层是前馈神经网络子层。在编码器和解码器之中，每个子层都会采用残差连接和层归一化操作。

显然，注意力机制是 Transformer 的关键组成部分。可以将模型中的三种注意力机制（编码器端的自注意力、解码器端的掩码自注意力和编码器-解码器跨语言注意力）形式化为同一个公式：

$$\text{Attention}(\boldsymbol{q}, \boldsymbol{K}, \boldsymbol{V}) = \text{softmax}\left(\frac{\boldsymbol{q}\boldsymbol{K}^{\text{T}}}{\sqrt{d_k}}\right)\boldsymbol{V} \tag{4.5}$$

其中，$\boldsymbol{q}, \boldsymbol{K}, \boldsymbol{V}$ 分别表示查询向量、键向量序列和值向量序列，其中序列可以理解为数组，其中每个元素代表一个向量。d_k 表示查询向量的维度。

对于编码器端的自注意力机制，其查询向量、键、值向量的来源相同。举例来说，假设我们计算第一层第 j 个位置的输出。用 $\boldsymbol{x}_j$ 表示输入词向量和位置向量的加和向量。那么，查询向量就可以为 $\boldsymbol{x}_j$，键和值向量序列是相同的，都是词向量矩阵 $\boldsymbol{x} = [\boldsymbol{x}_0 \cdots \boldsymbol{x}_n]$。然后，利用多头注意力（假设为 h 个）机制来计算不同子空间中的注意力权重。

$$\text{MultiHead}(\boldsymbol{q}, \boldsymbol{K}, \boldsymbol{V}) = \text{Concat}(\text{head}_1, \cdots, \text{head}_i, \cdots \text{head}_h)\boldsymbol{W}_{\text{o}}$$
$$\text{head}_i = \text{Attention}(\boldsymbol{q}\boldsymbol{W}_{\text{Q}}^i, \boldsymbol{K}\boldsymbol{W}_{\text{K}}^i, \boldsymbol{V}\boldsymbol{W}_{\text{V}}^i) \tag{4.6}$$

其中，Concat 表示将所有注意力头的表示拼接在一起。$\boldsymbol{W}_{\text{Q}}^i, \boldsymbol{W}_{\text{K}}^i$ 和 $\boldsymbol{W}_{\text{V}}^i$ 表示第 i 个头的一组映射矩阵，$\boldsymbol{W}_{\text{o}}$ 表示最终的转换矩阵。

在计算公式 (4.6) 之后，使用残差连接、层正则化以及前馈神经网络，我们可以得到第二层的表示。经过 L 层计算之后，我们可以获得输入词汇序列的上下文表示 $\boldsymbol{C} = [\boldsymbol{h}_0, \cdots, \boldsymbol{h}_n]$。

---

① 模型和代码详见 https://github.com/tensorflow/tensor2tensor。

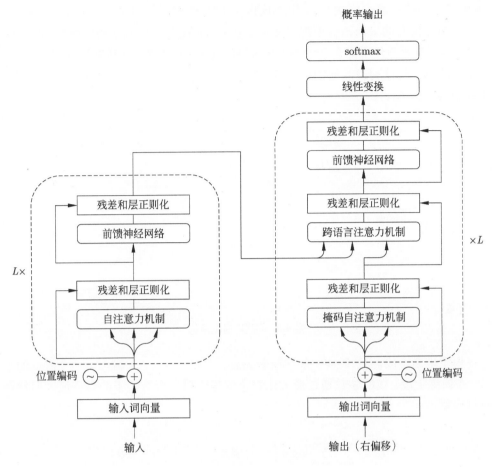

图 4.3 Transformer 模型结构

解码器端的掩码自注意力机制与编码器端的自注意力机制类似，只是第 i 个位置的查询只能关注 i 之前的位置，因为在自左向右的自回归预测过程中，第 i 个位置之后的信息还未生成，因此是不可获取的。

$$z_i = \text{Attention}(\boldsymbol{q}_i, \boldsymbol{K}_{\leqslant i}, \boldsymbol{V}_{\leqslant i}) = \text{softmax}\left(\frac{\boldsymbol{q}_i \boldsymbol{K}_{\leqslant i}}{\sqrt{d_k}}\right) \boldsymbol{V}_{\leqslant i} \tag{4.7}$$

联系编码器和解码器之间的注意力机制需要计算与当前待预测目标端词汇有关的源端动态上下文信息。查询向量是掩码自注意力子层的输出 z_i，键和值向量序列都是编码器得到的上下文表示 $\boldsymbol{C}$。残差连接、层正则化和前馈神经网络子层都放置在每层的后面，用于返回整个层的输出表示。经过 L 层计算之后，我们将得到最终的隐层状态 z_i。最终，softmax 函数用于计算所有目标语言词汇的概率分布，并根据概率预测结果 y_i，如图 4.3 右上侧所示。

4.3.2 GPT 预训练

如图 4.4 所示，GPT 基于上述单向 Transformer 解码器端的网络结构（不包括编码器-解码器之间的注意力模块），使用大规模文本数据（如英文书籍语料 BookCorpus[①]）训练一个自左向右的单向语言模型。模型采用掩码自注意力机制来利用所有已经生成的历史文本，同时避免使用尚未产生的未来时刻的文本。正如图 4.4 所阐述的那样，当学习表示 h_j^1 时，x_j 仅仅利用前面的词汇 SOS, $x_1, \cdots, x_j$。每层使用同样的操作，最终在顶层得到隐层表示 h_j。

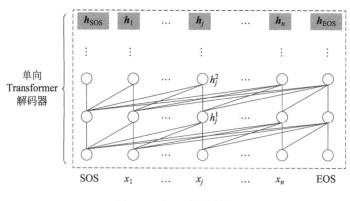

图 4.4　GPT 模型结构

在模型推断阶段，GPT 基于条件概率 $p(x_{j+1} \,|\, \text{SOS}, \cdots, x_j)$ 输出下一个时刻的单词 x_{j+1}。在训练阶段，模型参数通过最大化整个训练语料中所有句子的条件最大似然概率值进行优化：

$$L_1 = \sum_{t=1}^{T} \sum_{j=0}^{n+1} \log p\left(x_j^{(t)} \,|\, \text{SOS}, x_1^{(t)}, \cdots, x_{j-1}^{(t)}; \boldsymbol{\theta}\right) \tag{4.8}$$

4.3.3　GPT 微调

在执行下游任务时，预训练的 GPT 常常被作为起点模型，针对具体的目标文本处理任务进行适应性的参数微调。我们知道 GPT 仅以语言模型任务作为目标进行了预训练，因此该模型无法执行诸如文本分类之类的特定任务。因此，有必要使用任务相关的训练数据来微调 GPT 模型以适应相应的应用场景。

假设一个有监督的分类任务包含若干输入序列和输出标签的训练样例，如 (x, y)，其中，$x = (\text{SOS}\ x_1 \cdots x_j \cdots x_n\ \text{EOS})$。预训练好的 GPT 将以 x 为输入，经过 L 层堆叠的掩码自注意力层的计算，产生最上层的表示 $(h_{\text{SOS}}, h_1, \cdots, h_j, \cdots, h_n, h_{\text{EOS}})$。最后，模型使用一个新增的线性输出层和 softmax 函数对 h_{EOS} 进行分类：

$$p(y \,|\, x) = p(y \,|\, \text{SOS}, x_1, \cdots, x_j, \cdots, x_n, \text{EOS}) = \text{softmax}(h_{\text{EOS}} \boldsymbol{W}_y) \tag{4.9}$$

预训练好的 GPT 模型参数以及线性映射层的参数矩阵 $\boldsymbol{W}_y$ 将会按照最大化似然概率的目标进行微调：

---

① https://yknzhu.wixsite.com/mbweb.

$$L_2 = \sum_{(x,y)} \log p(y \mid x) \tag{4.10}$$

为了提升泛化能力，同时加速收敛，GPT 在微调过程中将上述两个优化目标进行了组合：

$$L = L_2 + \lambda \times L_1 \tag{4.11}$$

对于那些包含多个序列作为输入的下游任务，GPT 采取了一种简单的方式，即，将这些序列拼接在一起，中间使用分隔符号标记，得到一个长序列从而和预训练的 GPT 模型进行匹配。例如，在文本蕴含任务中，给定条件句 x^1，判断假设句 x^2 是否成立。GPT 使用 $(x^1; \mathrm{Delim}; x^2)$ 作为最终输入序列，其中 Delim 表示分隔符。

Radford 等在 2019 年提出了 GPT 的增强版本 GPT-2[①]，在一系列语言生成任务上取得了出色的性能表现（Radford et al., 2019）。值得注意的是，GPT-2 的模型结构和 GPT 一致。不同点在于 GPT-2 使用了更多的英文文本数据以及更深层次的 Transformer 解码器。其中，英文文本包含了超过 800 万的文档，总量大概为 40GB 的词汇。GPT-2 中最深的模型包含 48 层、约 15.42 亿（1542 million）的网络参数。Radford 等还发现，仅仅使用预训练方式甚至能够在不经过微调的前提下使模型完成下游的语言理解和生成任务（Radford et al., 2019）。例如，他们使用预训练模型生成的摘要质量相当好，达到了一些在 CNN Daily Mail 数据上训练的有监督摘要模型的性能。Brown 等更进一步发明了 GPT-3[②]，其中最大的模型参数量甚至达到了 1750 亿（Brown et al., 2020）。令人惊讶的是，GPT-3 证明只要数据量充足，神经网络模型足够大，那么模型甚至能够在零样本或者少样本的情况下完成大部分自然语言理解和生成的任务。

4.4 BERT：双向 Transformer 编码表示

尽管 GPT 模型在一系列自然语言理解和生成任务上取得了实质性的进展，但是这种自左向右的 GPT 解码器网络学习到的语义表示只能考虑左侧的文本。例如，对于输入词汇 x_j，它的表示仅仅依赖于上文 $x_0, x_1, \cdots, x_{j-1}$，而无法利用下文 $x_{j+1}, \cdots, x_n$。众所周知，左右上下文对于很多文本处理任务都是非常重要的，比如序列标注和自动问答等。因此，Devlin 等在 2019 年提出了全新的预训练与微调模型 BERT[③]，它使用 Transformer 中的双向编码器来充分挖掘上下文信息，以得到更加高效的语义表示（Devlin et al., 2019）。如图 4.5 所示，其中，输入词汇的表示 h_j 通过左侧上文 SOS $x_1, \cdots, x_{j-1}$ 和右侧下文 $x_{j+1}, \cdots, x_n$ EOS 学习得到。

BERT 的贡献主要体现在三个方面。第一，BERT 相比于 GPT 使用了更加深层次的结构，双向编码器包含了至多 24 层的网络，约为 3.4 亿的参数（BERT_LARGE）。第二，

---

① 代码和模型详见 https://github.com/openai/gpt-2。

② 模型和样例详见 https://github.com/openai/gpt-3。

③ 代码和预训练模型详见 https://github.com/google-research/bert。

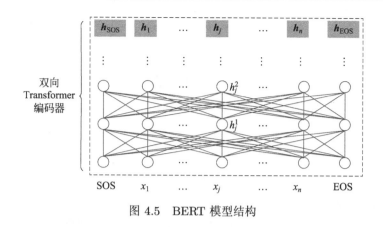

图 4.5　BERT 模型结构

考虑到 BERT 无法按照传统的语言模型进行优化，研究者们设计了两个新增的无监督目标函数，包括掩码语言模型和下一句预测任务。第三，BERT 相比于 GPT 在更大的文本数据集上进行预训练（8 亿词汇的 BookCorpus 和 25 亿词汇的英文维基百科）。BERT 是首个取得重大突破的预训练模型，并且在 11 个自然语言理解任务上达到最佳性能，甚至在自动问答任务中超过了普通人类水平。接下来，我们简单介绍 BERT 预训练和微调的过程。

4.4.1　BERT 预训练

ELMo 和 GPT 都采用标准语言模型作为无监督预训练的优化目标。相比之下，仅利用单向历史上下文进行参数优化的一般语言模型不适用于 BERT，因为 BERT 需要同时利用左右双向的上下文信息，例如，针对特定输入位置，模型需要预测当前位置对应的词汇，而在多层编码器的表示学习过程中该位置的输入词汇将会通过其他位置的传递产生信息泄漏，从而导致该词汇预测自己的问题。我们使用图 4.6 来解释这个问题。假设我们计划使用左侧的上下文 (SOS, x_1) 以及右侧的上下文 $(x_3, \cdots, x_n, \text{EOS})$ 来预测 x_2，即计算概率 $p(x_2 \mid \text{SOS}, x_1, x_3, \cdots, x_n, \text{EOS})$。在第一层中，BERT 通过汇聚除了 x_2 自身的全部上下文得到表示 $\boldsymbol{h}_2^1$，如图 4.6 中汇聚到 $\boldsymbol{h}_2^1$ 的虚线所示。在第二层中，BERT 按照同样的方式汇聚全部上下文 $(\boldsymbol{h}_{\text{SOS}}^1, \boldsymbol{h}_1^1, \boldsymbol{h}_3^1, \cdots, \boldsymbol{h}_n^1, \boldsymbol{h}_{\text{EOS}}^1)$ 来学习 $\boldsymbol{h}_2^2$。然而，如图 4.6 中从 x_2 发射出去的虚线所示，$\boldsymbol{h}_{\text{SOS}}^1, \boldsymbol{h}_1^1, \boldsymbol{h}_3^1, \cdots, \boldsymbol{h}_n^1$ 和 $\boldsymbol{h}_{\text{EOS}}^1$ 在第一层的表示学习过程中已经包含了 x_2 的信息，因此，$\boldsymbol{h}_2^2$ 将会通过信息传递过程（图 4.6 中汇聚到 $\boldsymbol{h}_2^2$ 的实线）间接地获取 x_2 的信息。所以，使用包含 x_2 的 $\boldsymbol{h}_2^L$（L 表示神经网络层数）来预测 x_2 显然是有问题的。

为了解决上述问题，BERT 采用了两种无监督的预测任务来设计预训练的优化目标。其中一个是掩码语言模型，另一个是下一句话预测任务。

掩码语言模型：掩码语言模型的主要方法是按照一定比例对输入序列中的词汇进行随机遮盖，然后通过预测被遮盖的词汇来进行模型的优化。例如，给定输入序列 ($\text{SOS}\ x_1\ x_2\ \cdots\ x_n\ \text{EOS}$)，$x_2$ 可能被随机遮盖掉，这意味着 x_2 将会被一个特殊字符 MASK 代替，如图 4.7 所示。然后，BERT 将会学习遮盖后的词汇序列 ($\text{SOS}\ x_1\ \text{MASK}\ \cdots\ x_n\ \text{EOS}$) 对应的语义表示，在模型的第 L 层获得最终的隐层表示

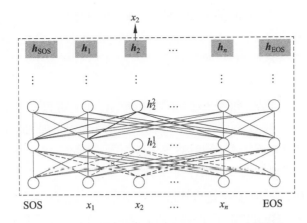

图 4.6　标准的语言模型并不适用于 BERT 训练的原因阐述

$(h_{\text{SOS}}, h_1, h_{\text{MASK}}, \cdots, h_n, h_{\text{EOS}})$。通过对比图 4.7 和图 4.6，我们容易发现由于输入中缺少了 x_2，所以 h_{MASK} 并不包含 x_2 的相关信息。最终，h_{MASK} 可以被用来预测 x_2。通过这个例子的阐述，我们可以非常直观地理解掩码语言模型是 BERT 参数优化的合理方法，能够帮助 BERT 更好地利用双向上下文的信息。

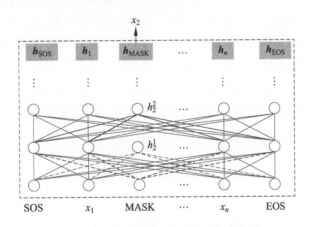

图 4.7　BERT 的掩码语言模型机制阐述

掩码语言模型也将引出一个新的问题，即我们应该遮盖哪些词汇？遮盖多少词汇？实际上，BERT 随机遮盖了每个序列中全部词汇的 15% 并在模型顶层进行预测。可是，因为序列在下游任务执行过程中是未被遮盖的，这就导致了训练和测试不一致的问题。为了解决这个问题，BERT 并没有总是将被遮盖的词汇替换为 MASK。对于这 15% 被选中用于遮盖的词汇，其中的 80% 使用 MASK 替换，10% 使用其他词汇随机替换，另外 10% 保持词汇本身不变。

下一句话预测：有些下游任务的处理对象是两个而非单个词汇序列，如文本蕴涵和问答任务。例如，在文本蕴涵任务中，模型需要判决第一个句子（前提句）是否蕴含第二个句子（假设句）。这实际上等价于前提句和假设句拼接在一起并预测"是/否"蕴含的标签。如果 BERT 只是在单个句子上进行预训练，那么它将不适用于这种类型的下游任务。因此，BERT 的设计中还包括另外一个无监督的训练目标，即判断第二个句子 B 是否自然地承接在第一个句子 A 的后面。例如，文章中有前后两个句子 A 和 B，A 句子是"我来自北京"，B 句子是"北京是中国的首都"。那么 B 是自然承接在 A 后的。如果 B 句子是"总统选举将会在 2020 年举办"，那么，在自然文本中，B 不会直接承接在 A 之后。

训练数据很容易构造。每个预训练的样例 (A　B) 可以按照如下策略选取：对于 50% 的训练样例，序列 B 和序列 A 属于同一批单语数据（如 BookCoprus）中的前后两个句子，这些样例视为正样本；同时对于另外 50% 的样例，A 不变，而 B 是随机从语料中选取的句子，这些样例则可以用作负样本。

在预训练过程中，A 和 B 会被拼接成为一个序列 (A[SEP]B)，其中，[SEP] 是分隔两个句子的特殊符号。BERT 学习了该序列 L 层的语义表示，最终第一个词汇①的隐层表示 h_{SOS}^L 被输入到一个线性的映射层中，并使用 softmax 层来预测句子 B 是否紧跟在句子 A 的后面。

4.4.2　BERT 微调

与 GPT 相似，预训练好的 BERT 模型可以用来作为下游任务的起点，可以根据目标任务进行简单的适应性参数微调。BERT 仅使用掩码语言模型和下一句话预测作为优化目标，神经网络并不能够直接完成具体下游任务，如文本蕴涵和自动问答。因此，对于这些特定任务，使用 BERT 在任务相关的训练数据上进行微调是必要的。

BERT 主要适用于两种类型的下游任务：分类任务和序列标注任务。对于分类任务，首先将序列输入到预训练好的 BERT 之中，第一个词汇对应的最后一层隐层状态 h_{SOS}^L 将用于后续分类。h_{SOS}^L 将被参数矩阵 $\boldsymbol{W}_{\text{o}}$（$\boldsymbol{W}_{\text{o}}$ 表示为了完成下游任务分类而引入的线性映射矩阵）线性映射之后送入 softmax 层中计算目标类别的概率分布。预训练好的 BERT 网络参数以及新引入的映射矩阵 $\boldsymbol{W}_{\text{o}}$ 将会在分类任务的训练集上以最大化概率 $p(y\,|\,x)$（y 是标签）为目标进行微调。

对于序列标注任务，每一个词汇 x_j 通过预训练的 BERT 可以得到一个最后一层的隐层表示 h_j^L。之后 h_j^L 通过线性映射以及 softmax 层来预测标签 y_j。所有的网络参数会在序列标注的训练数据上以最大化概率 $p(y\,|\,x)$（y 是标签序列）为目标进行微调。

4.4.3　XLNet: 广义自回归预训练模型

尽管已经在很多文本处理任务中取得了成功，BERT 仍然存在很多不足之处。最关键的是 BERT 的预训练和微调之间仍然存在着严重的不匹配问题，因为在预训练过程中大量使用的特殊符号 MASK 几乎不会在下游任务的微调过程中出现。此外，BERT 假设输入序列中遮盖的词汇之间互相独立。依据 BERT 的设定，15% 的输入词汇将被随机遮盖。举例来说，原始的输入序列 $(\text{SOS}, x_1, x_2, \cdots, x_{j-1}, x_j, x_{j+1}, \cdots, x_{n-1}, x_n, \text{EOS})$ 在随机遮盖之后可能变为 $(\text{SOS}, x_1, \text{MASK}, \cdots, x_{j-1}, \text{MASK}, x_{j+1}, \cdots, \text{MASK}, x_n, \text{EOS})$。

---

① 我们在介绍中使用 SOS 表示第一个词汇，而在 BERT 论文中采用的是另一个特别符号 [CLS]，实际效果是一样的。

显然，在 BERT 的预训练过程中，x_2 和 x_{n-1} 将不会用于 x_j 的预测，类似地，(x_2, x_j) 也不会对 x_{n-1} 的预测起作用，(x_j, x_{n-1}) 对 x_2 同理。实际上，x_2，x_j 和 x_{n-1} 之间可能存在互相依赖的关系。

为了克服上述问题，Yang 等在 2019 年提出了一种广义的自回归预训练模型 XLNet[①]（Yang et al., 2019）。该模型旨在保持 BERT 利用双向上下文这个优点的同时，不再使用掩码遮盖机制。XLNet 相比于 BERT 主要有两个创新想法：排列语言模型和两路自注意力机制。

排列语言模型：直观地，如果我们枚举输入序列全部的排列形式，那么所有的上下文均有机会出现在焦点词 x_j 之前。使用序列 (x_1, x_2, x_3, x_4) 举例，假设 x_3 是焦点词。如图 4.8 所示，不同的排列将会为 x_3 提供不同的上下文。右下角的排列将所有左右双向的上下文移动到了 x_3 的前方。因此，XLNet 预训练模型可以基于任何自回归语言模型进行参数优化。

假设 $\boldsymbol{Z}_n$ 表示包含 n 个词汇的序列对应的所有可能排列的集合，$z_j, z_{<j}$ 分别表示特定排列 $z \in \boldsymbol{Z}_n$ 中的第 j 个元素和前 $j-1$ 个元素。基于上述设置，XLNet 将会按照最大化排列集合中自回归语言模型概率的期望来进行预训练。

$$\sum_{t=1}^{T} \left\{ E_{\boldsymbol{z} \in \boldsymbol{Z}_n} \left[\sum_{j=1}^{n} \log p(x_{z_j}^{(t)} \mid x_{z_{<j}}^{(t)}; \boldsymbol{\theta}) \right] \right\} \tag{4.12}$$

值得注意的是，XLNet 仅置换分解顺序（用于计算概率 $p(x)$ 的分解方法），而不是对原始序列进行重新排序，如图 4.8 所示。

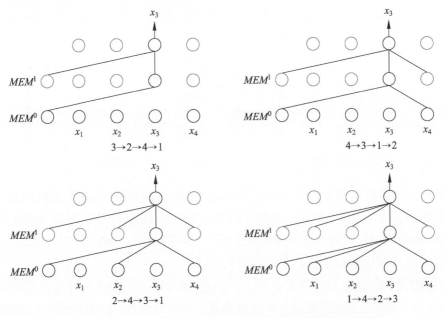

图 4.8 序列 (x_1, x_2, x_3, x_4) 的排列以及相应的自回归语言模型

---

① 代码和预训练模型见 https://github.com/zihangdai/xlnet。

双路自注意力机制：在排列语言模型中计算 $p(x_{z_j}\,|\,x_{z_{<j}})$ 时，隐层状态 $h(x_{z_j})$ 是通过 Transformer 自注意力机制学习得到的，softmax 函数后续被用来计算下一个词汇的概率分布。容易发现使用 $h(x_{z_{<j}})$ 预测 x_j 时并不知晓目标位置 j。因此，$p(x_{z_j}\,|\,x_{z_{<j}};\theta)$ 的计算与目标位置无关，与 $p(x_{z_k}\,|\,x_{z_{<j}};\theta)(k\geqslant j)$ 共享了相同的概率分布。这意味着，在给定相同历史上下文的条件下，某个词汇在条件语言模型下的概率与位置无关。显然，这种位置不敏感的特性是我们不希望出现的，因为语言本身和词汇的顺序与出现位置紧密相关。因此，XLNet 设计了全新的双路自注意力机制来解决该问题。

模型将会在第 j 个时刻学习两种隐层表示：内容表示 $h(x_{z_{\leqslant j}})$ 以及查询表示 $g(x_{z_{<j}})$。

$$h^l(x_{z_j}) = \mathrm{Attention}(q_j = h^{l-1}(x_{z_j}), K_{\leqslant j}V_{\leqslant j} = h^{l-1}(x_{z_{\leqslant j}})) \tag{4.13}$$

$$g^l(x_{z_j}) = \mathrm{Attention}(q_j = g^{l-1}(x_{z_j}), K_{\leqslant j}V_{\leqslant j} = h^{l-1}(x_{z_{<j}})) \tag{4.14}$$

注意，内容表示 $h(x_{z_{\leqslant j}})$ 与传统 Transformer 中的隐层表示一致。查询表示 $g(x_{z_{<j}})$ 是位置相关的，但是它的学习过程不使用第 z_j 个词汇的内容信息。顶层的查询表示 $g^l(x_{z_{<j}})$ 将会被用于预测 x_{z_j}。最初，$h^0(x_{z_j})$ 是词汇 x_{z_j} 的词向量表示，$g^0(x_{z_j})$ 是可训练的向量 w。图 4.9 阐明了双路自注意力机制的主要思想。假设序列分解顺序为 $2\to 4\to 3\to 1$，我们需要在给定 (x_2, x_4) 的条件下预测 x_3。灰色实线代表内容表示的学习过程（与传统 Transformer 一致）。黑色实线代表查询表示的学习过程。黑色虚线表示该输入仅仅被用来作为查询，它的内容值在注意力计算过程中并不被使用。例如，g^1_3 是词向量 x_2 和 x_4 的加权和（x_3 被排除在外）。权重使用 $g^0_3 = w$ 作为查询向量与 x_2 和 x_4 进行计算。如果 XLNet 仅包含两层，那么 g^2_3 将会被用来预测 x_3。

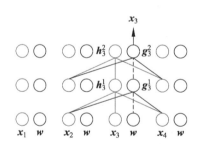

图 4.9　对于 $2\to 4\to 3\to 1$ 的双路注意力模型

为了加快训练过程的收敛速度，XLNet 仅仅预测每个被采样到的因式分解样本下的最后几个词汇而非整个序列。此外，XLNet 还整合了一些复杂的技术，例如，Transformer-XL 的相对位置编码和分段递归机制（Dai et al., 2019）。最终，XLNet 在 20 个文本处理任务上取得了优于 BERT 的性能。

有趣的是，Facebook 的研究者（Liu et al., 2019）发现 BERT 远远没有训练充分。他们报告称，通过对关键参数以及训练数据规模的细致设计，BERT 模型[①]能够匹敌甚至超越 XLNet 以及其他变体。

[①] 他们将实现的结果命名为 RoBERTa，具体细节见 https://github.com/pytorch/fairseq。

4.4.4 UniLM

ELMo，BERT 和 XLNet 旨在全面探索输入序列的双向上下文信息，并主要用于自然语言理解任务。GPT 适用于自然语言生成任务，如摘要等。尽管如此，GPT 只能利用左侧上下文信息。一个有趣的问题是能否结合 BERT 和 GPT 各自的优势来设计用于文本生成任务的预训练模型。

Dong 等在 2019 年提出一种统一的预训练语言模型 UniLM[①]，它可以适应性地将 Transformer 模型用于单语言的序列到序列任务（Dong et al., 2019）。给定单语语料中两个连续的序列 (x, y)，UniLM 认为 x 是输入序列，y 是输出序列。如图 4.10 所示，UniLM 使用双向 Transformer 编码器来接收输入 x，使用单向 Transformer 解码器来生成 y。UniLM 采用了与 BERT 类似的掩码机制，即通过设置一个掩码矩阵动态地实现每个时刻可访问的上下文信息。通过对大规模单语数据的预训练，UniLM 后续可以通过微调来完成文本生成任务，如摘要和问题生成。根据 Dong 等的报告，UniLM 在 CNN Daily Mail 数据集上摘要的性能达到最佳。

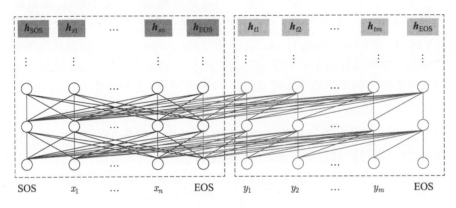

图 4.10 UniLM 模型结构

为了更好地理解各类预训练语言模型，我们将各个模型列在表 4.1 中，并简述它们的关键结构和特征。

表 4.1 不同预训练语言模型的比较

模型	结构	关键特征	最适用的任务
ELMo	双向 LSTMs	首个可以获取动态词向量的大规模预训练模型	文本理解
GPT	Transformer 解码器	预训练和微调采用统一模型的首个方法	文本理解
GPT-2	Transformer 解码器	使用了更多的数据、更深的网络	文本生成
GPT-3	Transformer 解码器	使用特别多的数据、特别深的网络	文本生成
BERT	Transformer 编码器	掩码语言模型和下一句话预测任务为优化目标的去噪自编码器	文本理解
XLNet	Transformer 编码器	基于序列排列组合泛化的自回归语言模型	文本理解
UniLM	Transformer	基于泛化掩码机制的预训练模型，能够同时处理理解和生成任务	文本生成

---

① 代码和模型详见 https://github.com/microsoft/unilm。

4.5   进一步阅读

本章简要介绍了几种流行的预训练模型,包括 ELMo,GPT,BERT,XLNet 和 UniLM。我们可以看到,预训练和微调范式已在许多自然语言理解和生成任务上取得了重大突破。最近,预训练方法发展迅速,许多改进的模型相继提出,其中大多数集中在 BERT 框架的改进上。这些新的模型可以大致分为以下三类[①]。

其中的一个研究方向旨在设计更复杂的目标函数或将知识整合到 BERT 架构中。Sun 等提出了模型 ERNIE,该模型通过遮盖实体而不是像 BERT 那样遮盖字符(子词或者单词)来改进掩码语言模型(Sun et al., 2019)。他们证明了实体掩码模型在许多中文文本处理任务中都有很好的性能表现。他们进一步将该模型升级到 ERNIE-2.0,该模型使用多任务学习框架逐步学习预训练任务(Sun et al., 2020)。Zhang 等在 BERT 的基础上提出了另一个改进的模型,也称为 ERNIE,该模型将知识图谱中实体的表示学习纳入了 BERT 预训练过程之中(Zhang et al., 2019)。

另一个研究方向旨在尽可能地压缩预训练语言模型。由于 BERT 非常繁重且包含大量参数,因此它在计算上非常昂贵且占用大量内存,尤其是对于后续推理步骤而言。(Sanh et al., 2019)、(Tang et al.,2019)和(Jiao et al., 2020)提出使用知识蒸馏的策略,在性能下降可以忽略不计的前提下将大模型压缩为小模型。Lan 等提出通过两种参数削减方法来减少内存使用并加快 BERT 的训练过程,即参数化向量的因式分解和跨层参数的共享策略(Lan et al., 2020)。

第三个方向探讨了预训练模型的生成任务和跨语言任务。尽管大多数研究通过增强 BERT 来解决自然语言理解任务,但是越来越多的研究人员将注意力转移到生成任务和跨语言任务的预训练上。除了 UniLM 设计了面向生成的预训练模型,Song 等提出的 MASS 模型(Song et al., 2019)、Lewis 等提出的 BART 模型(Lewis et al., 2020)和 Raffel 等提出的 T5 模型(Raffel et al., 2020)促进了生成式预训练模型的进步。以 MASS 模型为例,该模型对句子中的连续子序列 seq 进行遮盖,并使用被遮盖的序列作为输入,之后通过序列到序列的模型来预测被遮盖的连续子序列 seq。跨语言预训练也吸引了越来越多研究者的注意。Lample 和 Conneau 提出了 XLM 模型,该模型使用平行句对作为输入来进行跨语言模型的预训练(Lample and Conneau, 2019)。

另一个值得注意的问题是文本生成任务中的推理过程几乎都遵循从左到右的解码方式,无法利用未来信息。一个有希望的研究方向是对生成任务执行同步双向推理,例如,机器翻译中的类似工作(Zhou et al., 2019)。

习   题

4.1   假设 GPT 和 BERT 模型只考虑自注意力的计算、ELMo 仅采用简单的循环神经网络计算单元,请对比三个预训练模型 ELMo、GPT 和 BERT 的时间复杂度。

[①] 有关预训练模型的更多信息,请参见 Qiu 等人在 2020 年的综述报告。

4.2 请阐述为什么基于掩码语言模型的 BERT 实际上就是一种去噪自编码器。

4.3 经验表明，BERT 更擅长于理解式任务，GPT 更擅长于生成式任务，BART 被认为同时擅长理解式和生成式任务，请查阅相关文献说明 BART 完成理解式任务和生成式任务的方式，并从目标函数设计的角度说明为什么 BART 可以同时处理生成式和理解式任务。

4.4 BERT 采用掩码语言模型和下一句话预测作为优化目标函数，请分析下一句话预测这个目标函数的作用，说明该目标函数会提升哪些任务的性能，并给出理由。

4.5 MASS、BART 和 T5 都是序列到序列的生成模型，请查看文献后阐述三个模型之间的异同，说明各模型最适合的下游任务类型，并给出原因。

第5章 文 本 分 类

5.1 概 述

文本分类是按照一定的分类体系对文本类别进行自动标注的过程。其目标是在给定分类体系下，将文本集中的每个文本划分到某个或者某几个类别中，如图 5.1 所示。常见的文本分类任务包括文本主题分类、体裁分类、垃圾邮件识别等。

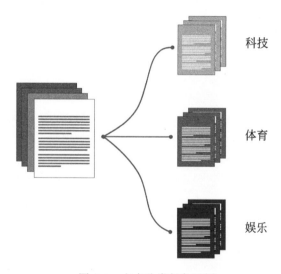

图 5.1　文本分类任务示例

早期的文本分类方法以规则方法为主，但是这种方法往往需要专家精心制定分类规则，规则集的建立和维护都非常耗时耗力。20 世纪 90 年代以后，随着统计机器学习算法的兴起，基于监督机器学习的分类算法在文本分类任务中取得了很大的成功。常见的文本分类算法包括：朴素贝叶斯（naïve Bayes, NB）、logistic 回归、最大熵（maximum entropy, ME）模型和支持向量机（support vector machine, SVM）等。近年来，以卷积神经网络和循环神经网络为代表的深度神经网络技术在文本分类任务上都取得了较大的进展，逐渐发展成为当下研究中的主流方法。

基于传统机器学习方法的文本分类系统可以示意性地用图 5.2 表示，它主要由文本表示、特征选择（feature selection）、分类器设计三部分组成，文献（Sebastiani, 2002）按照这一基本结构对文本分类技术进行了综述。本章首先遵循这一结构顺序介绍基于传统机器学习方法的文本分类方法，然后单独介绍基于深度神经网络的文本分类方法，最后介绍文本分类中的性能评估方法。

图 5.2 基于传统机器学习的文本分类系统框架

5.2 传统文本表示

在文本分类任务中，如何准确、高效地表示一个文本对于后续的分类算法非常重要。一方面，要求表示方法能够真实地反映文本的内容；另一方面，又要求该方法对不同类型的文本有足够的区分能力。本书第 3 章已经介绍了常见的文本表示方法，这里不再赘述。但需要进一步说明的是，对于不同的分类模型，其相应的文本表示方法也有所不同。如传统的线性分类模型（如 logistic 回归、线性支持向量机）通常以向量空间模型进行文本表示，而生成式模型（generative model）的文本表示则是由类条件分布假设确定，如在朴素贝叶斯模型中多项分布（multinormial distribution）假设对应的是词袋模型（词袋模型与向量空间模型是类似的，但它不支持实数值特征）。

用向量空间模型进行文本表示需要经过以下两个主要步骤：一是根据训练集生成文本特征序列，二是依据特征序列对训练文本集和测试样本集中的各个文档进行赋权值和规范化等处理，将其转化为机器学习算法所需的特征向量。需要注意的是，向量空间模型虽然简单、高效，但是它丢失了原始文档的很多信息，因此，为了提高文本分类的性能，往往需要借助特征工程向特征空间中引入更多的语言学特征，如 n 元词序信息、句法信息和语义信息等。另外，对于不同的文本分类任务，甚至对于不同的语料，所采用的最优特征权重方法也有所不同。如在文档主题分类任务中，TF-IDF 权重常常效果最好，而在文本情感分类任务中，Bool 权重则得到了更加广泛的使用。

表 5.1 给出了一个文本分类数据集，该数据集的类别包括"教育"和"体育"两个类别，训练集中每个类别各有两个文档，测试集一共包括两个文档。表 5.2 给出了该数据集对应的词表，每个文档可以表示为以词表作为基的向量空间中的一个向量。

表 5.1 文本分类数据集

序号	文　　档	类别
$train\_d_1$	北京 理工 大学 计算机 专业 创建 于 1958 年 是 中国 最早 设立 计算机 专业 的 高校 之一	教育
$train\_d_2$	北京 理工 大学 学子 在 第四 届 中国 计算机 博弈 锦标赛 中 夺冠	教育
$train\_d_3$	北京 理工 大学 体育馆 是 2008 年 中国 北京 奥林匹克 运动会 的 排球 预赛 场地	体育
$train\_d_4$	第五 届 东亚 运动会 中国 军团 奖牌 总数 创 新高 男女 排球 双双 夺冠	体育
$test\_d_1$	北京 理工 大学 是 理工 为主 工理文 协调 发展 的 全国 重点 大学	
$test\_d_2$	复旦 大学 排球队 获得 本届 大学生 运动会 排球 比赛 冠军	

表 5.2 文本分类数据集（表 5.1）对应的词表

奥林匹克 北京 博弈 场地 创 创建 大学 第四 第五 东亚 夺冠 高校 计算机 奖牌 届 锦标赛 军团
理工 男女 年 排球 设立 双双 体育馆 新高 学子 预赛 运动会 之一 中 中国 专业 总数 最早

5.3 特征选择

传统的向量空间模型基于高维稀疏的向量表示文本，因此，在进行分类算法之前通常需要对高维的特征空间进行降维。降维方法主要分为两类：特征提取（feature extraction）和特征选择（feature selection）。

特征提取的目的是将原始的高维稀疏特征空间映射为低维稠密的特征空间。在模式识别领域，经典的特征提取方法有主成分分析（principal component analysis, PCA）方法和独立成分分析（independent component analysis, ICA）方法等，但是这些方法在文本分类中并不常用。曾有学者基于潜在语义索引（latent semantic indexing, LSI）进行文本降维，该方法使用文本的主题特征代替传统特征，降维作用显著，但是单独使用主题特征往往效果一般。实际上，在自然语言处理领域 LSI 与 PCA 属于同源的方法，其本质都是进行奇异值分解（singular value decomposition, SVD）。此外，概率潜在语义分析（probabilistic latent semantic analysis, PLSA）和潜在狄利克雷分布（latent Dirichlet allocation，LDA）模型也曾被应用于文本分类特征降维，但是因效率和效果欠佳都未获得大规模的应用。

特征选择是从特征空间中择优选出一部分特征子集的过程。文本分类领域常见的特征选择方法包括无监督特征选择和有监督特征选择两类。前者可以应用于没有类别标注的语料（如文本聚类），但是效果往往较差，常见方法包括基于词频 TF（或者文档频率 DF）的特征选择。后者依赖于类别标注信息，可以有效地针对分类问题选择出较优的特征子集，常见方法包括互信息法（MI）、信息增益法（IG）和卡方统计量法（χ^2）等。文献（Yang and Pedersen, 1997）和（Forman, 2003）总结了文本分类中的特征选择方法并指出，一个好的特征选择算法可以有效地对特征空间进行降维，提高分类器的效率，同时去除冗余特征和噪声特征，提高文本分类的性能。

本节主要介绍文本分类中的有监督特征选择方法。

5.3.1 互信息法

在信息论中，假设 X 是一个离散型随机变量，其概率分布为 $p(x) = P(X = x)$，那么，X 的熵（entropy）$H(X)$ 定义为

$$H(X) = -\sum_x p(x) \log p(x) \tag{5.1}$$

熵用于度量随机变量的不确定性。一个随机变量的熵越大，其不确定性越大，表示该变量需要的信息量越大；反之，熵越小，则不确定性越小，表示该变量需要的信息量也越小。

假设 X 和 Y 是一对随机变量，服从联合分布 $p(x,y) = P(X=x, Y=y)$，那么，X, Y 的联合熵（joint entropy）定义为

$$H(X,Y) = -\sum_x \sum_y p(x,y) \log p(x,y) \tag{5.2}$$

联合熵描述的是刻画一对随机变量需要的信息量。

条件熵（conditional entropy）描述的是在已知随机变量 X 取值的前提下，随机变量 Y 的不确定性程度。或者说，在已知 X 取值的条件下，表示 Y 还需要的额外信息量。定义如下：

$$\begin{aligned} H(Y|X) &= \sum_x p(x) H(Y|X=x) \\ &= -\sum_x \sum_y p(x,y) \log p(y|x) \end{aligned} \tag{5.3}$$

当且仅当 Y 的值完全由 X 确定时，$H(Y|X) = 0$；反之，当且仅当 Y 和 X 相互独立时，$H(Y|X) = H(Y)$。

熵、联合熵和条件熵的关系为

$$H(Y|X) = H(X,Y) - H(X) \tag{5.4}$$

图 5.3 描述了上述各信息量之间的关系。左侧的圆形表示熵 $H(X)$，右侧的圆形表示熵 $H(Y)$，两个圆形的并集表示联合熵 $H(X,Y)$，左侧的月牙形表示条件熵 $H(X|Y)$，右侧的月牙形表示条件熵 $H(Y|X)$。那么，两个圆形的交集表示什么呢？这就是我们下面要引入的互信息（mutual information, MI）$I(X;Y)$。

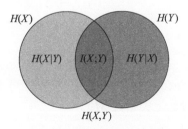

图 5.3　熵、联合熵、条件熵与互信息的关系

互信息反映的是两个随机变量相互关联的程度。对于离散随机变量 X 和 Y，其互信息定义为

$$I(X;Y) = \sum_{x,y} p(x,y) \log \frac{p(x,y)}{p(x)p(y)} \tag{5.5}$$

熵、条件熵和互信息之间存在如下关系：

$$I(X;Y) = H(Y) - H(Y|X) = H(X) - H(X|Y) \tag{5.6}$$

两个随机变量的互信息是变量间相互依赖性的量度，它可以看成是一个随机变量中包含的关于另一个随机变量的信息量，或者说是一个随机变量由于已知另一个随机变量而减少的不确定性。

将 $I(x;y) = \log \dfrac{p(x,y)}{p(x)p(y)}$ 记为随机变量 (X,Y) 取确定值 (x,y) 时的点式互信息（pointwise mutual information，PMI）。由式（5.5）可以看出，互信息是点式互信息的期望。在文本分类中，通常用点式互信息衡量特征项 t_i 透露类别 c_j 的信息量。

对于给定的语料，首先针对每个特征 t_i 和每个类别 c_j，统计表 5.3 中的数值。表中的 N_{t_i,c_j} 表示特征项 t_i 在第 c_j 类文档中出现的文档频率，$N_{t_i,\bar{c}_j}$ 表示特征项 t_i 在所有非第 c_j 类文档中出现的文档频率，$N_{\bar{t}_i,c_j}$ 表示 t_i 以外的所有特征项在第 c_j 类文档中出现的文档频率，$N_{\bar{t}_i,\bar{c}_j}$ 表示 t_i 以外的所有特征项在所有非第 c_j 类文档中出现的文档频率，$N = N_{t_i,c_j} + N_{t_i,\bar{c}_j} + N_{\bar{t}_i,c_j} + N_{\bar{t}_i,\bar{c}_j}$ 表示文档总数。

表 5.3　按特征和类别统计的文档频率

特征	类别	
	c_j	$\bar{c}_j$
t_i	N_{t_i,c_j}	$N_{t_i,\bar{c}_j}$
$\bar{t}_i$	$N_{\bar{t}_i,c_j}$	$N_{\bar{t}_i,\bar{c}_j}$

然后，根据最大似然估计原理，用频率估计以下概率：

$$p(c_j) = \frac{N_{t_i,c_j} + N_{\bar{t}_i,c_j}}{N} \tag{5.7}$$

$$p(t_i) = \frac{N_{t_i,c_j} + N_{t_i,\bar{c}_j}}{N} \tag{5.8}$$

$$p(c_j|t_i) = \frac{N_{t_i,c_j}}{N_{t_i,c_j} + N_{t_i,\bar{c}_j}} \tag{5.9}$$

$$p(c_j|\bar{t}_i) = \frac{N_{\bar{t}_i,c_j}}{N_{\bar{t}_i,c_j} + N_{\bar{t}_i,\bar{c}_j}} \tag{5.10}$$

为了防止出现零概率事件，$p(c_j|t_i)$ 和 $p(c_j|\bar{t}_i)$ 的估计可使用拉普拉斯平滑（Laplace smoothing）（分子加 1，分母加上类别数 M）。

那么，t_i 和 c_j 之间的互信息 $I(t_i;c_j)$ 可以计算为

$$I(t_i;c_j) = \log \frac{N_{t_i,c_j} N}{\left(N_{t_i,c_j} + N_{\bar{t}_i,c_j}\right)\left(N_{t_i,c_j} + N_{t_i,\bar{c}_j}\right)} \tag{5.11}$$

为了衡量特征项 t_i 对于全部类别的信息量，可以对各类按概率加权平均（也可以理解为特征项 t_i 与类别随机变量 C 的互信息）：

$$I_{\mathrm{avg}}(t_i) = \sum_j p(c_j) I(t_i;c_j) \tag{5.12}$$

或者取各类中的最大值

$$I_{\max}(t_i) = \max_j \{I(t_i; c_j)\} \tag{5.13}$$

作为该特征的互信息值。

特征选择的过程是指对全部的特征项计算互信息值,按照得分进行排序,最终选择排在前面的一部分特征作为优选的特征子集。表 5.4 给出了用 MI 法对文本分类数据集(表 5.1)进行特征选择的结果。

表 5.4　用 MI 法对文本分类数据集(表 5.1)进行特征选择的结果

特　　征	MI
计算机 排球 运动会	0.4055
1958 2008 奥林匹克 博弈 场地 创 创建 第四 第五 东亚 高校 奖牌 锦标赛 军团 男女 设立 双双 体育馆 新高 学子 于 预赛 在 之一 中 专业 总数 最早	0.2877
北京 大学 理工	0.1823
的 夺冠 届 年 是 中国	0.0000

5.3.2　信息增益法

信息增益(information gain,IG)是指在给定随机变量 X 的条件下,随机变量 Y 的不确定性减少的程度:

$$G(Y|X) = H(Y) - H(Y|X) \tag{5.14}$$

这种减少的程度用 Y 的熵 $H(Y)$ 与条件熵 $H(Y|X)$ 之间的差值表示。与式 (5.6) 比较,可以发现信息增益和互信息是等价的。互信息可以看成是随机变量 Y 中包含的关于随机变量 X 的信息量,也可以理解为随机变量 Y 由于随机变量 X 已知而减少的不确定性(即信息增益)。值得提及的是,在文本分类特征选择方法中,互信息法的实质是点式互信息法,而信息增益法的实质是互信息法。

将特征项 $T_i \in \{t_i, \bar{t}_i\}$ 看作一个服从伯努利分布(Bernoulli distribution,也称 0-1 分布)的二元随机变量,同时将类别 C 视为服从类别分布(categorical distribution)的随机变量,那么,信息增益定义为熵 $H(C)$ 与条件熵 $H(C|T_i)$ 的差值:

$$\begin{aligned} G(T_i) &= H(C) - H(C|T_i) \\ &= -\sum_j p(c_j) \log p(c_j) - \left[\left(-\sum_j p(c_j, t_i) \log p(c_j|t_i)\right) + \right.\\ &\quad \left. \left(-\sum_j p(c_j, \bar{t}_i) \log p(c_j|\bar{t}_i)\right)\right] \end{aligned} \tag{5.15}$$

信息增益考虑了 $\{t_i, \bar{t}_i\}$ 两种情形,因此可以写成互信息 $I(t_i; c_j)$ 和 $I(\bar{t}_i; c_j)$ 的加权平均(Yang and Pedersen, 1997):

$$G(T_i) = \sum_j p(t_i, c_j) I(t_i; c_j) + p(\bar{t}_i, c_j) I(\bar{t}_i; c_j) \tag{5.16}$$

总的来说,IG 法进行文本分类特征选择的效果比 MI 法更好。

表 5.5 给出了用 IG 法对文本分类数据集(表 5.1)进行特征选择的结果。

表 5.5 用 IG 法对文本分类数据集（表 5.1）进行特征选择的结果

特　　　征	IG
计算机 排球 运动会	0.1308
1958 2008 奥林匹克 博弈 场地 创 创建 第四 第五 东亚 高校 奖牌 锦标赛 军团 男女 设立 双双 体育馆 新高 学子 于 预赛 在 之一 中 专业 总数 最早 北京 大学 理工	0.0293
的 夺冠 届 年 是 中国	0.0000

5.3.3　卡方统计量法

卡方 (χ^2) 检验是以分布为基础的一种假设检验方法，其基本思想是通过计算观察值与期望值的偏差确定假设是否成立。卡方检验常用于检测两个随机变量的独立性。

在特征选择中，定义特征项 $T_i \in \{t_i, \bar{t}_i\}$ 和类别 $C_j \in \{c_j, \bar{c}_j\}$ 分别为服从伯努利分布的二元随机变量，t_i 和 $\bar{t}_i$ 分别表示特征项 t_i 出现和不出现，c_j 和 $\bar{c}_j$ 分别表示文档类别是否为 c_j。

首先提出原假设：T_i 和 C_j 相互独立，即 $p(T_i, C_j) = p(T_i)\, p(C_j)$。对于每个特征项 T_i 和每个类别 C_j，计算如下统计量：

$$\chi^2(T_i, C_j) = \sum_{T_i \in \{t_i, \bar{t}_i\}} \sum_{C_j \in \{c_j, \bar{c}_j\}} \frac{(N_{T_i, C_j} - E_{T_i, C_j})^2}{E_{T_i, C_j}} \tag{5.17}$$

其中，N 是观察频率，E 是符合原假设的期望频率。例如，N_{t_i, c_j} 是基于样本集观测得到的特征项 t_i 出现在第 c_j 类文档中的文档频率，E_{t_i, c_j} 是指在原假设成立条件下的特征项 t_i 出现在第 c_j 类文档中的文档频率。用表 5.3 的统计，E_{t_i, c_j} 的计算如下：

$$\begin{aligned} E_{t_i, c_j} &= N \cdot p(t_i, c_j) = N \cdot p(t_i) \cdot p(c_j) \\ &= N \cdot \frac{N_{t_i, c_j} + N_{t_i, \bar{c}_j}}{N} \cdot \frac{N_{t_i, c_j} + N_{\bar{t}_i, c_j}}{N} \end{aligned} \tag{5.18}$$

类似地计算 $E_{\bar{t}_i, c_j}$，$E_{t_i, \bar{c}_j}$ 和 $E_{\bar{t}_i, \bar{c}_j}$，代入式 (5.17)，得到如下卡方统计量（χ^2 statistic）的算式：

$$\chi^2(T_i, C_j) = \frac{N \cdot \left(N_{t_i, c_j} N_{\bar{t}_i, \bar{c}_j} - N_{\bar{t}_i, c_j} N_{t_i, \bar{c}_j}\right)^2}{\left(N_{t_i, c_j} + N_{\bar{t}_i, c_j}\right) \cdot \left(N_{t_i, c_j} + N_{t_i, \bar{c}_j}\right) \cdot \left(N_{t_i, \bar{c}_j} + N_{\bar{t}_i, \bar{c}_j}\right) \cdot \left(N_{\bar{t}_i, c_j} + N_{\bar{t}_i, \bar{c}_j}\right)} \tag{5.19}$$

$\chi^2(T_i, C_j)$ 值越高，说明 T_i 与 C_j 之间的独立假设越不成立，它们的相关性越高。

同样地，对 $\chi^2(T_i, C_j)$ 按照各个类别进行加权求和或者取最大，可以度量特征项 T_i 对于整个分类任务的信息量：

$$\chi^2_{\max}(T_i) = \max_{j=1,2,\cdots,M} \left\{\chi^2(T_i, C_j)\right\} \tag{5.20}$$

$$\chi^2_{\mathrm{avg}}(T_i) = \sum_{j=1}^{M} p(c_j)\chi^2(T_i, C_j) \tag{5.21}$$

表 5.6 给出了用 χ^2 法对文本分类数据集（表 5.1）进行特征选择的结果。

表 5.6　用 χ^2 法对文本分类数据集（表 5.1）进行特征选择的结果

特　　征	χ^2
计算机 排球 运动会	3.9999
1958 2008 奥林匹克 博弈 场地 创 创建 第四 第五 东亚 高校 奖牌 锦标赛 军团 男女 设立 双双 体育馆 新高 学子 于 预赛 在 之一 中 专业 总数 最早 北京 大学 理工	1.3333
的 夺冠 届 年 是 中国	0.0000

5.3.4　其他方法

文献（Nigam, 2000）提出了一种加权对数似然概率（weighted log-likelihood ratio, WLLR）指标用于度量特征项 t_i 和类别 c_j 的相关性：

$$
\begin{aligned}
\mathrm{WLLR}(t_i, c_j) &= p\left(t_i | c_j\right) \log \frac{p\left(t_i | c_j\right)}{p\left(t_i | \bar{c}_j\right)} \\
&= \frac{N_{t_i, c_j}}{N_{t_i, c_j} + N_{\bar{t}_i, c_j}} \log \frac{N_{t_i, c_j}\left(N_{t_i, \bar{c}_j} + N_{\bar{t}_i, \bar{c}_j}\right)}{N_{t_i, \bar{c}_j}\left(N_{t_i, c_j} + N_{\bar{t}_i, c_j}\right)}
\end{aligned} \tag{5.22}
$$

文献（Li et al., 2009a）进一步分析了 MI, IG, χ^2 和 WLLR 等六种特征选择方法，发现频率 $p\left(t_i | c_j\right)$ 和比率 $\dfrac{p\left(t_i | c_j\right)}{p\left(t_i | \bar{c}_j\right)}$ 是各种特征选择的两个基本度量，上述特征选择方法均可写成以上两个度量的组合形式。据此（Li et al., 2009a）提出了一种通用的加权频率和比率（weighted frequency and odd, WFO）方法：

$$
\begin{aligned}
\mathrm{WFO}\left(t_i, c_j\right) &= p\left(t_i | c_j\right)^{\lambda}\left(\log \frac{p\left(t_i | c_j\right)}{p\left(t_i | \bar{c}_j\right)}\right)^{1-\lambda} \\
&= \left(\frac{N_{t_i, c_j}}{N_{t_i, c_j} + N_{\bar{t}_i, c_j}}\right)^{\lambda}\left(\log \frac{N_{t_i, c_j}\left(N_{t_i, \bar{c}_j} + N_{\bar{t}_i, \bar{c}_j}\right)}{N_{t_i, \bar{c}_j}\left(N_{t_i, c_j} + N_{\bar{t}_i, c_j}\right)}\right)^{1-\lambda}
\end{aligned} \tag{5.23}
$$

假设特征选择得到以下降维后的向量空间：[计算机 排球 运动会 高校 大学]，利用降维后的向量空间对文本分类数据集（表 5.1）进行文本表示，得到表 5.7 所示的结果。

表 5.7　降维后的文本分类数据集

序号	原始文档	降维后的文档	类别
$train\_d_1$	北京 理工 大学 计算机 专业 创建 于 1958 年 是 中国 最早 设立 计算机 专业 的 高校 之一	大学 计算机 计算机 高校	教育
$train\_d_2$	北京 理工 大学 学子 在 第四 届 中国 计算机 博弈 锦标赛 中 夺冠	大学 计算机	教育
$train\_d_3$	北京 理工 大学 体育馆 是 2008 年 中国 北京 奥林匹克 运动会 的 排球 预赛 场地	大学 运动会 排球	体育
$train\_d_4$	第五 届 东亚 运动会 中国 军团 奖牌 总数 创 新高 男女 排球 双双 夺冠	运动会 排球	体育
$test\_d_1$	北京 理工 大学 是 理工 为主 工理文 协调 发展 的 全国 重点 大学	大学 大学	
$test\_d_2$	复旦 大学 排球 队 获得 本届 大学生 运动会 排球 比赛 冠军	大学 排球 运动会 排球	

5.4 传统分类算法

一个文本经过文本表示和特征选择之后，就可以基于传统的机器学习算法进行文本分类。早期的文本分类模型包括 Rocchio、K-近邻分类器（K-nearest neighbor classifier）、决策树等，其后，得到了广泛使用的文本分类算法包括朴素贝叶斯模型、logistic 回归模型、最大熵模型、支持向量机和人工神经网络等。

5.4.1 朴素贝叶斯模型

贝叶斯模型属于生成式模型，它对样本的观测和类别状态的联合分布 $p(x, y)$ 进行建模。在实际应用中，联合分布转换为类别的先验分布 $p(y)$ 与类条件分布 $p(x|y)$ 乘积的形式：$p(x, y) = p(y)p(x|y)$。前者可以分别使用伯努利分布和类别分布建模两类和多类分类的类别先验概率，但类条件分布 $p(x|y)$ 的估计问题是贝叶斯模型的难题。

在文本分类任务中，为了解决上述难题，需要对文本的类条件分布做进一步简化。一种通常的做法是忽略文本中的词序关系，假设各个特征词的位置是可以互换的，即我们前面所说的词袋模型。在数学上，这样的简化可以表示为在给定类别的条件下，词与词相互独立的假设。基于这一假设，类条件下的文本分布可以用多项分布刻画。这与判别式模型（discriminative model）中文本表示采用词频权重的向量空间模型的做法是一致的。基于以上条件的贝叶斯模型称为朴素贝叶斯模型（naïve Bayes, NB），它的本质是用混合的多项式分布刻画文本分布。虽然朴素贝叶斯模型具有很强的假设条件，但是在文本分类和情感分类任务中，仍然不失为简单高效的经典分类算法。

朴素贝叶斯模型是一种简化的贝叶斯分类器，对观测向量 x 和类别 y 的联合分布

$$p(x, y) = p(y)p(x|y) \tag{5.24}$$

进行建模。通常假设类别变量 y 服从伯努利分布（两类问题）或分类分布（categorical distribution）（多类问题），并根据实际任务对 $p(x|y)$ 进行合理假设。朴素贝叶斯分类器之所以称作"朴素"，是因为它有一个很强的条件独立性假设：在给定类别的条件下，各个特征项之间相互独立。在图像分类等任务中，常常假设 $p(x|y)$ 符合高斯分布，而在文本分类任务中，$p(x|y)$ 常见的分布假设有两种（McCallum and Nigam, 1998）：多项分布模型（multinomial model）和多变量伯努利分布模型（multi-variate Bernoulli model）。其中多变量伯努利分布假设只关心特征项是否出现，而不记录出现的频次，在实际应用中，其效果往往不及多项分布假设。因此，在文本分类任务中，不加特别说明的朴素贝叶斯模型往往都是指基于多项式分布假设的朴素贝叶斯模型。

下面以多项分布模型为例介绍朴素贝叶斯模型。首先将一个文档 x 表示为一个词的序列

$$x = [w_1, w_2, \cdots, w_{|x|}] \tag{5.25}$$

在条件独立性假设下，$p(x|y)$ 可以具有多项分布的形式：

$$\begin{aligned} p(x|c_j) &= p([w_1, w_2, \cdots, w_{|x|}]|c_j) \\ &= \prod_{i=1}^{V} p(t_i|c_j)^{N(t_i, x)} \end{aligned} \tag{5.26}$$

其中，V 是词汇表维度，t_i 表示词汇表中的第 i 个特征项。令 $\theta_{i|j} = p(t_i|c_j)$ 表示在 c_j 类条件下 t_i 出现的概率，$N(t_i, \boldsymbol{x})$ 表示在文档 $\boldsymbol{x}$ 中 t_i 的词频。

同时，我们以多类问题为例，假设类别 y 服从类别分布

$$p(y = c_j) = \pi_j \tag{5.27}$$

根据多项分布模型假设，$p(\boldsymbol{x}, y)$ 的联合分布写为

$$p(\boldsymbol{x}, y = c_j) = p(c_j)p(\boldsymbol{x}|c_j) = \pi_j \prod_{i=1}^{V} \theta_{i|j}^{N(t_i, \boldsymbol{x})} \tag{5.28}$$

其中，$\boldsymbol{\pi}$ 和 $\boldsymbol{\theta}$ 为模型参数。

朴素贝叶斯模型基于最大似然估计算法进行参数学习，给定训练集 $\{\boldsymbol{x}_k, y_k\}_{k=1}^{N}$，模型以对数似然函数 $L(\boldsymbol{\pi}, \boldsymbol{\theta}) = \log \prod_{k=1}^{N} p(\boldsymbol{x}_k, y_k)$ 作为优化目标。对优化目标求导置零，求解得到模型的参数估计值：

$$\pi_j = \frac{\sum_{k=1}^{N} I(y_k = c_j)}{\sum_{k=1}^{N} \sum_{j'=1}^{C} I(y_k = c_{j'})} = \frac{N_j}{N} \tag{5.29}$$

$$\theta_{i|j} = \frac{\sum_{k=1}^{N} I(y_k = c_j)N(t_i, \boldsymbol{x}_k)}{\sum_{k=1}^{N} I(y_k = c_j)\sum_{i'=1}^{V} N(t_{i'}, \boldsymbol{x}_k)} \tag{5.30}$$

从参数估计结果可以看出，在多项分布假设下，频率正是概率的最大似然估计值。例如，类别概率 π_j 的最大似然估计结果是训练集中第 j 类样本出现的频率；类条件下特征项概率的最大似然估计结果是第 j 类文档中所有特征项中 t_i 出现的频率。为了防止零概率情况的出现，常常对 $\theta_{i|j}$ 进行拉普拉斯平滑：

$$\theta_{i|j} = \frac{\sum_{k=1}^{N} I(y_k = c_j)N(t_i, \boldsymbol{x}_k) + 1}{\sum_{i'=1}^{V} \sum_{k=1}^{N} I(y_k = c_j)N(t_{i'}, \boldsymbol{x}_k) + V} \tag{5.31}$$

利用多项式朴素贝叶斯模型，在降维后的文本分类训练集（表 5.7）上进行模型学习，分别令 $t_1=$ 计算机，$t_2=$ 排球，$t_3=$ 运动会，$t_4=$ 高校，$t_5=$ 大学，$y = 1$ 表示教育类，$y = 0$ 表示体育类，可以得到如表 5.8 所示的参数估计结果。

表 5.8　朴素贝叶斯多项式模型在降维后的文本分类训练集（表 5.7）上的训练结果

π_j	$p(y=1)=0.5$	$p(y=0)=0.5$
	$p(t_1\|y=1)=4/11$	$p(t_1\|y=0)=1/10$
	$p(t_2\|y=1)=1/11$	$p(t_2\|y=0)=3/10$
$\theta_{i\|j}$	$p(t_3\|y=1)=1/11$	$p(t_3\|y=0)=3/10$
	$p(t_4\|y=1)=2/11$	$p(t_4\|y=0)=1/10$
	$p(t_5\|y=1)=3/11$	$p(t_5\|y=0)=2/10$

　　基于上述模型，现对表 5.7 中的测试文档进行分类。令测试文档 $test\_d_1$ 的文本表示为 $\boldsymbol{x}_1$，它与教育类和体育类的联合概率分别为

$$p\left(\boldsymbol{x}_1, y=1\right)=p\left(y=1\right) p\left(t_5|y=1\right)^2=0.037$$
$$p\left(\boldsymbol{x}_1, y=0\right)=p\left(y=0\right) p\left(t_5|y=0\right)^2=0.020$$

进一步，根据贝叶斯公式计算可得属于两类的后验概率分别为

$$p\left(y=1|\boldsymbol{x}_1\right)=0.649$$
$$p\left(y=0|\boldsymbol{x}_1\right)=0.351$$

因此预测 $test\_d_1$ 属于教育类。

　　同理，测试文档 $test\_d_2$ 与两个类别的联合概率分别为

$$p\left(\boldsymbol{x}_2, y=1\right)=p\left(y=1\right) p\left(t_2|y=1\right)^2 p\left(t_3|y=1\right) p\left(t_5|y=1\right)=0.0001$$
$$p\left(\boldsymbol{x}_2, y=0\right)=p\left(y=0\right) p\left(t_2|y=0\right)^2 p\left(t_3|y=0\right) p\left(t_5|y=0\right)=0.0027$$

后验概率为

$$p\left(y=1|\boldsymbol{x}_2\right)=0.036$$
$$p\left(y=0|\boldsymbol{x}_2\right)=0.964$$

因此预测 $test\_d_2$ 属于体育类。

5.4.2　logistic 回归、softmax 回归与最大熵模型

　　虽然术语 logistic 回归中包含“回归”一词，但它却是一个地地道道的分类模型，它是一个线性二分类模型，它所决定的分类面是一个关于特征空间的超平面。以下仍从模型假设、学习准则和参数估计方法三个方面介绍 logistic 回归模型。

　　首先引入 sigmoid 函数 $\sigma\left(z\right)=\dfrac{1}{1+\mathrm{e}^{-z}}$。该函数可以将实数域映射为 $[0,1]$ 范围，因此常常作为概率描述。它的一阶导数具有以下优良性质：

$$\frac{\mathrm{d}\sigma(z)}{\mathrm{d}z}=\sigma\left(z\right)\left(1-\sigma\left(z\right)\right) \tag{5.32}$$

对于一个二分类问题，类别标记为 $y \in \{0,1\}$，特征向量为 $\boldsymbol{x}$，权重向量记作 $\boldsymbol{\theta}$。logistic 回归定义了给定 $\boldsymbol{x}$，$y \in \{0,1\}$ 的后验概率，形式如下：

$$\begin{cases} p(y=1|\boldsymbol{x};\boldsymbol{\theta}) = h_{\boldsymbol{\theta}}(\boldsymbol{x}) = \sigma(\boldsymbol{\theta}^{\mathrm{T}}\boldsymbol{x}) \\ p(y=0|\boldsymbol{x};\boldsymbol{\theta}) = 1 - h_{\boldsymbol{\theta}}(\boldsymbol{x}) \end{cases} \tag{5.33}$$

其中，特征向量的线性加权 $\boldsymbol{\theta}^{\mathrm{T}}\boldsymbol{x}$ 经过 sigmoid 函数映射为 $[0,1]$ 概率区间。上述两式可以写成如下简洁的形式：

$$\begin{aligned} p(y|\boldsymbol{x};\boldsymbol{\theta}) &= (h_{\boldsymbol{\theta}}(\boldsymbol{x}))^y (1 - h_{\boldsymbol{\theta}}(\boldsymbol{x}))^{1-y} \\ &= \left(\frac{1}{1+\mathrm{e}^{-\boldsymbol{\theta}^{\mathrm{T}}\boldsymbol{x}}}\right)^y \left(1 - \frac{1}{1+\mathrm{e}^{-\boldsymbol{\theta}^{\mathrm{T}}\boldsymbol{x}}}\right)^{1-y} \end{aligned} \tag{5.34}$$

对于式 (5.34) 给定的模型假设，logistic 回归基于最大似然估计准则进行参数学习。给定训练集 $\{(\boldsymbol{x}_i, y_i)\}, i = 1, 2, \cdots, N$，模型的对数似然函数为

$$l(\boldsymbol{\theta}) = \sum_{i=1}^{n} y_i \log h_{\boldsymbol{\theta}}(\boldsymbol{x}_i) + (1 - y_i)\log\left(1 - h_{\boldsymbol{\theta}}(\boldsymbol{x}_i)\right) \tag{5.35}$$

通常使用梯度上升法、随机梯度上升法求解上述对数似然函数的最优化问题，除此之外，BFGS（Broyden-Fletcher-Goldfarb-Shanno）算法、L-BFGS（limited-memory BFGS）等拟牛顿法算法在大规模数据的 logistic 回归模型中也使用广泛。

将 logistic 回归从两类分类问题推广到多类问题，称为多类 logistic 回归，也称为 softmax 回归（softmax regression）。softmax 回归常常作为深度神经网络的最后一层执行分类任务。

假设给定 $\boldsymbol{x}$，类别 $y = c_j$ 的后验概率具有以下 softmax 函数形式：

$$\begin{aligned} p(y=c_j|\boldsymbol{x};\boldsymbol{\Theta}) &= h_j(\boldsymbol{x}) \\ &= \frac{\exp(\boldsymbol{\theta}_j^{\mathrm{T}}\boldsymbol{x})}{\displaystyle\sum_{l=1}^{C}\exp(\boldsymbol{\theta}_l^{\mathrm{T}}\boldsymbol{x})}, \quad j = 1, 2, \cdots, C \end{aligned} \tag{5.36}$$

其中，参数空间 $\boldsymbol{\Theta} = \{\boldsymbol{\theta}_j\}, j = 1, 2, \cdots, C$。

根据模型假设，给定训练集 $\{(x_i, y_i)\}$，softmax 回归的对数似然函数为

$$L(\boldsymbol{\Theta}) = \sum_{i=1}^{N}\sum_{j=1}^{C} I(y_i = c_j)\log h_j(\boldsymbol{x}_i) \tag{5.37}$$

从信息论的角度，softmax 回归模型的负对数似然函数可以看作样本类别的真实分布与预测分布的交叉熵，因此也常被称为交叉熵损失。

值得一提的是，softmax 回归和朴素贝叶斯可以看作一个"判别式-生成式"模型对，这在文献（Ng and Jordan, 2002）中有具体的论述。

在自然语言处理领域，还有一个与之殊途同归、引入原理不同但形式非常相似的模型，称为最大熵模型。该模型假设给定状态条件下观测值的后验概率分布具有对数线性方程的形式，并利用最大似然估计或最大熵准则进行参数训练。

需要注意的是，最大熵模型中的特征与 softmax 回归中的特征定义略有区别。softmax 回归是在向量空间模型中定义特征向量，支持连续的实数特征，而最大熵模型是利用特征函数描述样本观测与类别的关联性，只支持 0-1 特征。特征函数（feature function）描述输入 $\boldsymbol{x}$ 和输出 y 之间已知的事实关系：

$$
f_i(\boldsymbol{x}, y) = \begin{cases} 1, & \boldsymbol{x} \text{ 满足某一事实，且 } y \text{ 为某一类别} \\ 0, & \text{其他} \end{cases} \tag{5.38}
$$

以表 5.7 的文本分类数据集为例，最大熵模型的特征可以构造为：输入 $\boldsymbol{x}$ 包含"大学"且输出 y 为"教育"类；输入 $\boldsymbol{x}$ 包含"运动会"且输出 y 为"体育"类；输入 $\boldsymbol{x}$ 第一个词为"大学"、第二个词为"运动会"且输出 y 为"体育"类等。当最大熵模型的特征模板与 softmax 回归的向量空间模型定义一致时，最大熵模型和 softmax 回归模型是等价的。

5.4.3 支持向量机

支持向量机 (support vector machine，SVM) 是统计机器学习领域富有盛名的分类算法。它的两个核心思想是：①寻找具有最大类间距离的决策面；②通过核函数（kernel function）在低维空间计算并构建分类面，将低维不可分问题转化为高维可分问题。SVM 具有深厚的统计学习理论背景，它基于结构风险最小化理论在特征空间中构建最优分类超平面，使学习器得到了全局最优化，并且在整个样本空间的期望风险以某个概率满足一定的上界约束。基于线性核函数的支持向量机在文本分类中有着非常广泛的应用。

上文提及的 logistic 回归模型都是线性分类模型。对于一个线性可分的两分类任务，如何找到最优的线性分类面，不同的分类器具有不同的训练准则。如感知机依据感知机准则，逻辑回归模型依据最小交叉熵准则等。线性 SVM 也是一种两分类任务的线性分类模型，它所采用的分类准则称为最大间隔准则（maximum margin criterion）。

对于线性分类模型

$$
f(\boldsymbol{x}) = \boldsymbol{w}^{\mathrm{T}} \boldsymbol{x} + b \tag{5.39}
$$

其线性分类面为 $\boldsymbol{w}^{\mathrm{T}} \boldsymbol{x} + b = 0$。SVM 采用最大分类间隔（maximum margin）作为模型训练准则。最大分类间隔准则用公式可以表示为

$$
\begin{aligned}
& \max_{\boldsymbol{w}, b} \frac{1}{2} \|\boldsymbol{w}\|^2 \\
& \text{s.t.} \quad y_i\left(\boldsymbol{w}^{\mathrm{T}} \boldsymbol{x}_i + b\right) \geqslant 1, \quad i = 1, 2, \cdots, N
\end{aligned} \tag{5.40}
$$

可以看出，这是一个标准的二次优化问题，其目标函数是二次的，约束条件是线性的。该问题可以用任何现成的二次规划（quadratic programming）优化包进行求解。

鉴于上述优化问题的特殊结构，SVM 通过拉格朗日对偶法将式 (5.40) 所示的原问题转化为下列对偶问题以进行更加高效的求解：

$$\max_{\boldsymbol{\alpha}} \sum_{i=1}^{N} \alpha_i - \frac{1}{2} \sum_{i,j=1}^{m} y_i y_j \alpha_i \alpha_j \langle \boldsymbol{x}_i, \boldsymbol{x}_j \rangle$$

$$\text{s.t.} \quad \alpha_i \geqslant 0, i = 1, 2, \cdots, N$$

$$\sum_{i=1}^{N} \alpha_i y_i = 0 \tag{5.41}$$

其中，$\alpha_i \geqslant 0$ 是拉格朗日乘子（Lagrange multiplier）。对偶问题符合 KKT 条件（KKT (Karush-Kuhn-Tucker) condition），根据 KKT 条件：仅在分类边界上的样本 $\alpha_i > 0$，其余样本 $\alpha_i = 0$，并由此可得分类面仅由分类边界上的样本支撑。这也是支持向量机得名的由来。

在实际应用中，为了排除训练集中的野点对分类面的影响，通常定义软间隔准则，对最大分类间隔准则进行如下修正：

$$\max_{\boldsymbol{w}, b} \quad \frac{1}{2} \|w\|^2 + C \sum_{i=1}^{N} \xi_i$$

$$\text{s.t.} \quad y_i \left(\boldsymbol{w}^{\mathrm{T}} \boldsymbol{x}_i + b \right) \geqslant 1 - \xi_i$$

$$\xi_i \geqslant 0, i = 1, 2, \cdots, N \tag{5.42}$$

其中，ξ_i 为容错因子，C 为容错项的权重参数。其相应的对偶问题为

$$\max_{\boldsymbol{\alpha}} \sum_{i=1}^{N} \alpha_i - \frac{1}{2} \sum_{i,j=1}^{m} y_i y_j \alpha_i \alpha_j \langle \boldsymbol{x}_i, \boldsymbol{x}_j \rangle$$

$$\text{s.t.} \quad 0 \leqslant \alpha_i \leqslant C, i = 1, 2, \cdots, N$$

$$\sum_{i=1}^{N} \alpha_i y_i = 0 \tag{5.43}$$

同时，SVM 引入核函数理论将低维的线性不可分问题转化为高维的线性可分问题。核函数（kernel function）定义为核数据在高维空间的内积：

$$K(\boldsymbol{x}, \boldsymbol{z}) = \varphi(\boldsymbol{x})^{\mathrm{T}} \varphi(\boldsymbol{z}) \tag{5.44}$$

根据式 (5.43)，SVM 中样本 $\boldsymbol{x}$ 所涉及的运算均为内积运算。因此，无须知道低维到高维映射的具体形式，只需知道核函数的形式，就可以在高维空间建立线性 SVM 模型。此时对应的对偶问题为

$$\max_{\boldsymbol{\alpha}} W(\boldsymbol{\alpha}) = \sum_{i=1}^{N} \alpha_i - \frac{1}{2} \sum_{i,j=1}^{m} y_i y_j \alpha_i \alpha_j K(\boldsymbol{x}_i, \boldsymbol{x}_j)$$

$$\text{s.t.} \quad 0 \leqslant \alpha_i \leqslant C, i = 1, 2, \cdots, N$$

$$\sum_{i=1}^{N} \alpha_i y_i = 0 \tag{5.45}$$

决策函数为

$$f\left(\boldsymbol{x}\right) = \sum_{i=1}^{N} \alpha_i^* y_i \langle \varphi\left(\boldsymbol{x}_i\right), \varphi\left(\boldsymbol{x}\right)\rangle + b^*$$

$$= \sum_{i=1}^{N} \alpha_i^* y_i K\left(\boldsymbol{x}_i, \boldsymbol{x}\right) + b^* \tag{5.46}$$

常见的核函数包括:

- 线性核函数: $K(\boldsymbol{x}, \boldsymbol{z}) = \boldsymbol{x}^{\mathrm{T}} \boldsymbol{z}$;

- 多项式核函数: $K(\boldsymbol{x}, \boldsymbol{z}) = \left(\boldsymbol{x}^{\mathrm{T}} \boldsymbol{z} + c\right)^d$;

- 径向基核函数: $K\left(\boldsymbol{x}, \boldsymbol{z}\right) = \exp\left(-\dfrac{\mid \boldsymbol{x} - \boldsymbol{z} \mid^2}{2\delta^2}\right)$。

另外还有 sigmoid 核函数、pyramid 核函数、string 核函数和 tree 核函数等。由于文本分类任务中特征空间维度较高,通常来说都是线性可分的,因此线性核函数是最常被选择的。

上文介绍了利用对偶优化将原问题转化为式 (5.45) 所示的对偶问题,下一步还需进一步求解对偶问题得到最优参数 $\boldsymbol{\alpha}^*$,比较有代表性的方法是 SMO(sequential minimal optimization)算法(Platt, 1998),这里不再多述。

SVM 作为一种传统的统计分类方法,在 20 世纪末和 21 世纪初的文本分类任务中有着非常广泛的应用。根据论文(Yang and Liu, 1999)的实验结果,SVM 对主题文本分类的效果明显好于 NB、多层前馈神经网络和分段线性拟合等方法,与 k-近邻方法效果相当,甚至更好。在(Pang et al., 2002)给出的实验中,利用一元语法特征,SVM 在电影评论语料上的分类性能高于 NB 和 ME 方法。

5.4.4　集成学习

集成学习(ensemble learning)也称组合分类器,就是将多个分类器(弱分类器)的输出融合为一个精度更高的分类器(强分类器)的过程,近年来集成学习成为机器学习领域研究的一个重要分支。产生多个基分类器的方式主要有三种:①通过训练不同的数据集产生不同的分类器;②基于不同的特征集合进行训练得到不同的基分类器;③通过不同的分类算法产生不同的基分类器。

著名的 Bagging(bootstrap aggregating)算法和 Boosting 算法均以第一种方式产生基分类器。Bagging 算法是(Breiman, 1996)提出的,其思想是对训练集按可放回的方式抽取训练样本,为每个基分类器构造出一个跟原始训练集规模一致的训练集,从而训练出不同的基分类器。Boosting 算法是另一类代表性的集成学习算法,它首先给每个样本赋予相同的权重,然后训练第一个基分类器,并用它对训练集进行测试,对那些分类错误的样本提高权重,最后用调整的加权训练集训练第二个基分类器,如此重复,直至学习到一个足够好的分类器。Boosting 算法有许多不同的变种,(Freund and Schapire,

1996）提出的 AdaBoost 算法是其中的代表。分类器集成的算法也非常多，常见的有三类：固定的规则、加权规则和元学习方法。

集成学习在文本分类领域获得了成功的应用。（Larkey and Croft, 1996）是早期具有代表性的一项工作，它将不同的机器学习算法进行组合，得到了一个比基分类器性能更优的组合分类器。（Schapire and Singer, 2000）提出了一种基于 Boosting 算法的文档分类系统 BoosTexter，在当时表现出了比传统算法更好的性能。

5.5　深度神经网络方法

传统的文本表示和分类算法依赖人工设计的特征工程，具有维度高、稀疏性强、表达能力差、不能自动学习等诸多缺点。近年来，以深度神经网络为代表的深度学习技术自从在语音识别和图像处理领域取得了较大突破之后，以其强大的特征自学习能力（尤其是端到端的联合学习框架），在自然语言处理领域获得了广泛的应用，在包括文本分类在内的诸多任务上都取得了较大的进展，目前已经发展成为主流方法。

以下简要介绍几种用于文本分类的神经网络方法。

5.5.1　基于前馈神经网络的文本分类方法

多层感知器（multi-layer perceptron, MLP）是一种前向结构的人工神经网络，它通过全连接的方式映射一组输入向量到一组输出向量，若干神经元被分层组织在一起便组成了神经网络。与单个神经元相比，多层感知器增加了隐藏层 (hidden layer)，并在隐藏层的神经元中增加了激活函数，用于进行非线性变换，从而使多层感知器能够表示所有的函数映射。

尽管深度神经网络近十年才在包括文本分类在内的自然语言处理领域得到大规模应用，但 20 世纪末已经出现了以多层前馈神经网络为代表的文本分类神经网络方法（Yang and Liu, 1999）。但是，那时的神经网络还只是被当作一个分类器模块，在传统的文本分类系统框架下，文本通过向量空间模型被表示为一个稀疏向量之后作为神经网络的输入层，整个模型并没有特征自学习的能力。同时，由于当时数据量较小，以人工神经网络为代表的非线性分类器并没有取得显著优越的性能，加之运算开销较大，因此并没有得到青睐。

近年来，随着数据量的增大、运算性能的提高和从特征表示到分类，以及端到端一体化学习框架的应用，以深度学习重新冠名的人工神经网络模型，包括卷积神经网络（convolutional neural network，CNN）、循环神经网络（recurrent neural network）、长短时记忆（long-short term memory，LSTM）网络等，在文本分类任务上取得了巨大的成功。

5.5.2　基于卷积神经网络的文本分类方法

正如 3.5.2 节所述，卷积神经网络 (convolutional neural network，CNN) 是一种前馈

神经网络，它由一个或多个卷积层（convolution layer）与池化层（pooling layer）的连接以及最后的全连接层（fully connected layer）构成。与多层前馈神经网络相比，卷积神经网络在结构上具有局部连接、权重共享和空间次采样的特点，具有较少的网络参数。图 5.4 给出了一个基于 CNN 的文本分类模型基本结构，它由输入层、卷积层、池化层、全连接层和输出层组成。

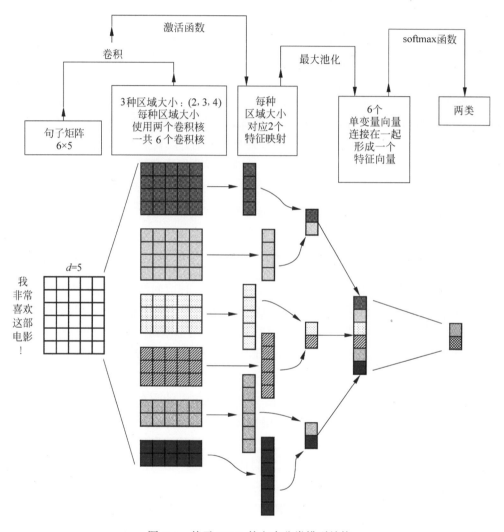

图 5.4　基于 CNN 的文本分类模型结构

基于 CNN 进行文本分类通常需要如下几个步骤：

（1）对输入文本进行形态处理（汉语分词）等预处理后得到词序列，使用词向量对词进行初始化，得到输入文本的矩阵表示形式，作为神经网络的输入。

（2）通过卷积层对输入进行特征提取。以图 5.4 为例，卷积层设置了 2×5、3×5、4×5 三种尺寸的卷积核（convolution kernel），每个尺寸具有两个卷积核。需要说明的是，在文本处理中对输入文本的表示矩阵进行卷积操作时，通常只在一个方向上进行二维卷积（即卷积核的宽度与词向量的维度保持一致），同时设置卷积操作的步长为 1，使用每个卷积核对输入文本的表示矩阵进行卷积操作，每个卷积核对应得到一个输入文本的向量表示。

（3）池化层对卷积层输出的特征向量分别进行下采样，之后拼接得到进一步抽象的文本表示。不同长度的文本经过卷积层输出的特征向量具有不同的维度，池化层将这种特征向量转化为相同的维度。如图 5.4 所示，对每个特征向量进行最大池化，拼接后得到长度为卷积核数目的特征向量。通过全连接层将池化层获得的向量表示映射到样本的标注空间，维度与类别数一致，再通过 softmax 函数输出每一类的预测概率，最终完成文本分类。

基于 CNN 的句子文本分类方法（Kim, 2014）在主题分类、情感分类等任务上都取得了超越经典机器学习方法的效果。（Kalchbrenner et al., 2014）提出了一种动态卷积神经网络模型（dynamic convolutional neural network），在卷积层对句子的词向量矩阵进行二维卷积后，使用动态 k-max 池化操作对其进行下采样，且使用最重要的几个特征值表示局部特征。（Zhang et al., 2015）针对英文单词是由字符组成的这个特性，提出了字符级的卷积神经网络（character-level CNN），在更细粒度上对英文单词进行卷积处理，在相关数据集上取得了当时最佳的分类效果。

5.5.3 基于循环神经网络的文本分类方法

目前卷积神经网络主要应用在图像处理和机器视觉等领域，而自然语言处理的对象通常是一段具有循环结构的文本序列，因此更加适合利用循环神经网络（recurrent neural network, RNN）进行文本的表示和分类。

本书 3.3.1 节已经详细介绍了 LSTM 和 GRU 等 RNN 模型，因此本节不再描述其模型细节，重点介绍基于 RNN 的句子级和文档级文本分类方法。

1. 基于 RNN 的句子级文本分类模型

本节以句子级情感分类为例，介绍如何使用 RNN 完成文本分类任务。假设输入为"我非常喜欢这部电影"，其类别标签为正向情感。

如图 5.5 所示，首先利用预先训练好的词向量获得句子的初始表示 $[x_1, x_2, \cdots, x_T]$，按时序将各个词的词向量 $\boldsymbol{x}_t$ 输入 Bi-LSTM 中：

$$\overrightarrow{\boldsymbol{c}}_t, \overrightarrow{\boldsymbol{h}}_t = \text{LSTM}\left(\overrightarrow{\boldsymbol{c}}_{t-1}, \overrightarrow{\boldsymbol{h}}_{t-1}, \boldsymbol{w}_t\right) \tag{5.47}$$

$$\overleftarrow{\boldsymbol{c}}_t, \overleftarrow{\boldsymbol{h}}_t = \text{LSTM}\left(\overleftarrow{\boldsymbol{c}}_{t+1}, \overleftarrow{\boldsymbol{h}}_{t+1}, \boldsymbol{w}_t\right) \tag{5.48}$$

相应得到其隐层状态向量：

$$\boldsymbol{h}_t = \left[\overrightarrow{\boldsymbol{h}}_t, \overleftarrow{\boldsymbol{h}}_t\right] \tag{5.49}$$

将句子全部词语处理完毕，得到隐层状态矩阵 $[\boldsymbol{h}_1, \boldsymbol{h}_2, \cdots, \boldsymbol{h}_T]$。

基于注意力机制计算每个词的权重 α_t：

$$\alpha_t = \text{softmax}\left(\boldsymbol{u}_t^{\text{T}} \boldsymbol{q}\right) \tag{5.50}$$

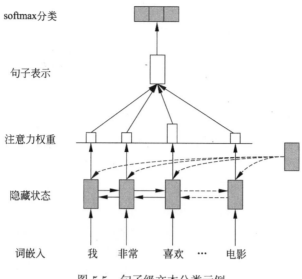

softmax分类

句子表示

注意力权重

隐藏状态

词嵌入　　　我　　非常　　喜欢　…　电影

图 5.5　句子级文本分类示例

其中，$u_t = \tanh(Wh_t + b)$，q 为查询向量。基于权重对各个词的隐层状态进行线性加权，得到句子的最终表示向量：

$$r = \sum_t \alpha_t h_t \tag{5.51}$$

将最后获得的句子表示向量后送入 softmax 层对文本进行分类，得到各类别的预测概率：

$$p = \mathrm{softmax}(W_c r + b_c) \tag{5.52}$$

其中，W_c 和 b_c 为权重矩阵和偏置项。

模型以句子真实标注 y 和分类预测 p 的交叉熵 E 作为优化目标：

$$E = -\sum_{j=1}^{C} y_j \log p_j \tag{5.53}$$

并利用 BPTT 算法进行模型的参数学习。

2. 层次化的文档级文本分类模型

文档级文本分类是指在整个文档粒度上的文本分类，每个文档包含一个类别标签。基于 RNN 进行文档级文本分类有一种简单做法，即将文档视为一个长句子，利用 RNN 对这个长句子进行编码并分类，但是这种做法没有考虑文档中的层次结构。

正如 3.5.2 节所述，由于文档通常包含多个句子，每个句子又包含多个词，因此可以按照"词-句子-文档"的层次结构来对文档表示和建模。（Tang et al., 2015）首先使用 LSTM（或 CNN）对句子中的词序列进行向量表示和编码，然后通过 Gated RNN 对文档中的句子序列进行编码，在文档级情感分类任务上获得了较好的性能。（Yang et al., 2016）进一步提出了一种层次注意力 RNN 模型，按照"词-句子-文档"的层次结构进行文档级文本分类，结构如图 5.6 所示。该模型主要包含五个部分：词序列编码器、词级注意力层、句子序列编码器、句子级注意力层和 softmax 分类层。模型使用 GRU 作为基本神经网络单元。假设文档包含 L 个句子，每个句子包含 T_i 个词，s_i 表示第 i 个句子，x_{it} 表示第 i 个句子的第 t 个词的词向量。

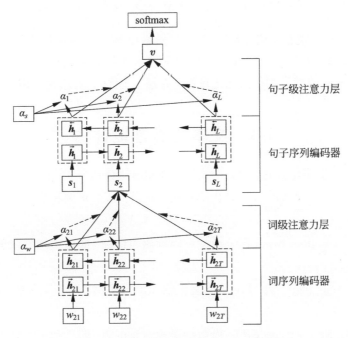

图 5.6 层次化的文档级文本分类模型

我们自下往上依次介绍这五个部分：

（1）词序列编码层。对于每个句子，词向量初始化后送入到 Bi-GRU 中，得到每个词的前向隐层状态向量 $\overrightarrow{\boldsymbol{h}}_{it}$ 和后向隐层状态向量 $\overleftarrow{\boldsymbol{h}}_{it}$，拼接后得到每个词的表示向量 $\boldsymbol{h}_{it} = \left[\overrightarrow{\boldsymbol{h}}_{it}, \overleftarrow{\boldsymbol{h}}_{it}\right]$。

（2）词级注意力层。针对每个词在句子表示中不同的重要性，计算每个词的权重

$$\alpha_{it} = \frac{\exp\left(\boldsymbol{u}_{it}^{\mathrm{T}}\boldsymbol{u}_w\right)}{\sum_t \exp\left(\boldsymbol{u}_{it}^{\mathrm{T}}\boldsymbol{u}_w\right)}, \text{ 其中 } \boldsymbol{u}_{it} = \tanh(\boldsymbol{W}_w\boldsymbol{h}_{it} + \boldsymbol{b}_w), \ \boldsymbol{u}_w \text{ 是词级别的上下文向量，}$$

它可以看作查询语句"哪个词更重要"的表示，在模型中被随机地初始化并与模型其他参数一体化学习。最后将句子中各词的隐层表示线性加权，得到该句子的表示向量 $\boldsymbol{s}_i = \sum_t \alpha_{it}\boldsymbol{h}_{it}$。

（3）句子序列编码层。经过词注意力层之后，每个句子得到了其表示向量。整个文档包含的句子组成了句子序列。与词序列编码层类似，把句子作为单元送入 Bi-GRU，得到该句子的前向 $\overrightarrow{\boldsymbol{h}}_i$ 和后向隐层表示向量 $\overleftarrow{\boldsymbol{h}}_i$，拼接得到句子最终的隐层表示向量 $\boldsymbol{h}_i = \left[\overrightarrow{\boldsymbol{h}}_i, \overleftarrow{\boldsymbol{h}}_i\right]$。

（4）句子级注意力层。为了区分不同句子对于文档表示的重要性，再次引入注意力机制，计算每个句子的权重 $\alpha_i = \dfrac{\exp\left(\boldsymbol{u}_i^{\mathrm{T}}\boldsymbol{u}_s\right)}{\sum\limits_i \exp\left(\boldsymbol{u}_i^{\mathrm{T}}\boldsymbol{u}_s\right)}$，其中 $\boldsymbol{u}_i = \tanh\left(\boldsymbol{W}_s\boldsymbol{h}_i + \boldsymbol{b}_s\right)$。对句子的表示进行线性加权后得到文档的表示向量 $\boldsymbol{v} = \sum\limits_i \alpha_i\boldsymbol{h}_i$。

（5）softmax 分类层。将文档的表示向量 $\boldsymbol{v}$ 送到 softmax 层进行文档分类，计算 $\boldsymbol{p} = \mathrm{softmax}(\boldsymbol{W}_c\boldsymbol{v} + \boldsymbol{b}_c)$，其中，$\boldsymbol{W}_c$ 和 $\boldsymbol{b}_c$ 分别是权重矩阵和偏置项。模型以文档真实标注 $\boldsymbol{y}$ 和分类预测 $\boldsymbol{p}$ 的交叉熵作为优化目标，并基于 BPTT 算法进行模型参数学习。

5.6　文本分类性能评估

假设一个文本分类任务共有 M 个类别，类别名称分别为 $C_1, C_2, \cdots, C_M$。在完成分类任务以后，对于每一类都可以统计出真正例、真负例、假正例和假负例四种情形的样本数目。

- 真正例（true positive, TP）：模型正确预测为正例（即模型预测属于该类，真实标签属于该类）。

- 真负例（true negative, TN）：模型正确预测为负例（即模型预测不属于该类，真实标签不属于该类）。

- 假正例（false positive, FP）：模型错误预测为正例（即模型预测属于该类，真实标签不属于该类）。

- 假负例（false negative, FN）：模型错误预测为负例（即模型预测不属于该类，真实标签属于该类）。

对所有的类别统计出 TP，TN，FP 和 FN 之后，可以得到表 5.9 所示的微观统计值。

表 5.9　分类性能的微观统计值

类别	TP	FP	FN	TN
C_1	TP_1	FP_1	FN_1	TN_1
C_2	TP_2	FP_2	FN_2	TN_2
$\vdots$	$\vdots$	$\vdots$	$\vdots$	$\vdots$
C_M	TP_M	FP_M	FN_M	TN_M

文本分类任务的性能评价指标通常包括如下几种。

1. 召回率、精确率和 F_1 值

假设 $j \in \{1, 2, \cdots, M\}$ 是类别序号，可以为每一类定义以下指标：

（1）召回率（recall）

$$R_j = \frac{\mathrm{TP}_j}{\mathrm{TP}_j + \mathrm{FN}_j} \tag{5.54}$$

（2）精确率（precision）

$$P_j = \frac{\text{TP}_j}{\text{TP}_j + \text{FP}_j} \tag{5.55}$$

我们希望一个好的分类系统同时具有较高的召回率和精确率，但两者常常是矛盾的。单一地追求一种指标的提高，势必造成另一个指标的降低。因此，通常定义 F_1 值为精确率与召回率的调和平均数，以综合评价两个指标的共同作用。

（3）F_1 值

$$F_1 = \frac{2PR}{P + R} \tag{5.56}$$

在某些应用中，为了区分召回率和精确率的重要性，定义更为一般的 F_β 值：

$$F_\beta = \frac{(\beta^2 + 1)PR}{\beta^2 P + R} \tag{5.57}$$

当 $\beta = 1$ 时，F_β 退化为标准的 F_1 值。

2. 正确率、宏平均和微平均

召回率、精确率和 F_1 值只能评估某一类数据的分类性能。为了考察整个分类任务的性能，定义分类正确率为

$$\text{Acc} = \frac{\#\text{Correct}}{N} \tag{5.58}$$

其中，N 为样本总数，$\#\text{Correct}$ 为其中被模型正确预测的样本数。

除此之外，还可以使用各类指标的宏平均（macro-average)和微平均（micro-average）评估整个分类任务的性能。从名称上可以看出，宏平均值是先计算各类的宏观指标（召回率、精确率），再按类求平均，而微平均是将微观指标（TP，TN，FP 和 FN）按类求平均后，再计算召回率、精确率和 F_1 值。

宏平均的召回率、精确率和 F_1 值定义分别为

$$\text{Macro\_P} = \frac{1}{C} \sum_{j=1}^{C} \frac{\text{TP}_j}{\text{TP}_j + \text{FP}_j} \tag{5.59}$$

$$\text{Macro\_R} = \frac{1}{C} \sum_{j=1}^{C} \frac{\text{TP}_j}{\text{TP}_j + \text{FN}_j} \tag{5.60}$$

$$\text{Macro\_F}_1 = \frac{2 \times \text{Macro\_P} \times \text{Macro\_R}}{\text{Macro\_P} + \text{Macro\_R}} \tag{5.61}$$

微平均的召回率、精确率和 F_1 值定义分别为

$$\text{Micro\_P} = \frac{\sum_{j=1}^{C} \text{TP}_j}{\sum_{j=1}^{C} (\text{TP}_j + \text{FP}_j)} \tag{5.62}$$

$$\text{Micro\_R} = \frac{\sum_{j=1}^{C} \text{TP}_j}{\sum_{j=1}^{C} (\text{TP}_j + \text{FN}_j)} \tag{5.63}$$

$$\text{Micro\_F}_1 = \frac{2 \times \text{Micro\_P} \times \text{Micro\_R}}{\text{Micro\_P} + \text{Micro\_R}} \tag{5.64}$$

在二分类且类别互斥的情况下，Micro_R，Micro_P，Micro_F$_1$ 都与正确率 Acc 相等。

对于表 5.10 给出的两分类问题的分类结果，可以计算得到上述所有指标，见表 5.11。

表 5.10   二分类的分类结果示例

预测/真实	正类 (+)	负类 (−)	全部
正类 (+)	250	20	270
负类 (−)	50	180	230
全部	300	200	500

表 5.11   针对表 5.10 分类结果的评估指标

	TP	FP	FN	TN	Recall	Precision	F_1	Acc
正类 (+)	250	20	50	180	0.8333	0.9259	0.8772	
负类 (−)	180	50	20	250	0.9000	0.7826	0.8372	0.8600
宏平均					0.8667	0.8543	0.8605	
微平均					0.8600	0.8600	0.8600	

3. PR 曲线、ROC 曲线

在分类问题中，模型进行样本类别预测本质上基于模型输出值与阈值的比较。例如，logistic 回归模型的阈值为 0.5，模型的输出值大于 0.5 时预测为正类，小于 0.5 时预测为负类。为了更加全面地评价分类器在不同召回率情况下的分类效果，可以通过调整分类器的阈值，将按输出排序的样本序列分割为两部分，大于阈值的预测为正类，小于阈值的预测为负类，从而得到不同的召回率和精确率。如设置阈值为 0 时，召回率为 1；设置阈值为 1 时，则召回率为 0。以召回率作为横轴、精确率作为纵轴，可以绘制出精确率-召回率（precision-recall，PR）曲线。理论上讲，PR 曲线越靠近右上方越好，如果一个模型的 PR 曲线在右上方"包住"另一模型的 PR 曲线，则说明其分类性能明显优于后者。对于 PR 曲线相交的情形，可以通过计算 PR 曲线下方的面积度量分类的性能，面积越大，分类性能越好。更简单地，11 点平均精确率法通过调整分类器，使其召回率分别为 0，0.1，0.2，0.3，0.4，0.5，0.6，0.7，0.8，0.9，1.0，然后利用这 11 点的平均精确率衡量分类器的性能。

类似地，以假正率（false positive rate）作为横坐标，以真正率（true positive rate）（即召回率）作为纵坐标，绘制出的曲线称为 ROC（receiver operating characteristic）曲线。ROC 曲线下的面积称为 AUC（area under ROC curve），AUC 曲线越靠近左上方越好。AUC 值越大，说明分类器性能越好。

5.7　进一步阅读

一方面，基于统计机器学习的分类模型大体可以分成两类：生成式模型（generative model）和判别式模型（discriminative model）。若在分类模型中把样本特征向量 x 作为观测值，把样本类别 y 作为状态值，判别式模型认为 y 由 x 决定，直接对给定观测值 x 条件下状态 y 的后验概率 $p(y|x)$ 或者两者的映射关系 $y = f(x)$ 进行建模，它从 x 中提取特征，学习模型参数，使得后验概率符合一定形式的最优。生成式模型则就每个状态 y 按照分布 $p(x|y)$ 生成观测值 x，对观测值和状态值的联合分布 $p(x, y) = p(y)p(x|y)$ 建模，并且通过最大似然估计来学习模型参数。在文本分类领域，常见的判别式分类模型包括 logistic 回归、最大熵模型、支持向量机和人工神经网络等，典型的生成式分类模型则包括朴素贝叶斯模型等。

另一方面，本章介绍的模型都是针对文本整体信息的分类，并未涉及针对文本序列结构信息的预测。考虑一个由多个节点组成的文本序列 x，文本分类任务中 x 对应一个状态标签 y；如果 x 中的每个节点 x_t 都对应一个状态标签 y_t，则文本分类任务就转化为了文本序列标注任务。序列标注任务的本质是对序列中的每个节点进行分类，并且在分类预测中考虑序列中节点间的关系，以寻求在序列信号上的全局最优。序列标注中的常见模型包括隐马尔可夫模型（hidden Markov model, HMM）、条件随机场（conditional random field, CRF）等。HMM 可以看作朴素贝叶斯模型从分类问题向序列标注问题的扩展，HMM 除了以发射概率来建立 x_t 和 y_t 的关系，还利用状态转移概率来建立 y_{t-1} 和 y_t 的关系，从而实现序列的关系学习。类似地，CRF 模型是最大熵模型从分类问题向序列标注问题的扩展，CRF 借鉴了最大熵模型的对数线性模型（log-linear model）假设，定义了相似的观测状态特征函数，此外 CRF 还定义了一个状态转移特征函数用于学习序列中的结构关系。更多关于 HMM 和 CRF 等序列标注模型的介绍可参考（宗成庆，2013）。

循环神经网络天然具备同时处理文本分类和序列标注问题的能力，如果 RNN 编码序列的每个节点都进行分类预测，则形成了序列标注问题；如果将每个节点的输出通过语义组合形成文档级别的输出再进行分类，则形成文档分类任务。这种高度的灵活性也是循环神经网络针对文本建模的一大优势。

习　题

5.1　除了多项分布，朴素贝叶斯模型还可以基于多变量伯努利分布来刻画类条件分布 $p(x|y)$，请阅读（McCallum and Nigam, 1998），并阐述这两种假设之间的区别。

5.2   基于多变量伯努利分布假设，在表 5.7 给出的降维后的文本分类数据集上，计算朴素贝叶斯模型在训练集上的参数学习结果和在测试集上的分类预测结果。

5.3   从模型假设和参数学习两个角度，阐述 softmax 回归模型和最大熵模型之间的异同。

5.4   线性核函数 SVM 和 RBF 核函数 SVM，哪一个更适用于文本分类任务？给出你的理由。

5.5   多层前馈神经网络与卷积神经网络的主要区别是什么？对于文本分类，卷积神经网络为何可以捕获 n 元语法特征？

5.6   循环神经网络和卷积神经网络有什么本质区别？哪个更适用于文本分类任务？为什么？

第 6 章 文 本 聚 类

6.1 概 述

俗话说"物以类聚，人以群分"，人类往往通过对事物进行聚类和分类来认识客观世界并形成知识体系。数据挖掘中的聚类分析是根据数据的特征探索数据中的内在规律和分布特征，将数据划分成不同子集的过程。每个子集即是一个"簇"（clustering），聚类使得同一簇内的对象彼此相似，不同簇间的对象彼此相异。聚类作为一种无监督的机器学习方法，与分类方法不同，它无需已标注类别信息的数据作为学习的指导，而主要以数据间的相似性作为聚类划分的依据，具有较高的灵活性和自动性。分类通常已知类别数目，分类过程是将不同的数据归属到某个已知的类别，而聚类的类别是事先未知的，系统将根据聚类准则确定数据的归属和类别数目。聚类是模式识别研究的一个基础性问题，对于这项技术的研究由来已久，它被广泛地应用于图像分析、文本挖掘和生物信息分析等领域。

文本聚类首先需要将文本表示为机器可计算的形式。因此，文本表示是文本聚类的前提。本书第 3 章已经对文本表示方法进行了详细介绍，本章不再赘述。文本聚类的核心是聚类算法。常见的聚类算法包括基于划分的方法、基于层次的方法和基于密度的方法等，不同的聚类算法从不同的角度出发，产生不同的结果。但是，这些聚类算法均以相似性作为基础，因此，文本聚类的关键问题是文本相似性度量。

6.2 文本相似性度量

在文本聚类中，有三种常见的文本相似性度量指标：

- 两个文本对象之间的相似度；
- 两个文本集合之间的相似度；
- 文本对象与文本集合的相似性。

在文本聚类中，每个聚类算法都会用到上述一种或多种相似性度量指标。以下从样本间的相似性、簇间的相似性和样本与簇之间的相似性三个方面，分别介绍文本相似性度量方法。

6.2.1 样本间的相似性

在向量空间模型中，每个文本被表示为向量空间中的一个向量。那么，如何度量两个文本之间的相似度呢？

1. 基于距离的度量

最简单的文本相似度测量方法是基于距离的相似度测量。该方法以向量空间中两个向量之间的距离作为其相似度的度量指标，距离越小，相似度越大。常用的距离度量包括欧氏距离（Euclidean distance）、曼哈顿距离（Manhattan distance）、切比雪夫距离（Chebyshev distance）、闵可夫斯基距离（Minkowski distance）、马氏距离（Mahalanobis distance）和杰卡德距离（Jaccard distance）等。

令 $\boldsymbol{a}, \boldsymbol{b}$ 分别为两个待比较文本的向量表示，则

- 欧氏距离定义为

$$d(\boldsymbol{a}, \boldsymbol{b}) = \left[\sum_{k=1}^{M}(a_k - b_k)^2\right]^{1/2} \tag{6.1}$$

- 曼哈顿距离定义为

$$d(\boldsymbol{a}, \boldsymbol{b}) = \sum_{k=1}^{M}|a_k - b_k| \tag{6.2}$$

- 切比雪夫距离定义为

$$d(\boldsymbol{a}, \boldsymbol{b}) = \max_k |a_k - b_k| \tag{6.3}$$

- 闵可夫斯基距离定义为

$$d(\boldsymbol{a}, \boldsymbol{b}) = \left[\sum_{k=1}^{M}(a_k - b_k)^p\right]^{1/p} \tag{6.4}$$

2. 基于夹角余弦的度量

在文本挖掘中，余弦相似度（cosine similarity）通过测量两个向量之间夹角的余弦值度量它们之间的相似性。其计算公式如下：

$$\cos(\boldsymbol{a}, \boldsymbol{b}) = \frac{\boldsymbol{a}^{\mathrm{T}}\boldsymbol{b}}{\|\boldsymbol{a}\|\|\boldsymbol{b}\|} \tag{6.5}$$

余弦相似度通常用于正空间，因此其取值范围通常为 $[-1, 1]$。向量的内积与它们夹角的余弦成正比。0 度角的余弦值是 1，而其他任何角度的余弦值都不大于 1，并且其最小值为 -1。因而两个向量之间角度的余弦值可以确定两个向量是否大致指向相同的方向。两个向量有相同的指向时，余弦相似度的值为 1；两个向量夹角为 90° 时，余弦相似度的值为 0；两个向量指向完全相反的方向时，余弦相似度的值为 -1。

余弦相似度的计算自动涵盖了文本的 2-范数归一化。当向量已经进行了 2-范数归一化之后，余弦相似度与内积相似度 $a \cdot b = a^\mathrm{T} b$ 是等价的。

距离度量衡量的是空间各点之间的绝对距离，与各个点所在的位置坐标（即个体特征维度的数值）直接相关，而余弦相似度衡量的是空间向量的夹角，更多地体现了方向上的差异，而不是位置（距离或长度）。如图 6.1 所示，如果保持 A 点的位置不变，B 点朝原方向远离坐标轴原点，那么这个时候余弦的相似度保持不变，因为夹角不变，而 A, B 两点之间的距离显然在发生改变，这就是欧氏距离和余弦相似度的不同之处。欧氏距离和余弦相似度因为计算方式的不同，适用的数据分析任务也不同。欧氏距离能够体现数据各个维度数值大小的差异，而余弦相似度更多地是从方向上区分样本间的差异，而对绝对的数值不敏感。

余弦相似度是文本相似度度量使用最为广泛的相似度计算方法。

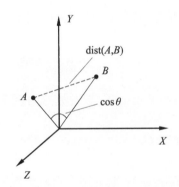

图 6.1 向量空间模型中的样本距离度量

3. 基于分布的度量

前面介绍的两种文本相似性度量方法主要针对定义在向量空间模型中的样本，而有时候，文本通过概率分布进行表示，如词项分布、基于 PLSA 和 LDA 模型的主题分布等。在这种情况下，可以用统计距离（statistical distance）度量两个文本之间的相似度。

统计距离计算的是两个概率分布之间的差异性，常见的准则包括 Kullback-Leibler (K-L) 距离（K-L（Kullback-Leibler）distance），也称 K-L 散度（K-L divergence）。在多项分布假设下，从分布 Q 到分布 P 的 K-L 距离定义为

$$D_{\mathrm{KL}}(P\|Q) = \sum_i P(i) \log \frac{P(i)}{Q(i)} \tag{6.6}$$

K-L 距离不具有对称性，即 $D_{\mathrm{KL}}(P\|Q) \neq D_{\mathrm{KL}}(Q\|P)$，因此也常常使用对称的 K-L 距离：

$$D_{\mathrm{SKL}}(P,Q) = D_{\mathrm{KL}}(P\|Q) + D_{\mathrm{KL}}(Q\|P) \tag{6.7}$$

需要注意的是，当文本长度较短的时候，数据稀疏问题容易让分布刻画失去意义。因此，基于分布的度量更多地用于刻画文本集合而非单个文本，K-L 距离往往用于度量两个文本集合之间的相似度。

除了上述方法, 杰卡德相似系数 (Jaccard similarity coefficient) 也是常用的文本相似性度量指标。该指标以两个文本特征项交集与并集的比例作为文本之间的相似度:

$$J\left(\boldsymbol{x}_i, \boldsymbol{x}_j\right) = \frac{|\boldsymbol{x}_i \cap \boldsymbol{x}_j|}{|\boldsymbol{x}_i \cup \boldsymbol{x}_j|} \tag{6.8}$$

上述相似性度量方法不仅用于文本聚类任务, 还广泛地应用于其他文本挖掘任务。

6.2.2　簇间的相似性

一个簇通常由多个相似的样本组成。簇间的相似性度量是以各簇内样本之间的相似性为基础的。假设 $d(C_m, C_n)$ 表示簇 C_m 和簇 C_n 之间的距离, $d(\boldsymbol{x}_i, \boldsymbol{x}_j)$ 表示样本 $\boldsymbol{x}_i$ 和 $\boldsymbol{x}_j$ 之间的距离。常见的簇间相似性度量方法有如下几种。

(1) 最短距离法 (single linkage): 取分别来自两个簇的两个样本之间的最短距离作为两个簇的距离:

$$d(C_m, C_n) = \min_{\boldsymbol{x}_i \in C_m, \boldsymbol{x}_j \in C_n} d(\boldsymbol{x}_i, \boldsymbol{x}_j) \tag{6.9}$$

(2) 最长距离法 (complete linkage): 取分别来自两个簇的两个样本之间的最长距离作为两个簇的距离:

$$d(C_m, C_n) = \max_{\boldsymbol{x}_i \in C_m, \boldsymbol{x}_j \in C_n} d(\boldsymbol{x}_i, \boldsymbol{x}_j) \tag{6.10}$$

(3) 簇平均法 (average linkage): 取分别来自两个簇的两两样本之间距离的平均值作为两个簇间的距离:

$$d(C_m, C_n) = \frac{1}{|C_m| \cdot |C_n|} \sum_{\boldsymbol{x}_i \in C_m} \sum_{\boldsymbol{x}_j \in C_n} d(\boldsymbol{x}_i, \boldsymbol{x}_j) \tag{6.11}$$

(4) 重心法: 取两个簇的重心之间的距离作为两个簇间的距离:

$$d(C_m, C_n) = d(\bar{\boldsymbol{x}}(C_m), \bar{\boldsymbol{x}}(C_n)) \tag{6.12}$$

其中, $\bar{\boldsymbol{x}}(C_m)$ 和 $\bar{\boldsymbol{x}}(C_n)$ 分别表示簇 C_m 和 C_n 的重心。

(5) 离差平方和法 (Ward's method): 两个簇中各样本到两个簇合并后的簇中心之间距离的平方和, 相比于合并前各样本到各自簇中心之间距离平方和的增量:

$$d\left(C_m, C_n\right) = \sum_{\boldsymbol{x}_k \in C_m \cup C_n} d\left(\boldsymbol{x}_k, \bar{\boldsymbol{x}}(C_m \cup C_n)\right) -$$
$$\sum_{\boldsymbol{x}_i \in C_m} d\left(\boldsymbol{x}_i, \bar{\boldsymbol{x}}(C_m)\right) - \sum_{\boldsymbol{x}_j \in C_n} d\left(\boldsymbol{x}_j, \bar{\boldsymbol{x}}(C_n)\right) \tag{6.13}$$

其中, $d\left(\boldsymbol{a}, \boldsymbol{b}\right) = \|\boldsymbol{a} - \boldsymbol{b}\|^2$。

除此之外, 还可以使用 K-L 距离等指标度量两个文本集合之间的相似性, 计算方法如式 (6.6) 所示。

6.2.3 样本与簇之间的相似性

样本与簇之间的相似性通常转化为样本间的相似度或簇间的相似度进行计算。如果用均值向量来表示一个簇，那么样本与簇之间的相似性可以转化为样本与均值向量的样本相似性。如果将一个样本视为一个簇，那么就可以采用前面介绍的簇间的相似性度量方法进行计算。

6.3 文本聚类算法

常用的聚类方法包括基于划分的方法、基于层次的方法、基于密度的方法、基于网格的方法、基于图论的方法和基于模型的方法等，其中每一类方法都具有一些代表性的算法。以下简要介绍几种常用的文本聚类算法。

6.3.1 K-均值聚类

K-均值（K-means）聚类算法由 MacQueen 于 1967 年提出，是一种使用广泛的基于划分的聚类算法。该算法通过样本间的相似度计算尽可能地将原样本划分成不同的簇，使得不同簇之间的样本相异，相同簇中的样本特征相似。

理论上，对于给定的数据集 $\{\boldsymbol{x}_1, \boldsymbol{x}_2, \cdots, \boldsymbol{x}_N\}$，$K$-均值聚类（$K$-means clustering）的目标是把这 N 个样本划分到 $K(K \leqslant N)$ 个簇中，使得簇内样本之间的距离平方和最小。这种方法简称为簇内平方和（within-cluster sum of squares, WCSS）法：

$$\arg\min_{C} \sum_{k=1}^{K} \sum_{\boldsymbol{x} \in C_k} \|\boldsymbol{x} - \boldsymbol{m}_k\|^2 \tag{6.14}$$

为了达到上述目标，K-均值聚类标准算法（Lloyd-Forgy 方法）使用了迭代优化方法。给定 K 个簇的初始中心点，分别计算各个样本到簇中心点的距离，将样本划分到距离簇中心点（均值）最近的簇中，并更新现有簇的中心点。经多次迭代，重复将样本划分到距离簇中心点最近的簇，并更新簇的中心点，直至簇内平方和 WCSS 最小。

形式化地，给定初始聚类中心点 $\boldsymbol{m}_1^{(0)}, \boldsymbol{m}_2^{(0)}, \cdots, \boldsymbol{m}_K^{(0)}$，算法按以下两个步骤迭代进行：

（1）划分：将每个样本划分到簇中，使得簇内平方和最小：

$$\arg\min_{C^{(t)}} \sum_{k=1}^{K} \sum_{\boldsymbol{x} \in C_k^{(t)}} d(\boldsymbol{x}, \boldsymbol{m}_k^{(t)}) \tag{6.15}$$

其中，$d\left(\boldsymbol{x}, \boldsymbol{m}_k^{(t)}\right) = \|\boldsymbol{x} - \boldsymbol{m}_k^{(t)}\|^2$，$t$ 表示迭代次数。直观地，把样本划分到离它最近的均值点所在的聚类即可。

（2）更新：根据上述划分计算新的簇内样本间距离的平均值，作为新的聚类中心点：

$$m_k^{(t+1)} = \frac{1}{\left|C_k^{(t)}\right|} \sum_{x_i \in C_k^{(t)}} x_i \tag{6.16}$$

取算术平均值作为最小平方估计，进一步减小了簇内平方和 WCSS。

上述两个步骤交替进行，簇内平方和 WCSS 逐渐减小，算法最终收敛于某个局部最小值。但是，这种迭代优化算法无法保证得到全局最优解。

在不同的聚类任务中，可以基于不同的距离函数进行划分。例如，在文本聚类任务中常使用余弦距离：

$$d\left(x, m_k^{(t)}\right) = \frac{x \cdot m_k^{(t)}}{\|x\| \left\|m_k^{(t)}\right\|} \tag{6.17}$$

需要提及的是，以上迭代优化方法在欧氏距离度量下才能保证簇内平方和 WCSS 逐级减小。如果使用不同的距离函数代替欧氏距离，可能会导致算法无法收敛。

综上所述，K-均值聚类算法描述如下。

输入：数据集 $\mathcal{D} = \{x_1, x_2, \cdots, x_N\}$，聚类数 K。
输出：聚类划分 $\{C_1, C_2, \cdots, C_K\}$。
算法：
1. 随机选择 $\mathcal{D}$ 中 K 个样本作为初始均值向量 $\{m_1, m_2, \cdots, m_K\}$
2. while 未满足算法收敛条件：
3.   for $i = 1, 2, \cdots, N$
4.   for $k = 1, 2, \cdots, K$
5.   计算样本 x_i 到 m_k 的距离 $d(x_i, m_k) = \|x_i - m_k\|^2$
6.   将样本 x_i 划分到距离最近的均值向量所在的簇 $\arg\min_k\{d(x_i, m_k)\}$
7.   for $i = 1, 2, \cdots, K$
8.   更新各簇均值向量：$m_k^{\text{new}} = \frac{1}{|C_k|} \sum_{x_i \in C_k} x_i$

算法 6.1　K-均值聚类算法

假设有表 6.1 所示的文本聚类数据集，该数据集包括 10 个文本，分别抽取自教育、体育、科技和文学等领域。

用 $D = \{x_1, x_2, \cdots, x_{10}\}$ 表示该数据集，其中 x_i 对应上述编号为 i 的文档。在执行文本聚类之前，首先需对上述文档进行特征选择和文本表示，具体步骤如下：

（1）特征选择：经统计，上述语料共含 118 个词。由于文本特征维度较大，为了减少低频词对文本聚类的影响，本例采用词频法进行特征选择，选取词频大于等于 2 的词构成特征向量，共 23 维：

排球 北京 届 以 理工 夺冠 人类 在 年 大学 机器 的 了 流水 是 人工 专业 计算机 叶子 智能 运动会 中国 荷塘

（2）文本降维：使用降维后的词表对表 6.1 中的文本聚类数据集进行简化，同时忽略词项的频率，得到降维后的文本聚类数据集，见表 6.2。

表 6.1 文本聚类数据集

文档序号	文本
x_1	北京 理工 大学 计算机 专业 创建于 1958 年 是 中国 最早 设立 计算机 专业 的 高校 之一
x_2	北京 理工 大学 学子 在 第四 届 中国 计算机 博弈 锦标赛 中 夺冠
x_3	北京 理工 大学 体育馆 是 2008 年 中国 北京 奥林匹克 运动会 的 排球 预赛 场地
x_4	第五 届 东亚 运动会 中国 军团 奖牌 总数 创 新高 男女 排球 双双 夺冠
x_5	人工 智能 也 称 机器 智能 是 指 由 人工 制造 出 的 系统 所 表现 出来 的 智能
x_6	人工 智能 是 计算机 科学 的 一个 分支 它 企图 生产 出 一种 能 以 人类 智能 相似 的 方式 做出 反应 的 智能 机器
x_7	AlphaGo 人工 智能 对决 围棋 世界 冠军 柯洁 的 三场 赛事 以 人类 完败 结果 告终
x_8	曲曲折折 的 荷塘 上面 弥望 的 是 田田 的 叶子 叶子 出水 很 高 像 亭亭 的 舞女 的 裙
x_9	月光 如 流水 一般 静静 地 泻 在 这 一片 叶子 和 花 上 薄薄 的 青雾 浮起 在 荷塘 里
x_{10}	叶子 底下 是 脉脉 的 流水 遮住 了 不能 见 一些 颜色 而 叶子 却 更 见 风致 了

表 6.2 降维后的文本聚类数据集

文档序号	降维后的文本
x_1	北京 理工 大学 计算机 专业 年 是 中国 的
x_2	北京 理工 大学 在 届 中国 计算机 夺冠
x_3	北京 理工 大学 是 年 中国 北京 运动会 的 排球
x_4	届 运动会 中国 排球 夺冠
x_5	人工 智能 机器 是 的
x_6	人工 智能 是 计算机 的 以 人类 机器
x_7	人工 智能 的 以 人类
x_8	的 荷塘 是 叶子
x_9	流水 在 叶子 的 荷塘
x_{10}	叶子 是 的 流水 了

使用 K-均值算法对上述文本进行聚类，设置 $K = 3$，并使用欧氏距离度量文本相似性。为了对聚类过程可视化，我们利用主成分分析（principal component analysis，PCA）算法对特征进行降维，最终取方差最大的两个主元分别作为 X 轴和 Y 轴进行绘图（仅利用 PCA 降维进行绘图，K-均值聚类仍基于 23 维的文本表示）。K-均值聚类过程如下：

（1）初始化簇为 $\{C_1 : \{x_2\}, C_2 : \{x_5\}, C_3 : \{x_7\}\}$；

（2）第 1 轮迭代：依次计算语料中各样本分别与当前 3 个簇簇中心点的距离，如对于样本 x_1，到 3 个簇中心 $\{x_2, x_5, x_7\}$ 的距离分别为 2.645，3.160，3.460，因此将样本 x_1 划分到距离最近的簇 C_1。当所有的样本划分结束后，聚类结果如图 6.2（a）所示，分别为 $\{C_1 : \{x_1, x_2, x_3, x_4\}, C_2 : \{x_5, x_6, x_8, x_9, x_{10}\}, C_3 : \{x_7\}\}$，依次更新各簇的簇中心点。

（3）第 2 轮迭代：依次计算语料中各样本分别与当前 3 个簇簇中心点的距离，如对于样本 x_6，到 3 个簇中心的距离分别为 3.13，1.95，1.73，因此将样本 x_6 划分到距离最近的簇 C_3。当所有的样本划分结束后，聚类结果如图 6.2（b）所示，为 $\{C_1:\{x_1,x_2,x_3,x_4\},C_2:\{x_5,x_8,x_9,x_{10}\},C_3:\{x_6,x_7\}\}$，依次更新各簇的簇中心点。

（4）第 3 轮迭代：依次计算语料中各样本分别与当前 3 个簇簇中心点的距离，如对于样本 x_5，到 3 个簇中心的距离分别为 2.80，1.71，1.66，因此将样本 x_5 划分到距离最近的簇 C_3。当所有的样本划分结束后，聚类结果如图 6.2（c）所示，为 $\{C_1:\{x_1,x_2,x_3,x_4\},C_2:\{x_8,x_9,x_{10}\},C_3:\{x_5,x_6,x_7\}\}$，依次更新各簇的簇中心点。

（5）第 4 轮迭代：因簇划分没有发生变化，聚类结束，最终的聚类结果如图 6.2（d）所示，为 $\{C_1:\{x_1,x_2,x_3,x_4\},C_2:\{x_8,x_9,x_{10}\},C_3:\{x_5,x_6,x_7\}\}$。

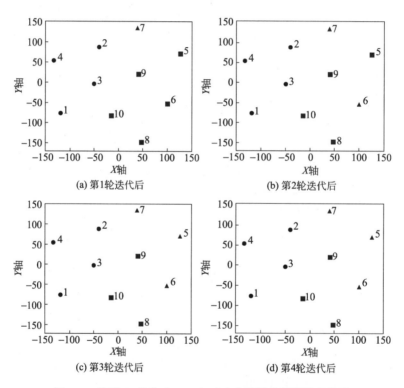

图 6.2　使用 K-均值 ($K=3$) 对文本聚类数据集进行聚类

初始簇中心点的选择对 K-均值聚类有所影响。例如，如果选择样本 x_1,x_5,x_8 分别作为 3 个初始簇的中心样本点，只需经过两轮迭代聚类就可以结束，最终的划分结果为 $\{C_1:\{x_1,x_2,x_3,x_4\},C_2:\{x_5,x_6,x_7\},C_3:\{x_8,x_9,x_{10}\}\}$。

K-均值聚类算法的优点是：理解简单，易于实现，应用广泛，但该算法在使用时也存在如下问题：①难以确定聚类数 K 的取值；②选取初始簇的中心点需要一定的经验和技巧；③距离函数的选择没有确定的准则。尽管有学者提出了一些启发式方法，但这些问题都还没有公认和通用的解决方案。一般来说，需根据任务特点设置一些经验参数，或者基于数据测试得到较为合理的参数。

6.3.2 单遍聚类

单遍聚类（single-pass clustering）算法是一种简单、高效的聚类算法，只需要遍历一遍数据集即可完成聚类。算法在初始阶段从数据集中读入一个对象，并以该对象构建一个簇。随后逐个读入一个新的对象，并计算它与每个已有簇之间的相似度。如果相似度小于规定的阈值，则产生一个新的簇，如果相似度大于规定的阈值，则将其合并到与它相似度最高的簇。重复上述过程，直至完成数据集中所有对象的处理。

单遍聚类涉及样本与聚类簇的相似性计算。常见的相似性计算方法包括：①用簇均值向量代表簇，计算两个样本之间的相似度；②将单个样本视为一个簇，利用常见簇间的相似性计算方法代替。算法的具体描述如下。

输入: 数据集 $\mathcal{D} = \{\boldsymbol{x}_1, \boldsymbol{x}_2, \cdots, \boldsymbol{x}_N\}$，相似度阈值 T。

输出: 聚类划分 $\{C_1, C_2, \cdots, C_M\}$。

算法:

1. $M = 1$; $C_1 = \{\boldsymbol{x}_1\}$; $\boldsymbol{m}_1 = \boldsymbol{x}_1$
2. for $i = 2, 3, \cdots, N$
3.   for $k = 1, 2, \cdots, M$
4.   计算样本 $\boldsymbol{x}_i$ 与 $\boldsymbol{m}_k$ 之间的相似性 $d(\boldsymbol{x}_i, \boldsymbol{m}_k)$
5.   选择与 $\boldsymbol{x}_i$ 相似性最大的簇 $k^* = \arg\max\limits_{k}\{d(\boldsymbol{x}_i, \boldsymbol{m}_k)\}$
6.   if $d(\boldsymbol{x}_i, \boldsymbol{m}_{k^*}) > T$
7.   将 $\boldsymbol{x}_i$ 加入 C_{k^*}: $C_{k^*} \leftarrow (C_{k^*} \cup \boldsymbol{x}_i)$
8.   更新 C_{k^*} 均值向量: $\boldsymbol{m}_{k^*} = \dfrac{1}{|C_{k^*}|} \sum\limits_{\boldsymbol{x}_j \in C_{k^*}} \boldsymbol{x}_j$
9.   else
10. $M += 1$; $C_M = \{\boldsymbol{x}_i\}$

算法 6.2　单遍聚类算法

对表 6.2 的文本集进行单遍聚类，采用欧氏距离的相反数作为文本的相似性，设置单遍聚类阈值 $t = -2.35$，依次遍历文本中的所有文档，计算当前文档到现有各簇中心点之间的相似度，如果最大相似度大于阈值 t，则将该文档加入到与其相似度最大的簇；否则新建立一个簇，并将该文档加入到新建的簇中。聚类过程如下：

（1）新建初始簇 C_1，将样本集中的第一个文本 $\boldsymbol{x}_1$ 加入 C_1，当前聚类结果为 $\{C_1 : \{\boldsymbol{x}_1\}\}$；

（2）计算文本 $\boldsymbol{x}_2$ 到 C_1 中心点的相似度为 -2.65，因相似度小于 t，因此新建簇 C_2，并将 $\boldsymbol{x}_2$ 加入 C_2，聚类结果为 $\{C_1 : \{\boldsymbol{x}_1\}, C_2 : \{\boldsymbol{x}_2\}\}$；

（3）计算文本 $\boldsymbol{x}_3$ 与簇 C_1, C_2 中心点的相似度，分别为 $-2.00, -3.00$，因最大相似度大于阈值 t，因此将 $\boldsymbol{x}_3$ 加入到与之相似度最高的簇 C_1，聚类结果为 $\{C_1 : \{\boldsymbol{x}_1, \boldsymbol{x}_3\}, C_2 : \{\boldsymbol{x}_2\}\}$；

（4）计算文本 $\boldsymbol{x}_4$ 与簇 C_1, C_2 中心点的相似度，分别为 $-3.00, -2.65$，因最大相似度小于阈值 t，因此需新建簇 C_3，并将 $\boldsymbol{x}_4$ 加入 C_3，聚类结果为 $\{C_1 : \{\boldsymbol{x}_1, \boldsymbol{x}_3\}, C_2 : \{\boldsymbol{x}_2\}, C_3 : \{\boldsymbol{x}_4\}\}$；

（5）文本 x_5 与簇 C_1, C_2, C_3 中心点的相似度分别为 $-3.00, -3.61, -3.16$，因最大相似度小于阈值 t，因此新建簇 C_4，并将 x_5 加入簇 C_4，聚类结果为 $\{C_1 : \{x_1, x_3\}, C_2 : \{x_2\},$ $C_3 : \{x_4\}, C_4 : \{x_5\}\}$；

（6）文本 x_6 与簇 C_1, C_2, C_3, C_4 中心点的相似度分别为 $-3.32, -3.74, -3.61, -1.73$，因最大相似度大于阈值 t，根据聚类规则将其加入与之相似度最高的簇 C_4，聚类结果为 $\{C_1 : \{x_1, x_3\}, C_2 : \{x_2\}, C_3 : \{x_4\}, C_4 : \{x_5, x_6\}\}$；

（7）文本 x_7 与簇 C_1, C_2, C_3, C_4 中心点的相似度分别为 $-3.32, -3.61, -3.16, -1.66$，因最大相似度大于阈值 t，因此将其加入与之相似度最高的簇 C_4，聚类结果为 $\{C_1 : \{x_1, x_3\}, C_2 : \{x_2\}, C_3 : \{x_4\}, C_4 : \{x_5, x_6, x_7\}\}$；

（8）文本 x_8 与簇 C_1, C_2, C_3, C_4 中心点的相似度分别为 $-2.83, -3.46, -3.00, -2.36$，因最大相似度小于阈值 t，因此需新建簇 C_5，并将 x_8 加入 C_5，聚类结果为 $\{C_1 : \{x_1, x_3\},$ $C_2 : \{x_2\}, C_3 : \{x_4\}, C_4 : \{x_5, x_6, x_7\}, C_5 : \{x_8\}\}$；

（9）文本 x_9 与簇 C_1, C_2, C_3, C_4, C_5 中心点的相似度分别为 $-3.32, -3.32, -3.16,$ $-2.81, -1.73$，因相似度大于阈值 t，因此将其加入与之相似度最高的簇 C_5，聚类结果为 $\{C_1 : \{x_1, x_3\}, C_2 : \{x_2\}, C_3 : \{x_4\}, C_4 : \{x_5, x_6, x_7\}, C_5 : \{x_8, x_9\}\}$；

（10）文本 x_{10} 与簇 C_1, C_2, C_3, C_4, C_5 中心点的相似度分别为 $-3.00, -3.61, -3.16,$ $-2.56, -1.66$，因最大相似度大于阈值 t，因此将其加入与之相似度最高的簇 C_5，聚类结果为 $\{C_1 : \{x_1, x_3\}, C_2 : \{x_2\}, C_3 : \{x_4\}, C_4 : \{x_5, x_6, x_7\}, C_5 : \{x_8, x_9, x_{10}\}\}$。

至此，语料中的全部文本被遍历结束，聚类结果如图 6.3 所示。

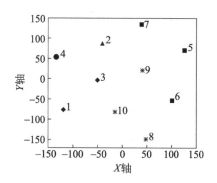

图 6.3 文本聚类数据集的单遍聚类结果

单遍聚类算法因其简单、高效的特点适用于大规模数据、流式数据和实时性要求较高的数据聚类场景，如在话题检测与跟踪、在线事件检测等应用领域得到了广泛使用。但该方法也存在依赖数据读入的顺序、阈值不易设定、单独使用效果较差等缺点。

6.3.3 层次聚类

层次聚类（hierarchical clustering）方法依据一种层次架构将数据逐层进行聚合或分裂，最终将数据对象组织成一棵聚类树状的结构。按照聚类树生成的方式可分为自底向上的聚合式层次聚类（agglomerative hierarchical clustering）和自顶向下的分裂式层次聚类（divisive hierarchical clustering）。

自底向上的聚合式层次聚类方法初始时将每个数据都视为单独的一类，然后每次合并所有类别中最相似的两个类别，直至所有的样本都合并为一个类别或者满足终止条件时结束。

聚合式层次聚类过程需要计算两个簇之间的相似性，常见的度量指标包括 6.2.2 节介绍的最小距离、最大距离和平均距离等。在层次聚类中它们分别被称为单链接（single linkage）、全链接（complete linkage）和平均链接（average linkage）。

聚合式层次聚类算法描述如下。

输入：数据集 $\mathcal{D} = \{\boldsymbol{x}_1, \boldsymbol{x}_2, \cdots, \boldsymbol{x}_N\}$，聚类簇数为 K。

输出：聚类划分 $\mathcal{C} = \{C_1, C_2, \cdots, C_K\}$。

算法：

1. for $i = 1, 2, \cdots, N$
2. $C_i = \{\boldsymbol{x}_i\}$
3. for $i = 1, 2, \cdots, N$
4.   for $j = 1, 2, \cdots, N$
5.   计算两两簇间的相似性 $d(C_i, C_j)$
6. while size$(\mathcal{C}) > K$
7.   查找距离最近的两个簇 C_{i*} 和 C_{j*}
8.   for $h = 1, 2, \cdots,$ size$(\{C_k\})$
9.   if $h \neq i^*$ and $h \neq j^*$
10.   更新簇间相似度 $d(C_h, C_{i*} \cup C_{j*})$
11.   簇集合 $\mathcal{C}$ 中删除 C_{i*} 和 C_{j*}
12.   簇集合 $\mathcal{C}$ 中添加 $C_{i*} \cup C_{j*}$
13.   更新簇集合 $\mathcal{C}$ 中各簇标号，记录各簇包含样本标号

算法 6.3　层次聚类算法

层次聚类的结果可以用如图 6.4 所示的树状图表示。其中，每个叶子节点表示一个样本，每个中间节点有两个子节点，表示两个簇聚合为一个簇。叶子节点高度记为 0，每个中间节点的高度与其两个子节点间的相似度成反比。在合适的高度上对树进行横切，得到不同数目的聚类结果。

以下对表 6.2 中的文本数据集进行层次聚类，使用余弦距离度量文本间的相似性，并使用簇平均法度量各簇之间的相似性。聚类过程如下：

（1）为每个样本初始化一个簇，共 N 个簇（$N = 10$，为语料库中的样本总数）。初始化结果为 $\{C_1 : \{\boldsymbol{x}_1\}, C_2 : \{\boldsymbol{x}_2\}, C_3 : \{\boldsymbol{x}_3\}, C_4 : \{\boldsymbol{x}_4\}, C_5 : \{\boldsymbol{x}_5\}, C_6 : \{\boldsymbol{x}_6\}, C_7 : \{\boldsymbol{x}_7\}, C_8 : \{\boldsymbol{x}_8\}, C_9 : \{\boldsymbol{x}_9\}, C_{10} : \{\boldsymbol{x}_{10}\}\}$；

（2）计算两两簇之间的相似度，因簇 C_5 和 C_6 之间的相似度最大，为 0.79，因此将两

簇合并，聚类结果为 $\{C_1 : \{\boldsymbol{x}_1\}, C_2 : \{\boldsymbol{x}_2\}, C_3 : \{\boldsymbol{x}_3\}, C_4 : \{\boldsymbol{x}_4\}, C_5 : \{\boldsymbol{x}_5, \boldsymbol{x}_6\}, C_7 : \{\boldsymbol{x}_7\},$ $C_8 : \{\boldsymbol{x}_8\}, C_9 : \{\boldsymbol{x}_9\}, C_{10} : \{\boldsymbol{x}_{10}\}\}$；

（3）计算两两簇之间的相似度，并将相似度最高的两个簇 C_1 和 C_3 合并，聚类结果为 $\{C_1 : \{\boldsymbol{x}_1, \boldsymbol{x}_3\}, C_2 : \{\boldsymbol{x}_2\}, C_4 : \{\boldsymbol{x}_4\}, C_5 : \{\boldsymbol{x}_5, \boldsymbol{x}_6\}, C_7 : \{\boldsymbol{x}_7\}, C_8 : \{\boldsymbol{x}_8\}, C_9 : \{\boldsymbol{x}_9\},$ $C_{10} : \{\boldsymbol{x}_{10}\}\}$；

（4）计算两两簇之间的相似度，并将相似度最高的两个簇 C_5 和 C_7 合并，聚类结果为 $\{C_1 : \{\boldsymbol{x}_1, \boldsymbol{x}_3\}, C_2 : \{\boldsymbol{x}_2\}, C_4 : \{\boldsymbol{x}_4\}, C_5 : \{\boldsymbol{x}_5, \boldsymbol{x}_6, \boldsymbol{x}_7\}, C_8 : \{\boldsymbol{x}_8\}, C_9 : \{\boldsymbol{x}_9\}, C_{10} : \{\boldsymbol{x}_{10}\}\}$；

（5）计算两两簇之间的距离，并将当前相似度最高的两个簇 C_8 和 C_9 合并，聚类结果为 $\{C_1 : \{\boldsymbol{x}_1, \boldsymbol{x}_3\}, C_2 : \{\boldsymbol{x}_2\}, C_4 : \{\boldsymbol{x}_4\}, C_5 : \{\boldsymbol{x}_5, \boldsymbol{x}_6, \boldsymbol{x}_7\}, C_8 : \{\boldsymbol{x}_8, \boldsymbol{x}_9\}, C_{10} : \{\boldsymbol{x}_{10}\}\}$；

（6）计算两两簇之间的距离，并将当前相似度最高的两个簇 C_8 和 C_{10} 合并，聚类结果为 $\{C_1 : \{\boldsymbol{x}_1, \boldsymbol{x}_3\}, C_2 : \{\boldsymbol{x}_2\}, C_4 : \{\boldsymbol{x}_4\}, C_5 : \{\boldsymbol{x}_5, \boldsymbol{x}_6, \boldsymbol{x}_7\}, C_8 : \{\boldsymbol{x}_8, \boldsymbol{x}_9, \boldsymbol{x}_{10}\}\}$；

（7）计算两两簇之间的距离，并将当前相似度最高的两个簇 C_1 和 C_2 合并，聚类结果为 $\{C_1 : \{\boldsymbol{x}_1, \boldsymbol{x}_2, \boldsymbol{x}_3\}, C_4 : \{\boldsymbol{x}_4\}, C_5 : \{\boldsymbol{x}_5, \boldsymbol{x}_6, \boldsymbol{x}_7\}, C_8 : \{\boldsymbol{x}_8, \boldsymbol{x}_9, \boldsymbol{x}_{10}\}\}$；

（8）计算两两簇之间的距离，并将当前相似度最高的两个簇 C_1 和 C_4 合并，聚类结果为 $\{C_1 : \{\boldsymbol{x}_1, \boldsymbol{x}_2, \boldsymbol{x}_3, \boldsymbol{x}_4\}, C_5 : \{\boldsymbol{x}_5, \boldsymbol{x}_6, \boldsymbol{x}_7\}, C_8 : \{\boldsymbol{x}_8, \boldsymbol{x}_9, \boldsymbol{x}_{10}\}\}$。

此时簇数 $K = 3$，层次聚类结束，输出聚类结果为 $\{C_1 : \{\boldsymbol{x}_1, \boldsymbol{x}_2, \boldsymbol{x}_3, \boldsymbol{x}_4\},$ $C_5 : \{\boldsymbol{x}_5, \boldsymbol{x}_6, \boldsymbol{x}_7\}, C_8 : \{\boldsymbol{x}_8, \boldsymbol{x}_9, \boldsymbol{x}_{10}\}\}$。

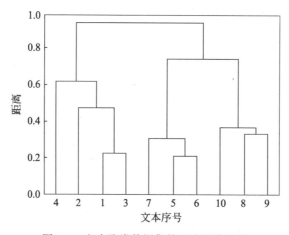

图 6.4　文本聚类数据集的层次聚类结果

自顶向下的分裂式层次聚类过程与自底向上的层次聚类过程相反，初始时将所有的样本视为一个类别，然后逐次将它们分裂为更小的类别单元，直到所有的样本都自成一类。详细的分裂式层次聚类算法不再多述。

分裂式层次聚类过程需要关注如下两个问题：

（1）选择哪个类进行分裂。通常利用类内散度衡量类内部数据的松散程度，然后选择类内散度最大的类进行分裂。常见的类内散度指标包括：类内距离最远的两个样本之间的距离，或者类内两两样本距离的平均值等。

（2）采用哪一种分裂策略。分裂式层次聚类过程比聚合式聚类过程略显复杂之处在于它需要依赖另外的聚类算法进行类分裂，但如果无须得到完备的二叉聚类树，采用速度较快的扁平聚类算法（如 K-均值算法）进行中间类别分裂的话，可以使分裂式层次聚类方法获得比聚合式方法更高的聚类效率。

6.3.4　密度聚类

基于密度的聚类方法的基本思路是：样本空间中分布密集的样本点被分布稀疏的样本点分割，连通的稠密度较高的样本点集合就是我们所要寻找的目标簇。DBSCAN（density-based spatial clustering of applications with noise）是该类方法中的经典算法，其假定类别可以通过样本分布的紧密程度决定。

DBSCAN 算法有两个参数：一是邻域半径 r，二是形成高密度区域所需要的最少样本数 n。基于上述参数，DBSCAN 算法定义了以下基本概念。

- r 邻域：某样本 P 的 r 邻域指以 P 为中心、r 为半径形成的圆形领域。
- 核心样本：如果某点 P 的 r 邻域中的样本数不少于 n，则称 P 为核心样本。
- 密度直达：如果样本 Q 在核心样本 P 的 r 邻域内，则称 Q 从 P 密度直达。
- 密度可达：如果存在一个样本序列 $P_1, P_2, \cdots, P_T$，且对任意 $t = 1, 2, \cdots, T-1$，P_{t+1} 可由 P_t 密度直达，则称 P_T 从 P_1 密度可达。根据密度直达的定义，序列中的传递样本 $P_1, P_2, \cdots, P_{T-1}$ 均为核心样本。
- 密度相连：如果存在核心样本 P，使得样本 Q_1 和 Q_2 均从 P 密度可达，则称 Q_1 和 Q_2 密度相连。

DBSCAN 算法认为，对于任一核心样本 P，样本集中所有从 P 密度可达的样本构成的集合属于同一个聚类。DBSCAN 算法示意图如图 6.5 所示，其中 $n = 4$，A 和其他空心样本为核心样本，边界样本 B 和 C 为非核心样本。样本 B 和 C 都是从 A 密度可达的，即 B 和 C 是密度相连的，所以它们和 A 等核心样本形成一个聚类。而样本 N 是与 A，B，C 未密度相连的噪声点。

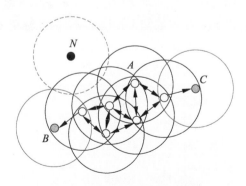

图 6.5　DBSCAN 算法示意图

DBSCAN 算法从某个核心样本出发，不断向密度可达的区域扩张，从而得到一个包含核心样本和边界样本的最大区域，该区域中任意两点密度相连，聚合为一个簇。接着寻找未被标记的核心样本，重复上述过程，直到样本集中没有新的核心样本为止。样本集中没有包含在任何簇中的样本点就构成噪声点簇。算法流程如下。

输入: 样本集 $\mathcal{D}$, 半径 r, 形成高密度区域所需要的最少样本数 n。
输出: 目标类簇集合 $\mathcal{C}$。
算法:
1. $\mathcal{C} = \varnothing$
2. for P in $\mathcal{D}$:
3. 　　if P 已被访问: continue
4. 　　找出 P 的 r 领域包含的样本集 R_P
5. 　　if $|R_P| < n$:
6. 　　　　标记 P 为噪声样本簇
7. 　　else:
8. 　　　　新建一个类簇 C, 并将 P 加入 C 中
9. 　　　　找出 P 的 r 邻域中的所有密度直达样本集 S_P
10. 　　　for Q in S_P:
11. 　　　　　若 Q 为噪声样本, 将 Q 标记为类簇 C
12. 　　　　　若 Q 还未被访问, 将 Q 标记为类簇 C
13. 　　　　　找出 Q 的 r 邻域中包含的样本集 R_Q
14. 　　　　　if $|R_P| \geqslant n$:
15. 　　　　　　　$S_p = S_p \cup R_Q$
16. 　　　　将 C 添加至 $\mathcal{C}$

算法 6.4　密度聚类算法

下面对表 6.2 所示的文本聚类数据集进行 DBSCAN 聚类，结果如图 6.6 所示，设置聚类半径 $r = 2.1$，最小样本点数为 $n = 3$。聚类过程如下:

（1）标记所有样本为未访问，从样本集中选择样本 $\boldsymbol{x}_1$，并将其标记为已访问，$\boldsymbol{x}_1$ 以 r 为半径的邻域包含 $\boldsymbol{x}_1$ 和 $\boldsymbol{x}_3$，样本数低于预设值 n，因此标记 $\boldsymbol{x}_1$ 为噪声点，聚类结果为 $\{C_1 : \{\boldsymbol{x}_1\}\}$；

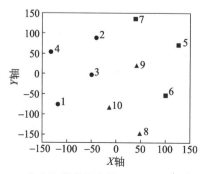

图 6.6　文本聚类数据集的 DBSCAN 聚类结果

（2）取未访问样本 x_2，将其标记为已访问，计算 x_2 到其他样本之间的距离，x_2 以 r 为半径的邻域只包含 x_2，样本数低于预设值 n，因此标记 x_2 为噪声点，聚类结果为 $\{C_1 : \{x_1, x_2\}\}$；

（3）取未访问样本 x_3，将其标记为已访问，计算样本 x_3 到其他样本之间的距离，x_3 以 r 为半径的邻域包含 x_1 和 x_3，样本数低于预设值 n，因此标记 x_3 为噪声点，聚类结果为 $\{C_1 : \{x_1, x_2, x_3\}\}$；

（4）取未访问样本 x_4，将其标记为已访问，计算样本 x_4 到其他样本之间的距离，x_4 以 r 为半径的邻域只包含有 x_4，同理标记 x_4 为噪声点，聚类结果为 $\{C_1 : \{x_1, x_2, x_3, x_4\}\}$；

（5）取未访问样本 x_5，将其标记为已访问，计算样本 x_5 到其他样本之间的距离，x_5 以 r 为半径的邻域包含 x_5、x_6 和 x_7，样本数不低于预设值 n，因此标记 x_5 为核心样本点，遍历 x_5 以 r 为半径的邻域内的样本，如果样本标记为未访问，且为核心样本，则将其邻域样本并入 x_5 的邻域样本集，并将该样本标记已访问，此处将 x_6 和 x_7 标记为已访问，聚类结果为 $\{C_1 : \{x_1, x_2, x_3, x_4\}, C_2 : \{x_5, x_6, x_7\}\}$；

（6）取未访问样本 x_8，将其标记为已访问，计算样本 x_8 到其他样本之间的距离，x_8 以 r 为半径的邻域包含 x_8、x_9、x_{10}，样本数不低于预设值 n，因此标记 x_8 为核心样本点，遍历 x_8 以 r 为半径的邻域内的样本，如果样本标记为未访问，且为核心样本，则将其邻域样本并入 x_8 的邻域样本集，并将该样本标记为已访问，此处将 x_9 和 x_{10} 标记为已访问，聚类结果为 $\{C_1 : \{x_1, x_2, x_3, x_4\}, C_2 : \{x_5, x_6, x_7\}, C_3 : \{x_8, x_9, x_{10}\}\}$；

（7）此时样本集中所有样本均标记为已访问，聚类结束，输出聚类结果为 $\{C_1 : \{x_1, x_2, x_3, x_4\}, C_2 : \{x_5, x_6, x_7\}, C_3 : \{x_8, x_9, x_{10}\}\}$。

6.4　性 能 评 估

聚类性能评估也称作聚类有效性 (cluster validity) 分析。常用的聚类性能评估方法有两种：一种是根据外部标准（external criteria），通过测量聚类结果与参考标准的一致性评价聚类结果的优劣；另一种是根据内部标准（internal criteria），仅从聚类本身的分布和形态评估聚类结果的优劣。

6.4.1　外部标准

基于外部标准的评估方法是指在参考标准已知的前提下，将聚类结果与参考标准进行比对，从而对聚类结果做出评估。参考标准通常由专家构建或人工标注获得。

对于数据集 $\mathcal{D} = \{d_1, d_2, \cdots, d_n\}$，假设聚类标准为 $\mathcal{P} = \{P_1, P_2, \cdots, P_m\}$，其中 P_i 表示一个聚类簇。当前的聚类结果是 $\mathcal{C} = \{C_1, C_2, \cdots, C_k\}$，其中 C_i 是一个簇。对于 $\mathcal{D}$ 中任意两个不同的样本 d_i 和 d_j，根据它们隶属于 $\mathcal{C}$ 和 $\mathcal{P}$ 的情况，可以定义 4 种关系：

（1）SS：d_i 和 d_j 在 $\mathcal{C}$ 中属于相同簇，在 $\mathcal{P}$ 中也属于相同簇；

（2）SD：d_i 和 d_j 在 $\mathcal{C}$ 中属于相同簇，在 $\mathcal{P}$ 中属于不同簇；

（3）DS：d_i 和 d_j 在 $\mathcal{C}$ 中属于不同簇，在 $\mathcal{P}$ 中属于相同簇；

（4）DD：d_i 和 d_j 在 $\mathcal{C}$ 中属于不同簇，在 $\mathcal{P}$ 中也属于不同簇。

记 a，b，c，d 分别表示 SS，SD，DS，DD 四种关系的数目，可导出以下评价指标：

- Rand 统计量（Rand index）：

$$\text{RS} = \frac{a+d}{a+b+c+d} \tag{6.18}$$

- Jaccard 系数（Jaccard index）：

$$\text{JC} = \frac{a}{a+b+c} \tag{6.19}$$

- FM 指数（Fowlkers and Mallows index）：

$$\text{FMI} = \sqrt{\frac{a}{a+b} \cdot \frac{a}{a+c}} \tag{6.20}$$

上述三个评价指标的取值范围均为 $[0,1]$，值越大表明 $\mathcal{C}$ 和 $\mathcal{P}$ 吻合的程度越高，$\mathcal{C}$ 的聚类效果越好。这些指标主要考察聚类的宏观性能，在传统的聚类有效性分析中被较多地使用，但在文本聚类研究中并不多见。

为了对聚类结果进行更加微观的评估，通常针对聚类标准中的每一簇 P_j 和聚类结果中的每一簇 C_i，定义以下微观指标：

- 精确率（precision）：

$$P(P_j, C_i) = \frac{|P_j \cap C_i|}{|C_i|} \tag{6.21}$$

- 召回率（recall）：

$$R(P_j, C_i) = \frac{|P_j \cap C_i|}{|P_j|} \tag{6.22}$$

- F_1 值：

$$F_1(P_j, C_i) = \frac{2 \cdot P(P_j, C_i) \cdot R(P_j, C_i)}{P(P_j, C_i) + R(P_j, C_i)} \tag{6.23}$$

对于聚类参考标准中的每个簇 P_j，定义 $F_1(P_j) = \max\limits_{i}\{F_1(P_j, C_i)\}$，并基于此，导出反映聚类整体性能的宏观 F_1 值指标：

$$F_1 = \frac{\sum_j |P_j| \cdot F_1(P_j)}{\sum_j |P_j|} \tag{6.24}$$

式（6.23）和式（6.24）能更加丰富地刻画各簇聚类结果与聚类参考标准之间的吻合度，是基于外部标准评估文本聚类性能时使用较多的一种方法。

6.4.2 内部标准

基于内部标准的聚类性能评价方法不依赖于外部标注,而仅靠考察聚类本身的分布结构评估聚类的性能。其主要思路是:簇间越分离(相似度越低)越好,簇内越凝聚(相似度越高)越好。

常用的内部评价指标有:轮廓系数(silhouette coefficient)、I 指数、Davies-Bouldin 指数、Dunn 指数、Calinski-Harabasz 指数、Hubert's Γ 统计量和 Cophenetic 相关系数等。这些指标大多同时包含凝聚度(cohesion)和分离度(separation)两种因素。以下仅以轮廓系数为例进行介绍,其他方法及其比较可参考论文(Liu et al., 2010)。

轮廓系数最早由 Peter J. Rousseeuw 于 1986 年提出,是一种常用的聚类评估内部标准。对于数据集中的样本 $\boldsymbol{d}$,假设 $\boldsymbol{d}$ 所在的簇为 C_m,计算 $\boldsymbol{d}$ 与 C_m 中其他样本的平均距离:

$$a(\boldsymbol{d}) = \frac{\sum\limits_{\boldsymbol{d}' \in C_m, \boldsymbol{d}' \neq \boldsymbol{d}} \text{dist}(\boldsymbol{d}, \boldsymbol{d}')}{|C_m| - 1} \tag{6.25}$$

再计算 $\boldsymbol{d}$ 与其他簇中样本的最小平均距离:

$$b(\boldsymbol{d}) = \min_{C_j : 1 \leqslant j \leqslant k, j \neq m} \left\{ \frac{\sum\limits_{\boldsymbol{d}' \in C_j} \text{dist}(\boldsymbol{d}, \boldsymbol{d}')}{|C_j|} \right\} \tag{6.26}$$

其中,$a(\boldsymbol{d})$ 反映的是 $\boldsymbol{d}$ 所属簇的凝聚度,值越小表示 $\boldsymbol{d}$ 与其所在的簇越凝聚;$b(\boldsymbol{d})$ 反映的是样本 $\boldsymbol{d}$ 与其他簇的分离度,值越大表示 $\boldsymbol{d}$ 与其他簇越分离。

在此基础上定义样本 $\boldsymbol{d}$ 的轮廓系数为

$$\text{SC}(\boldsymbol{d}) = \frac{b(\boldsymbol{d}) - a(\boldsymbol{d})}{\max\{a(\boldsymbol{d}), b(\boldsymbol{d})\}} \tag{6.27}$$

对所有样本的轮廓系数求平均值,即为聚类总的轮廓系数:

$$\text{SC} = \frac{1}{N} \sum_{i=1}^{N} \text{SC}(\boldsymbol{d}_i) \tag{6.28}$$

轮廓系数值域为 $[-1, 1]$,值越大说明聚类效果越好。

6.5 进一步阅读

大部分文本聚类算法先进行文本表示再进行聚类运算,文本表示及其相似性计算方法的优劣对于聚类效果非常关键。传统的文本聚类算法主要采用向量空间模型进行文本表示,这种传统的文本表示模型存在高维、稀疏、不利于相似性度量等缺点。

在文本表示维度约减方面,基于统计的特征选择方法(如互信息法、信息增益法、卡方统计量法等)在文本分类任务有着广泛的应用,而由于聚类数据的类别标签未知,上述依赖类别标签的特征选择方法在文本聚类中并不适用,因而采用较为简单的无监督指标（如文档频率等）进行特征选择。无监督的特征提取算法（如主成分分析、独立成分分析）也是文本聚类任务中维度约减的一种选择。此外，主题模型（如潜在语义索引、概率潜在语义分析、潜在狄利克雷分布）也提供了一种维数约减方法，它将传统向量空间模型中的高维稀疏向量转化为主题空间的低维稠密向量，这一过程也可以理解为基于主题的文本表示。此外，一些工作试图结合 WordNet、知网、维基百科语义网、知识图谱中的概念和知识来指导文本的表示、相似性计算和聚类。

近年来，随着分布式表示学习的兴起，低维稠密的分布式文本表示得到了广泛的应用。例如，基于词向量进行词的表示，再通过语义组合得到句子和文档的表示，最后基于这种分布式表示进行聚类运算。表示学习的另一个优势是可以学习到与任务相关的文本表示形式。上述优点给文档聚类运算的性能和效率都带来优势。

常用的聚类方法除了上文介绍的几种以外，还包括基于网格的聚类、基于子空间的聚类、基于神经网络的聚类、图聚类、谱聚类等方法。此外，还有一些文本处理领域特有的聚类算法，如后缀树聚类（suffix tree clustering，STC）算法。后缀树作为一种数据结构，最早为支持有效的字符串匹配和查询而提出。后缀树聚类算法使用后缀树结构表示和处理文本，将文本看作词的序列而非词的集合，这样往往能够更充分地捕捉文本中的词序信息，达到更好的聚类结果。

文本数据流聚类是文本聚类任务的一个特殊问题，在话题发现与跟踪、社交媒体挖掘等领域具有广泛的应用。和传统的文本数据聚类不同，上述应用中的文本数据往往以数据流的形式出现，给传统的文本聚类带来了挑战。上文所述的单遍聚类算法是一种适用于大规模文本数据流的、实时性较高的文本聚类算法。此外，针对已有的经典文本聚类算法，也出现了若干经过改进的在线文本聚类算法。

习　　题

6.1　请阐述文本聚类和文本分类任务的区别与联系。

6.2　欧氏距离和余弦距离的区别是什么？请在习题 3.1 文本表示向量的基础上，分别基于上述两种距离，计算 4 个文档两两之间的相似度。

6.3　请阐述 K-L 散度用于度量两个文档相似度的原理。如果为短文档，是否合适？请给出分析。

6.4　针对表 6.2 给出的文本聚类数据集，计算当初始向量为 x_1、x_5 和 x_8 时的 K-均值聚类结果。

6.5　对表 6.2 给出的文本聚类数据集进行倒序后，基于单遍聚类算法进行聚类，请给出聚类过程并与正序情况进行对比。

6.6　请基于自顶向下的分裂式层次聚类算法，对表 6.2 给出的文本聚类数据集进行聚类，并与自底向上的聚合式层次聚类算法进行比较。

第7章 主题模型

7.1 概　述

向量空间模型作为一种显式的文本表示方法，将一个文本表示为词项对应的权重向量，并假设各词项之间相互独立。这种表示方法虽然简单实用，但却破坏了文本的词序信息和句法结构，无法深入挖掘文本中的多义性（polysemy）和同义性（synonymy）等隐式语义关系。同时，文本的生成过程是极其复杂的，人们在撰写文本时通常首先拟定"主题思想"等抽象概念，然后再形成具体的文字。

为了解决上述问题，自然语言处理和信息检索等领域的研究者提出了一系列称为主题模型（topic model）的统计模型，包括潜在语义分析（latent semantic analysis, LSA）、概率潜在语义分析（probabilistic latent semantic analysis, PLSA）和潜在狄利克雷分布（latent Dirichlet allocation, LDA）等。建立主题模型的目的就是要从文本语料中发现隐藏在词汇表面之下的潜在语义。

下面的文字摘自郁达夫的散文《故都的秋》。文中加下划线的词汇是地方和处所词，加双下划线的词是植物、花草名称，加波浪线的词是动物词汇，而下加点的词是色彩词。

> 不逢北国之秋，已将近十余年了。在南方每年到了秋天，总要想起陶然亭的芦花，钓鱼台的柳影，西山的虫唱，玉泉的夜月，潭柘寺的钟声。在北平即使不出门去罢，就是在皇城人海之中，租人家一椽破屋来住着，早晨起来，泡一碗浓茶、向院子一坐，你也能看得到很高很高的碧绿的天色，听得到青天下驯鸽的飞声。从槐树叶底，朝东细数着一丝一丝漏下来的日光，或在破壁腰中，静对着象喇叭似的牵牛花（朝荣）的蓝朵，自然而然地也能够感觉到十分的秋意。说到了牵牛花，我以为以蓝色或白色者为佳，紫黑色次之，淡红色最下。最好，还要在牵牛花底，教长着几根疏疏落落的尖细且长的秋草，使作陪衬。
>
> 北国的槐树，也是一种能使人联想起秋来的点缀。象花而又不是花的那一种落蕊，早晨起来，会铺得满地。脚踏上去，声音也没有，气味也没有，只能感出一点点极微细极柔软的触觉。扫街的在树影下一阵扫后，灰土上留下来的一条条扫帚的丝纹，看起来既觉得细腻，又觉得清闲，潜意识下并且还觉得有点儿落寞，古人所说的梧桐一叶而天下知秋的遥想，大约也就在这些深沉的地方。
>
> 秋蝉的衰弱的残声，更是北国的特产；因为北平处处全长着树，屋子又低，所以无论在什么地方，都听得见它们的啼唱。在南方是非要上郊外或山上去才听得到的。这秋蝉的嘶叫，在北平可和蟋蟀耗子一样，简直象是家家户户都养在家里的家虫。

将这些词汇提取出来可以得到如表 7.1 所示的主题词表。

表 7.1 文本中的主题示例

主题 1（地名）	主题 2（植物）	主题 3（动物）	主题 4（色彩）
陶然亭	芦花	驯鸽	碧绿
钓鱼台	槐树	秋蝉	蓝色
西山	牵牛花	蟋蟀	白色
玉泉	秋草	耗子	紫黑
潭柘寺	梧桐	虫唱	淡红

主题模型的思想最早源自信息检索领域，Susan Dumais 等学者提出的潜在语义索引模型（latent semantic indexing, LSI）利用奇异值分解（SVD）技术将文档向量从高维词项空间映射到一个低维的语义空间（主题空间）。这种方法可以发掘文本隐含的主题信息，而且不需要依赖任何先验知识，从而能够对"一词多义"和"一义多词"语言现象进行建模，最终使得搜索引擎返回的结果不仅在词汇层面，而且在语义层面上与用户的查询相匹配。

LSI 模型建立在矩阵分解框架之上，而 Thomas Hofmann 提出的概率潜在语义索引模型（probabilistic latent semantic indexing, PLSI）通过概率生成模型模拟文档中词的产生过程，将 LSI 模型扩展到概率统计的框架下。LSI 和 PLSI 模型也分别称作 LSA 和 PLSA 模型，不仅用于信息检索，还广泛应用于文本挖掘其他任务。

PLSA 模型只针对训练集中的有限文档进行拟合，其参数空间随着训练集中文档数目线性增加，容易出现过度拟合现象，而且对于训练集以外的文档，很难分配合适的概率。为了解决这些问题，David Blei 等学者提出了 LDA 模型，该模型在 PLSA 的基础上引入了参数的先验分布，利用贝叶斯估计取代了 PLSA 中的最大似然估计方法，完善了PLSA 模型。LDA 模型不仅作为一种文本表示方法，也可以视为一种数据降维和聚类算法，在文本挖掘的诸多任务上得到了广泛而成功的应用。

7.2 潜在语义分析

1988 年，Susan Dumais 等学者提出将潜在语义分析（LSA）技术用于分布式语义（distributional semantics）表示（Dumais et al., 1998; Deerwester et al., 1990），其目标是将文本表示为一组隐式的语义概念，而不是向量空间模型（VSM）中一组显式的词项。

LSA 假设语义接近的词更容易出现在相似的文本片段中，与 VSM 中的高维、稀疏文本表示方法不同，LSA 利用奇异值分解（SVD）技术将文档和词汇的高维表示映射在低维的潜在语义空间中，缩小了问题的规模，得到不再稀疏的低维表示，这种低维表示揭示出了词汇（文档）在语义上的联系。这种潜在的语义概念称为主题。

7.2.1 词项-文档矩阵的奇异值分解

对于给定的文本集合，首先基于向量空间模型构造出"词项-文档矩阵"（term-bydocument matrix）：

$$\boldsymbol{X} = \begin{bmatrix} x_{1,1} & \cdots & x_{1,M} \\ \vdots & \ddots & \vdots \\ x_{V,1} & \cdots & x_{V,M} \end{bmatrix}$$

其中，V 表示词项数，M 表示文档数，$\boldsymbol{X}$ 的每一行 $[x_{j,1} \quad \cdots \quad x_{j,M}]$ 表示第 j 个词项在各文档中的取值，每一列 $[x_{1,i} \quad \cdots \quad x_{V,i}]^{\mathrm{T}}$ 表示第 i 个文档对应的词项权重向量。

对 $\boldsymbol{X}$ 进行 SVD 分解：

$$\boldsymbol{X} = \boldsymbol{T}\boldsymbol{\Sigma}\boldsymbol{D}^{\mathrm{T}} \tag{7.1}$$

其中，$\boldsymbol{\Sigma}$ 是由非零奇异值 $\sigma_1, \sigma_2, \cdots, \sigma_r(\sigma_1 \geqslant \sigma_2 \geqslant \cdots \geqslant \sigma_r > 0)$ 构成的 r 阶对角矩阵 $\boldsymbol{\Sigma} = \mathrm{diag}\,(\sigma_1, \sigma_2, \cdots, \sigma_r)$，$V \times r$ 阶矩阵 $\boldsymbol{T}$ 和 $M \times r$ 阶矩阵 $\boldsymbol{D}$ 中的列向量 $\boldsymbol{t}_1, \boldsymbol{t}_2, \cdots, \boldsymbol{t}_r$ 和 $\boldsymbol{d}_1, \boldsymbol{d}_2, \cdots, \boldsymbol{d}_r$ 分别构成一组单位正交向量，即满足 $\boldsymbol{T}^{\mathrm{T}}\boldsymbol{T} = \boldsymbol{I}_r$ 和 $\boldsymbol{D}^{\mathrm{T}}\boldsymbol{D} = \boldsymbol{I}_r$。

上式还可以写成 r 个秩为 1 的矩阵之和的形式：

$$\boldsymbol{X} = \sigma_1\boldsymbol{t}_1\boldsymbol{d}_1^{\mathrm{T}} + \cdots + \sigma_r\boldsymbol{t}_r\boldsymbol{d}_r^{\mathrm{T}} \tag{7.2}$$

奇异值 $\sigma_1, \sigma_2, \cdots, \sigma_r$ 反映了词项-文档矩阵 $\boldsymbol{X}$ 中隐含的 r 个独立主题的强度。对应第 j 个主题，$\boldsymbol{t}_j$ 表示构成此主题的 V 个词项的权重，$\boldsymbol{d}_j$ 表示 M 个文档包含此主题的权重，$\boldsymbol{t}_j\boldsymbol{d}_j^{\mathrm{T}}$ 则表示此主题所对应的词项-文档关联信息。

在文本表示任务中，由于特征空间维度高并且单个文档长度短，传统的词项-文档矩阵呈现高度的稀疏性。同时，高维词项之间具有较高的线性相关性。LSA 通过对词项-文档矩阵 $\boldsymbol{X}$ 进行截断奇异值分解，在式（7.2）中选择保留前 $k(k < r)$ 个最大的奇异值，并将这 k 个奇异值及对应的奇异向量构成的正交空间视为文本的潜在语义空间。这意味着通过选择 k 个潜在语义空间中的主题代替 V 个显式的词项表示文本，从而实现了文本表示从 V 维到 k 维的降维，并得到原始矩阵 $\boldsymbol{X}$ 的低秩近似（low-rank approximation）：

$$\hat{\boldsymbol{X}} = \sigma_1\boldsymbol{t}_1\boldsymbol{d}_1^{\mathrm{T}} + \cdots + \sigma_k\boldsymbol{t}_k\boldsymbol{d}_k^{\mathrm{T}} \tag{7.3}$$

写成矩阵的形式，即

$$\hat{\boldsymbol{X}} = \boldsymbol{T}_k\boldsymbol{\Sigma}_k\boldsymbol{D}_k^{\mathrm{T}} \tag{7.4}$$

其中，$\boldsymbol{T}_k = [\boldsymbol{t}_1\boldsymbol{t}_2\cdots\boldsymbol{t}_k]$ 称作词项-主题矩阵，$\boldsymbol{D}_k = [\boldsymbol{d}_1\boldsymbol{d}_2\cdots\boldsymbol{d}_k]$ 称作文档-主题矩阵。上述过程如图 7.1 所示。

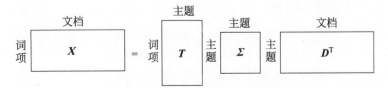

图 7.1 LSA 模型的矩阵分解形式

根据表 5.7 获得 6 个文档的词项-文档矩阵 X:

	D_1	D_2	D_3	D_4	D_5	D_6
$T_1 =$ 计算机	2	1	0	0	0	0
$T_2 =$ 排球	0	0	1	1	0	2
$T_3 =$ 运动会	0	0	1	1	0	1
$T_4 =$ 高校	1	0	0	0	0	0
$T_5 =$ 大学	1	1	1	0	2	1

对词项-文档矩阵进行 SVD 分解,得到词项-主题矩阵:

$$
T = \begin{bmatrix}
0.30 & 0.64 & -0.58 & 0.01 & -0.41 \\
0.53 & -0.55 & -0.31 & -0.57 & -0.04 \\
0.36 & -0.38 & -0.23 & 0.82 & 0.03 \\
0.11 & 0.25 & -0.30 & -0.05 & 0.91 \\
0.70 & 0.29 & 0.65 & 0.01 & 0.05
\end{bmatrix}
$$

奇异值对角矩阵:

$$
\Sigma = \begin{bmatrix}
3.57 & 0 & 0 & 0 & 0 \\
0 & 2.68 & 0 & 0 & 0 \\
0 & 0 & 1.64 & 0 & 0 \\
0 & 0 & 0 & 0.48 & 0 \\
0 & 0 & 0 & 0 & 0.40
\end{bmatrix}
$$

以及转置的文档-主题矩阵:

$$
D^{\mathrm{T}} = \begin{bmatrix}
0.40 & 0.28 & 0.44 & 0.25 & 0.39 & 0.59 \\
0.68 & 0.35 & -0.24 & -0.35 & 0.22 & -0.44 \\
-0.50 & 0.04 & 0.07 & -0.33 & 0.79 & -0.12 \\
-0.02 & 0.05 & 0.54 & 0.51 & 0.05 & -0.66 \\
0.36 & -0.89 & 0.08 & -0.04 & 0.25 & -0.03
\end{bmatrix}
$$

取最大的三个奇异值,得到截断后的奇异值矩阵:

$$
\Sigma_k = \begin{bmatrix}
3.57 & 0 & 0 \\
0 & 2.680 \\
0 & 0 & 1.64
\end{bmatrix}
$$

截断后的词项-主题矩阵为

$$
T_k = \begin{bmatrix}
0.30 & 0.64 & -0.58 \\
0.53 & -0.55 & -0.31 \\
0.36 & -0.38 & -0.23 \\
0.11 & 0.25 & -0.30 \\
0.70 & 0.29 & 0.65
\end{bmatrix}
$$

截断后的转置文档-主题矩阵为

$$
\boldsymbol{D}_k^{\mathrm{T}} = \begin{bmatrix}
0.40 & 0.28 & 0.44 & 0.25 & 0.39 & 0.59 \\
0.68 & 0.35 & -0.24 & -0.35 & 0.22 & -0.44 \\
-0.50 & 0.04 & 0.07 & -0.33 & 0.79 & -0.12
\end{bmatrix}
$$

从而得到近似的词项-文档矩阵：

$$
\boldsymbol{X}_k = \boldsymbol{T}_k \boldsymbol{\Sigma}_k \boldsymbol{D}_k^{\mathrm{T}} = \begin{bmatrix}
2.06 & 0.85 & 0.01 & -0.01 & 0.04 & 0 \\
0 & 0 & 1.15 & 1.14 & 0.02 & 1.82 \\
0 & -0.01 & 0.79 & 0.80 & -0.02 & 1.26 \\
0.87 & 0.33 & -0.02 & 0.03 & -0.09 & 0 \\
0.99 & 1.02 & 1.00 & 0 & 1.99 & 1.01
\end{bmatrix}
$$

降维之后的文档-主题矩阵：

$$
\boldsymbol{X}_{\mathrm{pca}} = \begin{bmatrix}
1.41 & 1.00 & 1.59 & 0.89 & 1.40 & 2.11 \\
1.82 & 0.93 & -0.63 & -0.93 & 0.59 & -1.18 \\
-0.82 & 0.07 & 0.11 & -0.54 & 1.30 & -0.20
\end{bmatrix}
$$

根据降维之后的词项-文档矩阵计算文档两两之间的欧式距离：

$$
\mathrm{Distance\_euclidean} = \begin{bmatrix}
0 & 1.32 & 2.63 & 2.81 & 2.45 & 3.14 \\
1.32 & 0 & 1.67 & 1.96 & 1.34 & 2.40 \\
2.63 & 1.67 & 0 & 1.00 & 1.71 & 0.82 \\
2.81 & 1.96 & 1.00 & 0 & 2.43 & 1.30 \\
2.45 & 1.34 & 1.71 & 2.43 & 0 & 2.42 \\
3.14 & 2.40 & 0.82 & 1.30 & 2.42 & 0
\end{bmatrix}
$$

7.2.2 词项和文档的概念表示及相似度计算

利用 SVD 将词项-文档矩阵分解之后，我们关心以下 5 个问题。

1. 词项之间的相似度

$\hat{\boldsymbol{X}}$ 矩阵中的每一行对应一个词项在不同文档上的取值，可以用 $\hat{\boldsymbol{X}}$ 的两个行向量的内积度量不同词项之间的相似度。为此，构造二次对称矩阵 $\hat{\boldsymbol{X}}\hat{\boldsymbol{X}}^{\mathrm{T}}$ 以包含所有词项的内积：

$$
\begin{aligned}
\hat{\boldsymbol{X}}\hat{\boldsymbol{X}}^{\mathrm{T}} &= \boldsymbol{T}_k \boldsymbol{\Sigma}_k \boldsymbol{D}_k^{\mathrm{T}} \boldsymbol{D}_k \boldsymbol{\Sigma}_k \boldsymbol{T}_k^{\mathrm{T}} \\
&= \boldsymbol{T}_k \boldsymbol{\Sigma}_k \left(\boldsymbol{T}_k \boldsymbol{\Sigma}_k \right)^{\mathrm{T}}
\end{aligned} \tag{7.5}
$$

第 i 个和第 j 个词项之间的相似度，即 $\hat{X}\hat{X}^{\mathrm{T}}$ 中第 i 行、第 j 列的元素等于 $T_k\Sigma_k$ 矩阵中相应行向量的内积。

如果采用余弦相似度计算方法，可以对 $T_k\Sigma_k$ 中相应的行向量进行正规化，再计算向量内积。

提取式 (7.4) 矩阵的第 j 行，可以得到词项的概念表示：

$$
\begin{aligned}
\begin{bmatrix} x_{j,1} & \cdots & x_{j,M} \end{bmatrix} &= \begin{bmatrix} t_{j,1} & \cdots & t_{j,k} \end{bmatrix}\Sigma_k D_k^{\mathrm{T}} \\
&= \begin{bmatrix} \sigma_1 t_{j,1} & \cdots & \sigma_k t_{j,k} \end{bmatrix} D_k^{\mathrm{T}}
\end{aligned}
\tag{7.6}
$$

2. 文档间的相似度

与上述方法同样道理，$\hat{X}$ 矩阵中两个列向量的内积可以用于度量两个文档之间的相似度，构造二次对称矩阵：

$$
\begin{aligned}
\hat{X}^{\mathrm{T}}\hat{X} &= D_k\Sigma_k T_k^{\mathrm{T}} T_k \Sigma_k D_k^{\mathrm{T}} \\
&= \left(D_k\Sigma_k \right)\left(D_k\Sigma_k \right)^{\mathrm{T}}
\end{aligned}
\tag{7.7}
$$

第 i 个和第 j 个文档之间的相似度即为 $\hat{X}^{\mathrm{T}}\hat{X}$ 中第 i 行、第 j 列的元素，等于 $D_k\Sigma_k$ 矩阵相应行向量的内积。

同样地，如果采用余弦相似度计算方法，则只需对 $D_k\Sigma_k$ 的行向量进行正规化，再计算向量的内积即可。

3. 文档的概念表示

提取式 (7.4) 矩阵的第 i 列，可以得到第 i 个文档的分解形式：

$$
\begin{aligned}
\boldsymbol{x}_i &= \begin{bmatrix} x_{1,i} \cdots x_{V,i} \end{bmatrix}^{\mathrm{T}} \\
&= T_k\Sigma_k \begin{bmatrix} d_{1,i} \cdots d_{k,i} \end{bmatrix}^{\mathrm{T}} \\
&= T_k \begin{bmatrix} \sigma_1 d_{1,i} \cdots \sigma_k d_{k,i} \end{bmatrix}^{\mathrm{T}}
\end{aligned}
\tag{7.8}
$$

该式可以理解为文档的概念表示。下面从基底变换的角度对此进行观察。若视词项-主题矩阵 T_k 的列向量 $t_1, t_2, \cdots, t_k$ 为基，文档 $\boldsymbol{x}_i$ 在新的坐标系下的坐标就是 $\Sigma_k D_k^{\mathrm{T}}$ 的第 i 列，即 $[\sigma_1 d_{1,i} \cdots \sigma_k d_{k,i}]^{\mathrm{T}}$；若视 $T_k\Sigma_k$ 的列向量 $\delta_1 t_1, \delta_2 t_2, \cdots, \delta_k t_k$ 为基，则相当于将各坐标轴按照奇异值进行了不同程度的拉伸，此时文档 $\boldsymbol{x}_i$ 在的坐标就是 D_k^{T} 的第 i 列 $[d_{1,i} \cdots d_{k,i}]^{\mathrm{T}}$。

4. 词项与文档之间的相关性

词项-文档近似矩阵 $\hat{X}$ 本身就体现了词项与文档的相关性，将式 (7.4) 进行改写：

$$
\begin{aligned}
\hat{X} &= T_k\Sigma_k D_k^{\mathrm{T}} \\
&= T_k\Sigma_k^{1/2}\Sigma_k^{1/2}D_k^{\mathrm{T}}
\end{aligned}
\tag{7.9}
$$

以 $T_k \Sigma_k^{1/2}$ 为坐标系，第 j 个词项的概念表示为 $[\sqrt{\sigma_1}t_{j,1} \cdots \sqrt{\sigma_k}t_{j,k}]^{\mathrm{T}}$；以 $D_k \Sigma_k^{1/2}$ 为坐标系，第 i 个文档的概念表示为 $\left[\sqrt{\sigma_1}d_{1,i} \cdots \sqrt{\sigma_k}d_{k,i}\right]^{\mathrm{T}}$。从而导出第 j 个词项与第 i 个文档之间的相关度为

$$[\sqrt{\sigma_1}t_{j,1} \cdots \sqrt{\sigma_k}t_{j,k}]\left[\sqrt{\sigma_1}d_{1,i} \cdots \sqrt{\sigma_k}d_{k,i}\right]^{\mathrm{T}} = \sum_{h=1}^{k} \sigma_h t_{j,h} d_{h,i}$$

$$= [\hat{X}]_{j,i} \tag{7.10}$$

5. 新文档的概念表示

前面介绍了语料集内部文档的概念表示和相似度计算方法。现在的问题是如何得到语料集以外新的文档的概念表示。

如果记新的文档向量为 x'，以 $T_k \Sigma_k$ 的列向量 $\delta_1 t_1, \delta_2 t_2, \cdots, \delta_k t_k$ 为坐标系，x' 在新坐标系下的坐标记为 d'，根据式（7.8）可得：

$$x' = T_k \Sigma_k d' \tag{7.11}$$

等式两边同时左乘 $\Sigma_k^{-1} T_k^{\mathrm{T}}$，求解后可得：

$$d' = \Sigma_k^{-1} T_k^{\mathrm{T}} x'$$

$$= F x' \tag{7.12}$$

记 $F = \Sigma_k^{-1} T_k^{\mathrm{T}}$ 为折叠矩阵（folding-in matrix），表示从词项空间"折叠"到概念空间的线性变换。

7.3 概率潜在语义分析

尽管潜在语义分析（LSA）模型简单直观，但是缺乏深度的数理统计解释，同时，大规模数据 SVD 运算的瓶颈也约束了 LSA 模型的应用。Thomas Hofmann 于 1999 年提出了概率潜在语义分析（PLSA）模型（Hofmann, 1999），将潜在语义分析从线性代数的框架发展成为概率统计的框架。

7.3.1 模型假设

PLSA 是一种概率图模型，通过概率图阐述文本的生成过程。如图 7.2 所示，其中，随机变量 d，w 和 z 分别表示文档、词项和主题。d 和 w 是可以观测到的变量，z 是无法直接观测的隐变量。V，M 和 K 分别表示词项数、文档数和主题数。PLSA 模型则将 LSA 模型中的文档-主题矩阵 D 和词项-主题矩阵 T 分别用文档-主题分布 $p(z|d)$ 和主题-词项分布 $p(w|z)$ 来刻画。$p(z_k|d_i)$ 表示给定文档 d_i 主题取值为 z_k 的概率，$p(w_j|z_k)$ 表示主题为 z_k 条件下词项取值为 w_j 的概率。

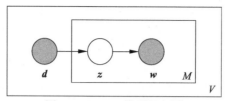

图 7.2　PLSA 模型概率图

PLSA 模型假设每个文档 $\boldsymbol{d}$ 的每个词项 w_j 是通过如下过程生成的：

（1）依据概率 $p(\boldsymbol{d}_i)$ 选择一个文档 $\boldsymbol{d}_i$；

（2）依据概率 $p(z_k|\boldsymbol{d}_i)$ 选择一个潜在的概念，即主题 z_k；

（3）依据概率 $p(w_j|z_k)$ 生成一个词项 w_j。

由图 7.2 可知，观测变量 $(\boldsymbol{d}_i, w_j)$ 的联合分布为

$$p(\boldsymbol{d}_i, w_j) = p(\boldsymbol{d}_i)\, p(w_j|\boldsymbol{d}_i)$$

$$= p(\boldsymbol{d}_i) \sum_{k=1}^{K} p(w_j|z_k) p(z_k|\boldsymbol{d}_i) \tag{7.13}$$

其中，$p(w_j|z_k)$ 和 $p(z_k|\boldsymbol{d}_i)$ 是模型有待确定的参数。

7.3.2　参数学习

对于给定的观测数据，PLSA 模型基于最大似然估计学习参数 $p(w_j|z_k)$ 和 $p(z_k|\boldsymbol{d}_i)$ 的取值。将训练语料视为多个文档的序列，每个文档由词项序列组成，那么观测变量联合分布的似然函数可以写成

$$\mathcal{L} = \log \prod_{i=1}^{M} \prod_{j=1}^{V} p(\boldsymbol{d}_i, w_j)^{n(\boldsymbol{d}_i, w_j)}$$

$$= \sum_{i=1}^{M} \sum_{j=1}^{V} n(\boldsymbol{d}_i, w_j) \log p(\boldsymbol{d}_i) \sum_{k=1}^{K} p(w_j|z_k) p(z_k|\boldsymbol{d}_i) \tag{7.14}$$

其中，$n(\boldsymbol{d}_i, w_j)$ 是词项 w_j 在文档 $\boldsymbol{d}_i$ 中出现的次数。

由于隐变量的存在，似然函数 $\mathcal{L}$ 包含加法项的对数运算，难以直接进行最大似然估计，可以采用期望最大化（expectation maximization, EM）算法求解上述最大似然估计问题。PLSA 模型 EM 算法的具体推导过程稍微复杂，这里不给出详细过程，有兴趣的读者可以参阅论文（Mei and Zhai, 2006）。以下直接给出 EM 算法的执行流程。

• 赋值初始参数 $\boldsymbol{\Theta}^{(0)} = \{p(w_j|z_k)^{(0)}, p(z_k|\boldsymbol{d}_i)^{(0)}\}$；

• E-step：在当前参数 $\boldsymbol{\Theta}^{(t)} = \{p(w_j|z_k)^{(t)}, p(z_k|\boldsymbol{d}_i)^{(t)}\}$ 下，计算给定观测变量条件下隐变量的后验概率：

$$p(z_k|\boldsymbol{d}_i, w_j) = \frac{p(w_j|z_k)\, p(z_k|\boldsymbol{d}_i)}{\sum_{h=1}^{K} p(w_j|z_h)\, p(z_h|\boldsymbol{d}_i)} \tag{7.15}$$

- M-step: 针对 $\mathcal{L}$ 在参数 $\boldsymbol{\Theta}^{(t)}$ 下的下界进行最大似然估计，得到参数 $\boldsymbol{\Theta}^{(t+1)}$：

$$
\begin{cases}
p\left(w_j|z_k\right)^{(t+1)} = \dfrac{\displaystyle\sum_{i=1}^{M} n\left(\boldsymbol{d}_i, w_j\right) p\left(z_k|\boldsymbol{d}_i, w_j\right)}{\displaystyle\sum_{j=1}^{V}\sum_{i=1}^{M} n\left(\boldsymbol{d}_i, w_j\right) p\left(z_k|\boldsymbol{d}_i, w_j\right)} \\[4mm]
p\left(z_k|\boldsymbol{d}_i\right)^{(t+1)} = \dfrac{\displaystyle\sum_{j=1}^{V} n\left(\boldsymbol{d}_i, w_j\right) p\left(z_k|\boldsymbol{d}_i, w_j\right)}{n\left(\boldsymbol{d}_i\right)}
\end{cases}
\tag{7.16}
$$

其中，$n\left(\boldsymbol{d}_i\right)$ 表示文档 $\boldsymbol{d}_i$ 包含的词项总数。

- 重复迭代 E-step 和 M-step，直到算法收敛。

对于新的文档 $\boldsymbol{d}'$，如何获得其主题分布呢？通常采用如下方法：保持原训练集上学习得到的参数 $p(\boldsymbol{w}|\boldsymbol{z})$ 固定不变，然后在新文档 $\boldsymbol{d}'$ 上运行 EM 算法，迭代更新 $p(\boldsymbol{z}|\boldsymbol{d}')$，直至算法收敛。

7.4 潜在狄利克雷分布

2003 年，David Blei，Andrew Ng 和 Michael Jordan 在 PLSA 模型的基础上，提出了一种更加泛化的文本主题模型，称作潜在狄利克雷分布（LDA）（Blei et al., 2003）。

在 PLSA 模型中，文档-主题分布 $p(z_k|\boldsymbol{d}_i)$ 和主题-词项分布 $p(w_j|z_k)$ 是给定文档生成主题和给定主题生成词项的依据，它们都服从类别分布（categorical distribution），令分布参数 $\varphi_{kj} = p(w_j|z_k)$，$\theta_{ik} = p(z_k|\boldsymbol{d}_i)$，则 φ_{kj} 和 θ_{ik} 都是确定型变量。而 LDA 模型将参数 φ_{kj} 和 θ_{ik} 都视为随机变量，并以狄利克雷分布作为参数的先验分布。狄利克雷分布和类别分布形成一组共轭分布，并相应地将 PLSA 中的最大似然估计推广为贝叶斯估计。

7.4.1 模型假设

LDA 模型的概率图如图 7.3 所示。双圆圈表示可观测变量（observed variable），单圆圈表示潜在变量（latent variable），箭头表示两变量间的条件依赖性（conditional dependency），方框表示重复抽样，重复次数在方框的右下角。

LDA 模型参数符号的含义见表 7.2。

LDA 假设文档的生成过程如下：

（1）对每个主题：

生成“词项-主题”分布参数 $\varphi_k \sim \mathrm{Dir}(\boldsymbol{\beta})$；

（2）对每个文档：

生成“文档-主题”分布参数 $\theta_m \sim \mathrm{Dir}(\boldsymbol{\alpha})$；

（3）对当前文档的每个位置：

（a）生成当前位置的所属主题：$z_{m,n} \sim \mathrm{Cat}(\boldsymbol{\theta}_m)$；

（b）根据当前位置的主题，以及"词项-主题"分布参数，生成当前位置对应的词项 $w_{m,n} \sim \mathrm{Cat}(\boldsymbol{\varphi}_{z_{m,n}})$。

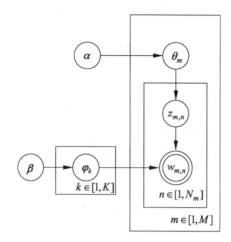

图 7.3　LDA 模型概率图

表 7.2　LDA 模型的主要参数

符号	含　义
M	文档个数
K	主题个数
V	词项个数（词表维度）
$\boldsymbol{\alpha}$	"文档-主题"分布参数所服从的狄利克雷先验分布超参数
$\boldsymbol{\beta}$	"主题-词项"分布参数所服从的狄利克雷先验分布超参数
$\boldsymbol{\theta}_m$	第 m 个文档的主题分布参数
$\boldsymbol{\varphi}_k$	第 k 个主题的词项分布参数
N_m	第 m 个文档的长度
$z_{m,n}$	第 m 个文档第 n 个词位对应的主题
$w_{m,n}$	第 m 个文档第 n 个词位对应的词项
$\boldsymbol{z}_m = \{z_{m,n}\}_{n=1}^{N_m}$	第 m 个文档对应的主题序列
$\boldsymbol{w}_m = \{w_{m,n}\}_{n=1}^{N_m}$	第 m 个文档对应的词项序列
$\boldsymbol{w} = \{\boldsymbol{w}_m\}_{m=1}^{M}$	文档集对应的词项序列
$\boldsymbol{z} = \{\boldsymbol{z}_m\}_{m=1}^{M}$	文档集对应的主题序列

值得一提的是，（Blei et al., 2003）原始论文并没有为主题-词项分布参数引入 Dirichlet 先验分布，后续的 LDA 模型相关研究的文献对此进行了修正。此外，原始论文利用泊松分布刻画文档长度这一随机变量，对每个文档，首先根据泊松分布生成文档长度 $N_m \sim \mathrm{Poiss}(\xi)$。但是，这个假设并不影响整个模型对于词项和主题分布的推理。在 LDA 后续的研究中，大都不再对文档的长度单独进行建模。

7.4.2 词项和主题序列的联合概率

假设 w、z 分别为文档集对应的词项序列和主题序列,根据概率图,w 和 z 的联合分布可以因子化为两部分:

$$p(w,z;\alpha,\beta) = p(w|z;\alpha,\beta)p(z;\alpha,\beta) = p(w|z;\beta)p(z;\alpha) \tag{7.17}$$

其中,$p(z;\alpha)$ 为主题序列的概率,$p(w|z;\beta)$ 为给定主题条件下词项序列的概率。

根据模型假设,第 m 个文档第 n 个位置对应的主题 $z_{m,n} \sim \mathrm{Cat}(\theta_m)$,即 $p(z_{m,n} = k|\theta_m) = \theta_{m,k}$。类别分布的多次试验对应多项分布,因此,给定参数 θ_m 条件下主题序列 z_m 的概率为

$$p(z_m|\theta_m) = \prod_{n=1}^{N_m} p(z_{m,n}|\theta_m) = \prod_{k=1}^{K} \theta_{m,k}^{n_{m,k,\cdot}} \tag{7.18}$$

其中,N_m 表示第 m 个文档的长度,K 表示主题个数,$n_{m,k,\cdot}$ 表示第 m 个文档中主题 k 出现的次数。

在 LDA 模型中,"文档-主题" 分布参数 θ 并不是唯一确定的,而是一个随机向量,服从 Dirichlet 分布。θ 取值为 θ_m 的概率密度为

$$p(\theta_m;\alpha) = \frac{1}{\Delta(\alpha)} \prod_{k=1}^{K} \theta_{m,k}^{\alpha_k - 1} \tag{7.19}$$

其中,$\Delta(\alpha) = \dfrac{\prod\limits_{i=1}^{K} \Gamma(\alpha_i)}{\Gamma\left(\sum\limits_{i=1}^{K} \alpha_i\right)}$。

z_m 和 θ_m 的联合概率为

$$p(z_m,\theta_m;\alpha) = p(z_m|\theta_m)p(\theta_m;\alpha)$$

$$= \frac{1}{\Delta(\alpha)} \prod_{k=1}^{K} \theta_{m,k}^{n_{m,k,\cdot}+\alpha_k - 1} \tag{7.20}$$

通过对联合概率中的 θ_m 求积分,得到边缘分布:

$$p(z_m;\alpha) = \int p(z_m,\theta_m;\alpha)\,\mathrm{d}\theta_m$$

$$= \frac{1}{\Delta(\alpha)} \int \prod_{k=1}^{K} \theta_{m,k}^{n_{m,k,\cdot}+\alpha_k - 1}\mathrm{d}\theta_m$$

$$= \frac{\Delta(n_{m,\cdot,\cdot} + \alpha)}{\Delta(\alpha)} \tag{7.21}$$

其中,$n_{m,\cdot,\cdot} = \{n_{m,k,\cdot}\}_{k=1}^{K}$。等式用到了 Dirichlet 分布性质。

整个语料由 M 个相互独立的文档构成，因此得到整个语料的主题序列概率为

$$p(\boldsymbol{z}; \boldsymbol{\alpha}) = \prod_{m=1}^{M} p(\boldsymbol{z}_m; \boldsymbol{\alpha})$$

$$= \prod_{m=1}^{M} \frac{\Delta(\boldsymbol{n}_{m,\cdot,\cdot} + \boldsymbol{\alpha})}{\Delta(\boldsymbol{\alpha})} \tag{7.22}$$

采取上述同样的思路可求解主题条件下词项序列的概率。在给定主题 $z^{(i)} = k$ 的条件下，词项 $w^{(i)}$ 服从"主题-词项"类别分布：

$$p\left(w^{(i)} = t \mid z^{(i)} = k\right) = \varphi_{k,t}$$

文档中各词项的生成过程是相互独立的。记 $\boldsymbol{w}_k$ 为全部语料中主题为 k 的词项构成的序列，$\boldsymbol{z}_k$ 为 $\boldsymbol{w}_k$ 对应的主题序列，其中每个元素都是 k。在给定参数 $\boldsymbol{\varphi}_k$ 的条件下，$\boldsymbol{w}_k$ 的概率为

$$p(\boldsymbol{w}_k \mid \boldsymbol{z}_k, \boldsymbol{\varphi}_k) = \prod_{\{i: z^{(i)} = k\}} p(w^{(i)} \mid z^{(i)} = k, \boldsymbol{\varphi}_k)$$

$$= \prod_{t=1}^{V} \varphi_{k,t}^{n_{\cdot,k,t}} \tag{7.23}$$

其中，$n_{\cdot,k,t}$ 表示文档集词序列中第 k 个主题下词项 t 出现的次数。

同样，$\boldsymbol{\varphi}_k$ 也并非唯一确定，它是根据超参 $\boldsymbol{\beta}$ 从 Dirichlet 分布中随机抽取而得，其概率密度为

$$p(\boldsymbol{\varphi}_k; \boldsymbol{\beta}) = \frac{1}{\Delta(\boldsymbol{\beta})} \prod_{t=1}^{V} \varphi_{k,t}^{\beta_t - 1} \tag{7.24}$$

其中，$\Delta(\boldsymbol{\beta}) = \dfrac{\prod\limits_{i=1}^{K} \Gamma(\beta_i)}{\Gamma\left(\sum\limits_{i=1}^{K} \beta_i\right)}$。

在给定 $\boldsymbol{z}_k$ 的条件下，$\boldsymbol{w}_k$ 和 $\boldsymbol{\varphi}_k$ 的联合概率为

$$p(\boldsymbol{w}_k, \boldsymbol{\varphi}_k \mid \boldsymbol{z}_k; \boldsymbol{\beta}) = p(\boldsymbol{w}_k \mid \boldsymbol{z}_k, \boldsymbol{\varphi}_k) p(\boldsymbol{\varphi}_k; \boldsymbol{\beta})$$

$$= \frac{1}{\Delta(\boldsymbol{\beta})} \prod_{t=1}^{V} \varphi_{k,t}^{n_{\cdot,k,t} + \beta_t - 1} \tag{7.25}$$

通过对联合概率中的 $\boldsymbol{\varphi}_k$ 求积分，得到边缘分布：

$$p(\boldsymbol{w}_k \mid \boldsymbol{z}_k; \boldsymbol{\beta}) = \int p(\boldsymbol{w}_k, \boldsymbol{\varphi}_k \mid \boldsymbol{z}_k; \boldsymbol{\beta}) \, \mathrm{d}\boldsymbol{\varphi}_k$$

$$= \frac{1}{\Delta(\boldsymbol{\beta})} \int \prod_{t=1}^{V} \varphi_{k,t}^{n_{\cdot,k,t} + \beta_t - 1} \mathrm{d}\boldsymbol{\varphi}_k$$

$$= \frac{\Delta(\boldsymbol{n}_{\cdot,k,\cdot} + \boldsymbol{\beta})}{\Delta(\boldsymbol{\beta})} \tag{7.26}$$

其中，$\boldsymbol{n}_{\cdot,k,\cdot} = \{n_{\cdot,k,t}\}_{t=1}^{V}$。等式用到了 Dirichlet 分布性质。

因为词项的生成过程是相互独立的，因此得到整个语料范围下，给定主题序列 $\boldsymbol{z}$，词项序列 $\boldsymbol{w}$ 的概率为

$$
\begin{aligned}
p(\boldsymbol{w}|\boldsymbol{z};\boldsymbol{\beta}) &= \prod_{k=1}^{K} p(\boldsymbol{w}_k|\boldsymbol{z}_k;\boldsymbol{\beta}) \\
&= \prod_{k=1}^{K} \frac{\Delta(\boldsymbol{n}_{\cdot,k,\cdot} + \boldsymbol{\beta})}{\Delta(\boldsymbol{\beta})}
\end{aligned}
\tag{7.27}
$$

综合上述两部分因子，得到词项和主题序列的联合概率为

$$
\begin{aligned}
p(\boldsymbol{w},\boldsymbol{z};\boldsymbol{\alpha},\boldsymbol{\beta}) &= p(\boldsymbol{w}|\boldsymbol{z};\boldsymbol{\beta}) \, p(\boldsymbol{z};\boldsymbol{\alpha}) \\
&= \prod_{k=1}^{K} \frac{\Delta(\boldsymbol{n}_{\cdot,k,\cdot} + \boldsymbol{\beta})}{\Delta(\boldsymbol{\beta})} \prod_{m=1}^{M} \frac{\Delta(\boldsymbol{n}_{m,\cdot,\cdot} + \boldsymbol{\alpha})}{\Delta(\boldsymbol{\alpha})}
\end{aligned}
\tag{7.28}
$$

7.4.3　模型推断

除了超参数 $\boldsymbol{\alpha}$ 和 $\boldsymbol{\beta}$，LDA 模型没有其他确定的参数，LDA 中的模型参数 $\boldsymbol{\theta}_m$ 和 $\boldsymbol{\varphi}_k$ 是随机变量，符合 Dirichlet 先验分布。在概率图模型背景下，模型推断指的是根据特定的观测变量推断隐变量取值的过程。具体地讲，就是在给定观测数据 $\boldsymbol{w}$ 的条件下，基于贝叶斯推断方法对主题概率分布 $p(\boldsymbol{z}|\boldsymbol{w})$ 进行推断，以及对 $\boldsymbol{\theta}_m$ 和 $\boldsymbol{\varphi}_k$ 后验分布进行估计的过程。

LDA 模型难以进行精确的学习和推断。通常的解决方案是使用近似推断算法，如采用变分期望最大化算法（variational expectation maximization）、期望传播（expectation propagation，EP）算法和马尔可夫链蒙特卡罗（Markov chain Monte Carlo，MCMC）算法等。论文（Blei et al., 2003）中使用了变分 EM 算法进行模型学习，而论文（Griffiths and Steyvers, 2004）提出了基于 Gibbs 采样（Gibbs sampling）的 LDA 近似推断算法。Gibbs 采样是马尔可夫链蒙特卡罗算法的一种代表。比较而言，Gibbs 采样算法更加简单有效，且易于工程实现，因此是主题模型中最常采用的参数估计方法。以下重点介绍这种算法。

MCMC 是一种基于马尔可夫链的分布模拟抽样方法，常常用于解决高维随机变量难以直接抽样的分布抽样问题。其基本思想是：设定一个马尔可夫链，使其平稳分布等于需要抽样的目标分布，通过在该马尔可夫链平稳分布上的采样模拟目标分布的采样。当马尔可夫链进入平稳状态之后，它的概率分布将收敛到一个唯一的平稳分布上，且每次转移都能生成该分布对应的样本。

Gibbs 采样是 MCMC 中一种最为简单和常见的实现方法。设目标分布是 $p(\boldsymbol{x})$，Gibbs 采样每次固定 $\boldsymbol{x}$ 的一个维度，根据其他维度的取值 $\boldsymbol{x}^{(\neg i)}$ 推断 $x^{(i)}$ 维度上的分布

$$
p\left(x^{(i)}|\boldsymbol{x}^{(\neg i)}\right) = \frac{p\left(x^{(i)}, \boldsymbol{x}^{(\neg i)}\right)}{p\left(\boldsymbol{x}^{(\neg i)}\right)}
\tag{7.29}
$$

来生成该维度的样本。

LDA 模型推断的目标是分布 $p(\boldsymbol{z}|\boldsymbol{w})$，其中词项序列 $\boldsymbol{w}$ 是可观测变量，主题序列 $\boldsymbol{z}$ 是隐变量，则需通过对条件分布 $p(z^{(i)}|\boldsymbol{z}^{(\neg i)},\boldsymbol{w})$ 进行采样。假设文本序列中第 i 个位置的文档为 $\boldsymbol{m}'$，词项为 t'，主题为 k'（即 $\boldsymbol{d}^{(i)}=\boldsymbol{m}'$，$w^{(i)}=t'$，$z^{(i)}=k'$），经过推导可得：

$$p\left(z^{(i)}|\boldsymbol{z}^{(\neg i)},\boldsymbol{w}\right) = \frac{p(\boldsymbol{w},\boldsymbol{z})}{p\left(\boldsymbol{w},\boldsymbol{z}^{(\neg i)}\right)}$$

$$\propto \frac{n^{(\neg i)}_{\cdot,k',t'}+\beta_{t'}}{\sum\limits_{t} n^{(\neg i)}_{\cdot,k',t}+\beta_{t}}\left(n^{(\neg i)}_{m',k',\cdot}+\alpha_{k'}\right) \tag{7.30}$$

其中，$n^{(\neg i)}_{m,k,\cdot}$ 表示文本序列除去第 i 个位置后，第 m 个文档中主题 k 出现的次数；$n^{(\neg i)}_{\cdot,k,t}$ 表示文本序列除去第 i 个位置后，主题 k 下词项 t 出现的次数。式（7.30）的详细推导过程可参阅论文（Heinrich, 2009）。

在最大似然估计和最大后验概率（MAP）框架中，模型参数是确定值，可以直接估计。LDA 基于贝叶斯推断框架，其模型参数服从一个分布，而非确定值，因此无法直接估计其值。但是可以计算参数的后验分布，并使用分布的统计量（如期望、方差）对参数性质进行描述。

根据 LDA 模型假设以及 Dirichlet-Multinomial 共轭分布的性质，不难得到"文档-主题"类别分布参数和"主题-词项"类别分布参数的后验分布，与其先验分布同样，也服从 Dirichlet 分布：

$$p(\boldsymbol{\theta}_m|\boldsymbol{z}_m,\boldsymbol{w}_m;\boldsymbol{\alpha}) = \frac{1}{\Delta(\boldsymbol{n}_{m,\cdot,\cdot}+\boldsymbol{\alpha})}\prod_{k=1}^{K}\theta_{m,k}^{n_{m,k,\cdot}+\alpha_k-1} \tag{7.31}$$

$$p(\boldsymbol{\varphi}_k|\boldsymbol{w}_k,\boldsymbol{z}_k;\boldsymbol{\beta}) = \frac{1}{\Delta(\boldsymbol{n}_{\cdot,k,\cdot}+\boldsymbol{\beta})}\prod_{t=1}^{V}\varphi_{k,t}^{n_{\cdot,k,t}+\beta_t-1} \tag{7.32}$$

用后验分布的期望值作为参数的估计值，根据 Dirichlet 分布期望的性质，可得：

$$\hat{\varphi}_{k,t} = E(\varphi_{k,t}) = \frac{n_{\cdot,k,t}+\beta_t}{\sum\limits_{t=1}^{V} n_{\cdot,k,t}+\beta_t} \tag{7.33}$$

$$\hat{\theta}_{m,k} = E(\theta_{m,k}) = \frac{n_{m,k,\cdot}+\alpha_k}{\sum\limits_{k=1}^{K} n_{m,k,\cdot}+\alpha_k} \tag{7.34}$$

从上述结果可以看出，贝叶斯估计框架下的多项分布参数估计值同时体现了数据统计信息和参数先验信息。与 LSA，PLSA 等完全基于数据的参数估计相比，LDA 可以通过参数先验分布的引入弥补有限数据统计存在的缺陷，从而提高模型的泛化性能。

综上所述，Gibbs 采样算法对文本序列中的每个位置 i，通过采样 $p\left(z^{(i)}|\boldsymbol{z}^{(\neg i)},\boldsymbol{w}\right)$ 生成该位置对应的主题，从而构造出一个在各状态间转换的马尔可夫链（Markov chain）。

当马尔可夫链经过准备阶段（burn in period），消除了初始参数的影响并进入平稳状态之后，该平稳分布就可以作为目标分布 $p(\boldsymbol{z}|\boldsymbol{w})$ 的近似推断。算法流程如下：

输入：文档数 M，每篇文档长度 N_m，文档集对应的词项序列 $\boldsymbol{w}$，主题数 K，超参数 $\boldsymbol{\alpha}$ 和 $\boldsymbol{\beta}$，最大迭代次数 T。

输出：主题向量 $\boldsymbol{z}$，多项分布参数估计值 $\hat{\boldsymbol{\Phi}}$ 和 $\hat{\boldsymbol{\Theta}}$。

算法：

#初始化

1. $n_{m,k,\cdot} = n_{m} = n_{\cdot,k,\cdot} = n_k = 0$
2. for $m = 1, 2, \cdots, M$
3.   for $n = 1, 2, \cdots, N_m$
4. 随机初始化主题 $z_{m,n} = k \sim \text{Cat}\left(\dfrac{1}{K}, \dfrac{1}{K}, \cdots, \dfrac{1}{K}\right)$

#Gibbs 采样

5. $t = 0$
6. while $t < T$ 或算法未收敛
7.   for $m = 1, 2, \cdots, M$
8.   for $n = 1, 2, \cdots, N_m$
9. $t = w_{m,n}, \quad k = z_{m,n}$
10. $n_{m,k,\cdot} -= 1, \quad n_{\cdot,k,t} -= 1, \quad n_{m,\cdot,\cdot} -= 1, \quad n_{\cdot,k,\cdot} -= 1$
11.   依据式（6.34）采样 $z_{m,n} = \tilde{k} \sim p\left(z^{(i)}|\boldsymbol{z}^{(\neg i)}, \boldsymbol{w}\right)$
12. $n_{m,\tilde{k},\cdot} += 1, \quad n_{\cdot,\tilde{k},t} -= 1, \quad n_{m,\cdot,\cdot} += 1, \quad n_{\cdot,\tilde{k},\cdot} += 1$
13. $t += 1$

#参数估计

14. 根据式（7.33）和式（7.34）估计 $\hat{\varphi}_{k,t}$ 和 $\hat{\theta}_{m,k}$

算法 7.1　Gibbs 采样算法

7.4.4　新文档的推断

新文档 $\boldsymbol{d}_{\tilde{m}}$ 上的"文档-主题"分布 $\boldsymbol{\theta}_{\tilde{m}}$ 的推断，需要在训练集 Gibbs 采样的基础上，继续在 $\boldsymbol{d}_{\tilde{m}}$ 上运行 Gibbs 采样。以训练集中学习得到的"主题-词项"分布 $\boldsymbol{\varphi}_k$ 作为基础，在采样器中保持其不变，仅针对 $\boldsymbol{\theta}_m$ 重新采样：

$$p(\tilde{z}^{(i)} = k|\tilde{\boldsymbol{w}}^{(i)} = t, \tilde{\boldsymbol{w}}^{(\neg i)}, \tilde{\boldsymbol{z}}^{(\neg i)}, \boldsymbol{w}, \boldsymbol{z}) \propto \hat{\varphi}_{k,t}(n_{\tilde{m},k,\cdot}^{(\neg i)} + \alpha_k)$$

$$= \frac{n_{\cdot,k,t} + \beta_t}{\sum\limits_t n_{\cdot,k,t} + \beta_t} \cdot (n_{\tilde{m},k,\cdot}^{(\neg i)} + \alpha_k) \tag{7.35}$$

其中，新文档 $\boldsymbol{d}_{\tilde{m}}$ 第 i 个位置对应的词项 $\tilde{\boldsymbol{w}}^{(i)} = t$，主题 $\tilde{\boldsymbol{z}}^{(i)} = k$。$n_{\tilde{m},k,\cdot}^{(\neg i)}$ 是除去第 i 个位置之后文档 $\boldsymbol{d}_{\tilde{m}}$ 中主题 k 出现的次数。

采样收敛后，使用期望作为对新文档主题分布的估计：

$$\hat{\theta}_{\tilde{m},k} = E\left(\theta_{\tilde{m},k}\right) = \frac{n_{\tilde{m},k,\cdot} + \alpha_k}{\sum\limits_{k} n_{\tilde{m},k,\cdot} + \alpha_k} \tag{7.36}$$

7.4.5　PLSA 与 LDA 的联系与区别

从本质上来说，LDA 在 PLSI 模型的基础之上将狄利克雷先验分布引入"文档-主题"分布和"主题-词项"分布，模型的学习和推断算法也从最大似然估计转化为了贝叶斯估计。

在 PLSA 中，"文档-主题"分布 $p(z|d)$ 和"主题-词项"分布 $p(w|z)$ 都是事先确定的，可以利用最大似然估计方法从数据集中估计得到。生成文本时，PLSA 首先根据文档对应的"文档-主题"分布 $p(z|d)$，为每个词选择一个主题，再根据"主题-词项"分布 $p(w|z)$ 产生一个具体的词。

在 LDA 模型中，"文档-主题"分布参数不是确定的，它是一个随机变量，$\boldsymbol{\theta}_m$ 是其具体取值，是根据超参数 $\boldsymbol{\alpha}$ 由 Dirichlet 分布抽取出来，它不像在 PLSA 模型里是必须学习的参数，因此参数空间不会随着文档数的增加而增加。但是，在实际应用中仍然常常需要计算 $\boldsymbol{\theta}_m$ 的统计量（如期望）作为对"文档-主题"分布的估计。同时，"主题-词项"分布参数 $\boldsymbol{\varphi}_k$ 也不是事先确定的，是根据超参数 $\boldsymbol{\beta}$ 由 Dirichlet 先验分布抽取得到的。

Dirichlet 先验分布及其超参数 $\boldsymbol{\alpha}$、$\boldsymbol{\beta}$ 体现了在给定数据之前的模型先验知识，结合数据中的似然知识，得到参数 $\boldsymbol{\theta}_m$ 和 $\boldsymbol{\varphi}_k$ 的后验分布，从式（7.33）和式（7.34）可以看出，参数后验分布的期望同时包含先验信息和数据知识。贝叶斯估计是结合模型先验知识和数据似然信息，对参数的后验概率进行估计，推断参数的过程。

综上所述，PLSA 基于最大似然对参数进行点估计，LDA 则基于贝叶斯推断对参数后验分布进行估计。（Girolami and Kabán, 2003）的研究表明，PLSA 本质上是一个基于 MAP 估计且具有统一先验分布 Dir(**1**) 的 LDA 模型。

7.5　进一步阅读

LDA 是文本分析领域最受关注的模型之一，在文本挖掘诸多任务上有着广泛的应用。首先，它可以作为一种降维的工具。由于 LDA 模型训练完成后，能够得到一个文档在主题空间的表示，在词项空间中进行的一些文档处理可以通过 LDA 模型在主题空间中完成，如文档分类、聚类等。此外，利用主题模型中的参数估计值，还可以完成协同过滤、单词或文档相似度计算、文本分段等任务。但是，传统的 LDA 模型是一种基于无监督机器学习的文本分析方法，它只对简单的文档和主题关系进行建模，没有考虑复杂文档/主题关系、富文本信息、时序信息等。为了解决上述问题，出现了大量的 LDA 模型扩展工作。

针对复杂的文档/主题关系，文献（Blei and Lafferty, 2006）提出了一种相关主题模型（correlated topic model, CTM），通过采用 logistic 正态分布代替 Dirichlet 先验分布捕捉潜在主题之间的相关性。（Blei et al., 2004）提出了一种层级 LDA 用于对树状层次的主题进行建模。（Li and McCallum, 2006）提出的 PAM（Pachinko allocation model）将主题之间的关系表示成一个有向无环图，而 RTM（relational topic models）（Chang and Blei, 2009）针对具有链接关系的文档（即文档网络）进行主题建模。RTM 在传统 LDA 之后，进一步对具有链接关系的一对文档进行链接关系的抽取，依据两个文档主题分布的相似性生成其链接关系。

在传统的无监督 LDA 的基础上，文献（Mcauliffe and Blei, 2008）提出了监督 LDA（supervised latent Dirichlet allocation, SLDA）模型，在文本中引入文档的类别标号作为监督信息，类别标号服从与义档主题相关的正态线性分布，这种标注信息作为监督信息约束和影响主题建模，同时达到文本分类等监督学习的目的。与 SLDA 的思路不同，（Ramage et al., 2009）提出的有标记 LDA（labeled LDA）模型用多维向量表示文档的类别标注，在主题建模中直接建立类别标注向量与文档-主题分布参数之间的关系，其中主题与类别标注一一对应，因而监督模型学习到的主题具有类别意义。

在不同类型的文本挖掘任务中，除了纯文本内容以外，还包含很多非文本变量，如用户的兴趣、发文的时间、地点等。为了更好地在主题建模中融合这些外部变量，产生了一系列的 LDA 变体。（Steyvers et al., 2004）提出了作者-主题模型（author-topic model, ATM），在文本生成的过程中建立用户模型，为每个作者设定一个主题-词项分布。（McCallum et al., 2005）提出了 ART（author recipient topic）模型。在该模型中，文本中主题和词项的生成是由作者和接受者共同决定的。除了考虑用户模型以外，（Zhao et al., 2011）还提出了一种 Twitter-LDA 模型，用于对通用背景进行建模，在生成每个词项时先生成一个用户模型和通用模型选择器，再利用各自的主题-词项分布进行文本生成。在社交媒体文本挖掘任务中还有很多 LDA 扩展的方法，引入了时间、地点、兴趣、社区、网络结构等各种非文本内容信息。在评论文本时，词项除了包含主题信息以外，还包含情感信息。（Mei et al., 2007）在传统主题模型的基础上引入了情感变量，提出了一种主题-情感混合模型 TSM（topic-sentiment mixture）。后续工作还包括多属性情感分析（multi-aspect sentiment analysis, MAS）模型（Titov and McDonald, 2008）、主题-情感联合（joint sentiment-topic, JST）模型（Lin and He, 2009）等。我们将在 8.5.3 节对这些模型展开叙述。

传统的主题模型是针对静态文本数据进行建模的，但是文本数据流的主题是动态的，随时间而变化。为了刻画主题随时间变化的信息，（Blei and Lafferty, 2006）提出了动态主题模型（dynamic topic model），对数据流按时间切片，并假设时间序列上的 α 和 β 参数满足一阶马尔可夫假设。（Wang and McCallum, 2006）提出的 TOT（topic over time）模型则从另一个途径引入了时间信息，他们认为时间标签是可观测的，将时间变量引入概率图模型，并通过文档-主题分布参数将主题/词项生成与时间标签关联起来。

习　　题

7.1　请阐述基于主题模型的文本表示与向量空间模型有何区别。主题模型如何建模文本中的多义词和同义词现象？

7.2　潜在语义分析模型和概率潜在语义分析模型的区别是什么？哪种模型更加适合大规模文本数据的主题建模？为什么？

7.3　请阅读论文（Mei and Zhang, 2001），并基于期望最大化算法，推导概率潜在语义分析模型的参数学习过程，给出其中的期望步骤和最大化步骤。

7.4　请阐述概率潜在语义分析模型和潜在狄利克雷分布模型的关系，后者与前者相比具有哪些优势？

7.5　在 LDA 模型参数学习过程中，为何不能估计给定文档条件下主题分布和给定主题条件下词项分布的确切值，而只能通过后验概率和期望值对其进行估计？

7.6　主题模型与第 3 章所述的文本分布式表示方法（如 word2vec）都视为文本的稠密向量表示方法，它们之间有何区别和联系？

第 8 章　情感分析与观点挖掘

8.1　概　　述

随着计算机网络技术的快速发展和普及，互联网已经进入了 Web 2.0 时代。早期的 Web 1.0 时代以网站集中编辑、发布信息为特征，网络文本以静态网页的形式大量存在。Web 2.0 强调的是用户与网站之间和用户与用户之间的互动，网民参与网站内容的提交、生成和传播，实现了网站与用户的双向交流。尤其进入社交媒体（social media）时代以来，一大批带有 SNS（social network service）性质的网站、工具和产品，如 Twitter、Facebook、微博、微信等，迅速发展成为互联网平台的新生力量，担负起了真实社会与虚拟空间无缝连接的重大使命。这些新型网络媒体包含大量针对新闻时事、政策法规、消费产品等话题的主观评论文本（称为情感文本），充分反映了用户个体的观点、情感、态度和情绪等重要信息。

研究如何利用计算机对社交媒体文本进行自动情感分析、挖掘和管理，对于国家、政府、企业和个人，都具有极其重要的实际意义。国家安全机构需要实时把控网络信息内容，识别是否存在反动、诈骗、不良信息传播的可能性，以便及时防范、引导和管理，确保网络安全；政府管理部门需要及时了解民众意向，制定和改进政策法规，维护和保障社会稳定；企业单位需要根据网络信息快速了解用户对产品的意见、评论和建议，及时改进产品性能，提高售后服务质量，或者实现精准营销；网民个体在选购产品时可以准确了解大众用户对于产品的综合评价、优缺点介绍和注意事项等，以便做出适合自己的选择和决策。

情感分析与观点挖掘（sentiment analysis and opinion mining）是文本数据挖掘领域的一个重要方向，其主要任务是对文本中的主观信息（如观点、情感、评价、态度、情绪等）进行提取、分析、处理、归纳和推理。情感分析的研究起源于 21 世纪初期，目前已经成为自然语言处理、机器学习等多领域交叉关注的一个研究热点。在相关领域很多顶级国际学术会议上（如 ACL, IJCAI, AAAI, SIGIR, CIKM, WWW, KDD 等）发表了大量的研究论文。同时，ACL 等国际权威机构还开展了针对文本情感分析及其相关任务的评测竞赛，如 TREC, NTCIR, SemEval, SIGHAN 等。中国中文信息学会和中国计算机学会自然语言处理专委会也相继举办了 COAE, NLPCC 等一系列针对中文情感分析和观点挖掘的技术评测，有效推动了国内情感分析研究的发展。

早期的情感分类研究主要基于规则方法。（Turney, 2002）提出一种 PMI-IR 方法识别文本中词语（或语块）的倾向性，并将这些词语的极性进行累加，最后得到整个文本的倾向性。(Pang et al., 2002) 首先将机器学习模型引入电影评论的情感分类任务中，比较了三种经典的分类算法（朴素贝叶斯模型、最大熵模型和支持向量机）。该工作奠定了基于机器学习的情感分类研究的基础。但是，传统的统计机器学习方法利用词袋模型（BOW）进行文本表示，而 BOW 模型存在明显的缺点，打乱了文本的原始结构，丢失了词序信息、句法结构信息和部分语义信息。

在随后的研究中，情感分析技术自然分流成上述两类，即基于规则（情感词典）的方法和基于统计学习的方法。前者根据情感词典所提供的词的情感倾向性信息，结合语言知识和统计信息，进行不同粒度下的文本情感分析；后一种方法主要研究如何在文本表示层面寻找更加有效的情感特征，以及如何在机器学习模型中合理地使用这些特征。主要特征包含：词序及其组合、词类、高阶 n 元语法、句法结构信息等。虽然情感分类中的统计机器学习方法沿袭了传统基于主题的文本分类模型的框架，但是存在一些特殊问题需要单独处理，如情感极性的转移和领域适应问题等。围绕不同的机器学习任务，还出现了半监督情感分类、类别不平衡情感分类和跨语言情感分类等相关研究。同时，除了文档或句子级别情感分类研究以外，还衍生出了包括属性级别的情感信息抽取和摘要、字或短语级别的情感分类、情感词典构建等更多细化的情感分析任务。

近年来情感分析研究取得了多方面的进展，也遇到了一些新的问题。一方面，以 Twitter 和微博为代表的社交媒体，以其语言简短、形式灵活、话题广泛、更新速度快等特点，给传统的情感分析研究带来了新的挑战；另一方面，情感分析任务进一步出现了微博情绪分类（emotion classification）、谣言检测（rumor detection）、立场分析等一系列新的任务；此外，以人工神经网络为代表的深度学习方法逐渐被应用到了情感分析诸多任务中，并取得了较大的成功。

本章以情感分析和观点挖掘任务为主线，兼顾介绍各项任务的传统方法和近年来的最新进展，以及情感分析中的特殊问题及其面临的挑战。

8.2 情感分析任务类型

以下分别从分析目标和分析粒度两个角度，介绍情感分析任务的分类。

8.2.1 按目标形式划分

文本情感分类简称情感分类（sentiment classification），是情感分析的核心内容之一，它可以看作一类特殊的文本分类问题。传统的文本分类主要指对文本内容按照主题进行分类，而情感文本分类任务则是对包含主观信息的文本按照情感倾向性进行分类。

目前的情感文本分类研究最多的是极性分类（polarity classification），或者称为褒贬分类，即判断一篇文档或者一个句子所包含的情感是“好”（thumbs up）还是“坏”（thumbs down）。“好”和“坏”被形象地看作褒义和贬义的两个极性。褒贬分类有一个前提，就是文本中所包含的内容必须是主观信息。对于只有客观信息（如一个人的身高、体重，一个事件的发生时间和地点等）的文本进行情感分析是没有意义的。在情感分析早期研究中，有一部分工作专门研究文本的主客观分类（或称为主观性检测）。主客观分类虽然有别于褒贬分类，但是它们的任务非常相似，都属于一个两类分类问题，但是它们具有不同的类别标签，前者是主观或客观，而后者是褒或贬两种态度。（Wiebe et al., 2004）对基于不同方法和特征的主观性检测方法做了详细的综述。

在褒贬两类极性分类之外，常常还考虑一类中性情感，从而扩展出了"褒-贬-中"（positive-negative-neutral）三类情感分类问题。中性情感文本又包含两种情况：一种是不包含主观情感的客观文本，另一种是褒贬情感混合的文本。此外，还存在 些分类粒度更细的情感分析任务，如按照评价等级（如 1 星 ～5 星）的情感分类、基于观点强度（0~100%）的情感回归、基于情绪（喜、怒、哀、乐）等的情绪分类，以及按照立场（支持、反对或无关）的立场分类（stance classification）等。

8.2.2 按分析粒度划分

根据分析粒度的不同，文本情感分析任务又可以分成文档级、句子级、词语级和属性级。

1. 文档级情感分析

继承主题文本分类研究的传统，情感文本分类在初始研究阶段都集中在针对整篇文档的分类上，或者说从整体上判断一个文档所表达的观点和态度。

文档级情感分析任务定义为：给定文档 d（d 可能包含多个句子，甚至多个段落），决定整个 d 的情感极性 $o(d)$。如图 8.1 所示，给定一个包含三个段落的书评文本，文档级情感分析任务的目标是从整个文档级别识别作者对于小说《平凡的世界》的评价。

★★★★☆ 一个时代的远去—读《平凡的世界》有感
留言者 qdjacky007 于2010年3月2日
版本：平装 | 已确认购买

最近又读了一遍平凡的世界，那个令人温暖无比的双水村。那写令人魂牵梦绕的任务。孙少安 孙少平 田晓霞 田润叶。温暖的乡土气息，熟悉的农村场景，只有在农村里呆过，并且深爱这篇土地的人才能理解他的悲欢离合。

孙少平 孙少安曾经鼓舞了一代人，他们的精神及其形象整整温暖了相同境遇的一代人。但是这个时代正慢慢向我们远去。那我们既熟悉又陌生的世界。那是一个物质相对贫瘠但精神绝对富足的社会。她们贫瘠的物质世界曾让我们无比自豪现在的富足，但他们丰富的内心世界令我们贫瘠的内心羡慕不已。

时代在深刻地影响我们，但是有些东西我们应该永远不应抛弃。那些曾经代表一个时代的典范应该让我们铭刻终生，感谢路遥，感谢平凡的世界。在遭遇现实无奈的窘境与困惑时，我总是向那个时代去寻找儿时的世界，去慰藉干涸的心灵!

图 8.1 文档级情感分析任务示例

初期有代表性的研究工作包括（Turney, 2002）和（Pang et al., 2002）。除了书籍、电影的文档级评论，互联网上还有很多产品评论文本，如电子产品、宾馆、餐馆评论等，对这些评论文本的整体情感进行的分类都属于文档级情感文本分析任务。

2. 句子级情感分析

整篇文档通常包含多个话题，不同的话题所牵涉的观点、态度等主观性信息可能有差异。因此，将文档作为一个整体，笼统地进行情感分析存在一定的局限性，分析的粒度也比较粗糙。相比而言，句子涉及的话题往往比较单一，而且很多自然语言处理技术都以句子为处理单元，句子层面的情感分析也更容易融入更多的自然语言处理手段。所以，从实用意义和可行性角度，句子级别的情感分析比文档级别的情感分析更加合理。

句子级情感分析可以定义为：给定句子 s，决定 s 的情感极性 $o(s)$。如图 8.2 所示，给定一个评论句，句子级情感分析任务的目标就是识别该句子所表达的情感。

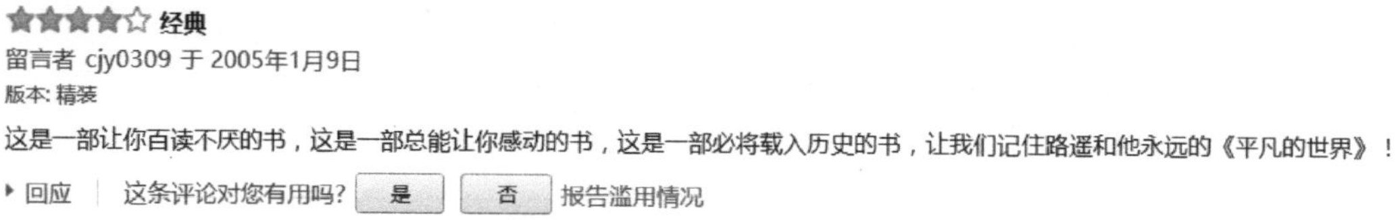

⭐⭐⭐⭐☆ **经典**
留言者 cjy0309 于 2005年1月9日
版本：精装
这是一部让你百读不厌的书，这是一部总能让你感动的书，这是一部必将载入历史的书，让我们记住路遥和他永远的《平凡的世界》！
▸ 回应　｜　这条评论对您有用吗？　是　否　报告滥用情况

图 8.2　句子级情感分析任务示例

早期的句子级情感分析工作包括句子的主客观性分类。监督学习方法类似于文本分类，基于词汇、n-grams、词性、词序等特征进行文本表示，然后利用朴素贝叶斯模型、最大熵模型等分类器进行文本主客观性分类（Wiebe et al., 1999；Wiebe et al., 2004）。（Pang and Lee, 2004）重点研究了电影评论句子的情感分类问题。他们基于图论建模，采用最小割集的方法抽取代表整篇文档情感的句子集合，从而达到分类的目的。句子级情感分类的一个缺点是，基于监督学习方法建立情感分类器时句子级情感标签需要进行人工标注，而文档级情感标签往往可以依据自然标注信息（如评论的星级）确定。

此外，随着近年来社交媒体的发展，出现了一类针对社交网络文本（如 Twitter、微博、微信等）的消息级情感分析任务。这类消息级文本通常受长度的限制，篇幅较短，包含的句子数目也不多，通常称为"短文本"。在不考虑社交网络结构的情况下，这一类情感分析任务都可以作为句子级情感分析或者短文档级情感分析进行处理。

3. 词语级情感分析及情感词典构建

除了文档和句子级的情感分析，还有很多研究关注更小粒度的语言单位的情感分析处理。词语和短语通常被认为是情感表达的最小语言单元。为了方便描述，我们将词语和短语级的情感分析统称为词语级情感分析。词语级情感分析定义为：给定词语或短语 p，决定 p 的情感极性 $o(p)$。对于给定语料，词语级情感分析与情感词典构建任务是基本等价的。

目前大部分的通用情感词典都是通过人工构建的。基于人工构建的情感词典虽然具备较好的通用性，但是在实际应用中难以覆盖来自不同领域的情感词汇，领域适应性较差。同时，人工情感词典构建需要耗费大量的人力和物力。因此，学术界更多地聚焦于情感词典的自动构建方法研究，这些方法主要分为三类：基于知识库的方法、基于语料库的方法以及知识库和语料库相结合的方法。

4. 属性级情感分析

属性级情感分析（aspect-level sentiment analysis）是从文本中挖掘评价对象实体的属性，并对其进行情感分析的任务。文档级和句子级情感分析只识别文档或句子的整体情感，而不涉及评论的具体属性以及针对该属性的情感，因而在分析粒度上有所欠缺。属性级情感分析则可以理解为对文本中的评价对象（属性）进行抽取，并确定针对该属性的情感倾向性的过程。

表 8.1 给出了一个属性级情感分析的示例，针对输入评论文本，输出该评论所包含的 (g, s) 二元组序列，其中 g 表示评价对象（target），s 表示情感（sentiment）。同时，针对大量的评论文本，可以根据属性级情感分析的结果给出对整个评价对象的观点摘要。图 8.3 给出的是一个基于属性级情感分析的商品观点摘要示例。

表 8.1　属性级情感分析任务示例

评论文本	手机外观很好，速度很快，照相也不错，就是电池容量有点小，续航时间一般。
分析结果	{（外观，正面），（速度，正面），（拍照，正面），（电池容量，负面），（续航时间，负面）}

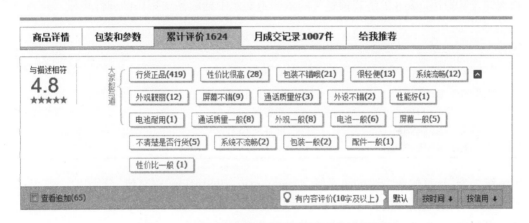

图 8.3　基于属性级情感分析的商品观点摘要示例

在早期的研究工作中（如（Hu and Liu, 2004）），属性级情感分析又称为基于特征的观点挖掘（feature based opinion mining）。后期的工作（如（Liu, 2012; Liu, 2015））进一步将观点表示为一个四元组 (g, s, h, t)，其中 g 表示评论对象（target），s 表示情感（sentiment），h 表示观点持有者（opinion holder），t 表示时间（time）。评论对象通常又包含实体（entity）及其属性（attribute），因此上述四元组可以转化为五元组 (e, a, s, h, t)。属性级情感分析相应地定义为上述多元组（四元组或五元组）的抽取与识别过程。

8.3　文档或句子级情感分析方法

除了句子和文档的表示方法略有不同以外，在任务目标和分类方法上，文档级和句子级情感分析方法（特别是基于传统机器学习的方法）是类似的。因此，本节将文档级和句子级的情感分析方法合并介绍。

8.3.1　基于规则的无监督情感分类

基于规则的方法本质上是一种确定性的演绎推理方法，它的优点在于能够根据上下文对确定性事件进行定性的描述，并能够充分利用现有的语言学知识。

（Das and Chen，2007）通过使用人工构造的情感词字典识别出其中的倾向性词语，并将这些倾向词语的极性（正面为 +1，负面为 −1，中立为 0）进行累加，得到整个文本的极性，据此评价整个文本的情感类别。

（Turney，2002）利用 PMI-IR 方法计算文本中出现的符合规则的短语的情感倾向性，通过文本中所有短语的情感倾向性的平均值的正负，判断文本描述的对象是否值得推荐。这种方法不需要使用人工标注的语料进行模型训练。

PMI-IR 方法由如下三步构成：

第一步：根据事先定义的模板抽取包含情感色彩的候选词汇和短语，主要是形容词和副词及其短语。表 8.2 是其预定义的从评论文本中抽取候选短语的词性模板。

表 8.2　从评论中抽取候选短语的词性模板

第一个词	第二个词	第三个词（不抽取）
形容词 (JJ)	名词 (NN, NNS)	任意
副词 (RB, RBR, RBS)	形容词 (JJ)	非名词 (NN, NNS)
形容词 (JJ)	形容词 (JJ)	非名词 (NN, NNS)
名词 (NN, NNS)	形容词 (JJ)	非名词
副词 (RB, RBR, RBS)	动词 (VB, VBD, VBN, VBG)	任意

第二步：计算候选短语的语义倾向（semantic orientation, SO）值。分别以"excellent"和"poor"为褒贬两类的种子词，计算候选短语与"excellent"和"poor"的 PMI 差值作为语义倾向值。候选短语的语义倾向值计算公式如下：

$$\text{SO (phrase)} = \text{PMI (phrase, "excellent")} - \text{PMI (phrase, "poor")} \tag{8.1}$$

两个词之间的点式互信息计算如下：

$$\text{PMI}(w_1, w_2) = \log \frac{p(w_1, w_2)}{p(w_1)p(w_2)} \tag{8.2}$$

其中，$p(w_1, w_2)$ 是词或短语 w_1 和 w_2 在评论文本中同现的概率。$\text{PMI}(w_1, w_2)$ 从数据同现的角度度量了 w_1 和 w_2 之间的相似性。

PMI-IR 方法基于 AltaVista 搜索引擎[①]（该搜索引擎当时支持 NEAR 操作符）估计 PMI 和 SO 值：

$$\text{SO (phrase)} = \log \frac{\text{hits (phrase NEAR "excellent")} \cdot \text{hits ("poor")}}{\text{hits (phrase NEAR "poor")} \cdot \text{hits ("excellent")}} \tag{8.3}$$

---

① https://en.wikipedia.org/wiki/AltaVista。

其中，NEAR 操作符表示在窗口长度内两词同现，hits(query) 表示搜索引擎返回的查询数，即两词同现的次数。

第三步：对评论文本中的候选短语 SO 值进行累加，根据最终 SO 值的正负判别情感类别。

除了 PMI-IR 方法，还有很多工作直接基于情感词典获取候选词或短语的情感极性及其强度，然后将全文中情感词或短语的情感值累加得到文档的情感。我们将这类方法称为基于情感词典的无监督情感分类方法。（Taboada et al., 2011）进一步完善了这类方法，他们没有简单地对文档中候选词语的 SO 值进行累加，而是考虑了文档中的特殊语言结构（如否定、强化、削弱、虚拟等），设计了更加合理的根据情感词的 SO 值计算文档情感的规则。

8.3.2　基于传统机器学习的监督情感分类

规则方法的优点在于使用方便，不依赖于人工标注的语料集。但是，其性能极大地受限于情感词典的质量、规则的合理程度和覆盖范围。近 20 年来，统计机器学习方法在人工智能、自然语言处理和数据挖掘等领域迅速兴起，并占据了主流地位。它是一种经验主义方法，其优势在于其知识是基于大规模语料分析获得的，对语言处理提供了比较客观的数据依据和可靠的质量保证。

1. 早期的研究

早期的工作沿袭了基于机器学习的文本分类研究框架，利用词袋模型进行文本表示，然后进行分类器设计，评估方法也与 5.6 节所述的文本分类评估方法相同。

（Pang et al., 2002）首先将统计机器学习方法引入电影评论的褒贬分类任务中。他们利用人工标注了褒贬类别的语料训练有监督的分类器模型，在分类算法层面比较了三种不同的分类算法（朴素贝叶斯模型、最大熵模型和支持向量机）。在特征工程层面，讨论了 n 元语法（unigrams、bigrams）、词性（POS）和位置特征（position），并比较了词频和布尔值两种特征权重。表 8.3 给出的是在电影评论（movie review）语料上三种分类器、八种特征的实验结果。

表 8.3　三种分类器、八种特征在影评语料上的情感分类结果（Pang et al., 2002）

特征	特征数	特征权重	NB	ME	SVM
unigrams	16165	词频	78.7	N/A	72.8
unigrams	16165	布尔值	81.0	80.4	82.9
unigrams+bigrams	32330	布尔值	80.6	80.8	82.7
bigrams	16165	布尔值	77.3	77.4	77.1
unigrams+POS	16695	布尔值	81.5	80.4	81.9
Adjectives	2633	布尔值	77.0	77.7	75.1
Top 2633 unigrams	2633	布尔值	80.3	81.0	81.4
unigrams+position	22430	布尔值	81.0	80.1	81.6

（Pang et al., 2002）报告机器学习方法的分类正确率要高于人工判断的结果[1]，其中 SVM 最高，ME 次之，NB 最低，不过这三种分类器的性能差别并不大。但是，这些分类算法获得的情感分类性能不如其在传统的主题文本分类任务上的性能。同时，单独使用 unigrams 的性能最好，且布尔值特征权重的性能略好于词频权重。后续的研究表明，分类器的性能具有领域依赖性，对于不同的领域而言，没有一个分类器能够保持始终最优（Xia et al., 2011）。

随后出现了大量的基于机器学习的情感分类研究工作。研究者们一方面基于传统的机器学习算法，从特征工程的角度设计适合情感分析任务的文本表示方法；另一方面，探索新的机器学习算法在情感分析任务中的应用。尤其是近年来随着深度学习的兴起，出现了大量基于深度神经网络的情感分析方法，本书将在 8.3.3 节对这些方法进行专门的介绍。

2. 深层次语言学特征

基于机器学习的情感文本分类方法继承了主题文本分类方法的思路，以向量空间模型作为文本表示，基于线性分类算法进行分类。虽然（Pang et al., 2002）指出机器学习算法的性能高于人工评判的结果，但是仍不如在主题文本分类任务下的效果显著。究其原因，主要在于向量空间模型打破了文本的原始结构，忽略了词序信息，破坏了句法结构，丢失了部分语义信息，而这些信息对于情感分类往往具有举足轻重的作用。

因此，很多研究者立足于挖掘文本中更多能够有效表达情感的信息作为新的特征，如位置信息（Pang et al., 2002；Kim and Hovy, 2004）、词性信息（Mullen and Collier, 2004；Whitelaw et al., 2005）、词序及其组合信息（Dave et al., 2003；Snyder and Barzilay, 2007）、高阶 n 元语法（Pang et al., 2002；Dave et al., 2003）和句法结构特征（Dave et al., 2003；Gamon, 2004；Ng et al., 2006；Kennedy and Inkpen, 2006）等。

在文献（Pang et al., 2002；Kim and Hovy, 2004）中，位置信息作为词的辅助特征被用于生成特征向量，这种潜在的信息可以补充单纯的词汇所包含的信息。

词性信息对辅助挖掘文本的深层次信息具有重要作用，在早期的主观语义预测研究中，就是利用了形容词作为特征（Hatzivassiloglou and Mckeown, 1997）。结果表明，语句的主观性与形容词有很高的相关性。（Mullen and Collier, 2004；Whitelaw et al., 2005）认为，形容词是情感分类的重要特征，但这并不意味着其他词性对于情感分类没有作用。研究者们指出，有一些名词和动词往往也包含了重要的情感信息（如名词"天才"、动词"推荐"等）。（Pang et al., 2002）在电影评论语料上做了对比实验，结果显示，只用形容词特征的系统分类结果明显低于使用相同数量高频词的分类结果。

基于 n 元语法的文本表示在自然语言处理中有着重要作用，（Pang et al., 2002）的实验表明，单独使用 unigrams 性能高于 bigrams。（Dave et al., 2003）的实验表明，在某些情况下基于二元和三元语法的方法要好于单独使用一元语法的系统。因此，实践中高阶的 n 元语法特征往往作为一元语法特征的补充，而不是单独使用。

---

[1] 原文中这样写的，但没有报告人工的结果。

虽然 n 元语法能够体现部分词序信息（特别是相邻词关系），但是，它不能捕捉句子中词和词之间的长距离依赖关系。要捕捉这种关系信息，就要借助于更深层次的语言分析工具。

一种简单的依存关系抽取方法是抽取相互依存的词对作为特征，如图 3.3 所示的依存关系树示例中的"推荐电影"。这样一来，"推荐"和"电影"这种具有长距离的依存关系就可以捕捉到了。而这些依存词对包含了一部分的句法结构信息甚至语义信息，可能对情感文本分类起到帮助作用。但是，在篇章级别的情感分类中引入依存词对信息是否有效，文献（Dave et al., 2003；Ng et al., 2006）和（Gamon, 2004；Matsumoto et al., 2005）有着不同的结论。（Dave et al., 2003）认为，加入"形容词-名词"的依存关系对传统的词袋模型不能提供有用的信息；（Ng et al., 2006）除了使用"形容词-名词"依存关系，还将主谓关系和动宾关系词作为一元、二元和三元语法特征的补充，但是并没有获得性能的提高。尽管（Gamon, 2004）利用短语结构树提取的句法关系特征作为补充，提高了系统的分类性能，但是单独使用这些语言学特征的性能仍然低于简单特征的分类效果。另外，也有工作利用句法分析工具解决文本中的语义转折、语义增强和语义削弱等问题（Kennedy and Inkpen, 2006），这里不再一一叙述。

3. 特征权重与特征选择

在传统的文本分类中，特征词频是一个重要信息，特征的权重往往利用词频进行计算，如词频（TF）、词频-倒排文档频率（TF-IDF）等。但是在情感分类任务中，（Pang et al., 2002）却发现利用布尔权重能取得比词频权重更好的结果。对于这样的结果，一种可能的解释是对于主题分类而言，关键词语的重复包含了更多的主题信息，而对于情感分类来说，这些词语重复并不代表其包含更多的情感信息。在后续的研究中布尔权重成为文本情感分类使用最为广泛的特征权重方法。

特征选择和特征提取的基本任务是将原始特征转化为一组对于分类区别性能更强的特征。其中，特征选择是从原始特征中挑选出最有效的特征以达到降维的目的，特征提取则是通过空间的变换将原始特征空间映射为新的特征空间，一般都是高维空间向低维空间的映射。特征选择适应面广，不需要额外的人工支持，在文本分类任务中得到了广泛的使用，主流方法包括文档频率、互信息、信息增益、卡方统计量等。（Cui et al., 2006；Ng et al., 2006；Li et al., 2009a）分别将这些方法应用于情感分类任务，实验证明了信息增益、卡方统计量等方法的有效性。

4. 模型集成

在文本情感分类研究中，（Aue and Gamon, 2005）尝试利用集成学习（组合分类器）方法组合不同源领域的训练语料，获得了分类性能的提高。（Whitehead and Yaeger, 2008）将 SVM 作为基分类器算法，利用四种基于特征子集抽取的集成学习方法进行性能测试，结果显示集成学习方法能够提高系统的性能。（Xia et al., 2011）针对文档级情感分类任务，考察了不同的分类算法、不同的特征表示以及不同的集成策略对分类结果的作用，对集成学习在情感分类中的有效性进行了详细的对比实验和分析。

5. 层次情感分类模型

（McDonald et al., 2007）将视角从传统的单一粒度的情感分类问题转化为多层次粒度的分类问题，试图利用序列模型进行统一学习。他们关注不同粒度的情感之间的关系，试图利用小粒度对象之间的情感信息辅助更大粒度的情感分类。代表性的工作是把句子的情感分类与篇章的情感分类放到统一的 CRF 模型下，在进行句子标注的同时利用篇章的情感标记对句子的标记进行校正。（Mao and Lebanon, 2007）把文档中所包含的句子情感标记看作一个情感流，利用 CRF 模型解决褒贬强度分类的序列回归问题。

8.3.3　深度神经网络方法

近年来，以人工神经网络为代表的深度学习方法因其强大的特征自动学习能力和端到端的联合建模架构，被广泛应用于自然语言处理的诸多领域，在情感分析任务中也取得很大的成功。本书 5.5 节已经对基于 CNN 和 RNN 的文本分类方法进行了介绍。句子或文档级情感分类作为一种特殊的文本分类任务，5.5 节所述的方法都可以应用，这里不再赘述。本节着重介绍几个基于树结构的情感分类深度学习模型。

1. 基于递归神经网络的情感分类方法

在 8.3.2 节我们提到，句法树特征对于情感分类具有重要作用。（Socher et al., 2011a）率先提出了利用句法树结构信息的句子递归神经网络建模方法。

本书 3.5.2 节已经详细介绍了递归神经网络及其相应的文本表示方法。该方法自下而上对短语结构树定义的拓扑结构递归地进行前向运算，直至整棵树处理完毕，所有节点共用参数 $\boldsymbol{W}$ 和 $\boldsymbol{b}$。以根节点的编码作为整个句子的编码，最后送入 softmax 层进行句子的情感分类。

（Socher et al., 2012）在标准的递归神经网络基础上提出了一种矩阵向量递归神经网络（matrix-vector recursive neural network, MV-RNN）用于句子的情感分类。MV-RNN 模型结构如图 8.4 所示。树的每一节点都用一个向量-矩阵对 $(\boldsymbol{a}, \boldsymbol{A})$ 来表示，$\boldsymbol{a} \in \mathbb{R}$

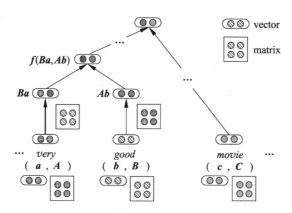

图 8.4　矩阵向量递归神经网络（Socher et al., 2012）

用于对语义建模，$\boldsymbol{A} \in \mathbb{R}^{d \times d}$ 用于对相邻子节点的修改作用进行建模（如单词"very"会增强"good"的语义，而"not"会反转"good"的语义）。假设两个子节点的表示分别为 $(\boldsymbol{a}, \boldsymbol{A})$ 和 $(\boldsymbol{b}, \boldsymbol{B})$，两者结合得到父节点表示 $(\boldsymbol{p}, \boldsymbol{P})$ 的过程如下：

$$\boldsymbol{p} = f\left(\boldsymbol{W}\left[\begin{array}{c} \boldsymbol{Ba} \\ \boldsymbol{Ab} \end{array}\right]\right) \tag{8.4}$$

其中，$\boldsymbol{W} \in \mathbb{R}^{d \times 2d}$ 为权重矩阵，$f(\cdot)$ 为激活函数，$\boldsymbol{Ab}$ 刻画图 8.4 示例中 very 对 good 的影响。（Socher et al., 2012）在 MR 数据集上进行了两类情感分类实验，获得了当时最优的结果，实验中句子的短语结构树使用 Stanford Parser 获得。MV-RNN 方法的缺点在于，需要为词表里的每一个词额外学习一个 $\mathbb{R}^{d \times d}$ 矩阵，大大增加了模型的参数空间。

（Socher et al., 2013）进一步提出了递归张量神经网络（recursive neural tensor network, RNTN）模型，模型原理如图 8.5 所示。在 RNTN 模型中，子节点 $\boldsymbol{a}$ 和 $\boldsymbol{b}$ 通过以下方式组合成父节点 $\boldsymbol{p}$：

$$\boldsymbol{p} = f\left([\boldsymbol{a}, \boldsymbol{b}]\boldsymbol{V}^{[1:d]}\left[\begin{array}{c} \boldsymbol{a} \\ \boldsymbol{b} \end{array}\right] + \boldsymbol{W}\left[\begin{array}{c} \boldsymbol{a} \\ \boldsymbol{b} \end{array}\right]\right) \tag{8.5}$$

其中，$\boldsymbol{V}^{[1:d]} \in \mathbb{R}^{2d \times 2d \times d}$ 是一个张量。张量乘积的计算公式如下：

$$\boldsymbol{h} = [\boldsymbol{a}, \boldsymbol{b}]\boldsymbol{V}^{[1:d]}\left[\begin{array}{c} \boldsymbol{a} \\ \boldsymbol{b} \end{array}\right] \tag{8.6}$$

$\boldsymbol{h} \in \mathbb{R}^d$，其中 h_i 由张量的每个通道 $\boldsymbol{V}^{[i]}$ 计算得到：$h_i = [\boldsymbol{a}, \boldsymbol{b}]\boldsymbol{V}^{[i]}\left[\begin{array}{c} \boldsymbol{a} \\ \boldsymbol{b} \end{array}\right]$。

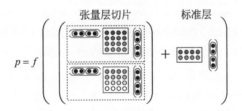

图 8.5 递归张量神经网络示意图（Socher et al., 2013）

如前面所述，MV-RNN 通过为每个词额外引入一个矩阵表示对两个子节点的交互信息进行编码，参数量过大，而 RNTN 是通过张量乘积项达到这一目的的，且在不同节点上共享该张量，因此增加的参数量仅为 $2d \times d \times d$。

论文（Socher et al., 2013）同时发布的 Stanford sentiment treebank（SST）数据集成为之后的句子级情感分析研究的基准数据。此外，其他使用递归神经网络的模型还包括（Irsoy and Cardie, 2014）等工作。

2. 基于树结构的长短时记忆网络

循环神经网络针对时间序列建立神经网络，递归神经网络针对树结构建立神经网络，为了结合两种网络的优势，（Tai et al., 2015）提出了基于树结构的长短时记忆网络（tree-structured long short-term memory networks, Tree-LSTMs），使得循环神经网络具有树结构建模的能力，基本思路如图 8.6 所示。

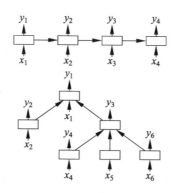

图 8.6　LSTMs 与 Tree-LSTMs

具体地讲，论文（Tai et al., 2015）提出了两种 Tree-LSTMs 变体：

（1）Child-Sum Tree-LSTMs。Child-Sum Tree-LSTMs 的节点状态由该节点的子节点加和决定，适合于子节点个数不确定的情况，且与子节点的顺序无关，因此，它适用于依存关系分析树。通常将 Child-Sum Tree-LSTMs 应用于依存关系树时的模型称为 Dependency Tree-LSTMs。

（2）N-ary Tree-LSTMs。相对于 Child-Sum Tree-LSTMs，N-ary Tree-LSTMs 为每一个子节点引入了独立的参数矩阵，二者的相同点是都为每个子节点定义了独立的遗忘门，只不过 N-ary Tree-LSTMs 的遗忘门考虑了所有子节点之间的交互情况。

N-ary Tree-LSTMs 适用于成分句法树（constituent trees），通常称为 Constituent Tree-LSTM。论文（Tai et al., 2015）中使用的是二叉成分句法树（binarized constituent trees），每个中间节点仅包含左子节点和右子节点两个节点。当以上两种 Tree-LSTMs 模型应用于树结构为线性结构的情况时，计算过程就退化成了标准的 LSTM。（Tai et al., 2015）在句子级情感分类任务数据集（SST）上进行了实验，结果相比于已有的方法和标准的 LSTM 及其变体有明显的提升，证明该模型是有效的。

此外，针对文档级的情感分类任务，除了将文档当作一个长句序列的处理方式之外，还有一些工作提出了层次化的文本编码模型，用于“文档-句子-词”的层次关系（Tang et al., 2015; Yang et al., 2016），这种层次化建模方法相对于扁平的序列方法，能够显著提升文档级情感分类的性能。我们已经在 5.5.3 节对这一类建模方式进行了介绍，这里不再赘述。

8.4　词语级情感分析与情感词典构建

情感词典是判断词汇和文本情感倾向性的重要工具，其自动构建方法是情感分析和观点挖掘领域的一个重要研究方向。情感词典构建的方法主要分为基于语义知识库的方法、基于语料库的方法以及两者相结合的方法。文献（王科等，2016）对中英文情感词典的自动构建方法进行了较为详细的综述。

8.4.1 基于语义知识库的方法

有些语种已经具有相对充分、开放的语义知识库（如英文的 WordNet），通过挖掘其中词与词之间的关系（如同义、反义、上位和下位关系等），就可以构建出一部通用性较强的情感词典。例如，（Hu and Liu, 2004）在研究商品评论挖掘时，事先设定已知褒贬的种子词集，然后基于 WordNet 中的同义词、反义词等词间关系对种子词集进行扩展，最后整理得到了一份通用的情感词典。

上述工作只是针对形容词进行的词典构建，但是，情感词不仅仅只有形容词，有些名词、动词和副词等都可能包含情感信息。同时，该方法只提供褒贬两种情感极性，未能提供情感强度，也没有中性情感词。针对这些问题，（Strapparava and Valitutti, 2004; Kim and Hovy, 2004; Blair-Goldensohn et al., 2008）提出了改进方法，如（Blair-Goldensohn et al., 2008）在根据同义、反义关系进行词集扩展过程中添加了一个中性词集合，提高了候选词集合的准确率。除了基于词间关系以外，还有一些工作，如（Kamps et al., 2004; Andreevskaia and Bergler, 2006; Baccianella et al., 2010; Esuli and Sebastiani, 2007）等，利用语义知识库中两个词之间的关系路径和词的释义等信息进行情感词典构建。

基于知识库的方法仅依赖语义知识库即可快速地构建情感词典，且词典具有较强的通用性，但也存在对语义知识库有较强的依赖性、领域适应性差、情感分析精度欠佳等明显的缺点。

8.4.2 基于语料库的方法

上文曾经提到，情感分析是一项领域相关的任务。不同领域的情感词分布和使用习惯存在较大的差异，如评论文本："运行速度快"和"电池耗电快"，同一个情感词"快"在不同的领域或者描述不同的评价对象时，表达的情感极性完全相反。

通用词典或其他特定领域的情感词典用于某个领域的情感分析时，召回率通常会变得很低，且精准率也会显著下降。为了解决某些特定领域的情感分析问题，通常需要使用领域情感词典。基于语料库的情感词典构建方法是从语料中自动学习情感词汇，具有领域自适应、时效性强、情感分析精度高等特点。这种方法需要有人工标注的大规模语料库，实现方法可细分为连接关系法、同现关系法和表示学习法三种。

1. 连接关系法

连接关系法的本质是基于自然语言文本中相邻词的连接关系判断前后词语之间的情感极性变化，如某些并列连词（如"也""而且"等）前后的情感通常不变，而转折词（"但是""就是"等）前后的情感词通常会发生反转。请看如下评论文本：

（1）总体/NN 不错/VA，/PU （2）就是/AD 有点/AD 贵/VA，/PU （3）而且/AD 物流/NN 不/AD 是/VC 很/AD 快/VA，/PU （4）不过/AD 还是/AD 很/AD 满意/VA 的/DEC 一次/CD 网购/NN，/PU （5）希望/VV 用/VV 久/VA 一点/AD 。/PU

文本中的数字是子句的编号。该段评论中有大量因转折词而导致情感极性反转的情况。

论文（Hatzivassiloglou and McKeown, 1997）详细总结了英语中的语言规则和连接模式，通过大量的实验数据证明了连词的前后词的极性关系，并基于语料库和情感种子词集，进行了形容词的情感指向识别研究。他们首先提取出连词所连接的形容词，标注其中高频词的极性，根据形容词对在不同连词下出现的次数，使用 logistic 回归模型确定连词前后两个词是否具有相同或相反的情感极性，然后使用聚类算法产生两个词簇，最后对这两个词簇进行褒义和贬义极性标注。（Kanayama and Nasukawa, 2006）对该方法做了进一步的深化。（王科 等，2015）将该方法应用于汉语情感词典的构建研究中。

连接关系法的缺点在于它是基于语言规则实现的，通常采用形容词作为候选词集，因而覆盖面较低。

2. 同现关系法

同现关系法的基本依据是：以相似的模式出现在文本中的词语具有较高的语义和情感相似度。

如 8.3.1 节所述，（Turney, 2002）使用候选情感词与正面、负面种子词的 PMI 之差度量该词的情感倾向（SO）值：

$$SO(t) = PMI(w, w^+) - PMI(w, w^-) \tag{8.7}$$

其中，w 表示候选情感词，w^+ 和 w^- 分别表示正面和负面种子词。若 SO 值大于阈值，说明该词与正面词关系更紧密，即为褒义词的概率较大，反之则为负面词的概率较大，以此确定词的极性。

除了 PMI 之外，同现程度还可以基于其他模型求得。如（Turney and Littman, 2003）利用潜在语义分析（LSA）技术计算情感倾向性：

$$SO\_LSA(w) = \sum_{w^+ \in Pwords} LSA(w, w^+) - \sum_{w^- \in Nwords} LSA(w, w^-) \tag{8.8}$$

其中，Pwords 和 Nwords 分别表示正面和负面种子词集。

除了考虑词与词之间的共现关系以外，还可以直接计算候选词与情感类别之间的共现关系。在（Wang and Xia, 2017）实现的方法中，首先计算候选词与情感标签（或文本中的自然标注，如微博文本中的表情符）之间的 PMI：

$$PMI(t, +) = \log \frac{p(+|t)}{p(+)} \tag{8.9}$$

$$PMI(t, -) = \log \frac{p(-|t)}{p(-)} \tag{8.10}$$

然后据此计算候选词的情感强度：

$$SO(t) = PMI(t, +) - PMI(t, -) \tag{8.11}$$

同现关系法简单易行，不仅可以得到词汇的情感极性，还能够得到情感强度。但是，该方法过于依赖统计信息，只考虑词语的共现情况，缺少对复杂语言现象（尤其是否定、转折等情感极性的转移现象）的建模。如在"质量不错，就是有点贵"这样的评论文本中，如果仅仅考虑同现关系，会错误地判断"不错"和"贵"两个词之间的情感是相似的，而不会考虑到它们之间的转折关系。

3. 表示学习法

现有的语义表示学习方法大多源于分布假设，该假设认为"上下文相似的词语具有相似的语义。"分布表示学习的第一个模型是神经网络语言模型（NNLM），该模型最早通过神经网络在无监督的语料上训练词语的分布表示，使得上下文接近的词语具有相似的表示。后续的研究相继提出了 Log-Bilinear、word2vec、GloVe 等表示学习模型。但是，由于分布假设本身的局限性，基于该假设的表示学习方法仅考虑了上下文的相似性，而未能考虑词语之间的情感信息，因此所获取的分布表示往往存在一个问题：两个情感相反的词（如"good""bad"）却具有相近的表示。

为了解决这一问题，(Tang et al., 2014a) 提出一种融入语义和情感信息的表示学习方法。该方法在 Skip-Gram 模型的基础上增加了句子级的情感监督模型，通过两个模型的融合共同学习分布表示。基于这种情感表示的 softmax 回归分类器在 SemEval 2013 情感分类任务上取得了比传统特征更好的效果。为了构建情感词典，(Tang et al., 2014b) 使用情感表示作为特征，通过 softmax 分类器对词表中的每一个词语进行情感得分预测，以此构建情感词典。

(Vo and Zhang, 2016) 提出了一种文档级情感表示学习方法。这种方法通过神经网络的方法为每个词语学习两维的词嵌入向量，这两维信息分别表示一个词语被预测为正向情感词或者负向情感词的概率。然后利用该词语被预测为正向情感类别的概率与其被预测为负向情感词的概率的差值作为该词语最终的情感得分，通过这种方式为词表中每个词语进行情感打分，从而构建情感词典。

(Wang and Xia, 2017) 提出了一种综合词语级和文档级两种粒度的监督信息进行情感表示学习的方法。除了使用文档级的情感标签作为监督，论文还采用 PMI-SO 方法获取词语级情感标签，共同辅助情感词的表示学习。在情感词典的构造上，他们借鉴了 (Tang et al., 2014b) 提出的情感词典构建方法。

8.4.3 情感词典性能评估

情感词典的性能评估方式可分为直接评估法和间接评估法。直接评估方法通过对比生成词典与标准词典实现，而间接评估方法将情感词典应用到情感分析任务中，通过情感分析结果评价词典的性能。

直接评估方法主要是直接对词典本身进行评估，其中一种方法是随机提取词典中一定比例（如 50/100/200）或者全部的词汇，人工判断或者与通用情感词典对比情感词的极性是否正确，以这些词的准确率衡量整个情感词典的性能。或者将情感词典与经过人工标注的情感词典进行对比，计算精确率（presicion）、召回率（recall）和 F_1 值。

情感词典的间接评估需要与情感分析任务相结合，例如，根据情感词典在文档级情感分类任务中的表现来实现评估，具体又可分为监督情感分类和无监督情感分类两种情形方法。

基于监督情感分类的情感词典评估方法通常使用词典特征训练监督的分类器（如softmax 回归、SVM 等），并通过分类器对文档进行情感分类，以监督情感分类的性能评估情感词典性能。词典特征是指使用情感词典设计的一些特征，如文档中每一种极性情感强度最大的词语得分、每一种极性情感词的情感得分之和等。（Mohammad et al., 2013）对每一种情感极性（正向、负向）定义了如表 8.4 所示的情感词典特征。（Tang et al., 2014a；Wang and Xia, 2017）在情感词典评估中使用了该特征模板。

表 8.4　基于情感词典的情感分类特征模板（Mohammad et al., 2013）

特征组号	含　　义
1	文本中该极性的情感词中情感得分大于 0 的词语数目
2	文本中该极性的所有词情感得分之和
3	文本中该极性的最大情感词得分
4	文本中该极性的最后一个非 0 的情感词得分

基于无监督情感分类的情感词典评估方法通常采用 8.3.1 节所述的规则化方法，即将文档中每个词的情感得分之和作为该文档最终的情感得分，将情感得分大于 0 的文本预测为正向类别，反之为负向类别。最后，通过 F_1 值或准确率等指标评估情感词典在情感分类任务中的表现。

8.5　属性级情感分析

正如前面所述，情感分析包括文档级、句子级、词语级和属性级等多个层次，词语或短语级情感分析的目的是识别词语或短语个体的情感极性，句子或文档级情感分析的任务是识别文档或句子整体的情感，而不涉及评论的具体属性以及针对该属性的情感。属性级情感分析的目标则是识别文本的评价对象，并确定针对该评价对象的情感。

为了简单起见，本节所述的属性级情感分析主要是针对评价对象与情感 (g, s) 二元组进行的抽取和识别，其核心任务有两个：属性抽取和属性情感分类。

8.5.1　属性抽取

在一条评论中属性和情感往往是成对出现的，这是属性抽取不同于传统的信息抽取技术的独有特点。

目前属性抽取的主要方法包括如下三种。

1. 无监督学习方法

早期的属性抽取方法是基于启发式规则实现的。一般来说，特定领域的属性用词集中在某些名词或名词短语上,因此高频名词或名词短语通常是显式的属性表达。(Hu and Liu, 2004)首先提出了属性抽取任务,他们利用词性信息选择出名词和名词短语,然后筛选出其中的高频词汇作为属性。该方法虽然简单易行,但也有弊端,它抽取出的属性词通常包含较多的噪声。为了提高算法的准确率,(Popescu and Etzioni, 2007)通过计算候选属性(如"Epson 1200")和自动生成的判别短语之间("is a scanner")的点式互信息试图从高频的名词和名词短语列表中过滤掉非评价属性。(Ku et al., 2006)首先计算词语在文档和段落粒度的 TF-IDF 值,然后通过比较候选词在跨文档/段落的频率与文档/段落内部的频率来判断候选词是否为有效属性。(Yu et al., 2011)利用浅层依存关系分析器提取合适的名词词组作为属性候选词,在此基础上利用属性排名算法提取重要属性。

除了利用属性的名词性特点,有些研究还利用了属性与情感之间的关联关系。由于任何情感表达均有其对象,属性及其对应的情感通常成对出现,因此可以利用该关系进行属性抽取。(Hu and Liu, 2004)利用该关系提取出非高频属性,其基本思想是:如果一条评论中没有高频属性词,但有情感词,那么距离该情感词最近的名词或名词短语将被提取作为属性词。类似的方法和原理也被应用在(Blair-Goldensohn et al., 2008)中。(Zhuang et al., 2006)利用依存关系分析器识别观点与对象之间的关系,用于提取属性。(Qiu et al., 2011)进一步结合依存关系树提出了双传播(double-propagation)算法,可同时提取情感词和属性。

2. 传统的监督学习方法

(Kobayashi et al., 2007)首先利用依存树寻找候选属性和观点词对,然后利用树结构分类方法对词对进行学习和分类。实际上,属性提取是信息抽取问题的特例,因此序列学习模型,如隐马尔可夫模型(hidden Markov models, HMM)和条件随机场(conditional random fields, CRF)模型等,都可以用于属性抽取。

(Jin and Ho, 2009)使用了词汇化的 HMM 模型抽取属性及其情感。(Li et al., 2010a)在线性链 CRF(linear-chain CRF)模型的基础上,提出了 Skip-chain CRF、Tree CRF 和 Skip-tree CRF 模型用于属性抽取。

(Jakob and Gurevych, 2010)基于 CRF 进行单领域和跨领域两种设置下的属性抽取,他们制定了包括词项特征、词性特征、依存关系特征、词距离特征和观点特征在内的特征模板,见表 8.5。在跨领域的属性抽取任务中,他们发现同样的情感词在不同的领域可能有不同的倾向性,如"unpredictable"在电影评论中的情感是正向的,而在汽车领域中却是负向的。另外,不同领域的属性词汇表的差距很大,即出现的属性和领域是相关的,这也是跨领域属性抽取的主要困难所在。

(Yang and Cardie, 2013)基于 CRF 模型提出了一个观点表达、观点持有者和观点目标三者联合的抽取模型,同时用于识别观点表达与其目标和持有者之间的关系。

在 SemEval 2014 评测中,(Chernyshevich, 2014)同样使用了 CRF 作为标注模型,但他们改进了标注体系。他们使用新的标注体系替代 BIO 标注体系,他们提出的标注符号含义如下:FA 指一个名词组的中心词前的属性词;FPA 指中心词后的属性词;FH 为

表 8.5　用 CRF 进行属性抽取时所使用的特征模板（Jakob and Gurevych, 2010）

特征	说明	示例
词项特征 (tk)	当前词项	
词性特征 (POS)	当前词项的词性标注	
依存关系特征 (dLn)	当前词项是否与句子中的观点有直接的依赖关系	*I like the food* 中，*I* 和 *food* 与 *like* 有直接的依赖关系 (*I-NSUBJ-like* 及 *like-DOBJ-food*)
词距特征 (wrdDist)	当前词项是否属于距离观点最近的短语	*I like the food* 中的 *the food* 是距离观点最近的短语
观点特征 (sSn)	当前词项是否包含观点	*I like the food* 中的 *like* 包含观点

一个名词组的中心词；FI 为名词组中的其他名词；O 则为其他非要素词或符号。例如，对于句子 "I/O want/O to/O unplug/O the/O external/FA keyboard/FH"，如果使用传统的 BIO 标注策略，单词 "keyboard" 的标注会因为其前面有无属性词 "external" 而改变，而使用该论文中的标注系统可以使常见的属性词不会因为其前面是否有属性词而被标注为 B 或 I，从而提高了识别能力。该论文同时定义了丰富的特征模板，包括词汇级别、语义级别和情感级别三大类共 15 项特征。

（Toh and Wang, 2014）从命名实体识别（named entity recognition, NER）任务中得到启发，在表 8.5 所使用的词项特征、词性特征和依赖关系特征以外，还引入了中心词特征、中心词词性特征和索引特征等。在此基础上，他们还增加了一些从大量未标注语料中得到的特征，如 WordNet 分类信息，领域内其他语料如 Yelp 和 Amazon 的词聚类信息特征等，在当时评测任务上取得了优异的成绩。

3. 深度学习方法

（Liu et al., 2015b）基于词嵌入和循环神经网络提出了一个通用的细粒度观点挖掘模型框架。他们对比测试了多种不同结构的循环神经网络（Elman-type RNN, Jordan-type RNN, LSTM, 双向结构等），多种不同设置、不同语料训练得来的词嵌入，以及是否在训练时微调词嵌入等因素对实验效果的影响。结果表明，无论对于 RNN 还是对于 CRF，词嵌入的引入都可以提升模型的性能，在训练中对词嵌入进行微调可以获得进一步的性能提升。此外，即使只使用词嵌入，RNN 的性能也会优于使用大量特征工程的 CRF。

（Wang et al., 2016a）提出了一种递归神经网络条件随机场（RNCRF）模型，用于评论中要素和观点的联合抽取。图 8.7 给出了 RNCRF 的结构示意图，该方法首先对给定句子的依存关系树使用递归神经网络对树的每个节点进行编码，以递归的方式得到树中每个词以及词间依存关系的表示，送入 softmax 层得到每个词的属于各个类别的概率，最后与线性链条件随机场相结合，求得整个序列上的最优标注。实验表明，简单地使用窗口上下文的 RNCRF 的性能要优于使用大量人工特征工程的传统方法。在此基础上，如果使用少量易获得的附加特征，如词性标注、索引特征等，可以得到更好的性能。

（Li and Lam, 2017）提出了一个记忆提升的 LSTM 模型，在 LSTM 的基础上引入了记忆交互机制。由于要素和观点往往成对出现，他们定义了两个模块（A-LSTM 和

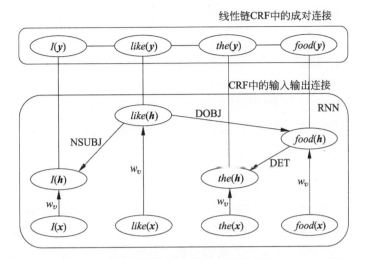

图 8.7　基于 RNCRF 的要素和观点的联合抽取（Wang et al., 2016a）

O-LSTM）分别用于属性和观点的抽取，这两个 LSTM 模块通过记忆交互机制互相交换信息，最后建立一个基于全句表示的 LSTM (S-LSTM)，将 A-LSTM 和 S-LSTM 的隐层表示拼接后进行属性抽取。模型结构如图 8.8 所示。

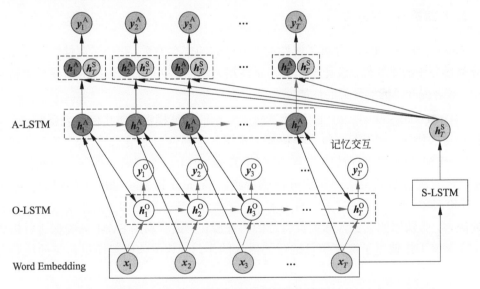

图 8.8　基于要素和观点交互注意力机制的属性抽取模型（Li and Lam, 2017）

8.5.2　属性情感分类

　　属性情感分类是指在评价对象已知的情况下，对评价对象进行情感倾向性判别。属性情感分类的主要方法包括：基于词典的方法、传统机器学习方法和深度学习方法。

1. 基于词典的方法

　　基于词典的方法基本思路是利用情感词典（包含情感词或短语）、复合表达、观点规则和句法分析树来确定句子中每个属性的情感倾向，同时考虑情感转移、转折等可能影响情感的结构。

（Hu and Liu, 2004）基于情感词典将句子中的所有情感词得分简单地相加，作为句子中属性的情感得分。（Kim and Hovy, 2004）除了考虑观点区域内的情感词极性以外，还考虑了情感词的强度，并利用乘法规则计算情感得分。（Ding et al., 2008）设计了详细的属性情感计算规则，在计算属性情感得分时考虑情感词和属性词的距离因素：

$$\text{score}\,(f) = \sum_{w_i \in s} \frac{\text{SO}(w_i)}{\text{dist}(w_i, f)} \tag{8.12}$$

其中，$\text{SO}(w_i)$ 表示情感词 w_i 的语义倾向性，$\text{dist}(w_i, f)$ 表示情感词 w_i 与属性词 f 之间的距离，距离越近的情感词对属性词的情感得分贡献越大。此外，该方法还考虑了否定、转折、同义、反义以及在上下文中的情感依赖关系等因素。

基于词典的方法简单易行，但也存在性能有限和依赖于规则的缺陷。为此，有很多学者对这种方法进行了改进。（Blair-Goldensohn et al., 2008）结合有监督的学习方法对该方法进行了加强。（Thet et al., 2010）借助情感词典 SentiWordNet 确定评论中各个属性的情感倾向和情感强度。

2. 传统机器学习方法

（Jiang et al., 2011）分析了属性词与其他词的依存关系，强调了属性特征在属性情感分类任务中的重要性，设计了一系列属性相关特征，将其加入传统的情感分类特征模板中，显著提升了情感分类的性能。

（Kiritchenko et al., 2014）设计了一个复杂的特征模板，使其包括表层特征、词典特征和句法特征三类特征（每一类特征下都引入了属性对象信息），然后基于该特征模板使用 SVM 分类器进行情感分类，在 SemEval 2014 属性情感分类任务中取得了最佳性能。针对该方法需要依赖句法分析的缺点，（Vo and Zhang, 2015）将评论文本划分为"评价对象""左上下文"和"右上下文"三部分，基于这三部分关系抽取一个包含传统词嵌入、带情感的词嵌入和词典特征的特征模板，最后利用 SVM 分类器进行情感分类。尽管该工作使用了深度学习进行词嵌入的学习，其主体框架还是传统的统计分类方法。

3. 深度学习方法

随着深度学习方法在自然语言处理领域的进一步发展，针对属性情感分类问题也出现了一些"端到端"的深度学习方法。

（Dong et al., 2014）提出了自适应的递归神经网络模型（adaptive recursive neural, AdaRNN）。该方法首先使用依存关系树对 Twitter 文本进行解析，然后使用特定规则和递归神经网络对评价对象和上下文进行向量表示，最后通过 softmax 层计算对象的情感。该文作者建立了一个属性级情感分类 Twitter 语料集，他们根据事先设定的关键词利用官方 API 获取 Twitter 文本，其中关键词作为评价对象，人工标注其情感类别，最终形成的数据集包含 6248 条训练数据、692 条测试数据，其中正向、中性和负向情感标签数据分别占 25%，50% 和 25%，该 Twitter 数据集与 SemEval2014 评测发布的餐馆（Restaurant）和笔记本电脑（Laptop）数据集在属性级情感分类任务的后续研究中被广泛使用。

由于长短时记忆网络（LSTM）可以更加灵活地获取目标词和其上下文词的语义关联，因此越来越多的神经网络模型构建在 LSTM 基础之上。如图 8.9 所示，（Tang et al., 2016a）提出了三个基于 LSTM 的"端到端"的属性级情感分类模型：

- 标准的 LSTM 模型通过对每个句子进行编码，使用最后一个隐藏层向量表示句子，由于不考虑相同句子中不同的属性信息，含有不同属性的句子用相同的向量表示。

- TD-LSTM 为了处理同一个句子中含有不同属性词的情况，根据属性词所在的位置把句子分成左右两个分句，分别用 LSTM 进行编码，最后使用两个 LSTM 的最后隐层表示属性相关的句子，取得了比标准 LSTM 更好的效果。

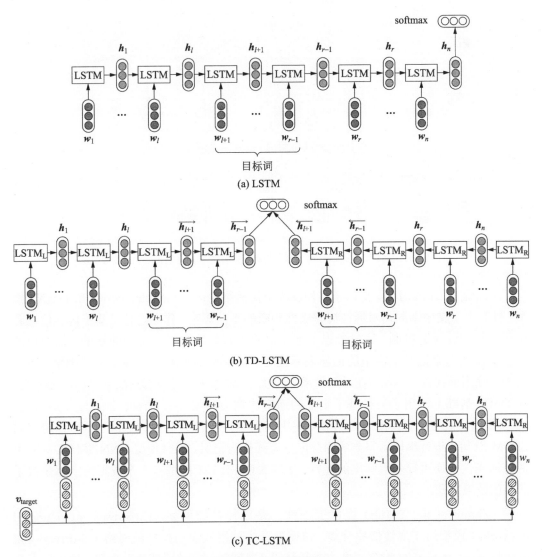

图 8.9 基于 LSTM 的属性级情感分类模型（Tang et al., 2016a）

● TC-LSTM 在 TD-LSTM 基础上，在网络的输入层将每个词的词嵌入拼接属性词的词嵌入，以便更好地利用属性信息。

（Wang et al., 2016c）提出了基于注意力机制的 LSTM 模型，以便更加充分地利用属性信息。模型结构如图 8.10 所示。该文作者首先在标准 LSTM 模型的基础上提出了属性嵌入 LSTM（aspect embedding LSTM, AE-LSTM）模型，通过目标词和句子中词的拼接作为输入送入 LSTM 中，并在 LSTM 输出的隐层向量之上利用注意力机制获取不同词汇隐层向量的权重，最终使用句子中每个词汇隐层向量的加权平均值作为句子的最终向量表示，其中目标词的表示向量在训练中学习得到。其次，他们提出了基于注意力的 LSTM（attention based LSTM, AT-LSTM）模型：与 AE-LSTM 模型的做法不同，AT-LSTM 将目标词与句子中词汇的隐层向量拼接。最后，他们将 AE-LSTM 模型和 AT-LSTM 模型融合，建立了 ATAE-LSTM 模型，使目标词同时与句子中词汇的输入向量和隐层向量相拼接。

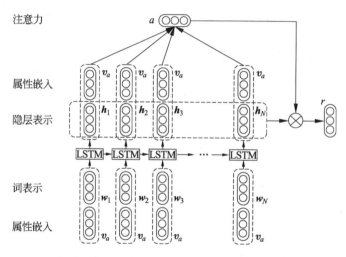

图 8.10　基于注意力机制 LSTM 的属性级情感分类模型（Wang et al., 2016c）

（Tang et al., 2016b）提出了一种深度记忆网络（deep memory network, DMN）模型。针对上下文中不同词对属性情感极性判断的不同影响，作者设计了基于内容信息和位置信息的注意力机制，同时考虑上下文词的内容和位置对目标词的影响。他们还通过多层神经网络提升了模型的抽象表示能力。该模型不仅取得了很高的正确率，而且由于只使用前向神经网络，在时间效率上也优于 RNN 模型。文献（Chen et al., 2017a）在 DMN 基础上提出了一种基于记忆的递归注意力网络（recurrent attention network on memory, RAM），该模型与 DMN 使用词向量矩阵作为记忆的做法不同，使用双向 LSTM 对句子进行编码后得到的隐层向量矩阵作为记忆，同时使用 RNN 替代 DMN 中的普通线性变换进行多层网络的连接。实验表明，RAM 模型在多个数据集上都获得了较高的效果提升。

（Zhang et al., 2016b）提出了一种三路门控神经网络（three-way gated neural networks）模型用于属性情感分类。该模型首先使用双向门控神经网络（bi-directional gated neural network）对句子文本进行编码，得到每个词的隐层表示向量，然后根据目标词把隐层划分为三部分：左侧上下文、属性词和右侧上下文，对三部分分别进行池化操作，得到三部分的向量表示，最后采用一种三路门控神经网络结构对三部分组成的向量进行交互操作，更好地得到目标相关的句子表示，从而对属性进行情感分类。

另外，（Liu and Zhang, 2017）利用 LSTM 得到上述三部分的隐层表示后，设计了两种上下文注意力机制以得到更好的上下文表示。（Ma et al., 2017）对评价对象和上下文（不区分左右）分别进行 LSTM 建模，通过一种交互注意力模型（interactive attention networks, IAN）得到更好的评价对象和上下文表示。

8.5.3 主题与情感的生成式建模

评论文本中的属性与主题通常是强相关的，因此出现了一系列基于主题模型的主题与情感的生成式建模研究工作。（Mei et al., 2007）首次提出了主题-情感混合（topic-sentiment mixture, TSM）建模方法，他们在传统主题模型的基础上引入了情感变量，将每个词分为通用背景词和主题相关词，建立了通用背景模型和若干主题模型。对于通用背景词，按通用背景词对应的主题-词项分布进行抽取，而对于每个主题相关词，首先抽取一个主题，然后抽取该词的情感类别（积极、消极或中立），最后根据各类相应的主题-词项分布进行文本生成，具体过程如图 8.11 所示。据此构造的主题-情感混合模型在引入主题和情感先验知识的条件下基于 EM 算法进行模型学习，并对文本进行主题抽取和情感分析。

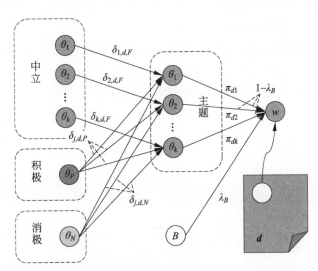

图 8.11　主题-情感混合模型 TSM（Mei et al., 2007）

（Titov and McDonald, 2008）提出了一种多属性情感分析（multi-aspect sentiment analysis, MAS）模型，该方法首先利用多粒度 LDA（multi-grain LDA）模型进行主题抽取，然后对给定的属性进行情感分析。他们认为标准的 LDA 只能抽取粗粒度的商品属性，并不适合细粒度的属性抽取，而多粒度的 LDA 模型包含全局主题和局部主题，从而可以同时发现评论中的粗粒度属性和细粒度属性。

（Lin and He, 2009）同样在传统 LDA 的基础上引入了情感信息，该文提出了一种联合的情感-主题（joint sentiment-topic, JST）模型，其基本原理如图 8.12 所示。JST 为每个文档抽取一个参数 $\boldsymbol{\pi}_d \sim \mathrm{Dir}(\boldsymbol{\gamma})$，为每个文档的每个情感标签抽取一个参数 $\boldsymbol{\theta}_{d,l} \sim \mathrm{Dir}(\boldsymbol{\alpha})$，并且为每个情感标签下的每个主题也抽取一个参数 $\boldsymbol{\varphi}_{l,k} \sim \mathrm{Dir}(\boldsymbol{\beta})$。随后根据上述参数决定的类别分布（categorical distribution）生成每个文档的每个词：先生成其情感标签 $l_i \sim \mathrm{Cat}(\boldsymbol{\pi}_d)$，再生成其主题 $z_i \sim \mathrm{Cat}(\boldsymbol{\theta}_{d,l_i})$，最后生成词项 $w_i \sim \mathrm{Cat}(\boldsymbol{\varphi}_{l_i,z_i})$。对照 TSM 和 MAS，TSM 需要对文档进行情感标注，MAS 需要对部分属性情感进行标注，而 JST 仅需要依据情感词典作为先验信息引导主题和情感发现，因此可以认为是完全无监督的情感-主题分析模型。

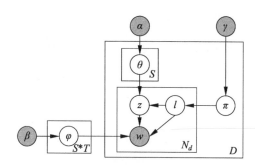

图 8.12　联合主题/情感模型 JST（Lin and He, 2009）

（Jo and Oh, 2011）在传统 LDA 基础上提出了句子级 LDA（Sentence-LDA, SLDA）模型，该模型在文档和词之间增加了句子粒度的主题建模环节，并在此基础上提出了一种类似于 JST 的属性-情感联合模型（aspect and sentiment unification model, ASUM）。不同之处在于 ASUM 假设同一个句子的不同词汇具有相同的主题和情感，这种"主题-情感"对所对应的多项分布决定了该句子中词项的生成。图 8.13 比较了标准的 LDA、Sentence-LDA 和 ASUM 三个模型之间的差异。

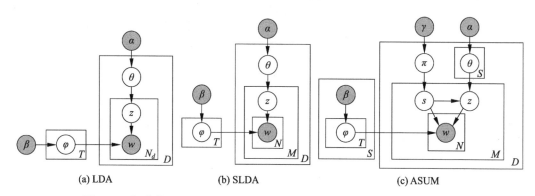

(a) LDA　　　　　(b) SLDA　　　　　(c) ASUM

图 8.13　标准的 LDA、SLDA 与 ASUM 模型的对比（Jo and Oh, 2011）

（Brody and Elhadad, 2010）同样基于局部主题模型将评论文本按句子进行切割，每个句子作为一个文档进行主题建模，识别属性之后再利用形容词关联关系建立情感词典，并识别属性对应的情感。在（Zhao et al., 2010）实现的方法中，为同一个句子的不同词分配相同的属性，并将每个词分成背景词、通用属性词、领域属性词、通用情感词和领域情感词五种情况，每种情况单独使用一个多项分布进行主题建模，在主题建模之前使用基于少量标注语料训练出的最大熵模型进行词类别的预测。（Mukherjee and Liu, 2012）提出了一种半监督的属性-情感联合抽取模型，允许用户提供一些种子属性词以引导主题模型的推理，从而使抽取出的属性和情感更加符合用户的需求。

在评论文本属性抽取任务中，局部文档中频繁出现的评价对象往往更有价值。尽管主题-情感分析模型能够抽取在海量文档下频繁出现的主题，这些主题通常体现了文档集粒度的潜在属性，但是却很难发现局部文档中频繁出现的细粒度显式属性，这是上述主题-情感分析模型不能取代属性抽取与情感分析的一个重要原因。

8.6　情感分析中的特殊问题

8.6.1　情感极性转移问题

情感极性转移（sentiment polarity shift）是指由于一些特殊的语言结构，使得文本中的情感发生转移的一种语言现象。导致情感极性转移的因素有很多，常见的包含否定、转折、加强、削弱等语言结构，它们被统称为"情感转移符"（sentiment shifter）（Liu, 2012）或"效价转移符"（valence shifter）（Polanyi and Zaenen, 2006）。

经过情感转移的文本在文本表示时，与原文本往往是相似的，如"I like this book"和"I don't like this book"两个句子，利用词袋模型进行文本表示时具有很大的相似性，但是从情感表达上却截然相反。根据文献（Li et al., 2010）的统计，商品评论文本中超过 60%的句子包含显式的极性转移现象。因此，在情感分类文本表示和分类建模时，必须考虑极性转移问题。（Liu, 2015）对不同类型的极性转移现象进行了详细的分析。在实际问题中，否定、转折都会改变情感的极性，而加强、削弱只会改变情感的程度，不会改变极性，因此研究者更加重视对否定、转折的处理。

（Wilson et al., 2005）讨论了短语和子句级情感分析中的极性转移问题，他们将情感极性事先确定的情感词典作为先验知识，使用机器学习方法识别包含先验情感词的短语的上下文极性（contextual polarity）。（Choi and Cardie, 2008）基于句法模式，手动设计了一系列语义组合规则，将否定词与词典极性进行组合，提高了子句级情感分类的性能。（Nakagawa et al., 2010）提出了一种半监督的子句级情感分析方法，该方法利用依存句法树节点间的依存关系捕获否定结构。

在属性级情感分类任务中，（Hu and Liu, 2004）首先识别出每条评论中带观点的句子，然后通过分析句子中情感词和否定词的组合模式帮助判断观点句子的情感极性。（Ding and Liu, 2007）利用了连词（如 and、but）等语言规则，如 and 前后的子句应该是相同的情感极性，通过已知情感极性帮助判断其他观点的情感极性。（Ding et al., 2008）设计了复杂的规则用于匹配否定、转折和加强、削弱等各种情感转移类型。

在文档或句子级情感分类任务中，极性转移的处理手段也因情感分类方法的不同而有明显的区别。一般来说，在基于词典和规则的情感分类方法中比较容易处理极性转移问题，可以通过设计合理的规则对否定、转折等极性转移现象以及情感增强和削弱等现象进行模式匹配，如果遇到极性转移，则反转相应部分的情感得分，如果遇到情感增强和削弱,则增加或减少相应部分的情感得分,最后将各部分的得分累加,得到全部文档的情感得分,(Taboada et al., 2011)是这种方法的代表性工作。

传统的机器学习方法利用词袋模型进行文本表示,这种表示方法忽略了文本中的词序信息,不易对极性转移进行处理。一种简单的处理方法是在被否定或转折的情感词后面追加一个"NOT",这样前文的否定句"I don't like this book"就转换为"I like-NOT this book",但是这种处理方法带来的性能提升非常有限(Das and Chen, 2007; Pang et al., 2002)。还有一些研究工作试图利用语言学特征和词典资源对极性转移现象进行建模,如(Na et al., 2004)基于特定的词性模式定义规则以识别和处理否定问题。(Kennedy and Inkpen, 2006)对三种情感转移现象(否定、增强和略弱)进行建模,实验结果表明,情感转移的处理对于词典方法性能的提升显著有效,但是对于机器学习方法的性能提升非常微弱。(Ikeda et al., 2008)基于 General Inquirer 情感词典提出了一种逐词和逐句进行极性转移处理的机器学习方法。

(Li and Huang, 2009)通过总结极性转移语法规则,将文档切分成极性转移和非极性转移两个部分,分别表示成两个词袋,通过不同的策略组合两个词袋的分类结果。(Li et al., 2010)进一步提出了一种基于特征选择的情感转移检测算法。(Orimaye et al., 2012)提出了一种句间极性转移检测算法,仅利用情感连贯的句子进行情感分类。(Xia et al., 2016)将极性转移现象分为显式极性转移和隐式极性转移两种情况,前者包括否定和转折等显式语言结构,后者主要指隐式的句间情感不连贯现象。基于这种考虑,他们提出了一种基于规则的显式极性转移检测方法和基于统计的隐式极性转移检测方法。对于不同类型的极性转移采取不同的预处理方法,如对否定部分的句子进行反义替换,最后对不同部分的文本进行集成学习以得到整个文档的情感。

(Xia et al., 2013b; Xia et al., 2015a)提出了对偶情感分析(dual sentiment analysis, DSA)模型解决情感分析中的极性转移问题。该模型利用反义句情感极性反转的特点,提出了一种数据扩充技术,将原始评论翻转为反义评论(训练样本同时反转其情感极性),原始评论和反义评论由一对词袋(对偶词袋)表示,在此基础上提出了一种对偶训练算法和对偶预测算法,在情感分析过程中同时考虑正反两方面的因素。文本在反转的过程中消除了否定等极性转移结构,因此能够较好地抑制极性转移问题。(Xia et al., 2015b)进一步将对偶情感分析从监督机器学习推广到半监督机器学习,提出了一种基于对偶视角联合训练的半监督情感分类方法。

(Qian et al., 2017)在深度学习框架下提出了一种情感极性转移问题的解决方法,该文提出了语言正则化的 LSTM(linguistically regularized LSTMs),利用 LSTM 从右到左对句子进行建模,预测每个词的情感分布,并通过正则化的方式引入情感词、否定词、强度词等语言学信息作为约束条件,优化学习得到语言学相关的文本表示,以增强句子情感分类的性能,在 MR 和 SST 数据集中证明了该方法的有效性。

8.6.2 领域适应问题

在统计机器学习任务中,一个领域的学习过程通常是基于该领域大量标注样本训练实现的，并且要求测试数据与训练数据服从相同的分布。因此，统计机器学习常常存在领域依赖问题，即在某一领域（我们称之为源领域）标注样本上学习得到的分类器通常只在相同领域的测试样本上表现较好，换到其他领域（我们称之为目标领域），尤其是目标领域与源领域的分布相差较大时，算法性能会大打折扣。这一领域依赖问题在情感分析任务中表现得尤为突出。针对这一问题，"领域适应学习"（在机器学习领域也称为"迁移学习"）成为相关领域近年来的研究热点。

领域适应学习研究的内容是在训练样本和测试样本来自不同领域的情况下，如何利用测试领域的大量非标注语料帮助训练一个适应的分类器。领域适应问题在情感文本分类任务中有非常重要的意义。例如，在已有餐馆评论的标注样本和电子产品评论的非标注样本的情况下，领域适应的目标就是利用这些样本训练一个能够对电子产品评论进行有效分类的模型。

（Aue and Gamon, 2005）首先在情感分析任务中提出了领域适应问题，他们利用 EM 算法同时对源领域的标注样本和目标领域的无标注样本进行训练，但是效果并不理想。（Jiang and Zhai, 2007）对领域适应问题进行了分析，提出了基于实例的适应（instance adaptation）和基于标签的适应（labeling adaptation）两类方法。文献（Pan and Yang, 2010）将迁移学习划分为基于实例的迁移、基于特征表示的迁移和基于模型参数的迁移三种情况。

基于特征表示的迁移学习算法通常基于源领域的标注数据和目标领域的大量无标注数据（或少量标注数据）找到一种适合目标领域的特征表示方法，并利用新的特征表示进行分类建模。（Blitzer et al., 2007）提出的结构对应学习（structure correspondence learning, SCL）算法是该领域的代表性工作。SCL 方法首先定义了一些枢轴特征（pivot feature）和非枢轴特征（non-pivot feature），然后学习两种特征空间之间的映射矩阵，再利用 SVD 分解获取映射矩阵的主成分子空间，最后将非枢轴特征在映射矩阵子空间上进行投影后进行情感分类，取得了很好的效果。随后出现了一系列类似的研究工作，其基本思路都是以源领域和目标领域的共性特征作为桥梁，分别关联各自领域的特有特征，这种关联关系往往通过特征之间的同现程度（相关性）衡量。基于这些同现信息，利用子空间方法将源领域和目标领域的特征映射到同一个子空间上，最后在子空间中进行分类。（Pan et al., 2011）和（Pan et al., 2010）提出了两种标签迁移的算法：迁移主成分分析（transfer component analysis, TCA）和谱特征对齐（spectral feature alignment, SFA）。这两种方法分别利用主成分分析和谱聚类的思想确定源领域和目标领域的关联关系，并构建目标领域的特征表示。（Xia and Zong, 2011）分析认为，不同词性的特征具有不同的领域独立性，如形容词、副词的领域变化较小，而名词的领域变化较大，依据该特性划分特征子集，在源领域训练基分类器，利用集成学习实现特征权重的二次分配，从而构造目标领域的新的标记函数。近年来，出现了一系列基于神经网络的迁移学习算法，其本质思想与 SCL 类似，通过构建一些领域独立的辅助任务作为关联源领域和目标领域特有特征的桥梁，然后利用神经网络对辅助任务进行优化，将两个领域的特征映射到同一个子空间后进行情感分类。（Yu and Jiang, 2016）首先设计了两种辅助任务，即利用非枢轴特征（non-pivot feature）来分别预测正面极性的枢轴特征（positive pivot feature）和负面极性的枢轴特征（negative pivot feature），然后提出将非枢轴特征和原始特征作为一对输入，使用双通道卷积神经网络模型（bi-channel CNN）对辅助任务和情感分类主任务进行联合训练的方式，将非枢轴特征和原始特征分别映射到两个不同的子空间，并将两个子空间连接起来进行情感分类。（Ding et al., 2017）和（Li et al., 2017c）分别将基于传统规则方法的预测标签以及对抗网络中的领域判别器作为辅助任务，然后分别使用长短期记忆模型（LSTM）和记忆网络（Memory Network）进行辅助任务和主任务的联合训练。随后,（Li et al., 2018）提出将（Yu and Jiang, 2016）以及（Li et al., 2017c）中的辅助任务结合起来，利用层级注意力网络（hierarchical attention network）进行多任务学习，取得了目前基于特征表示迁移学习方法的最好效果。

基于模型参数的迁移方法假设源领域和目标领域的模型参数具有相同的先验分布，在模型优化时利用共同的先验作为约束条件，从而实现两个领域分类知识的迁移。（Xue et al., 2008）提出了基于 PLSA 模型的领域适应方法，设计了一个包含源领域和目标领域的主题桥接的 PLSA 模型（topic-bridged PLSA）。这种方法假设图模型结构中源领域与目标领域共享一个 $p(z|w)$，在利用 EM 算法对模型进行优化时体现上述共享参数，在跨领域文本分类任务中进行了验证。（Li et al., 2009b）将单领域的非负矩阵分解扩展至领域适应问题上，对源领域和目标领域分别进行了非负矩阵分解，以源领域和目标领域共享同一个 $p(w|c)$ 矩阵作为约束条件，实现了情感分类领域知识从源领域向目标领域的迁移。该文思想与 topic-bridged PLSA 模型非常类似，所用的非负矩阵分解模型与 PLSA 模型可以看作一个"子空间模型-概率模型"对。

基于实例的迁移方法在利用源领域的训练样本训练分类器时，考虑训练样本与目标领域分布的相似程度，对不同的样本赋予不同的权重。这一问题归结为样本选择偏差（sample selection bias）问题（Zadrozny, 2004），其核心是概率密度比的估计，即需要计算样本在目标领域和源领域出现的概率比，并用该比值衡量源领域样本在目标领域中出现的可能性（也可以理解为对于迁移学习的权重）—— 可能性越大，在模型训练时赋予的权重越大；可能性越小，赋予的权重也越小。这一概率比的估计非常困难，尽管在机器学习领域提出了若干理论方法（Shimodaira, 2000；Huang et al., 2007；Sugiyama et al., 2008；Bickel et al., 2009），但是在包括情感分析的自然语言处理领域适应任务中性能很不稳定。（Xia et al., 2013a）提出了一种基于正例和无标签学习（positive unlabeled learning, PUL）的源领域样本与目标领域分布的相似度计算方法，把源领域和目标领域的样本分别看作 U-set 和 P-set，先从源领域内识别一部分可靠的非目标领域样本作为 N-set，然后基于 EM 建立一个半监督的源分类器，预测每个源领域样本属于目标领域的概率，并用这个概率作为源领域样本与目标领域分布的相似性度量，在跨领域情感分类任务上取得了较好的性能。（Xia et al., 2014）提出了一种基于 logistic 近似的源领域样本与目标领域分布的相似度计算方法及其样本选择和样本加权的领域适应方法，将相似度学习与跨领域分类两项任务结合在一个模型里，取得了算法性能的进一步提升。（Xia et al., 2018）进一步分析了实例迁移中的偏差-方差困境（bias and variance dilemma），提出了在克服样本选择偏差的同时控制样本权重方差的思想，提高了实例迁移算法的稳定性。

8.7 文本情绪分析

文本情绪分析是情感分析的一种特殊类型。与传统的语义倾向性角度（如正面、负面、中性）的情感分类相比，文本情绪分析的目标是从人类的心理学角度出发，分析和挖掘文本中蕴含的人的情绪（如喜、怒、哀、乐等）及其相关信息。

8.7.1 心理学情绪理论

情绪的本质是一种伴随着认知和意识产生的人类所特有的对外界刺激的内在状态，是人类对客观事物的态度体验与相应的行为反应。

美国心理学家 Ekman 提出的 6 类基础情绪理论认为基本情绪包括高兴（joy）、悲伤（sadness）、愤怒（anger）、恐惧（fear）、厌恶（disgust）和诧异（surprise）6 个离散的类别（Ekman et al., 1972）。美国心理学家 Plutchik 提出了多维度 Plutchik 情绪轮模型（Plutchik and Kellerman, 1986），该模型在 Ekman 的 6 种基本情绪以外增加了信任（trust）、期望（anticipation）情绪，这 8 类基本情绪组成了 4 对两极情绪组合，每类情绪都可以进一步分为三种强度。Plutchik 还提出一种假设，两种邻近的基本情绪组合会产生一种复合情绪。

计算机与人工智能科学研究中使用较为广泛的是上述 6 类及 8 类基本情绪模型或与之类似的多类别离散情绪模型。

8.7.2 文本情绪识别

自 21 世纪初，学术界陆续出现了针对故事小说、即时消息、新闻报道、博客和微博的文本情绪识别研究，其主要方法分为基于词典或常识的规则方法、传统机器学习方法以及最新的深度学习方法。

1. 基于词典或常识的规则方法

（Subasic and Huettner, 2001）最早结合模糊逻辑和语言规则进行文本中的情绪分析。早期研究基于情绪词典的规则化方法对文本（即时消息、新闻标题、博客等）进行情绪检测及分类（Ma et al., 2005; Neviarouskaya et al., 2007; Neviarouskaya et al., 2011）。SemEval2007 举办了一个新闻标题情绪识别比赛 Affective Text（Strapparava and Mihalcea, 2007），（Chaumartin, 2007）采用的规则化方法取得了优异的性能。（Liu and Singh, 2003）则基于常识库或知识库进行情绪识别。（Read, 2004）和（Strapparava and Mihalcea, 2008）利用候选词和情绪种子词的同现关系，分别借助 PMI-IR 和 LSA 方法进行情绪分类。（Danisman and Alpkocak, 2008）基于情绪词典建立向量空间模型，并通过相似度计算进行情绪分类。（Golder and Macy, 2011）和（Bollen et al., 2011）分别基于情绪词典和经验心理学测量分析知识对 Twitter 上的推文进行大规模情绪分析。

同时，为了解决无监督情绪识别中的情绪词典依赖问题，很多研究者开展了情绪词典构建的工作（Strapparava and Valitutti, 2004; Xu et al., 2013; Staiano and Guerini, 2014; Song et al., 2015; Wu et al., 2016）。

2. 传统机器学习方法

（Alm et al., 2005）基于一种 SVM 与 SNoW 的联合模型和 30 种人工设计的特征（首句、句子长度、特定连接词、词序、故事进展等）对格林童话进行情绪分类。（Mishne, 2005; Aman and Szpakowicz, 2007; Yang et al., 2007a）基于 naïve Bayes、SVM 等传统机器学习模型结合人工设计的特征（如词项、词性、高阶 n 元语法、语义、词典特征等）对博文进行情绪分类。（Yang et al., 2007b）基于 SVM 和 CRF 进行句子级和文档级的博客情绪分类，其中 SVM 用于对句子情绪分类，CRF 用于对句子序列的情绪关系建模。（Gupta et al., 2013）采用 Boosting 算法对客户邮件进行情绪邮件检测与分类。

（Roberts et al., 2012）基于类似的分类模型和特征工程针对 Twitter 语料进行情绪分类。为了避免依赖人工进行情绪标注，（Mohammad, 2012; Purver and Battersby, 2012; Suttles and Ide, 2013）提出了基于远程监督的 Twitter 情绪分类方法，他们将 Twitter 中自然标注（如表情符和哈希标签等）情绪类别关联，再基于传统机器学习模型进行 Tweet 情绪分类。（Mohammad, 2012）还基于此建立了一个 Twitter 情绪语料库（Twitter Emotion Corpus, TEC）。

在中文微博情绪分类方面，（Zhao et al., 2012）建立了一个基于中文微博的情绪分类系统 Moodlens，他们将 95 种表情符号映射到愤怒、厌恶、开心和悲伤 4 类情绪标签，并基于这 4 类标签在大规模微博数据上训练朴素贝叶斯模型进行情绪预测，模型同时支持增量式训练，适用于大规模实时数据的情绪分类。（姚源林等, 2014）构建了 NLPCC2013 中文微博情绪分析评测任务所用的情绪分类语料。（Jiang et al., 2014）提出了表情空间模型的方法将词和微博映射到表情空间，并在此基础上进行监督学习，在 NLPCC 2013 中文微博情绪分类语料上的实验取得了成功。（Wen and Wan, 2014）基于类序列规则抽取特征改善传统 SVM 在中文微博情绪分类上的性能。

上述情绪分类假设每个样本只包含一个情绪类别，称为单标签情绪分类，除此之外，还有一类多标签情绪分类，其目标是预测文本中表达的多种情绪类别。（Xu et al., 2012; Li et al., 2015; Yan and Turtle, 2016）在传统机器学习的框架下进行文本多标签情绪分类研究。

3. 深度学习方法

近年来，深度学习方法在情绪分类任务上也得到了运用。（Tang et al., 2013）采用深度置信网络学习出句子表示在新浪微博语料上进行情绪分类。（Wang et al., 2016b）采用了 LSTM 结合注意力机制的方法，他们将注意力层可视化，证明了所提出的模型可有效选择富含情感的词语。（Abdul-Mageed and Ungar, 2017）基于门控循环神经网络来识别 Tweet 情绪类别。（Kratzwald et al., 2018）对 6 个情绪分类基准数据集进行了对比评估，发现循环神经网络及基于情感分类微调的迁移学习模型性能始终优于传统机器学习。（Felbo et al., 2017）在大规模 Twitter 语料上使用表情作为监督信号预训练了一个 DeepMoji 模型以学习情绪相关的词向量，并在情绪相关下游任务上进行微调，在多个基准数据集上显著提升了情绪分类的性能。

（Wang et al., 2016a; He and Xia, 2018; Yu et al., 2018; Huang et al., 2020）基于深度学习方法开展标签情绪分类研究。SemEval2018 举办了一个 Twitter 情绪分析比赛（Mohammad et al., 2018），其中任务 1 的子任务 5 为多标签情绪分类任务，提供了一个基于 Twitter 的多标签情绪分类数据集。在该评测比赛中，（Kim et al., 2018）和（Baziotis et al., 2018）分别提出了一种基于注意力机制的多通道卷积神经网络模型以及基于注意力机制的深度循环神经网络模型，这两个模型在评测比赛中获得了前两名的成绩。（Ying et al., 2019）基于 BERT 在该数据集上取得了目前最好的性能。

此外，除了情绪类别，情绪强度也得到了关注。（Quan and Ren, 2009）标注了一个包含情绪类别、情绪强度、情绪持有者/目标等细粒度情绪信息的中文博客语料。基于此数据，（Zhou et al., 2016）提出了一种多标签情绪分布学习任务，利用递归自编码器得到文本表示，基于该文本表示进行情绪分布的预测，并在损失函数中引入 Pluntchik 情绪轮中的情绪相关性等先验知识作为约束，（Zhou et al., 2018）进一步提出了一种基于相关情绪排序的多标签情绪分布学习框架。（Mohammad and Bravo-Marquez, 2017）在 WASSA-2017 举办了对 Twitter 文本的情绪强度检测比赛 EmoInt-2017，比赛的前两名分别利用了 CNN，LSTM 等深度学习模型以及它们的集成。

8.7.3 情绪原因挖掘

随着研究的深入，文本情绪分析领域的研究逐渐从直接的情绪类型识别转向对情绪相关更深层次信息的挖掘和推理上。情绪原因挖掘任务就是其中的代表，其目标在于识别和抽取文本中情绪表达所对应的原因，成为文本情绪分析领域近期的研究热点。

1. 早期工作

（Lee et al., 2010a; Lee et al., 2010b; Lee et al., 2013）首次从语言学的角度探索了情绪背后的原因，并提出情绪原因抽取任务。他们构建了一个小规模的中文情绪原因数据集，建立了一个基于规则的方法，对于给定的情绪表达，抽取词语级别的原因文本片段。基于同样的任务设定，一些其他的基于规则的方法也被相继提出，如（Neviarouskaya and Aono, 2013）构建了基于词典网站的英文数据集，并引入了句法和依存关系解析器以及规则来分析八种类型的情绪原因关系。（Yada et al., 2017）构建了一个日语数据集，并提出了一种自举技术来自动获取连词短语作为线索来抽取情绪原因。（Russo et al., 2011）构建了基于意大利新闻语料的情绪原因数据集，提出了基于语言模式和常识知识的方法来识别包含原因短语的句子。此外，也有一些基于机器学习的工作，如（Ghazi et al., 2015）从信息抽取的角度出发，建立了基于 CRF 的序列标注模型来抽取情绪原因文本片段，并在自行标注的英文数据集上进行了验证。

2. 子句级情绪原因抽取

　　（Chen et al., 2010）对（Lee et al., 2010a）的语料进行分析后指出，相比于短语，子句可能更加适合作为情绪原因抽取的最小单元，并提出了一种多标签机器学习方法框架来抽取子句级别的情绪原因。

　　（Gui et al., 2016a; Gui et al., 2016b; Xu et al., 2017）爬取了新浪城市新闻频道2013—2015 年的 20000 篇新闻报道，依据是否包含情绪词以及是否包含情绪原因最终抽取得到 2105 个有效实例，并发布了一个公开的中文情绪原因语料。该语料在后续的研究工作中受到了大量关注并成为一个基准数据集。基于该语料，多个基于传统的机器学习方法（Gui et al., 2016a; Gui et al., 2016b; Xu et al., 2017）和深度学习方法的工作（Gui et al., 2017; Li et al., 2018; Ding et al., 2019; Xia et al., 2019; Hu et al., 2019; Xu et al., 2019; Yu et al., 2019; Xiao et al., 2019）被相继提出。其中，（Gui et al., 2016a; Gui et al., 2016b; Xu et al., 2017）使用七元组来描述情绪原因事件，并基于事件抽取框架和多核 SVM 来抽取情绪原因子句。（Gui et al., 2017）将情绪原因抽取过程看作一个问答任务，并提出了一种新的深度记忆网络来对每个词的上下文建模。（Li et al., 2018）认为情绪词的上下文是非常重要的线索，并提出一种交互注意力网络来对候选原因子句和情绪子句的交互建模。（Ding et al., 2019）指出，除了文本内容信息外，相对位置信息和全局标签信息对此任务也是非常重要的，并提出相对位置强化的表示学习算法以及基于子句重排序的预测算法来分别利用这两种信息。（Xia et al., 2019）提出一种基于 RNN 和 Transformer 的一体化层次网络来对文档中多个子句之间的相关性进行建模并在多个子句上进行同步的情绪原因检测，建模过程同时考虑了相对位置和全局标签信息。（Hu et al., 2019）将多个情感极性语料作为外部情感知识融入到词嵌入中，并采用了 BERT 预训练模型来融入更多语义信息。（Yan et al., 2021）进一步从 ConceptNet 中抽取常识知识以辅助神经网络进行更有效的情绪原因抽取。

3. 情绪与原因配对抽取

　　传统的情绪原因抽取任务存在两方面的缺点：一是必须先标注好情绪，才能进行原因抽取，这极大地限制了它在现实场景中的应用；二是先标注情绪然后抽取原因的方式忽略了情绪和原因相互指示的关系。针对上述问题，（Xia and Ding, 2019）提出了情绪-原因配对抽取（emotion-cause pair extraction，ECPE）任务，旨在抽取文档中潜在的情绪和原因构成的配对（见图 8.14），并基于（Gui et al., 2016a）的语料构造了一个情绪与原因配对抽取语料。为了解决该新任务，本研究首先提出了一个先分后合的两阶段解决方案。第一步将情绪-原因配对抽取任务转换为情绪抽取和原因抽取两个子任务，并提出了两种多任务学习方法来抽取情绪子句集合和原因子句集合。第二步对上一步获得的情绪子句和原因子句进行配对和过滤，先将文档中所有的情绪子句和原因子句两两配对，再训练一个过滤器来筛选非法关系配对，该工作有效解决了情绪原因抽取应用受限问题。

　　（Ding et al., 2020a; Ding et al., 2020b; Fan et al., 2020; Wei et al., 2020）进一步提出了多种一体化的情绪与原因配对抽取模型，如基于 2D 表示、交互和预测的一体化

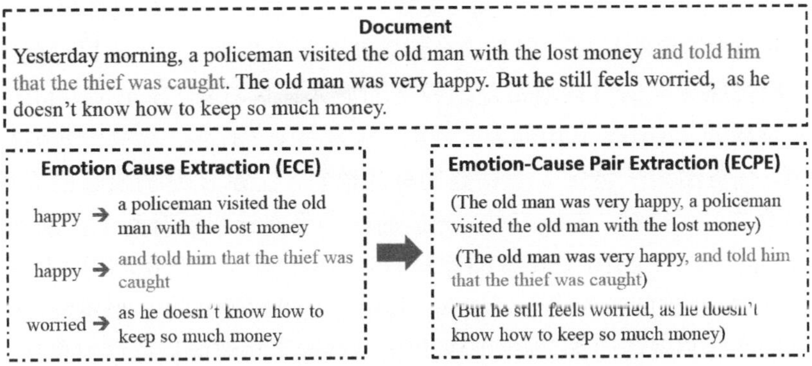

Document
Yesterday morning, a policeman visited the old man with the lost money and told him that the thief was caught. The old man was very happy. But he still feels worried, as he doesn't know how to keep so much money.

Emotion Cause Extraction (ECE)

happy → a policeman visited the old man with the lost money

happy → and told him that the thief was caught

worried → as he doesn't know how to keep so much money

Emotion-Cause Pair Extraction (ECPE)

(The old man was very happy, a policeman visited the old man with the lost money)

(The old man was very happy, and told him that the thief was caught)

(But he still feels worried, as he doesn't know how to keep so much money)

图 8.14 从情绪原因抽取到情绪 - 原因配对抽取

模型，基于滑动窗口多标签学习的一体化模型等，进一步提升了情绪与原因配对抽取的性能。

上述大部分的情绪原因挖掘任务主要面向新闻文本，在微博情绪原因分析方面，(Li and Xu, 2014) 构建了中文微博情绪原因数据集并尝试通过从其他领域（例如社会学）中引入知识和理论来推断情绪产生的原因，(Gao et al., 2015a; Gao et al., 2015b) 也构建了基于中文微博的数据集并设计了一套基于认知情绪模型的复杂规则系统来抽取情绪原因。(Gui et al., 2014) 使用 25 条人工设计的规则作为特征，并采用机器学习模型（如 SVM 和 CRF）来检测原因，最终在自行构建的中文微博数据集上验证了效果。(Song and Meng, 2015) 构建了基于中文微博的数据集并提出了一种上下文敏感的主题页排名算法来检测构成情感原因的多词表达。(Cheng et al., 2017) 构建了具有多用户结构的中文微博数据集，并形式化了两种微博中的原因检测任务：①基于当前推文的原因检测；②基于原始推文的原因检测。他们对任务①采用了上下文、历史推文以及原始推文的 one-hot 词特征，对任务②采用了情绪词、当前推文以及原始推文的 one-hot 词特征，并针对两个任务都探索了 SVM 和 LSTM 的效果。针对任务①，(Chen et al.; 2018a) 进一步提出了层次卷积神经网络的方法，(Chen et al., 2018b) 提出了一种基于神经网络的联合方法来同时解决情绪分类和原因检测任务，通过在两个任务之间建立辅助表示来提升各自的性能。

8.8 进一步阅读

一方面，随着深度学习的不断发展和更新，更多新型的深度神经网络方法（CNN、RNN、注意力机制、Transformer、预训练语言模型等）被应用到了不同级别的情感分析和观点挖掘诸多任务上。这些工作成为近几年来自然语言处理各大顶级会议中的情感分析与观点挖掘领域的主流。

另一方面，在传统的情感极性分类任务之外，还逐渐出现了一些情绪分类、立场分类、反讽识别、仇恨言论检测等广义的情感分析任务。立场分类与传统情感分类任务的不同之处是：后者的目标是判别文本表达的情感极性（如正面、负面、中性），而前者的目标是判别对给定目标所持有的立场（支持、反对、质疑等）。与属性级情感分类任务相比，立场分类中给定的目标一般是一个话题或者一个事件，是一个相对概括的抽样概念，而属性级情感分类的目标通常是细粒度的显式评价对象。SenEval 2016 发起了一项针对给定话题的 Twitter 立场分类的评测，包含两个子任务，其中，任务 A 是有监督的立场检测，任务给定了包含 5 个话题的标注语料，任务 B 是弱监督的立场检测。立场的类别包含支持、反对、未知三种，评估的标准为支持和反对两个类别的宏平均 F_1 值（Mohammad et al., 2016）。在参加评测的队伍中，有 3 支队伍利用了除给定语料之外的未标注数据，9 支队伍使用了词嵌入，其中包括成绩最好的 3 个系统，有 7 支队伍利用了公开的情感和表情词典，他们所采用的方法除了传统的机器学习模型，也有深度神经网络方法，如 CNN, RNN, LSTM 等。NLPCC 2016 在中文微博数据上组织了类似的评测任务。

（Pang and Lee, 2008；Liu, 2012；Liu, 2015）对传统的情感分析和观点挖掘相关研究和更多细化的情感分析任务做了全面的综述。

习　　题

8.1　请分析情感分类和传统文本分类任务的异同。

8.2　文档级情感分类和句子级情感分类任务有什么区别？在这两个粒度上开展情感分类各有什么优缺点？

8.3　给定一个情感词典（1 表示 Positive、−1 表示 Negative、0 表示 Neutral）：

很好 1	清晰 1	很快 1	简陋 −1	高 1	细腻 1
沉 −1	不错 1	无敌 1	推荐 1	慢 −1	高大上 1
差 −1	不想 −1	强 1	耐看 1	好用 1	垃圾 −1
好 1	不咋滴 −1	窄 −1	长 0	够了 −1	丑 −1
爱了 1	凹凸有致 1	舒服 1	享受 1	爱上 1	顺滑 1
问题 −1	棒 1	好评 1	差评 −1		

请基于 8.3.1 节介绍的（Das and Chen, 2007）论文中的规则化方法，识别下表中 6 条商品评论的情感类别：

评论序号	评论内容
d_1	双十一 买 的，用了 一段 时间 才来 评价。除了 包装 简陋 了点，其他 都 不错，相机 超 强大，能 50 倍 变焦，相片 质量 清晰，像素 高，屏幕 显示 也 比较 细腻。手感 略 沉，人脸 识别 和 指纹 识别 都 很快。响应 速度 很 快，音质 也 不错，超级 快充 真心 无敌。
d_2	高大上，用了 华为 手机 我 都 不 想 用 苹果 了，电池 能 用 一天，信号 又 强，照片 也 不 比 苹果 差，爱了 爱了。比 mate30 更 好用 一点。耐看
d_3	不咋滴，摄像 没有 说的 那么 好
d_4	拍照 确实 不错，但是 处理器 真的 垃圾

续表

评论序号	评论内容
d_5	外形 真的 是 很 丑 ， 又 窄 又 长 ， 真的 够了
d_6	第一 次 用 p 系列 ， 感觉 不错 。 我 是 奔着 90Hz 和 摄像头 来的 。 外观 颜值 非常 好 ， 可以 说 是 凹凸有致 。 然后 是 90Hz 用 着 很 舒服 ，用 每一 款 软件 的 时候 都是 一 种 享受 ， 打 游戏 的 时候 也是 90Hz ， 看 的 非常 舒服 。 我 拿 之前 那 部 V30 PRO 在 旁边 对比 ， 简直 了 瞬间 就 爱上 p40 。 还有 我 在 实用 工具 那 里 发现 了 AR 测量 ， 可以 测 直线 面积 体积 身高 。 就 像 我 以前 看到 别人 用 苹果 相机 拍 一个 点 然后 滑到 另一个 点 测距离 的 那种 ， 再 配上 90IIz 的 顺滑 流畅 科技感十足 。 续航 能力 也 非常 强 ， 比 我 之前 那 部 V30 PRO 强 。 最后 的 最后 好评 耳机 ， 不知道 是 不是 因为 系统 音效 的 问题 ， 用 那 耳机 听 音乐 非常 棒 ， 能 听到 一首 歌 里 的 乐器 的 声音 ， 看 视频 的 时候 音效 也 非常 棒 。 送 的 这款 耳机 非常 入我 心

8.4 试分析式 (8.2)、式 (8.9)、式 (8.10) 中的 PMI 与 5.3.1 节特征选择方法中所述的点式互信息（PMI）的异同。

8.5 请阐述基于循环神经网络和递归神经网络进行句子级情感分类的不同之处。它们各自适用于什么场景？

8.6 在习题 8.3 的基础上，进一步给定以下属性集合：

包装, 相机, 电池, 信号, 摄像, 拍照, 外形, 外观, 续航, 音效

试基于式 (8.12)，识别每条评论中所包含属性相对应的情感类别。

第 9 章　话题检测与跟踪

9.1　概　　述

随着互联网和社交媒体技术的快速发展，信息采集、传播和共享的速度及规模达到了空前的水平，人们一方面享受着互联网上丰富的信息所带来的便利，另一方面也在忍受着"信息爆炸"所带来的困扰。由于网络信息数量巨大，一方面人们难以从浩若烟海的信息海洋中迅速而准确地获取自己所需要的信息，另一方面与一个话题相关的信息往往孤立地分散在很多不同的时间和地点，仅仅通过这些孤立的信息人们难以对话题做到全面的把握。面对这些海量、多源、多样化的信息，迫切需要一种技术，能够基于话题或事件对信息进行有效的组织和汇总，并快速、准确地发现和追踪用户感兴趣的话题。

话题检测与跟踪（topic detection and tracking, TDT）技术正是在上述背景下产生并发展起来的。话题检测与跟踪的目标就是帮助人们应对信息爆炸问题，自动识别新闻媒体和社交媒体数据流中的新话题，对已知话题进行跟踪，帮助用户从整体上了解话题的发展与演变。通过话题发现与跟踪，将互联网上分散的信息进行有效的汇集和组织，帮助用户发现与话题相关的各种因素之间的关系，从整体上了解话题的全部细节以及该话题与其他话题之间的关系。

话题检测与跟踪技术可以把信息按话题分类组织，将特定时间段内最活跃的话题智能地推送给用户，并按照用户的需求跟踪话题的动态演化过程，从而为用户有效地掌握社会动向和重大事件提供极大的便利。与信息检索、信息抽取和文本摘要等任务相比，话题检测与跟踪更加强调信息发现、跟踪和整合的能力。此外，话题检测与跟踪技术研究的对象为具有时序关系的文本数据流，而非静态的、封闭的文本集合。话题检测与跟踪技术可以用来监控各种信息源，及时发现信息源中新的话题，并对话题的来龙去脉进行历史性的研究，在信息安全、舆情分析、社会调查等领域都有广阔的应用前景。

传统的 TDT 技术是以评测驱动的方式建立并发展起来的。评测活动具有研究任务明确、测评数据和评测标准公开等特点，同时也为 TDT 研究提供了一个技术交流和共享的平台，促进了 TDT 研究的发展。

TDT 研究最初由美国国防高级研究计划署（DARPA）于 1996 年提出，他们计划开发一种新技术，在没有人工干预的情况下自动判断新闻数据流的主题。

1997 年，来自 DARPA、卡内基-梅隆大学（Carnegie Mellon University, CMU）和马萨诸塞大学（University of Massachusetts, UMass）等机构的研究者们开始了这项技

术的初步研究，这些初始研究后来被称作 TDT1997 或 TDT Pilot。其主要研究内容是如何从数据流（文本或语音）中寻找与话题相关的信息，包括寻找内在主题一致的片段，让系统能够自动判断两个事件的分界，并自动检测新事件的出现和旧事件的再现。他们开展了一些基础性的研究工作（Allan et al., 1998a），建立了话题检测与跟踪研究的预研语料库 TDT Pilot Corpus[①]，该语料由 1994 年 7 月 1 日到 1995 年 6 月 30 日期间的路透社新闻专线和 CNN 广播稿的 16000 篇新闻报道构成。对于话题检测与跟踪性能的评估，他们首次提出了漏报率和误报率的评估指标，并且使用了识别错误权衡图（detection error tradeoff plot, DET）直观地展现话题检测与跟踪系统发生错误的情况。

从 1998 年开始，在 DARPA 支持下美国国家标准技术研究所（NIST）开始每年举办 TDT 相关技术评测会议。该评测会议作为 DARPA 资助的跨语言信息检测、抽取和摘要项目 TIDES（Translingual Information Detection, Extraction and Summarization）支持下的两个系列会议之一（另一个是文本检索会议 TREC），得到了越来越多的关注，许多著名大学、公司和研究机构都积极参与，如 IBM Watson 研究中心、BBN 公司、卡内基-梅隆大学、马萨诸塞大学、宾州大学、马里兰大学和龙系统公司等。TDT1998 是首次公开的评测，其评测任务包括新闻报道切分、话题检测和话题跟踪（topic tracking, TT），首次引入了汉语语料。TDT1999 新增了两项任务：首次报道识别（first story detection, FSD）和关联检测（link detection, LD）。

2002 年秋季召开的第五次会议 TDT2002 对语料库进行了更新，在 TDT Pilot Corpus 的基础上引入了阿拉伯语语料，同时将文本过滤、语音识别、机器翻译（machine translation）和文本分割等自然语言处理技术列入研究内容。

由于实际应用中大部分实例片段本身具有良好的可分性，TDT2004 取消了新闻报道切分任务。与此同时，新增了两项任务，分别为有监督的自适应话题追踪和层次话题检测（hierarchical topic detection, HTD）任务。话题检测与跟踪评测会议连续举办了七届，TDT2004 为最后一次评测会议，但 TDT 语料依旧是公开的，研究人员可以通过语言数据联盟（Linguistic Data Consortium, LDC）[②]获取 TDT 相关评测及实验的数据。

近年来，互联网信息分享和传播的方式逐渐从以网站媒体为代表的 Web 1.0 时代走进了以社交媒体为代表的 Web 2.0 时代。以 Twitter、Facebook，微博、微信为代表的社交媒体逐渐发展成为人们讨论时事、交换信息、表达观点的重要平台。社交媒体上时刻产生着大量用户参与的关于事件、人物、产品等内容的数据，成为反映真实社会的一面镜子。检测和跟踪这种丰富、持续、海量的用户生成的数据流可以产生前所未有、富含价值的信息。例如，通过使用社交媒体话题检测与跟踪技术，用户感兴趣的信息可以从海量、杂乱无章的各类信息中被挑选出来，从而了解社会上正在发生的热点事件，并且很容易地跟踪事件的来龙去脉。公司可以监测与之相关的热点话题和突发事件，从而及时调整策略，提高竞争能力。政府可以监督社会秩序，监视恐怖行动，了解社会舆情，从而促进社会稳定。所以，研究社交媒体话题检测与跟踪技术具有十分重要的现实意义。但是，社交媒体文本以其语言简短、形式丰富、话题广泛、更新迅速、数据海量、存在大量

---

① https://catalog.ldc.upenn.edu/LDC98T25。

② https://www.ldc.upenn.edu/。

非规范语言现象等特点，给话题检测与跟踪技术的研究带来了新的问题和挑战。

已有学者（骆卫华 等，2003；洪宇 等，2007）对传统的话题检测与跟踪技术研究情况进行了综述。以下首先介绍话题检测与跟踪技术研究中的术语和任务，然后从表示、相似度计算、检测和跟踪四个方面详细回顾传统的话题检测与跟踪技术，最后沿着话题检测与跟踪技术从传统媒体向社交媒体的延拓，以及社交媒体突发话题的检测这两个方向，介绍社交媒体话题检测与跟踪技术的研究方法。

9.2　术语与任务

9.2.1　术语

TDT 的目标是从文本数据流中自动发现话题并把话题相关的内容联系在一起，涉及事件、话题、报道和主题等概念。为了区分这几个概念与传统意义的差别，以下首先介绍这些概念在 TDT 研究中的定义。

事件（event）：在 TDT 研究中，事件指的是由某些原因、条件引起，发生在特定时间、地点，涉及某些对象（人或物），并可能伴随某些必然结果的活动或现象。通常意义上的事件一般是一个宏观的"故事"或者围绕某一主题的一系列故事，包含事件发生的起因、时间、地点、过程和结果等一系列详细的描述。TDT 中的一个事件通常是由有限几个谓词描述的具体活动或现象。如"2016 年 11 月 8 日美国总统选举，特朗普击败希拉里，当选第 45 任美国总统"是 TDT 中的一个事件，它具备上述时间、地点、人物等具体属性。

话题（topic）：在最初的 TDT Pilot 研究中话题即定义为事件。从 TDT1998 开始，话题被赋予了更广泛的含义，它不仅包含由最初事件引起或导致发生的后续事件，同时还包含与其直接相关的其他事件或活动。因此，可以认为话题是一个核心事件以及与之直接相关的事件或活动，或者简单地认为话题是若干对某事件相关报道的集合。例如，"5·12 汶川地震"是一个话题，"2008 年 5 月 12 日中国汶川发生 8.2 级强烈地震"是该话题的核心事件，随后的抗震救灾、震后重建等活动都与这一核心事件直接相关，因此它们也是"5·12 汶川地震"这一话题的组成部分。TDT 的研究起源于早期的事件检测与跟踪（event detection and tracking, EDT）。与 EDT 相比，TDT 检测与跟踪的对象从特定时间和地点发生的事件扩展为具备更多相关性外延的话题，相应的理论与应用研究也同时从传统对于事件的识别跨越到包含事件及其后续相关报道的话题检测与跟踪。

主题（subject）：TDT 中的主题是对一类事件或话题的概括，它涵盖多个类似的具体事件，或者根本不涉及任何具体的事件，主题比话题的含义更为广泛。如"地震灾害"是一个主题，"5·12 汶川地震"则是该主题下的一个具体的话题。需要注意的是，语言学中的"话题"含义上与 TDT 中的"主题"更加类似，表示多个类似事件的概括，而不涉及具体事件，而 TDT 中的"话题"涉及具体的事件及其相关活动。同时，主题模型（topic model）中的"主题"(topic) 与 TDT 研究中的"主题"(subject) 和"话题（英文也为 topic）"概念也不相同。在 TDT 研究中，"话题"或"主题"都是描述事件的概念，表现为一系列事件或对事件的概括；主题模型中的"主题"则表示文本中词项所蕴含的潜层语义，表现为一系列语义接近的词项。

报道（story）：指新闻专线的文章或者新闻电视广播中的片段。通常情况下，一篇报道只围绕一个话题展开，但是也有些报道中讨论多个话题。

9.2.2　任务

NIST 将 TDT 划分成以下五项基础任务。

（1）报道切分

报道切分（story segmentation, SS）任务的目标是找出新闻报道中所有的话题及其边界，把新闻报道流切分成结构完整、话题独立的多个报道，如图 9.1 所示。例如，给定一段包括时政新闻、体育赛事、金融财经等多个话题的新闻广播，一个报道切分系统需要将这段新闻报道切分成多个不同话题的片段。报道切分主要是面向新闻广播类的报道，其数据流包含两种方式：一是直接对音频信号进行切分；二是先将音频信号翻录成文本数据流，然后再进行切分。由于在实际情况中大部分实例片段本身具备良好的区分性，TDT2004 撤销了该任务。

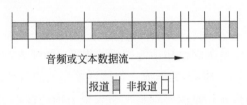

图 9.1　TDT 中的报道切分任务示意图

（2）首次报道识别

首次报道识别（first story detection, FSD）任务的目标是从具有时间顺序的新闻报道流中自动检测出首次讨论某个话题的报道，如图 9.2 所示。该任务需要对每个报道判断是否讨论了一个新的话题，因此被看成是话题检测的基础，也被称作话题检测的透明测试。TDT2004 将 FSD 改名为新事件检测（new event detection, NED）。

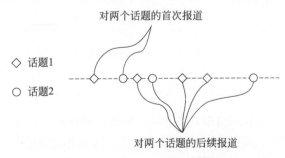

图 9.2　TDT 中的首次报道识别任务

（3）话题检测

话题检测（topic detection, TD）任务的目标是在不给定话题先验知识的条件下，检测出新闻数据流中的话题。FSD 输出的是一篇报道，而 TD 输出的是关于某一话题的报道集合，如图 9.3 所示。TD 的难点在于事先不给出话题的先验知识，因此要求 TD 模型不能独立于某一确定的话题，而要适用于任何话题。

　　尽管一篇报道通常只围绕一个话题展开，但是也有一些报道同时涉及多个话题，并且这些话题之间具有层次关系。针对这一问题，TDT2004 首次定义了层次话题检测任务，该任务将话题的组织形式从 FSD 和 TD 中的平行关系转变成了层次结构。

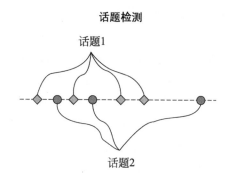

图 9.3　TDT 中的话题检测任务

（4）话题跟踪

　　话题跟踪任务的目标是跟踪已知话题的后续报道，即要求在给定与某个话题相关的一则或多则报道的条件下，检测出数据流中与该话题相关的后续报道，如图 9.4 所示。其中待测话题并非由问询指定，而是通过若干相关报道描述性地给出（NIST 评测中通常为每个话题提供 1~4 篇报道）。

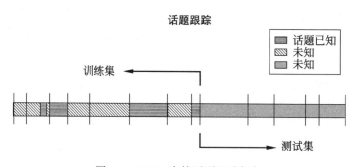

图 9.4　TDT 中的话题跟踪任务

（5）关联检测

　　关联检测（link detection, LD）的目标是判断两篇报道是否属于同一话题，如图 9.5 所示。与 TD 任务类似，该任务不提供先验知识，因此 LD 系统必须在没有明确话题作为参照的情况下，建立不依赖于特定报道的话题关联性检测模型。与其他 TDT 任务不同的是，关联检测往往不直接作为一项应用，而是作为一门重要的核心技术，广泛运用在其他 TDT 任务中，如话题检测和话题跟踪。一个好的关联检测可以提高其他 TDT 任务的性能。

关联检测

图 9.5 TDT 中的关联检测任务

总体而言，话题检测与跟踪本质上是研究报道和话题之间的关系，技术上主要解决以下问题：①话题和报道的表示问题；②话题和报道的相似度计算问题；③话题和报道的聚类问题；④话题和报道的分类问题。表 9.1 列出了 TDT 中的主要任务所涉及的文本挖掘基础技术。本书第 3 章和 6.2 节已经分别对文本表示和文本相似度计算方法进行了详细的介绍，因此下文对报道与话题的表示和相似度计算方法只作简要介绍，然后主要介绍 TDT 的话题检测和话题跟踪任务。

表 9.1 TDT 中的主要任务所涉及的文本挖掘基础

主要任务	方法基础
话题/报道的表示	文本表示
关联检测	文本相似度计算
话题检测	文本聚类
话题跟踪	文本分类

9.3 报道或话题的表示与相似性计算

在文本表示之前，通常需要对报道文本进行预处理，常见的预处理包括词汇化（中文则需进行中文分词）、过滤停用词、提取词干，等等。其次，考虑采用何种模型表示话题和报道。常用的模型分为向量空间模型和语言模型。

向量空间模型是话题发现与跟踪任务中使用最为普遍的文本表示模型之一，它将一则报道视为一篇文档，忽视文档中词项的顺序关系，一个向量表示一篇文档，词项的权重通常采用词频-倒文档频率（TF-IDF）法及其变体，详细介绍见 3.1 节。由于向量空间模型丢失了词序、句法和部分语义信息，常常导致模型在文本相似度计算、聚类、分类等建模任务中性能受限，如该模型很难区分两个不同的"飞机失事"话题。（Allan et al., 2000）指出了文本相似度计算方法的上限，研究者们试图通过信息抽取和特征工程的方法提高向量空间模型的表示能力，如将命名实体信息（Kumaran and Allan, 2004; Kumaran and Allan, 2005）、4W（who，what，when，where）信息（Kumaran and Allan, 2004）和语义概念信息（Kumaran and Allan, 2004）等加入向量空间中，以提升 TDT 任务的性能。

报道或话题的相似性通常包括三种度量指标：报道与报道的相似度、报道与话题的相似度、话题与话题的相似度。这三种相似度与 6.2 节所述的两个文本对象、文本对象与文本集合、两个文本集合之间的相似度是对应的。

　　报道与报道之间的相似度在话题检测与跟踪研究中也称作关联检测任务，其目标是检测随机选择的两篇报道是否论述同一个话题。其基本做法是：首先基于向量空间模型将报道表示成一个向量，然后使用余弦距离计算报道向量之间的相似度，最后将相似度与阈值进行比较，做出报道是否相关的判断。如果相似度大于设定的阈值，就判断为报道相关，否则判断为报道不相关。报道之间的相似度计算也可以采用传统的欧氏距离、皮埃尔逊相关系数等指标度量。

　　一篇报道和一个话题之间的相关性，可以转换为该报道与构成该话题的全部报道之间相似度的计算问题，其中每对报道之间的相似度计算都是一次关联检测的过程。有些工作将话题表示为一个话题模型（如用话题下所有报道的中心向量代表该话题），从而将报道与话题之间的相似度计算转换为报道与中心向量之间的相似度计算问题，其本质还是报道之间的关联检测。

　　马萨诸塞大学（UMass）的研究人员验证了多种相似度计算方法，包括余弦距离、加权求和、语言模型和 Kullback-Leibler 散度，在 TDT3 语料上实验的结果是余弦距离在关联检测任务中的性能最好（Allan et al., 2000）。

　　语言模型还提供了一种计算报道与话题（或报道与报道）之间相似度的方法。对于已有不同话题的文本集合 C_j，可以用一元语言模型表示为不同的词项分布。在一元语言模型假设下词项是相互独立的，此时可以写成

$$p(S|C_j) = \prod_i p(t_i|C_j) \tag{9.1}$$

其中，t_i 表示词表中第 i 个词。基于最大似然估计可以得到 $p(t_i|C)$，即 t_i 在 S 中的词频数除以 S 中的词项总数。

　　为了避免由于数据稀疏问题造成 $p(t_i|C)$ 出现零概率从而导致 $p(S|C) = 0$ 的情况，可以对概率进行平滑，如

$$p_{\text{smooth}}(t_i|C) = \lambda p(t_i|C) + (1 - \lambda) p(t_i|GE) \tag{9.2}$$

其中，$p(t_i|GE)$ 为词项 t_i 在通用语料中的概率估计值。TDT 任务中文档是按时序出现的，新的文档可能会出现过去文档中未曾出现的词项，因此基于通用语料估计的概率是一个合理的先验知识。

　　对于一个新出现的报道 S，计算哪个话题 C_j 最可能产生新的报道 S 可以用公式表达为

$$\arg\max_j \frac{p(S|C_j)}{p(S)} = \arg\max_j \prod_i \frac{p(t_i|C_j)}{p(t_i)} = \arg\max_j \log \prod_i \frac{p(t_i|C_j)}{p(t_i)} \tag{9.3}$$

因此可定义 $D(S, C_j) = \sum_i \log \dfrac{p(t_i|C_j)}{p(t_i)}$ 作为报道 S 与话题 C_j 之间的相似度。

　　如果将一篇报道也看作一个词项的分布，那么，可以利用分布间相似度的度量指标（如 K-L 距离）计算报道与话题之间的相似度：

$$D_{\text{KL}}(C\|S) = -\sum_i p_C(t_i|C) \log \frac{p(t_i|S)}{p(t_i|C)} \tag{9.4}$$

如果将待比较的两篇报道 S_a 和 S_b 当作两个词项分布,也可以使用 K-L 距离进行关联检测。同样地,K-L 距离也可以度量两个话题之间的相似性。这些方法在(Lavrenko and Croft, 2001; Leek et al., 2002)等工作中得到了应用。

在报道或话题表示和相似度计算的基础上,利用聚类、分类等算法就可以解决话题检测与跟踪问题。

9.4 话 题 检 测

话题检测的目标是从连续的报道数据流中检测出新话题或此前没有定义的话题。系统对于话题的时间、内容和数量等信息是预先未知的,也没有可以用于学习的标注样本。因此,话题检测是一个无监督的学习任务,通常基于聚类分析模型实现。大部分的话题检测算法可以看作对文本聚类算法的改进和延伸。传统的聚类分析方法以全体数据集为处理对象,而话题检测处理的对象是按时间排序的新闻报道数据流,数量庞大且具有明确的时序关系。此外,数据流中的话题往往是动态演化的,话题检测要求更充分的判断依据。这些都是传统的聚类方法用于话题检测时需要解决的问题。

话题检测通常分为话题在线检测(online detection)和话题回溯检测(retrospective detection)两种类型。话题在线检测的输入是实时的报道数据流,当前时刻的后续报道是不可见的,要求系统在每个新报道出现时,在线地决策该报道是否属于新的事件。话题回溯检测的输入是整个语料,包含所有时刻的报道数据,要求系统离线地以回溯的方式判决报道所属的事件,并相应地将整个语料分成若干个事件片段。在线检测的重点在于及时地从实时新闻报道流中检测出新的话题,而回溯检测的目的是从已有的新闻报道集合中发现以前未标识的新闻话题。下面分别介绍这两种检测任务。

9.4.1 话题在线检测

话题在线检测任务是从实时报道中检测出新的话题。因为新话题的信息是事先不知道的,所以不能基于确定的查询语句进行检索,而且要求在每条报道出现的同时就进行实时决策。因此,新话题在线检测通常采用增量式聚类算法。

一种最为简单的方法是基于单遍聚类(single-pass clustering)算法进行增量式聚类。算法按顺序处理输入的报道,基于向量空间模型对报道进行文本表示。以报道中的词或短语为特征项,特征权重(feature weight)基于 TF-IDF 及其变体,计算新报道与所有已存在话题之间的相似性。报道与话题之间的相似性通常转化为报道与话题平均向量(或中心向量)之间的相似性,如果相似性高于预设的合并-分裂阈值(或距离小于阈值),就将其归入最相似的那一类簇,否则建立一个新的类簇。这样反复执行,直到所有的数据都读完,整个过程对数据只进行单遍读取。这种算法最后形成一个数据的扁平聚类。聚类的数目取决于合并-分裂阈值的大小。单遍聚类算法详见本书 6.3.2 节。

在 TDT 初期的研究中,UMass 和 CMU 的研究人员都采取过这种方法(Allan

et al., 1998b；Yang et al., 1998)。为了适应实时数据流的特性，他们对传统的文本表示和相似性计算方法分别做了相应的改进。

具体地，(Allan et al., 1998b) 将每篇报道的内容表示为一个查询，并与之前所有的查询进行比较。如果新的报道触发了某个已有的查询，则认为这篇报道讨论了被触发查询对应的话题，否则，将这篇文档视为含有新的话题。

假设 q 是一个查询（query)，q 可以表示为一组特征，基于这些特征为每个文档建立相应的报道表示 d，并定义查询 q 和报道 d 之间的相关性为

$$\text{eval}\,(\boldsymbol{q},\boldsymbol{d})=\frac{\sum\limits_{i=1}^{N}w_i\cdot d_i}{\sum\limits_{i=1}^{N}w_i} \tag{9.5}$$

其中，w_i 表示查询特征 q_i 的权重，d_i 是特征 q_i 在文档表示中对应的特征权重。

由于未来文档在实时环境下是未知的，因此需要根据一个辅助语料 c（这个辅助语料需要与当前检测的文本数据流属于同一个领域）估计 IDF：

$$\text{idf}_i=\frac{\log\dfrac{|c|+0.5}{\text{df}_i}}{|c|+1} \tag{9.6}$$

其中，df_i 为特征 q_i 在 c 中的文档频率，$|c|$ 为语料 c 包含的文档数。同时使用平均化的 TF 值：

$$\text{tf}_i=\frac{t_i}{t_i+0.5+1.5\cdot\dfrac{\text{dl}}{\text{avg\_dl}}} \tag{9.7}$$

其中，t_i 表示特征 q_i 在文档 d 中的词频，dl 为文档 d 的长度，avg_dl 为辅助语料中的平均文档长度。在此基础上，设置特征 q_i 的权重为

$$\text{tw}_i=0.4+0.6\cdot\text{tf}_i\cdot\text{idf}_i \tag{9.8}$$

另外，查询 q 中的特征是动态变化的，每次选择数据流中所有已出现文档的前 n 个高频词构建特征，同时以前所有的查询表示都需要在新的特征项上更新一遍。特征 q_i 对应的权重是所有已出现文档中 tf_i 的平均值。

很多研究表明，基于新闻语料的时间特征可以提高 NED 性能的假设，数据流中时间接近的文档更有可能讨论相同的话题。基于这一想法，通常在阈值模型中增加时间惩罚属性，当第 j 篇文档与第 i 个查询 $(i<j)$ 进行比较时，阈值定义为

$$\theta\left(\boldsymbol{q}^{(i)},\boldsymbol{d}^{(j)}\right)=0.4+p\cdot\left(\text{eval}\left(\boldsymbol{q}^{(i)},\boldsymbol{d}^{(j)}\right)-0.4\right)+\text{tp}\cdot(j-i) \tag{9.9}$$

其中，$\text{eval}(\boldsymbol{q}^{(i)},\boldsymbol{d}^{(i)})$ 为查询 $\boldsymbol{q}^{(i)}$ 的初始阈值，p 是初始阈值的权重参数，tp 为时间惩罚的权重参数。

前面 6.3.2 节曾经指出，单遍聚类算法对文本输入顺序非常敏感 —— 一旦文本顺序发生了变化，聚类结果可能会出现很大的差异。但是在 TDT 的话题发现任务中，数据流中的报道次序是确定的。同时，由于单遍聚类算法具有原理简单、运算速度快、支持在线运算的优点，因此非常适合大规模新闻数据流的实时话题检测应用。后期的相关研究多以这种方法作为基础，主要涉及三个方面的改进：一是建立更好的报道表示形式，二是寻找更加合理的相似度计算方法，三是充分利用在线语料的时间特征。

9.4.2 话题回溯检测

话题回溯检测的主要任务是回顾过去所有发生过的新闻报道，并从中检测出未被识别出的话题。

在 TDT 初期的研究中，CMU 的研究人员提出了一种基于平均分组的层次聚类算法（Allan et al., 1998a；Yang et al., 1998），成为话题回溯检测任务中被广泛使用的算法。该方法采用了分而治之的策略，将新闻报道流按序平均地切分成若干集合，在每个集合中采取自底向上的层次聚类，再将较为接近的类簇聚合成新的类簇，通过反复迭代这一过程，最终输出具有层次关系的话题类簇结构。

本书 6.3.3 节已经详细介绍了自底向上的聚合式层次聚类方法，其基本思路是：初始时将每个数据都视为单独的一类，然后每次合并所有类别中最相似的两个类别，直至所有样本都合并为一个类别或满足终止条件时结束。详细算法不再赘述。

算法最后构造了一棵层次聚类树，树的顶层代表了一个粗粒度的事件划分，越往底层越代表更加细粒度的事件划分。算法的时间复杂度为 $O(mn)$，其中 n 为新闻文档集合中的文档数量，m 为桶的大小。该算法的缺点是只适合话题的回溯检测，而不适用于在线检测，应用范围具有一定的局限性。

9.5 话题跟踪

话题跟踪是一种对特定话题进行追踪的技术，其目标是在给定与特定话题相关的少量报道条件下，检测出新闻报道流中与该话题相关的后续报道。

一方面，从信息检索的角度，话题跟踪和信息过滤技术较为类似，因此可以基于信息过滤技术中构建查询的方法进行话题跟踪，其基本思想是：利用话题的训练语料（将待跟踪的少量报道作为正例样本，将大量其他报道作为负例样本）建立查询器，然后计算查询器和后续报道之间的相似度，最后通过相似度和阈值的比较判定报道是否与待跟踪的话题匹配。

在实现过程中，通常有两种建立查询器的方法，一种是基于向量空间模型，另一种是使用语言模型。前一种方法集中在如何基于向量空间模型更好地表示待跟踪的话题，包括基于相关反馈（relevance feedback）方法建立查询、基于浅层句法分析技术进行特征抽取，以及尝试不同的特征加权方法等。利用语言模型建立查询器的方法通常需要较大规模的背景语料。

另一方面，从文本分类的角度，话题跟踪可以抽象为与跟踪话题相关（正例）和不相关（负例）两种类别，基于较少的正例样本和大量负例样本构建训练集，训练线性分类器对新的报道进行类别预测。常见的文本分类算法，如 K-近邻算法、Rocchio 算法和决策树等，都可以用于话题跟踪。

基于 K-近邻方法实现话题跟踪的研究机构代表是 CMU，他们实现的算法以增量的方式建立由正例样本和负例样本构成的训练集，当新的报道出现时，计算其与训练集每个样本之间的相似性，根据阈值判别新报道属于正例还是负例，最终基于距离最近的 k 个训练样本投票决定新的报道是否属于待跟踪的话题。该方法的缺点是类别不平衡问题（负例样本数目远远高于正例样本）对于算法的干扰，并且难以寻找合理的阈值。对这种方法的改进工作包括对正例样本和负例样本分别构建 K-近邻模型，一个用于计算新报道与话题相关的训练样本之间的相似度 S^+，另一个用于计算新报道与话题不相关的训练样本之间的相似度 S^-，最后基于两者的线性加权综合判定该报道是否属于待跟踪的话题。

UMass 的人员采用 Rocchio 算法进行话题跟踪研究，他们尝试了三种不同的权重计算方法进行报道的表示，对相似度计算进行规范化，并尝试在跟踪过程中对话题向量进行动态调整。

有些研究者基于决策树方法实现话题跟踪，但是该方法的一个较大缺点是它只能输出"是"或"否"的判断结果，而不能输出一个连续变化的可信度分值，因此不能产生有效的 DET 评估曲线。后续的研究还包括对报道和话题的表示方法进行改进，如引入时间、地点、人物等新闻要素，以及基于集成学习方法将多个弱跟踪器组合成为一个强跟踪器等。

由于构建话题模型的初始训练数据过于稀疏，且不具备被跟踪话题的先验知识，因此常常使得依据初始训练样本得到的话题模型不够充分和准确。同时话题是动态发展的，在话题发展一段时间以后模型往往无法进行有效的跟踪。所以，有学者提出了自适应话题跟踪（adaptive topic tracking, ATT）的研究思路，根据时间变化动态地调节模型。

ATT 研究主要依据系统的"伪"标注修正话题跟踪模型，建立动态的话题特征，同时对特征权重进行动态调整，并进行增量式的模型学习。Dragon 公司（Yamron et al., 2000）和 UMass（Connell et al., 2004）都是最早尝试无监督 ATT 研究的单位，前者把系统认为相关的报道嵌入训练语料中，并基于语言模型构造新的话题模型，而后者将所有先验报道的质心作为话题模型，并将先验报道与话题模型相关度的平均值作为阈值，后续跟踪过程中每次检测到相关报道时，都将其嵌入训练语料，并根据上述方法重新估计话题模型和阈值。ATT 以自学习的方式，逐步加入伪标注样本进行模型学习和修正，弥补了由于初始的训练样本稀疏和话题动态演变所造成的话题跟踪模型缺陷，从而提高了跟踪话题模型的能力。但是，ATT 的自学习模块完全基于伪标注样本进行跟踪的反馈，不加鉴别地用于话题模型的更新，容易在引入相关报道的同时也带入大量不相关信息，从而导致话题漂移，影响后续话题跟踪的性能。

9.6 评 估 方 法

话题检测与跟踪技术是以评测驱动的方式发展起来的，公开发布的 TDT 语料共有五期，分别为 TDT 预研语料、TDT2、TDT3、TDT4 和 TDT5。这些语料选自多语言新闻报道集合，由语言数据联盟（Linguistic Data Consortium, LDC）提供。

总体来看，TDT 系列评测会议提供的语料体现了两大特点：一是广泛性，除了 TDT5 语料只包含文本形式的新闻报道以外，其他语料都包含广播和文本两种形式；二是多语言，最初只包含英语语料，后续又陆续增加了汉语语料和阿拉伯语语料。LDC 根据报道与话题的相关性对所有语言的语料都进行了标注，在 TDT2，TDT3 中采用"YES""BRIEF""NO"这三种标识，在 TDT4 和 TDT5 中只采用"YES"和"NO"这两种标识。其中"YES"表示报道与话题绝对相关，"BRIEF"表示两者相关程度低于 10%，"NO"表示两者不相关。广播类语料既包含新闻类报道，也包含非新闻类报道，如商业贸易报道、财经数据等。因此对于广播类语料，LDC 额外提供了三种标注形式：新闻报道（news）、多元报道（miscellaneous）和未转录报道（un-transcribed）。

TDT 任务本质上是一个二分类问题。类似于 5.6 节所述的文本分类系统评估方法，可以根据参考标注值和系统预测值定义如表 9.2 所示的四种情况。TDT 的评测标准以漏报率（missed detection rate, MDR）和误报率（false alarm rate, FAR）这两个指标为基础，评测体系可以根据检测错误权衡图（detection error tradeoff plot, DET）观察 TDT 系统发生错误的情况。图 9.6 是 TDT2000 评测中的一个 DET 曲线示例，横轴表示系统误报率，纵轴表示系统漏报率，越靠近坐标左下角的曲线相应的系统性能越好。

表 9.2 TDT 任务的模型预测情况分类

		参考标注	
		目标（target）	非目标（non-target）
系统预测	是	正确（correct）	误报（false alarm）
	否	漏报（missed detections）	正确（correct）

可以采用 C_{Det} 指标量化被评估系统的性能。C_{Det} 的定义为

$$C_{\text{Det}} = C_{\text{MD}} \cdot p_{\text{MD}} \cdot p_{\text{target}} + C_{\text{FA}} \cdot p_{\text{FA}} \cdot p_{\text{non\_target}} \tag{9.10}$$

其中，p_{MD} 和 p_{FA} 分别是漏报和误报的条件概率，C_{MD} 和 C_{FA} 分别是漏报和误报的权重参数，p_{target} 表示目标话题的先验概率，$p_{\text{non\_target}} = 1 - p_{\text{target}}$。$C_{\text{MD}}$，$C_{\text{FA}}$ 和 p_{target} 都是预设值。p_{MD} 和 p_{FA} 的计算公式如下：

$$p_{\text{MD}} = \frac{\#\text{Missed\_Detections}}{\#\text{Targets}} \tag{9.11}$$

$$p_{\text{FA}} = \frac{\#\text{False\_Alarms}}{\#\text{Non\_Targets}} \tag{9.12}$$

一般情况下，采用归一化后的 C_{Det} 作为系统的性能得分：

$$(C_{\text{Det}})_{\text{Norm}} = \frac{C_{\text{Det}}}{\min\left\{C_{\text{MD}} \cdot p_{\text{target}}, C_{\text{FA}} \cdot p_{\text{non\_target}}\right\}} \tag{9.13}$$

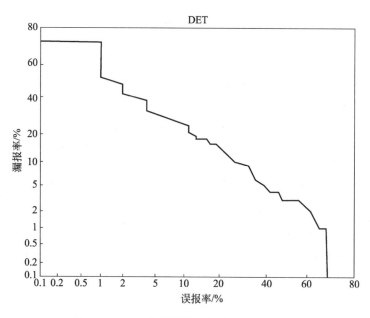

图 9.6　TDT 检测错误权衡图（DET）示例

9.7　社交媒体话题检测与跟踪

传统的话题检测与跟踪主要面向传统媒体（如广播新闻）的内容进行话题的发现和跟踪。与传统的话题检测与跟踪任务相比，面向社交媒体的话题检测和跟踪具有以下 3 个特点：①社交媒体上用户产生的内容（user generated context, UGC）具有文本简短、特征稀疏、语言不规范和模态多样化等特点，使文本表示和建模面临更大的难度；②社交媒体是全民信息共享和传播形成的信息洪流，为实时话题检测与跟踪带来巨大挑战；③由于社交媒体的广泛参与性和开放性，社交媒体已经成为众多突发事件的首发平台，因此在社交媒体话题检测与跟踪中，突发话题检测（bursty/breaking topic detection）任务受到了更多的关注。

以下首先介绍与传统媒体的话题检测与跟踪相比社交媒体的话题检测与跟踪的任务特点，然后介绍社交媒体的话题检测与跟踪的主要任务和方法，最后重点介绍突发话题的检测任务。

9.7.1　社交媒体话题检测

社交媒体话题检测的主要任务是检测出社交媒体文本数据流中的热点话题。类似于传统的话题检测，社交媒体话题检测也可分为话题在线检测和回溯话题检测。但由于社交媒体的实时性，所以更加关注话题的在线检测。

社交媒体的话题检测更多的是从事件类型的角度，将任务分为特定话题检测和非特定话题检测。特定话题检测主要对已知的历史话题（如已发生的某个历史事件）或者计划的话题（如即将举办的会议或节日庆典）进行检测，构造话题模型时可以利用事先已知的事件时间、地点、主要内容等信息。非特定话题检测是在对话题毫不知情的情况下（如地震等突发自然灾害），从实时的数据流中检测出新的话题，同时收集已识别话题的相关后续报道。后者是社交媒体话题检测的重点和难点。

1. 特定话题检测

特定话题检测方法可分为无监督的机器学习方法和有监督的机器学习方法两大类。与传统的话题检测方法类似，面向社交媒体的无监督机器学习方法主要通过聚类或动态查询扩展的方法进行话题检测，区别在于进行话题表示和相似度计算时除了文本内容以外，还融入了社交媒体中包含的其他类型的信息。如（Lee and Sumiya, 2010）介绍了基于 Twitter 数据流进行的当地节日检测方法，他们发现当地举办节日活动时，用户的数量和推特文本的数量都会有显著的增加。他们首先收集了含有地理标签的 Twitter 数据，然后采用 K-均值算法对这些数据进行聚类，找出特定区域内的话题，从而检测出当地的节日。（Massoudi et al., 2011）基于动态查询扩展技术提出了适用于微博的话题检测模型，该模型同时融合了文本信息和微博中的特殊信息，如表情、超链接、粉丝数量和转发数量等。

由于特定话题检测中话题信息是提前已知的，因此可以根据这些已知话题建立带有标注的训练语料，并基于有监督的机器学习方法进行话题检测。（Popescu and Pennacchiotti, 2010）利用有监督的机器学习方法研究了 Twitter 争议话题的检测方法。他们首先根据已知的实体收集 Twitter 语料并进行人工标注，然后训练有监督的梯度迭代决策树（supervised gradient boosted decision trees）模型，最后基于该决策树模型进行争议话题检测。他们强调了丰富、多样的特征集合的重要性，其中哈希标签（如 "#"）是话题检测中的重要特征，语言特征、结构特征和情感特征也是有效特征。（Popescu et al., 2011）随后尝试了更多的特征，如位置信息和词频信息等，他们的研究发现消息回复数量也是一个重要的特征。与无监督的方法相比，有监督的话题检测方法更加有效。

2. 非特定话题检测

非特定话题的信息提前未知，传统方法主要基于聚类算法进行非特定话题检测。社交媒体文本所具有的特性使得传统的话题检测方法不能有效地发挥作用。因此，研究者们提出了两方面的解决方案。

一方面，利用社交媒体中的特殊信息作为新特征进行话题表示。例如，（Becker et al., 2011）在经典的增量聚类算法（Allan et al., 1998b）的基础上，结合了转发、回复、提及（mention）等社交媒体的特殊信息，用于社交媒体话题检测。（Feng et al., 2015）将 Twitter 数据进行时空两个维度上的聚合，设计了一种基于哈希标签（hashtag）的单遍聚类事件检测方法和相应的排序算法。（Phuvipadawat and Murata, 2010）采用向量空间模型和 TF-IDF 权重进行文本表示和相似性计算，利用聚类算法形成话题，然后利用粉丝数量和转发数量对各个话题进行排序，从而识别出 Twitter 数据流中的突发新闻。他们强调了专有名词的重要性，他们认为，准确地识别专有名词有助于文本相似性的计算，可以提高检测系统的精度。

另一方面，对已有的聚类算法进行改造或寻找新的聚类算法以适应社交媒体应用的要求。(Petrov et al., 2010)致力于提高传统的话题检测算法在社交媒体大规模实时数据流下的检测性能，他们在在线 NED 算法（见 9.4.1 节）的基础上，进一步提出了基于局部敏感哈希算法（locality sensitive hashing methods）的恒定时间和空间的在线 NED 方法。该方法能够有效地将搜索范围限制在少量的文档中，在保证算法有效性的同时，大幅提高了算法的运算效率。

9.7.2　社交媒体话题跟踪

社交媒体话题跟踪的主要任务是在陆续到达的数据流中检测出与已有话题相关的报道。与传统媒体的话题跟踪任务相比，社交媒体文本内容的特征稀疏性、网络用语不规范等特点给话题追踪带来了挑战。

目前已有的研究工作主要从如何利用社交媒体的特殊信息，如用户属性信息、用户关系等，以及如何改进稀疏表达这两个方面进行社交媒体的话题跟踪研究。(Phuvipadawat and Murata, 2010)指出，丰富的社交属性信息可以提高社交媒体中话题追踪的准确率。他们利用 URL 信息、哈希标签、转发数量、用户信息等特征计算 Twitter 文本的热度，实现了社交媒体中突发话题的追踪。(Lin et al., 2011)将哈希标签（hashtag）作为样本标签，为每一个关心的话题都训练一个语言模型，从而实现了对 Twitter 文本流中所关注话题的追踪。

9.8　突发话题检测

新闻报道和社交媒体的文本数据流中包含天然的时序信息，通过对这种时序信息的分析，我们可以观察到话题是何时发生的，何时爆发的，又是何时衰退的。突发话题检测是指从文本数据流中检测出随时间迅速发展的突发性话题，也称为突发事件检测（bursty/breaking event detection）。

传统的话题检测与突发话题检测任务有所不同。传统的话题检测大多采取以文档为中心的方法，基于向量空间模型进行文档表示，通过度量文档之间的语义距离对文档聚类，从而检测出文本流中的话题。它所强调的是新话题的检测，而不是判断话题是否具有突发性。而突发话题检测强调话题的突发特征的识别和突发期的检测。(Fung et al., 2005)根据突发特征识别的顺序，将突发话题检测方法分为以文档为中心（document-pivot）的方法和以特征为中心（feature-pivot）的方法两种。前者首先通过文档聚类进行话题检测，然后对话题进行突发性评估；后者首先抽取突发特征，再将突发特征进行聚类以生成突发话题。

另外，传统的话题检测方法主要面向新闻报道数据，采取以文档为中心的方法，首先通过文本聚类或分类技术进行话题检测，然后对话题进行突发性评估。由于社交媒体所具有的参与度广、话题动态变化和数据海量等特点，使得传统以文档为中心的检测方法力不从心，以特征为中心的突发话题检测算法受到越来越多的关注。

　　无论是以文档为中心的检测方法，还是以特征为中心的检测方法，都需要进行突发状态的识别。前者通常针对聚类后的话题进行突发状态识别，而后者针对特征进行突发状态识别。以下首先介绍一种经典的突发状态识别算法，然后分别介绍以文档为中心和以特征为中心的突发话题检测经典方法。

9.8.1　突发状态识别

　　（Kleinberg, 2003）提出了一种文本数据流突发状态检测模型，基本思路是利用自动机模拟数据流中文档的到达时间，以识别一段有限时间内高强度的突发特征或突发话题。该模型后来被称为 Kleinberg 算法，在后续的突发话题检测研究中得到了广泛的应用。算法的核心思想是：通过自动机模型模拟特征（词项或者话题）的状态以及状态之间的转换，不同状态表示词的不同出现频率，状态之间的转换表示"突发"的产生或者消亡。通过对文本流中相邻文本之间的时间间隔建模，获取最优的时间间隔序列，从而可以发掘出消息文本所对应的状态。

　　在这种方法中，文本流被组织成文档序列 $D = \{D_1, D_2, \cdots, D_n\}$，其中 D_i 表示在时间片 i 内的新闻，对于特征词项 w（也可以是一个话题，对应话题的突发状态检测），统计 w 在每个时间片内的频率 $r_{w,i}$，生成序列 $\boldsymbol{r}_w = \{r_{w,1}, r_{w,2}, \cdots, r_{w,n}\}$。这里假设序列是由二元状态自动机生成的。那么，问题就转化为由已知表现序列求解隐含状态序列的问题，从而成为隐式马尔可夫问题。其中，隐含状态包含突发状态和正常状态。最终求得特征词在每个时间片的隐含状态，即突发期和正常期。

　　根据上述思路，首先采用指数分布模拟文档的到达时间。两个相邻文档 i 和 $i+1$ 的间隔 x 服从指数分布，其密度函数为

$$f(x) = \alpha e^{-\alpha x}, \quad \alpha > 0, x > 0 \tag{9.14}$$

分布函数为

$$F(x) = 1 - e^{-\alpha x}, \quad \alpha > 0, x > 0 \tag{9.15}$$

同时，期望为 α^{-1}，α 表示文档的到达速率。

　　对于突发状态检测任务，定义词项的两个状态：正常状态 q_0（低状态）和突发状态 q_1（高状态）。每个时刻自动机都必定处于其中的一个状态，所处的这个状态会在一个时间间隔后发出一个文档，随后以一定概率切换到另一个状态或者保持在原状态。突发话题则被模拟成一段周期内高低状态的转换。

　　如图 9.7 所示，当词项在低状态 q_0 时，间隔 x 有密度函数 $f_0(x) = \alpha_0 e^{-\alpha_0 x}$；当词项处在高状态 q_1 时，间隔 x 有密度函数 $f_1(x) = \alpha_1 e^{-\alpha_1 x}$，显然到达速率 $\alpha_1 > \alpha_0$。

　　假设已知数据流中的第 $n+1$ 个文档，记录其间隔序列为 $\boldsymbol{x} = (x_1, x_2, \cdots, x_n)$，令 $\boldsymbol{x}$ 对应的状态序列为 $\boldsymbol{q} = (q_{i_1}, q_{i_2}, \cdots, q_{i_n})$，状态转移的概率为 p，那么，间隔序列 $\boldsymbol{x}$ 的密度函数为

$$f_q(\boldsymbol{x}) = \prod_{t=1}^{n} f_{i_t}(x_t) \tag{9.16}$$

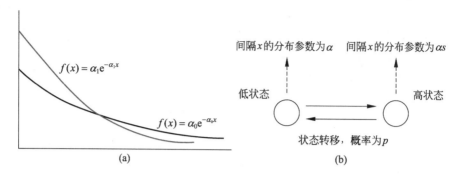

图 9.7　正常状态和突发状态间隔时间和状态转移建模

其中, i_t 表示 $\boldsymbol{x}$ 中时间间隔 x_t 的状态序号。

如果 b 为序列中状态转换的次数, 那么 $\boldsymbol{q}$ 的先验概率为

$$p(\boldsymbol{q}) = p^b(1-p)^{n-b} \tag{9.17}$$

根据贝叶斯公式, 可得到给定间隔序列条件下状态序列的后验概率:

$$p(\boldsymbol{q}|\boldsymbol{x}) = \frac{p(\boldsymbol{q})f_q(\boldsymbol{x})}{\sum_{\boldsymbol{q}'} p(\boldsymbol{q}')f_{\boldsymbol{q}'}(\boldsymbol{x})}$$

$$= \frac{1}{Z}\left(\frac{p}{1-p}\right)^b (1-p)^n \prod_{t=1}^{n} f_{i_t}(x_t) \tag{9.18}$$

其中, $Z = \sum_{\boldsymbol{q}'} p(\boldsymbol{q}')f_{\boldsymbol{q}'}(\boldsymbol{x})$。

根据最大似然估计原理, 对式 (9.18) 中的两边同时取对数后取反可得:

$$-\ln p(\boldsymbol{q}|\boldsymbol{x}) = b\ln\left(\frac{1-p}{p}\right) + \left(\sum_{t=1}^{n} -\ln f_{i_t}(x_t)\right) - n\ln(1-p) + \ln Z \tag{9.19}$$

其中第三项和第四项与 q 无关。因此, 可设计如下损失函数:

$$c(\boldsymbol{q}|\boldsymbol{x}) = b\ln\left(\frac{1-p}{p}\right) + \left(\sum_{t=1}^{n} -\ln f_{i_t}(x_t)\right) \tag{9.20}$$

最可能的状态序列求解等价于损失函数 $c(\boldsymbol{q}|\boldsymbol{x})$ 的最小化。直觉上, 应该使 $\boldsymbol{q}$ 中状态变化的次数尽量少, 同时使状态序列 $\boldsymbol{q}$ 适应观测值间隔序列 $\boldsymbol{x}$。

Kleinberg 算法还可以进一步把两个状态扩展为无限状态, 假设状态序列 $\boldsymbol{q}$ 中的每一个状态都有可能属于状态 $(q_0, q_1, \cdots, q_i, \cdots)$ 中的一个。同时, 为了简化模型和方便推导, 令时间间隔的估计量为 $\hat{g} = \dfrac{T}{n}$, 并令 $\alpha_0 = \dfrac{n}{T}$, 其中 T 为时间段的总时长。对于每个状态序号 i, 存在状态 q_i 及相应的指数分布密度 f_i, 使得 $\alpha_i = \alpha_0 s^i$, $s > 1$ 为缩放参数。

最后，定义一个损失函数 $\tau(i,j)$ 用于刻画状态 q_i 到 q_j 的转换，使得低状态转化为高状态的损失正比于状态之间的差值，而高状态转化为低状态的损失为 0，即

$$\tau(i,j) = \begin{cases} (j-i)\gamma \ln n, & j > i \\ 0, & j \leqslant i \end{cases} \tag{9.21}$$

其中，γ 为状态转化控制参数（通常设为 1）。给定参数 s 和 γ，可用 $A^*_{s,\gamma}$ 表示这一自动机（* 表示无限状态）。给定间隔序列 $\boldsymbol{x} = (x_1, x_2, \cdots, x_n)$，目标是求解一个状态序列 $\boldsymbol{q} = (q_{i_1}, q_{i_2}, \cdots, q_{i_n})$ 使得代价函数

$$c(\boldsymbol{q}|\boldsymbol{x}) = \left(\sum_{t=1}^{n-1} \tau(i_t, i_{t+1})\right) + \left(\sum_{t=1}^{n} -\ln f_{i_t}(x_t)\right) \tag{9.22}$$

最小。

令 $\delta(\boldsymbol{x}) = \min\limits_{i=1,2,\cdots,n}\{x_i\}$，且 $k = \lceil 1 + \log_s T + \log_s \delta(\boldsymbol{x})^{-1} \rceil$，可以证明，如果 $\boldsymbol{q}^*$ 是 k 个有限状态的自动机 $A^k_{s,\gamma}$ 的最优状态序列，那么它也是 $A^*_{s,\gamma}$ 的最优状态序列，证明过程详见（Kleinberg, 2003）定理 2.1。这样将无限状态序列寻优问题转化为有限状态下的寻优。

最后利用标准的动态规划算法，如维特比解码（Viterbi decoding）算法，逐步求解最优状态序列。定义 $C_j(t)$ 为给定间隔序列 $\boldsymbol{x} = (x_1, x_2, \cdots, x_t)$ 且以状态 q_j 结束的状态序列的最小损失，可得以下递归关系式：

$$C_j(t) = -\ln f_j(x_t) + \min_l (C_l(t-1) + \tau(l, j)) \tag{9.23}$$

按时间 t 迭代求解 $C_j(t)$，其中初始时刻状态值为 $C_0(0) = 0, C_j(0) = +\infty$，最终得到 $\boldsymbol{x}$ 对应的最优状态序列。

值得一提的是，Kleinberg 算法既可以进行特征级别的突发检测（检测每个词项的突发状态），也可以进行话题级别的突发检测（检测经过聚类的话题的突发状态）。因此，Kleinberg 算法既可以应用于以特征为枢轴的突发话题检测，也可以应用于以文档为枢轴的话题检测。

9.8.2 以文档为中心的方法

以文本为中心的方法先检测话题后评估突发性。它们首先将媒体文本按照发布的时间划入不同的窗格内，并对每个窗格内的文本进行聚类，以每个类代表一个突发事件，最后从中抽取突发特征，并用突发特征表示该突发事件。前面 9.4 节已经对以文本为中心的传统话题检测方法进行了较为详细的介绍。下面简要介绍社交媒体中以文本为中心的话题检测方法。

（Chen et al., 2013）设计了一种给定实体为跟踪目标的微博消息抓取和筛选策略，用于实时获得与实体相关的微博数据流。其基本思路是：在当前时刻 t，对时间窗口

$[t-T,t]$（T 为单位窗口长度）内的所有消息进行单遍增量式聚类，计算每个消息与以后聚类中心的相似度。如果相似度大于预定的阈值，则并入已有的聚类，否则形成一个新的聚类。每个新的聚类被当作一个新的话题。该算法以在线的方式运行，不断检测实时数据流中的话题。

为了进一步检测话题是否处于突发期，（Chen et al., 2013）建立了一个基于协同训练的半监督突发或非突发状态分类器。该分类器使用包含用户数增长率、消息数增长率和回复数增长率等在内的 6 种代表性特征，在经过人工标注的数据集上离线训练。图 9.8 是该文给出的一个突发话题的演化曲线。为了使模型具有突发状态的及时预测能力，他们对离线数据中的突发事件进行了标注，并为每个突发话题标注了事件发生的时刻 t_s 和高潮时刻 t_{hot}，其中时间段 $[t_s, t_{hot}]$ 被定义为突发期。经过离线训练得到的分类器实时对在线数据流中的每个事件窗口进行分类预测，确定其是否为突发状态。

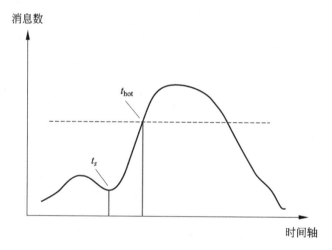

图 9.8　突发话题的突发期示意图

（Diao et al., 2012）提出了一个时间用户主题模型（Time User LDA）检测社交媒体数据流中的突发话题。该文发现同一时间发布的消息更可能具有相同的话题，同一作者发布的消息更有可能针对同一个话题。基于这一发现，他们在传统 LDA 的基础上融入了时间和作者信息，从大规模 Twitter 数据中挖掘一组潜在主题 C，每个主题代表一个话题。对于每个话题 $c \in C$，统计其在时间轴上的发生频率 $(m_1^c, m_2^c, \cdots, m_T^c)$。最后利用一个与（Kleinberg, 2003）类似的状态机进行话题突发性的检测。

以文本为中心的话题检测方法在传统文本上的效果较好，但由于社交媒体文本长度较短、数量巨大和话题广泛等因素，其在线聚类和检测的性能及效率都受到了很大的影响，因此，在社交媒体的突发话题检测中应用更多的是以特征为中心的检测方法。

9.8.3　以特征为中心的方法

以特征为中心的方法先识别突发特征后生成突发话题。对于突发特征的抽取，一般事先将文本数据流切分成等长且互不重叠的时间窗口（如按"小时"或"天"切分），然后基于 Kleinberg 算法或基于词频或词频变化率进行排序，为每个时间窗口抽取出突发特征。基于词频或词频变化率的方法通过观察特征的数量及其变化抽取突发特征。类似于特征选择算法，该方法首先计算相对词频 $A_{ij} = \dfrac{F_{ij}}{F_{\max}}$、词频增长率 $B_{ij} = \dfrac{F_{ij} - F_{i(j-1)}}{1 + F_{i(j-1)}}$ 等指标，并对词项进行排序，然后分别设置阈值进行过滤，从而得到突发特征集合。

另外，有些研究工作利用频谱分析方法进行突发特征和话题的检测，如（He et al., 2007a）采用离散傅里叶变换（DFT）把信号从时域转换为频域，使得时域中的突发话题对应于频域中的尖峰，利用频域属性识别突发特征及其相关的期间。在得到突发特征集合以后，再将突发特征进行聚类以生成突发话题。

在（He et al., 2007b）中，首先利用 Kleinberg 算法进行突发特征的识别，为每个时间窗 t 中的每个突发特征 $f_j(t)$ 计算一个突发权重 $w_j(t)$，然后在文档表示时将 $w_j(t)$ 与 TF-IDF 权重的加权值 tf-idf$_{ij}$ $+ \delta w_j(t)$ 作为突发特征的动态权重。基于该动态权重在 TDT3 语料上进行了话题聚类和分类实验，其效果明显优于传统的方法。

（Fung et al., 2005）基于生成式概率模型提出了一种以特征为中心的突发事件检测方法。该方法首先将文本流按天进行时间窗口的切分 $D = \{d_1, d_2, \cdots\}$，其中 d_i 表示在第 i 天发布的文本。然后，根据特征（这里指词项）在每天的文本中出现的概率与其在全局数据中的概率进行比较，筛选出一组突发特征。随后将这组突发特征进行分组，对应不同的突发事件，每个突发事件包含一部分突发特征。最后再对每个突发事件按天进行突发期识别。图 9.9 给出了该方法的示意图。

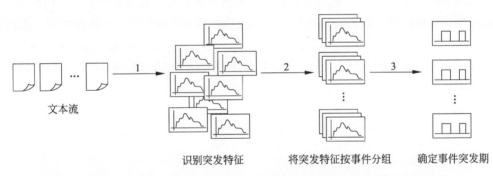

识别突发特征　　　　将突发特征按事件分组　　　　确定事件突发期

图 9.9　基于概率模型的突发特征抽取与突发话题检测方法（Fung et al., 2005）

针对社交媒体文本的特殊性，（Cataldi et al., 2010）提出了一种基于内容老化理论（content aging theory）的突发特征抽取和突发话题检测方法。首先为每个时间窗 TW^t 的每个特征 k 定义一个营养度（nutrition），营养度考虑了词频信息和用户权威度的因素。据此定义特征 k 在时间窗 TW^t 中的能量（energy）为特征 k 在当前时间窗 TW^t 的营养度与前 s 个时间窗内营养度平方差均值，并将其作为衡量特征 k 在时间窗 TW^t 中突发度的指标，能量值越大的特征具有越高的突发度。将窗口 TW^t 中的所有特征按能量值排序，得到当前窗口的一组突发特征集合 EK^t。最后，以窗口中的特征作为节点，特征间的相关系数作为边的权重，构建一个特征关系图 TG^t，通过包含突发特征的强连通子图来对突发话题进行排序和话题标注。

9.9　进一步阅读

话题检测与跟踪是 21 世纪初期文本挖掘研究领域一个较为活跃的研究方向。该方向近年来的研究进展一方面体现在传统任务面向新的社交媒体应用场景出现的改变，这部分内容我们在 9.7 节和 9.8 节已经进行了详细介绍。另一方面，出现了一些工作试图将最新的机器学习理论方法应用到该任务上，如（Fang et al., 2016）基于分布式表示改进传统的特征空间，以提高报道和话题的表示和相似度计算的性能。然而由于基于深度学习的聚类模型目前所见不多，而话题检测与跟踪任务使用最多的是聚类算法，因此基于深度学习的话题检测与跟踪研究尚不多见。

同时，话题检测与跟踪与文本挖掘的多个热点领域是相互联系的。上文已经提到，话题检测与跟踪与信息检索和抽取的关系密切。除此之外，它还与情感分析、事件抽取等任务也有较为密切的关系。

话题检测与跟踪与情感分析任务相结合，不仅可以有效地检测热点话题，还可以识别出人们对该话题的看法和评价。利用话题检测技术，从社交媒体中检测出最新的话题，并将文本及时地按照话题进行组织。基于话题跟踪技术，监控信息流以发现与某一已知话题有关的后续报道。同时，将情感分析技术结合进来，分析报道及话题所对应的评论的极性倾向和强度，实现社会热点事件发现与舆情分析。

话题检测与跟踪与事件抽取方向也有着较强的关联性，前者强调文档集合的面向宏观事件的自动组织，后者注重文本中的细粒度的事件识别及元素抽取，一个粗粒度，一个细粒度。话题检测与跟踪方面的研究围绕 TDT 相关评测展开；而事件抽取方面的研究围绕 ACE（automatic content extraction）和 KBP（knowledge base population）评测中的事件相关任务展开，ACE 主导了 2000 年到现在的研究区间，KBP 则为时下较为热门的评测任务。

习　　题

9.1　请阐述话题检测和话题跟踪的区别，传统话题检测和突发话题检测的区别。

9.2　请分析与传统新闻文本相比，面向社交媒体的文本表示应考虑哪些特点？

9.3　基于标准的单遍聚类算法对新闻文本数据流进行在线话题检测有何缺点？你有何解决思路？

9.4　突发事件检测中以特征为中心的方法和以文档为中心的方法有什么区别？各有什么优缺点？

9.5　如果一个突发事件具有 5 个突发等级，请推导这种情况下的突发状态检测 Kleinberg 算法。

9.6　Kleinberg 算法是否可以用于实时数据的突发状态识别？为什么？如果不能，你能想到什么进行实时突发事件检测的思路？

第 10 章　信　息　抽　取

10.1　概　　　述

海量文本数据有助于用户获取信息并拓展人类知识的边界，但是绝大多数文本内容不利于计算机处理和理解。据统计，互联网中超过 80%的文本信息以非结构化的形式存在，这些非结构化的文本数据极大地增加了用户获取信息的难度和成本。因此，亟须一种技术，能够自动分析非结构化的文本数据，从中挖掘相关且有价值的知识，并以结构化形式呈现给用户，于是信息抽取（information extraction, IE）技术应运而生。

信息抽取是指从非结构化或半结构化的自然语言文本（如网页新闻、学术文献、社交媒体等）中抽取实体、实体属性、实体之间的关系以及事件等事实信息，并形成结构化数据输出的一种文本数据挖掘技术（Sarawagi, 2008）。不同于信息检索技术依据具体查询语句从文档集合或开放的互联网中搜索相关文档或网页，信息抽取技术旨在产生机器可读的结构化数据，不是让用户从众多相关的候选文档中查找答案，而是直接为用户提供问题的答案，或者为后续的智能问答和自动决策等任务提供技术支撑。例如，用户希望从相关新闻报道中抽取自然灾害事件的有关信息，包括自然灾害的名称、时间、地点、灾害后果等；或者从医疗档案、病例中抽取某种疾病的信息，包括病因、症状、药物、效果等；或者从某公司收购另一公司的报道中抽取关于收购事件的信息，包括收购者、被收购者、时间、金额等。

典型的信息抽取任务包括命名实体识别（NER）、实体消歧（entity disambiguation）、关系抽取（relation extraction）和事件抽取（event extraction）。如图 10.1 所示，以"谷歌收购 DeepMind"的新闻报道为例，信息抽取将识别这一事件的时间、人物名称、地方名称和机构名称等实体，并分析这些实体之间的关系（例如，"拉里·佩奇"是"谷歌公司"的"CEO"），最终抽取出关于公司收购这一事件的全部具体信息。

不同的事件类型对应于不同的事件表示格式，例如，在图 10.2 所示的恐怖袭击事件中，除了时间和地点信息以外，还应该准确地抽取出人员的伤亡情况。

信息抽取研究可追溯至 20 世纪 70 年代末。从 20 世纪 80 年代后期开始，美国政府资助了一系列有关信息抽取技术的评测活动，该技术得到了快速发展。1987 年，美国国防高级研究计划局（DARPA）为了评估信息抽取技术的性能，启动了第一届消息理解会议（message understanding conference, MUC[①]），邀请国际上多家研究机构在 DARPA

---

① http://www-nlpir.nist.gov/related_projects/muc/。

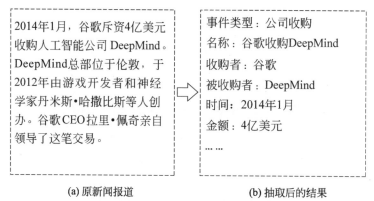

图 10.1　从新闻报道中抽取 "谷歌公司收购 DeepMind" 事件的示例

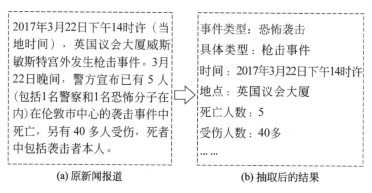

图 10.2　从新闻报道中抽取恐怖袭击事件的示例

提供的标准数据集上进行技术对比。例如，给定 10 篇海军军事情报文本，要求信息抽取系统输出文本中蕴含的命名实体和实体之间的共指关系等。MUC 会议从 1987 年到 1997 年一共举行了 7 次信息抽取评测，抽取对象主要集中于限定领域的文本，包括海军军事情报、恐怖袭击、人事职位变动以及飞机失事等，抽取任务包括命名实体识别、共指消解（coreference resolution）、模板关系抽取和模板填充（template population）等。

1999 年，自动内容抽取（automatic content extraction, ACE①）会议开始取代 MUC，并且关注更加广泛的新闻数据和对话语料，如政治和国际事件，抽取更加细粒度的实体类型（例如，设施名称和地缘政治实体等）、实体关系和事件。ACE 一直进行到 2008 年，在后期的几届评测中，抽取任务也相应地提升了难度，如增加了多语言（英语、汉语和阿拉伯语）信息抽取、实体检测与跟踪等任务。

MUC 和 ACE 系列会议为研究这一问题提供了若干标准测试数据，对该领域的发展起到了至关重要的作用。从 2009 年开始，ACE 成为文本分析会议（Text Analysis Conference, TAC②）的一项子任务，即知识库填充（knowledge base population, KBP）。KBP 从 2009 年至今每年举办一次。KBP 更加关注开放领域的数据（如 Web

---

① https://www.ldc.upenn.edu/collaborations/past-projects/ace。

② https://tac.nist.gov/。

网页），抽取任务主要包括实体属性抽取和实体链接（entity linking）。例如，从两百万的新闻网页中发现某个给定实体（如"乔布斯"）的所有相关信息（实体属性抽取），并且将这些信息填充到给定的知识库中（实体链接）。

其他一些会议也关注信息抽取任务，如计算自然语言学习会议（Conference on Computational Natural Language Learning，CoNLL[①]）于 2003 年举办了语言无关的命名实体识别任务，SIGHAN[②]（Special Interest Group on Chinese Language Processing，ACL）于 2006 年和 2007 年举办了两次命名实体识别评测，也有效推动了信息抽取技术的发展。在国内，由中国中文信息学会主办的全国知识图谱与知识计算大会（CCKS[③]）和由中国计算机学会主办的自然语言处理与中文计算国际会议（NLPCC[④]）近年来都组织了面向汉语的命名实体识别和实体链接任务，积极推动了我国信息抽取技术的发展。

综上所述，信息抽取技术可以从不同的维度进行分类。如果从输入数据的领域范围考虑，可以分为限定领域和开放领域两类；如果从抽取的结果类型考虑，可分为实体抽取、关系抽取和事件抽取等几类；而从实现的技术方法划分，又可分为规则方法、传统的统计方法和深度学习方法。

本章以限定领域的非结构化文本数据为处理对象，按抽取的结果类型分别介绍命名实体识别、实体消歧、关系抽取和事件抽取等相关任务的技术方法。

10.2　命名实体识别

命名实体识别（named entity recognition，NER）是自然语言处理中的一项基本任务，在信息抽取中旨在识别出文本中指定类别的实体。这些实体主要包括七类：人名、地名、组织机构名、时间、日期、货币或其他数量及百分比等。由于时间、日期、货币或其他数量及百分比的构成具有较为明显的规律，通常采用正则表达式基本可以准确地识别，而人名、地名和组织机构名的识别则面临相当大的困难，因此目前 NER 相关的研究基本都以这三种实体的识别为主要研究目标。

命名实体识别任务可以进一步划分为实体检测和分类两个子任务。其中，实体检测任务是指对于给定的一段文本，检测出哪些词串属于实体，即确定实体的开始和结束边界。实体分类任务则是对检测出的实体进行类别判断。

以图 10.1（a）中的最后一句话"谷歌 CEO 拉里·佩奇亲自领导了这笔交易"为例，检测任务首先发现"谷歌"和"拉里·佩奇"是两个实体。随后分类任务确定"谷歌"和"拉里·佩奇"分别是机构名和人名。

---

① http://www.signll.org/conll。

② http://sighan.cs.uchicago.edu/。

③ China Conference on Knowledge Graph and Semantic Computing (CCKS) 2016 年组织了实体链接和预测的评测，2017 年举办了电子病历命名实体识别和问题命名实体识别与链接的评测，2018 年组织了面向中文电子病历的命名实体识别的评测。

④ CCF International Conference on Natural Language Processing and Chinese Computing (NLPCC) 2013—2015 年连续三年组织了面向汉语的实体链接评测任务。

由于命名实体识别是自然语言处理中一项基础性的关键技术，已有大量的论著介绍相关的研究，因此本书不对这些技术方法给予详细的阐述。以下只对基于规则的方法、有监督的机器学习方法和半监督的机器学习方法分别在人名、地名和组织机构名三类命名实体识别中的应用情况做简要的介绍。

10.2.1 基于规则的命名实体识别方法

由于人名、地名和组织机构名在内部构成和外部上下文环境方面具有一定的规律可循，因此，早期的命名实体识别研究多以基于规则的方法为主，其中正则表达式是一种常用的方法。

人名的构成特点在三类实体中最为鲜明，而且无论对于哪一种语言（英语、汉语和日语等），相对而言，人名是最容易识别的一类命名实体。例如，在英语中，人名在书写格式方面都是以大写字母开始，且在上下文中可能会有"Mr." "Dr." 和 "Prof." 等称谓词。因此，可以设计一种正则表达式 "Title [capitalized-token+]" 高效地识别这类人名。该正则表达式说明，如果当前词的前驱是称谓词，并且当前词以大写字母开始，那么该词语将被识别为人名。例如，"Prof. Knight leaves school" 依据上述正则表达式可以确定 Knight 是人名。

在汉语中，人名构成的规律性更强，绝大多数人名由 2～3 个汉字组成，而且汉语人名的用字非常集中。例如，常见的姓氏用字 300 个左右，并且据统计前十位频率最高的姓氏用字（"李、王、张、刘、陈、杨、赵、黄、周、吴"）占据约 40%。汉语名字用字也相对集中，据统计，常用字为 1000 个左右。在上下文构成方面，汉语人名同样存在突出的特点。例如，人名前后的称谓"先生""女士""局长""教授"等，而且人名后面经常出现"说""指出""表示"等动词，这些信息都是识别人名或者排斥不可能候选的关键线索。所以，除了尽量多地收集著名人物的姓名，将其列入确定的词表，以备直接对比以外，借助姓氏和名字用字词典可以挑选出人名候选，然后结合称谓等线索词，通过规则可以较为准确地识别很大一部分人名。刘开瑛等（刘开瑛等，2000）曾将姓氏用字作为触发，确定候选姓名的左边界，然后通过计算姓氏用字右边的两个字或三个字成为名字的概率，筛选出可能性较大的候选姓名，最后通过规则方法排除不可能的候选，最终确定相关字串是否构成姓名。

组织机构名和地名也具有一定的构成规律。以汉语为例，很多组织机构名以"大学""公司""集团""中心"等词语结尾，而地名多以"市""县""镇""乡""街道"等词语结尾，特点非常鲜明。Chen and Zong（Chen and Zong, 2008）曾对组织机构名的组成规律做过详细的分析。但是，这些线索词只能确定部分实体的右边界，尤其左边界的确定面临很大的挑战，而实体所在的上下文很难提供足够多的显式信息帮助确定左右边界。因此，构建大规模机构名库和地名库成为一个比较务实的解决方案。

无论如何，即使拥有大规模的人名、机构名和地名库，基于规则的命名实体识别方法仍然面临诸多挑战。一方面，文本中某个短语可能同时出现在不同类型的实体库中，例如，"沈阳"既可能是人名，也可能是地名，或者出现在某些组织机构名中；另一方面，一些普通词语有时也是某类实体,例如,"高峰""高山""温馨"等既是普通词也是人名;此外,很多实体在文本中经常以缩写的方式呈现,例如,"中国科学院"经常写成"中科院","人大"有时候指"全国人民代表大会",有时候指"中国人民大学",而实体库很难将所有的缩写形式都包含进去。更为重要的是,新的命名实体尤其是人名和机构名,随着时间在不断涌现,其规律性也在悄悄地发生改变。另外,很多外来实体的译名(无论是人名、地名,还是组织机构名)规律性很难把握。这些问题都使基于实体库对比和规则分析的方法难以应对,无法获得很高的识别准确率。另外,基于规则的方法还面临系统维护方面的问题,需要不断修改或添加新的规则,而新添加的规则容易与已有的规则形成冲突。因此,如何构建从数据中自动学习命名实体的识别模型越来越多地受到人们的关注。

10.2.2 基于有监督学习的命名实体识别方法

假设我们有一批文本数据,其中所有的人名、地名和组织机构名都进行了人工标注,即人工标定了文本中所有实体的左右边界和类型,如图 10.3 所示的例子。那么,基于这些正确标注的样本数据进行命名实体识别建模,即为基于有监督学习的命名实体识别方法。

事件 发生 在 武汉市/LOC 的 界限路/LOC。
陈明亮/PER 是 一所 小学 的 校长。
北京市发改委/ORG 出台 了 政策。
国科大/ORG 是 最近 新 成立 的 一所 大学。
…… ……

图 10.3 命名实体训练实例

在基于有监督学习的命名实体识别方法研究中,人们通常将这个任务视为一种序列标注 (sequence labeling)问题。序列标注模型首先需要确定类别标签集合和标注的语言单位粒度。其中,"BIO"是一种被广泛采用的类别标签集。"B"表示实体的开始,"I"表示实体的内部,"O"表示非实体部分。对于人名、地名和组织机构名三类命名实体,可以使用 7 种标签分别区分:PER-B,PER-I,LOC-B,LOC-I,ORG-B,ORG-I 和 O。其中"PER""LOC"和"ORG"分别表示人名、地名和组织机构名,即 PER-B 表示人名的起始单位,PER-I 表示该语言单位属于本人名。其余标签的含义类似。

在选择标注的语言单位粒度时,可以对词进行标注,例如,"中国人民银行"标注为中国/ORG-B 人民/ORG-I 银行/ORG-I,但这种标注方式需要首先对句子进行词语切分,命名实体识别的效果直接受到分词精度的影响。因此,现在主流的方法通常直接采用"字"作为标注单位,例如,"中国人民银行"标注为中/ORG-B 国/ORG-I 人/ORG-I 民/ORG-I 银/ORG-I 行/ORG-I。这里所说的"字"泛指汉字、标点符号、数字、其他语言的字符等。

对于图 10.3 给出的人工标注例子,根据基于字的标注范式可以将其转换为图 10.4 所示的形式。

事/O 件/O 发/O 生/O 在/O 武/LOC-B 汉/LOC-I 市/LOC-I 的/O 界/LOC-B 限/LOC-I 路/LOC-I 。
陈/PER-B 明/PER-I 亮/PER-I 是/O 一/O 所/O 小/O 学/O 的/O 校/O 长/O 。
北/ORG-B 京/ORG-I 市/ORG-I 发/ORG-I 改/ORG-I 委/ORG-I 出/O 台/O 了/O 政/O 策/O 。
国/ORG-B 科/ORG-I 大/ORG-I 是/O 最/O 近/O 新/O 成/O 立/O 的/O 一/O 所/O 大/O 学/O 。
… …

图 10.4 基于字的命名实体标注实例

形式化地，给定 M 个句子组成的训练数据 $D = \{(X_m, Y_m)\}_{m=1}^{M}$，$X_m$ 表示汉字串，Y_m 是与 X_m 等长的标签序列，$Y_{mi} \in$ {ORG-B, ORG-I, LOC-B, LOC-I, PER-B, PER-I, O} 表示第 i 个汉字 X_{mi} 对应的正确标签。基于序列标注模型的命名实体识别方法旨在设计一个参数模型 $f(\theta)$，从 D 中学习到合理的模型参数 θ^*。$f(\theta^*)$ 用于对测试句子进行序列标注，如图 10.5 所示，对于输入的句子（底下一行的汉字串），生成一个合理的标签序列（上面一行的标签序列）。

图 10.5 基于序列标注的命名实体识别示例

序列标注建模的方法有很多，以下介绍三种代表性的 NER 建模方法。

1. 基于隐马尔可夫模型的命名实体识别方法

给定一个待标注的句子 $X = x_0 x_1 \cdots x_T$（称为观测值），序列标注模型希望搜索一个标签序列 $Y = y_0 y_1 \cdots y_T$（称作状态值），使得后验概率 $p(Y|X)$ 最大。隐马尔可夫模型（hidden Markov model，HMM）利用贝叶斯规则对后验概率 $p(Y|X)$ 进行分解：

$$p(Y|X) = \frac{p(X, Y)}{p(X)} = \frac{p(Y) \times p(X|Y)}{p(X)} \tag{10.1}$$

由于概率 $p(X)$ 在给定句子后不再变化，对任何标签序列都没有影响，因此最大化条件概率 $p(Y|X)$ 可以转换为最大化联合概率 $p(X, Y)$，即最大化先验概率 $p(Y)$ 和似然 $p(X|Y)$ 的乘积。为了方便计算 $p(Y)$ 和 $p(X|Y)$，HMM 假设标签序列满足一阶马尔可夫链，即标签状态 y_t 的取值仅与 y_{t-1} 有关，观测值 x_t 仅与 y_t 有关。从而，将联合概率 $p(X, Y)$ 分解为如下的形式：

$$p(X, Y) = p(Y) \times p(X|Y) = \prod_{t=0}^{T} p(y_t|y_{t-1}) \times p(x_t|y_t) \tag{10.2}$$

从上述公式可见，HMM 模拟了句子的生成过程。

HMM 进一步将问题简化为计算 $p(y_t|y_{t-1})$ 和 $p(x_t|y_t)$。在 HMM 中，$p(y_t|y_{t-1})$ 称为状态转移概率，$p(x_t|y_t)$ 为发射概率。给定训练数据 $D = \{(X_m, Y_m)\}_{m=1}^{M}$，状态转移

概率 $p(y_t|y_{t-1})$ 和发射概率 $p(x_t|y_t)$ 都可以采用最大似然估计的方式获得:

$$p(y_t|y_{t-1}) = \frac{\text{count}(y_{t-1}, y_t)}{\text{count}(y_{t-1})} \tag{10.3}$$

$$p(x_t|y_t) = \frac{\text{count}(x_t, y_t)}{\text{count}(y_t)} \tag{10.4}$$

$\text{count}(y_{t-1}, y_t)$ 表示 y_{t-1} 和 y_t 共现的次数。关于 HMM 的详细介绍,可参阅文献(Rabincr and Juang, 1986)和(宗成庆, 2013)。

对于命名实体识别任务,并不是任意两个标签状态之间都可转移,同一类实体中只有标签 B 到 I, I 到 I, I 到 O 和 O 到 B 之间存在转移概率,其余的概率都是 0。由于某些"字"和标签可能在训练数据中没有共现,因而产生数据稀疏问题,通常在估计发射概率时会采用平滑算法对未见组合赋予一个较小的概率值。

对于句子 $X = x_0x_1 \cdots x_T$,利用上述 HMM 计算公式可以获得任意一种序列 $Y = y_0y_1 \cdots y_T$ 的后验概率。最朴素的方式是穷举所有可能的标签序列,然后根据概率找出最优序列,但穷举搜索的方式效率太低,因此常用动态规划算法求解这类问题。在 HMM 模型中使用维特比解码算法。

维特比算法(Viterbi algorithm)需要维持两组变量 $\delta_t(y)$ 和 $\varphi_t(y)$,其中 $\delta_t(y)$ 记录到 t 时刻为止以标签 y 结束的路径所对应的最大概率,$\varphi_t(y)$ 记录 $\delta_t(y)$ 对应路径 $(t-1)$ 时刻的标签:

$$\delta_t(y) = \max_{y'}\{\delta_{t-1}(y')\, p(y|y')\, p(x_t|y)\} \tag{10.5}$$

$$\varphi_t(y) = \operatorname*{argmax}_{y'}\{\delta_{t-1}(y')\, p(y|y')\, p(x_t|y)\} \tag{10.6}$$

当计算到句子结尾的第 T 个"字"时,利用上述公式可得到第 T 个"字"所对应的标签:

$$y_T = \operatorname*{argmax}_{y}\{\delta_T(y)\} \tag{10.7}$$

然后,利用下面的公式进行回溯,找到最优的标签路径:

$$y_t = \varphi_{t+1}(y_{t+1}) \tag{10.8}$$

图 10.6 展示了一个基于 HMM 的命名实体识别例子。基于 HMM 的 NER 方法简单有效,是早期的生成式命名实体识别方法中一种主流的方法(Zhou and Su, 2002)。但是,HMM 的假设过于苛刻,无法捕捉更多更丰富的上下文特征。例如,图 10.6 中 y_7 是否标注 PER-I 不仅依赖前一个状态 PER-I,还与 y_5 是否标注 PER-B 相关;而且 y_7 的取值不仅仅与"佩"字相关,还与周围的"拉、里、奇"等上下文相关。鉴于 HMM 等生成式模型在假设中的约束过于严格,限制了更多信息的利用,从而制约了识别性能的进一步提升,因此判别式模型逐渐受到青睐,其中条件随机场模型(CRF)是使用最为广泛的一种判别式序列标注模型。

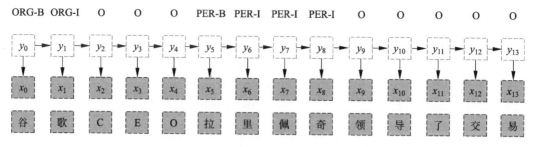

图 10.6　基于 HMM 的命名实体识别方法

2. 基于条件随机场模型的命名实体识别方法

条件随机场（conditional random field, CRF）模型（Lafferty et al., 2001）是一种无向图判别式模型，对应序列标注任务的是线性链条件随机场模型（linear-chain CRF）。在条件随机场模型中，对于给定的输入序列 $X = x_0 x_1 \cdots x_T$，其标签状态序列 $Y = y_0 y_1 \cdots y_T$ 的条件概率 $p(Y|X)$ 为

$$p(Y|X) = \frac{1}{Z_X} \exp \left\{ \sum_{t=0}^{T} \sum_k \lambda_k f_k(y_{t-1}, y_t, X, t) \right\} \tag{10.9}$$

其中，$f_k(y_{t-1}, y_t, X, t)$ 表示作用于标签状态和汉字序列的任意特征函数；$\lambda_k \geqslant 0$ 是特征函数 $f_k(y_{t-1}, y_t, X, t)$ 的权重，表明该特征函数的贡献大小，需要从训练数据 $D = \{(X_m, Y_m)\}_{m=1}^{M}$ 中学习获得。特征函数 $f_k(y_{t-1}, y_t, X, t)$ 的定义和参数权重 λ_k 的学习是 CRF 模型的核心（McCallum and Li, 2003）。

形式化地，特征函数 $f_k(y_{t-1}, y_t, X, t)$ 将离散特征组合映射至布尔变量，举例如下：

$$f_k(y_{t-1}, y_t, X, t) = \begin{cases} 1, & \text{if } y_{t-1} = \text{ORG-B}, y_t = \text{ORG-I}, x_t = \text{歌} \\ 0, & \text{否则} \end{cases} \tag{10.10}$$

上述特征函数表明，如果前一个时刻的标签是 ORG-B，当前时刻的字是"歌"，那么，当前字的标签是 ORG-I 时，$f_k(y_{t-1}, y_t, X, t)$ 的取值为 1；否则为 0。对于 y_{t-1}、y_t 和 x_t 的取值及其组合方式可以枚举出若干，通常将每一个特征函数 $f_k(y_{t-1}, y_t, X, t)$ 称为一类特征模板。对于命名实体识别任务来说，可利用的特征模板有很多，表 10.1 列举了一些常见模板的描述。

表 10.1　NER 中常用的特征模板

词汇化特征	当前字符 x_t，前驱字符 x_{t-1}，后续字符 x_{t+1}，字符组合 $x_{t-1}x_t$，$x_t x_{t+1}$，$x_{t-1}x_t x_{t-1}$ 等
标签特征	当前标签 y_t，前驱标签 y_{t-1}，标签组合 $y_{t-1}y_t$ 等
标签词汇组合特征	$x_t y_t$，$y_{t-1}x_t$，$y_{t-1}x_t y_t$ 等
词典特征	字符串 $x_{t-1}x_t$、$x_t x_{t+1}$、$x_{t-1}x_t x_{t-1}$ $\cdots$ 是否在给定的词典中

根据模板可从训练数据 $D = \{(X_m, Y_m)\}_{m=1}^{M}$ 中抽取出数十万甚至数百万个特征，每一个特征对应一个需要学习的参数权重 λ_k，而 λ_k 的学习与具体的命名实体识别任务

无关，可采用常规的 CRF 训练算法获得，一般可通过 CRF 开源工具（如 CRF++[①]）得到。

Z_X 是归一化因子，在模型训练过程中需要通过前向后向算法进行求解，相关细节可参考（Sutton and McCallum, 2012）。参数的优化目标是最大化整个标注数据上的条件似然：

$$\mathcal{L}(\varLambda) = \sum_{m=1}^{M} \log\left(p\left(Y_m | X_m, \varLambda\right)\right) + \log p\left(\varLambda\right) \tag{10.11}$$

其中，$p(\varLambda)$ 是参数的先验概率。在测试时，由于只关注搜索最佳的标签状态序列，所以归一化因子 Z_X 可以不用计算，即求解：

$$\underset{Y}{\mathrm{argmax}}\, p\left(Y | X\right) = \underset{Y}{\mathrm{argmax}}\, \frac{1}{Z_X} \exp\left\{\sum_{t=0}^{T} \sum_{k} \lambda_k f_k\left(y_{t-1}, y_t, X, t\right)\right\}$$

$$= \underset{Y}{\mathrm{argmax}}\left\{\exp\left(\sum_{t=0}^{T} \sum_{k} \lambda_k f_k\left(y_{t-1}, y_t, X, t\right)\right)\right\} \tag{10.12}$$

类似于 HMM 模型，最佳标签序列通常也是采用维特比动态规划算法搜索获得，其中两个变量的计算公式如下：

$$\delta_t\left(y\right) = \max_{y'}\left\{\delta_{t-1}\left(y'\right) \exp\left(\sum_{k} \lambda_k f_k\left(y', y, X, t\right)\right)\right\} \tag{10.13}$$

$$\varphi_t\left(y\right) = \underset{y'}{\mathrm{argmax}}\left\{\delta_{t-1}\left(y'\right) \exp\left(\sum_{k} \lambda_k f_k\left(y', y, X, t\right)\right)\right\} \tag{10.14}$$

图 10.7 是基于 CRF 的 NER 方法示意图。与 HMM 相比，CRF 是一个全局优化过程，没有独立性假设，而且在预测标签时可以利用更多的上下文特征，因此最终的命名实体识别效果也相对更好。著名的斯坦福大学命名实体识别工具（Stanford NER[②]）就是以 CRF 为核心模型实现的。但是，无论是生成式的 HMM，还是判别式的 CRF，都是以"字"或字符串（token）等离散符号表示为基础的，一方面可能产生数据稀疏问题，如

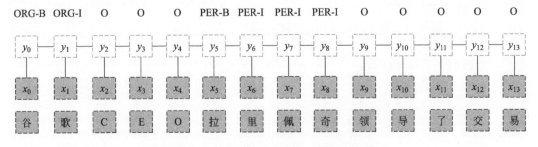

图 10.7 基于 CRF 的命名实体识别方法

① https://taku910.github.io/crfpp/。

② https://nlp.stanford.edu/software/CRF-NER.shtml。

果某个字符串在训练样本中未见过，那么便无法预测其标签；另一方面，这些方法都无法捕捉词语等字符串之间的语义相似性，如"说"和"讲"两个词的语义接近，但在字符串表示层面却无法捕捉这些信息。基于分布式表示的神经网络模型善于抽象深层语义信息，可以捕捉语言单元之间的语义相似性，成为命名实体识别研究中一个新的建模工具。

3. 基于神经网络模型的命名实体识别方法

基于神经网络模型的 NER 方法的主要任务是实现特征的表示和抽象。首先，每个语言单元（如"字"）将被映射到一个固定维度的实数向量，然后采用多层网络结构学习语言单元序列甚至整个句子的抽象表示，最后在深层抽象表示的基础上预测每个语言单元的类别标签。

在本书第 3 章中介绍分布式文本表示时，已经介绍了前馈神经网络、递归神经网络、卷积神经网络和循环神经网络等多种神经网络模型。以下以循环神经网络为例，结合条件随机场模型，介绍神经网络模型在命名实体识别任务上的应用（Huang et al., 2015）。

首先，我们介绍一下循环神经网络如何学习一个句子的深层抽象表示。这里，循环神经网络采用双向长短时记忆模型（bidirectional long-short term memory, Bi-LSTM）。如图 10.8 所示，给定汉字序列 $X = x_0x_1\cdots x_T$，Bi-LSTM 将每个汉字 x_i 映射为低维实数向量表示 $e_i \in \mathbb{R}^{d_1}$（见图 10.8 底部），其中，d_1 表示向量维度，e_i 一般随机初始化并在训练中优化更新。前向 LSTM 得到每个"字"对应的分布式表示 $\overrightarrow{h}_i \in \mathbb{R}^{d_2}$（$d_2$ 表示隐藏层神经元数目）。同理，后向 LSTM 可得到另一个分布式表示 $\overleftarrow{h}_i \in \mathbb{R}^{d_2}$（具体计算过程可参考 3.2 节分布式表示中的介绍）。$\overrightarrow{h}_i$ 可以捕捉 e_i 及左侧的上下文信息 $e_0\cdots e_{i-1}e_i$，$\overleftarrow{h}_i$ 能够刻画 e_i 及右侧的上下文信息 $e_ie_{i+1}\cdots e_T$。所以，Bi-LSTM 拼接 $\overrightarrow{h}_i$ 和 $\overleftarrow{h}_i$，以期通过 $h_i = \left[\overrightarrow{h}_i; \overleftarrow{h}_i\right] \in \mathbb{R}^{2d_2}$ 捕捉以 e_i 为中心的全局特征。

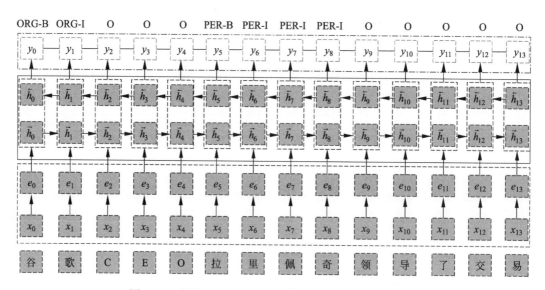

图 10.8　基于 Bi-LSTM-CRF 模型的命名实体识别方法

如果 Bi-LSTM 直接用于命名实体识别，下面的公式可计算汉字 x_i 对应的每个类别标签 $y_i \in \{\text{ORG-B, ORG-I, LOC-B, LOC-I, PER-B, PER-I, O}\}$ 的概率：

$$p\left(y_i\right) = p\left(\boldsymbol{e}_{y_i}\right) = \text{softmax}\left(\boldsymbol{e}_{y_i}\right) = \frac{\boldsymbol{h}_i \cdot \boldsymbol{e}_{y_i}}{\sum\limits_k \boldsymbol{h}_k \cdot \boldsymbol{e}_{y_k}} \tag{10.15}$$

其中，$\boldsymbol{e}_{y_i} \in \mathbb{R}^{2d_2}$ 表示类别标签 y_i 对应的分布式表示。汉字 x_i 的类别标签对应最大概率的 y_i。由于 Bi-LSTM 无法利用类别标签之间的关系，无法排除 ORG-B PER-I 这样的不合理组合，所以可以在 Bi-LSTM 模型之上采用 CRF 模型进行全局优化，我们将其称为 Bi-LSTM-CRF 模型。

Bi-LSTM-CRF 模型同样直接对条件概率 $p\left(Y|X\right)$ 进行建模：

$$p\left(Y|X\right) = \frac{\prod\limits_{t=1}^{T} \psi_t\left(y_{t-1}, y_t, X\right)}{\sum\limits_{Y'} \prod\limits_{t=1}^{T} \psi_t\left(y'_{t-1}, y'_t, X\right)} \tag{10.16}$$

其中，$\psi_t\left(y', y, X\right) = \exp\left(\boldsymbol{W}_{y',y} \boldsymbol{h}_i + \boldsymbol{b}_{y',y}\right)$，$\boldsymbol{W}_{y',y}$ 和 $\boldsymbol{b}_{y',y}$ 分别是参数权重和偏置。式（10.16）实际上是 CRF 模型在特征建模方面的泛化。在 CRF 模型中，$\psi_t\left(y', y, X\right) = \exp\left(\sum\limits_k \lambda_k f_k\left(y', y, X, t\right)\right)$ 可以转换为 $\psi_t\left(y', y, X\right) = \exp\left(\Lambda_{y',y} F\left(y', y, X, t\right)\right)$，其中 $F\left(y', y, X, t\right)$ 和 $\Lambda_{y',y}$ 分别是特征向量和特征权重的向量。因此，Bi-LSTM 就相当于自动学习一组特征向量 $F\left(y', y, X, t\right) = \boldsymbol{h}_i$。

Bi-LSTM-CRF 模型的训练和解码类似于 CRF 模型，例如，维特比算法可根据输入序列 $X = x_0 x_1 \cdots x_T$ 得到全局最优的类别标签序列。

10.2.3 半监督的命名实体识别方法

如果拥有大规模的标注数据，有监督的命名实体识别方法能够取得较为理想的性能，但在现实中命名实体的标注语料十分有限，很多训练集仅包含十万个左右的句子，而且无法覆盖所有领域，这就导致命名实体识别的性能，尤其是领域适应能力和泛化性能严重受限。但是，现实中各种语言在各种领域中都存在海量的无标注语料，如果能够在有限的标注数据基础上充分利用无标注数据，命名实体识别的效果完全有可能得到改善。基于这种想法，人们提出了半监督的命名实体识别方法。

形式化地，$D_l = \{(X_m, Y_m)\}_{m=1}^{M}$ 表示有限的标注数据，假设无标注数据集为 $D_u = \{(X_n)\}_{n=1}^{N}$，其中 $N \gg M$，基于半监督的命名实体识别方法旨在充分挖掘这两类数据 $D = \{D_l, D_u\}$。以下将从模型和特征的角度分别介绍半监督的命名实体识别方法。

从模型的角度，可以将条件随机场模型加以拓展以适应无标注数据，即半监督的条件随机场模型 Semi-CRF（Suzuki and Isozaki, 2008）。在有监督的 CRF 中，目标函数是标注数据中的条件似然：

$$\mathcal{L}\left(\Lambda|D_l\right) = \sum_{m=1}^{M} \log\left(p\left(Y_m|X_m, \Lambda\right)\right) + \log p\left(\Lambda\right) \tag{10.17}$$

对于无标注数据 $D_u = \{(X_n)\}_{n=1}^{N}$，可以优化边缘似然 $p\left(D_u\right) = \sum_{n=1}^{N} \log p\left(X_n, \Theta\right)$。由于 $\log p\left(X_n, \Theta\right) = \sum_{Y \in \mathbf{y}} \log p\left(X_n, Y, \Theta\right)$，其中，$\mathbf{y}$ 表示所有可能的标签序列，那么，$p\left(X_n, Y, \Theta\right)$ 也可以通过类似于定义 $p\left(Y|X\right) = \prod_{t=1}^{T} \psi_t\left(y_{t-1}, y_t, X\right)/Z_X$ 的方式计算。因此，在无标注数据集上可设计如下目标函数：

$$\mathcal{L}\left(\Theta|D_u\right) = \sum_{n=1}^{N} \sum_{Y \in \mathbf{y}} \log p\left(X_n, Y, \Theta\right) + \log p\left(\Theta\right) \tag{10.18}$$

由于参数 Θ 包含 Λ，因此可以通过迭代的方式交互优化 $\mathcal{L}\left(\Lambda|D_l, \Theta\right)$ 和 $\mathcal{L}\left(\Theta|D_u, \Lambda\right)$。例如，可以先在标注数据上优化 $\mathcal{L}\left(\Lambda|D_l, \Theta\right)$（无标注数据上独有的参数 $(\Theta - \Lambda)$ 可以采用均匀分布初始化），然后采用优化后的 Λ 在无标注数据上优化 $\mathcal{L}\left(\Theta|D_u, \Lambda\right)$。更新后的 Θ 再优化 $\mathcal{L}\left(\Lambda|D_l, \Theta\right)$，迭代直至参数收敛。

从特征的角度，无标注数据有多种使用方法，既可以根据语言单元的相似性挖掘特征，也可以通过对上下文模式多样性分析挖掘特征。在语言单元的相似性挖掘方面，一类代表性的方法是利用语言单元（如字、词等）在大规模无标注数据中的分布相似性挖掘有效的特征（Ratinov and Roth, 2009）。具体地讲，采用布朗聚类（Brown clustering）等算法对无标注数据中的语言单元进行聚类，如"说"和"直言"将被聚为一类，假设其类别记为 C_u，就可以将 C_u 作为特征用于命名实体标签预测。如果"说"在已标注的语料中，而"直言"只出现在无标注数据中，由于它们拥有相似的上下文并且属于相同的聚类 C_u，那么，"直言"及其上下文就更容易正确地预测命名实体的类别。

另一类方法是挖掘命名实体上下文模式的多样性。基本思想是：从无标注数据中选择满足高置信度、低冗余度的代表性样本，将其转换为标注样本，以增加标注数据的规模（Liao and Veeramachaneni, 2009）。其转换算法的流程如算法 10.1 所示，每一次迭代时，用最新的标注数据 $D_{l\text{-new}}$ 训练一个命名实体识别模型 C_k，并利用 C_k 对未标注的数据 D_u 进行自动标注。直观上讲，可以从自动标注结果中选择置信度（标签预测概率）很高（例如，> 0.9) 的样本，将其作为标注样本加入到训练数据中。但是，这种简单的处理方法无法有效地提升命名实体识别的性能，因为置信度高的样本基本与训练样本具有相同的上下文模式，这就导致新增加的样本并不能丰富命名实体所在的上下文特征。因此，在考虑高置信度的同时还应关注新样本的冗余性。

输入：D_l——小规模标注数据；D_u——大规模无标注数据

输出：$D_{l\text{-new}}$——新的标注数据

$D_{l\text{-new}} = D_l$

for k=1 to K：

　　步骤 1：利用 CRF 模型在 $D_{l\text{-new}}$ 上训练命名实体识别模型 C_k

　　步骤 2：利用 C_k 从 D_u 中抽取并构建新的标注数据 D_{new}

　　步骤 3：$D_{l\text{-new}} = D_{l\text{-new}} + D_{\text{new}}$，$D_u = D_u - D_{\text{new}}$

算法 10.1　基于半监督的命名实体识别算法

步骤 2 是上述算法的核心。首先，利用 C_k 自动标注 D_u 中样本，并计算样本中每个语言单元的置信度。若一个样本中某个语言单元序列 seq_u 被标注为命名实体 $\text{NE} \in \{\text{PER}, \text{LOC}, \text{ORG}\}$，并且置信度大于 T（如 $T = 0.9$），这说明 seq_u 基本可以被确定为命名实体。然后从 D_u 中搜索包含 seq_u 的样本 s_u，如果 seq_u 在样本 s_u 中的置信度较低（如小于 0.5，即虽然 seq_u 是命名实体，但是模型 C_k 学到的特征无法正确识别样本 s_u 中的 seq_u），说明 seq_u 在样本 s_u 中的上下文特征与众不同，s_u 包含实体 seq_u 且记录了关于 seq_u 更丰富的上下文模式。因此，样本 s_u 更具代表性，并且包含正确实体 seq_u，可将其作为标注样本加入 $D_{l\text{-new}}$。

此外，对于人名、地名和组织机构名三类命名实体，如果 D_u 中某个样本 s_u' 包含高置信度的实体 seq_u'，并且 seq_u' 的上下文是指示性语言单元，如指示人名的"教授""先生""主席"等称谓词语，指示机构名的"公司""中心"等，那么，去掉 s_u' 中 seq_u' 上下文里的指示词得到 s_u''，并利用 C_k 对 s_u'' 进行自动标注。如果 seq_u' 的置信度比较小，这说明去掉指示词的 s_u'' 能够提供识别实体 seq_u' 更丰富的上下文模式，因此将 s_u'' 加入到 $D_{l\text{-new}}$ 中。

关于未标注数据到标注数据的转换，除了上述方法以外，还可采用协同训练算法。这类方法采用一种多视图模型[①]，设计两组独立充分的特征 f_1 和 f_2，利用 f_1 和 f_2 分别构建分类器 C_1 和 C_2，然后采用迭代的方法不断添加新的标注样本：C_1 自动标注 D_u 中的无标注样本，并将置信度高的样本加入到标注数据集中，利用新的标注数据集训练 C_2；C_2 自动标注 D_u 中其他的无标注样本，同样将置信度高的样本加入到标注数据集中。将上述步骤迭代进行，直至收敛。不过，由于在命名实体识别任务中很难设计出独立且充分的两组特征，因此基于多视图的命名实体识别方法通常不如上述两类方法有效。

10.2.4　命名实体识别方法评价

客观评价命名实体识别方法的一般做法如下：选择与训练数据无关的一个测试文本 D_T，按照训练数据的标注规范给测试文本中的人名、地名和组织机构名等实体进行人工标注，视为标准参考答案 D_R。假设某个方法（或系统）对测试文本 D_T 进行命名实体自动识别后得到输出 D_S，然后对比 D_S 和 D_R 中命名实体标注的一致性，根据统计数据计算相应的指标，最终获得该方法（系统）的识别性能。

---

① 多视图是指数据的多个维度，例如，视频中既有语音维度，还有图像维度，两者相互独立，因此可视为两个视角。

一致性的计算涉及三个变量 Count (correct)，Count (spurious) 和 Count (missing)，含义如下：

Count (correct)：D_S 和 D_R 中标注结果完全一致的命名实体数目；

Count (spurious)：在 D_S 中是系统识别出的命名实体，但在参考答案 D_R 中并非为命名实体的数目；

Count (missing)：在 D_R 参考答案中存在，但在 D_S 中是系统未识别出的命名实体数目。

依据上述三个变量，可以分别计算出命名实体识别的准确率（pression）、召回率（recall）和 F_1 值：

$$precision = \frac{Count\,(correct)}{Count\,(correct) + Count\,(spurious)} \tag{10.19}$$

$$recall = \frac{Count\,(correct)}{Count\,(correct) + Count\,(missing)} \tag{10.20}$$

$$F_1 = \frac{2 \times precision \times recall}{precision + recall} \tag{10.21}$$

通常采用 F_1 值度量命名实体识别方法的整体性能。

10.3　共 指 消 解

对于关系抽取和事件抽取等任务来说，仅仅完成实体识别是不够的，在很多情形下，一篇文档中一个指称（mention）或提及[①]（mention）可能有多个实体或名称短语与之对应，明确某个指称具体所指的过程称为共指消解。

指称主要包括 3 类：普通名词短语、专有名词和代词。在下面的例 1 中，方括号（[]）标出了句子中所有的指称。

例 1：

据 [路透社][记者] 报道，[尼泊尔总理][卡·普·夏尔马·奥利] 去年大选时承诺，若当选，[他] 将把水电站项目再度交由 [葛洲坝集团] 负责建造。

其中，"路透社""尼泊尔总理""卡·普·夏尔马·奥利""葛洲坝集团"都是命名实体，属于专有名词，"记者"是普通名称，"他"是代词。共指消解的目标就是正确区分代词"他"是指代"记者"还是尼泊尔现任总理"卡·普·夏尔马·奥利"。

假设文本中所有指称都已经正确识别[②]，并构成候选指称集合 $M = \{m_1, m_2, \cdots, m_N\}$。共指消解问题可视为集合 M 上的划分问题，即将 N 个元素（候选指称）划分为若干个等价类，每个类中的所有元素都指向同一个实体。在例 1 中，候选指称集合为 $M =$ {路透社，记者，尼泊尔总理，卡·普·夏尔马·奥利，他，葛洲坝集团}，共指消解的结果为

---

① 即对应现实世界中同一事物的不同名称或描述。

② 通过命名实体识别、句法分析等方法以及一些规则可确定文本中的候选实体或名词短语。

$M' =$ {路透社 [1]，记者 [2]，尼泊尔总理 [3]，卡·普·夏尔马·奥利 [3]，他 [3]，葛洲坝集团 [4]}，即将集合 M 划分为四个聚类，词的右上标是该实体或指称所属聚类的编号。同一个划分类里的实体具有相同的所指，因此，"他"可以被认定为"卡·普·夏尔马·奥利"。

通过穷举的方式搜索最佳划分是一个 NP 难问题，目前所有共指消解方法都是一种近似方法。这些方法大致可以分为基于规则的方法和数据驱动的方法。

10.3.1　基于规则的共指消解方法

基于规则的共指消解方法主要思路是借助语言学知识（语法、语篇理论等）设计规则和约束，对所有指称歧义进行确定性消解。以下首先介绍早期经典的 Hobbs 算法（Hobbs algorithm）（Hobbs, 1978），然后阐述简单有效的多遍过滤算法。

1. Hobbs 算法（Hobbs algorithm）

Hobbs 算法的描述如下：

输入：文本中每个句子的句法结构树。

输出：指称（实际关注的是代词）具体指代的实体或名词短语。

算法描述：

（1）在包含待消解代词的句子分析树 S 中，从直接支配待消解代词的 NP 节点开始；

（2）自底往上沿着树结构查找，直至遇到 NP 节点或 S 节点，记该节点为 X，对应的路径为 p；

（3）按照从左到右广度优先的方式遍历 X 节点下面且在路径 p 左边的所有子树，如果遇到 NP 节点 Y，并且 X 和 Y 之间有 NP 节点或 S 节点，那么 Y 为先行语，否则进入步骤（4）；

（4）如果 X 是句子的根节点 S，依次从右往左搜索前面句子的句法分析树，对于每棵句法分析树同样采用从左到右广度优先的方式搜索，遇到的第一个 NP 节点作为先行语，如果 X 不是句子的根节点 S，则进入步骤（5）；

（5）从 X 节点沿着句法树往上搜索第一个 NP 节点或 S 节点，记为最新的 X 节点，并更新对应的路径 p；

（6）如果 X 是 NP 节点，并且路径 p 没有经过 X 直接支配的名词节点 N，则 X 为先行语；

（7）遍历 X 节点下面且在路径 p 左侧的所有子树，同样是从左往右，广度优先，遇到任意 NP 节点则视为先行语；

（8）如果 X 是 S 节点，在 p 的右侧采用从左到右广度优先的方式遍历所有子树，但不在任何 NP 节点或 S 节点下面遍历，遇到的任意 NP 节点均被视为先行语；

（9）继续步骤（4）。

算法 10.2　基于 Hobbs 算法的共指消解方法

以下以句子"特朗普经常口无遮拦"和"一些媒体不喜欢他"为例，说明 Hobbs 算法的执行过程。图 10.9 中的（a）和（b）分别是这两个句子的短语结构树。

Hobbs 算法第 1 步和第 2 步从图 10.9（b）中的节点 NP^3 开始往上查找，找到 S^2，记为 X 节点，路径 p 用虚线表示。第 3 步找到 NP^2 节点，但 NP^2 与 S^2 之间没有 NP 节点，由于 X 是句子的根节点，所以进入第 4 步，继续在前面句子的句法树中搜索 S^1 节点下面的节点，发现 NP^1 节点满足要求，则确定 NP^1 节点表示的"特朗普"是指称"他"的先行语。

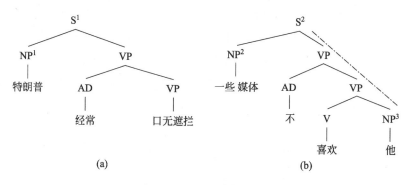

图 10.9 共指消解示例

Hobbs 算法简单易实现，但由于规则过于泛化，导致最终效果并不是非常理想。近年来，斯坦福大学 Raghunathan 等（2010）提出了一种基于多遍扫描过滤的共指消解算法，其基本思路是将共指消解规则按照准确程度由高到低设计成不同的筛子（sieve），筛子用来一层一层地过滤共指消解的结果。该算法曾在 CoNLL 2011 英文共指消解评测任务中取得了最佳成绩（Lee et al., 2011），随后被用于中文的共指消解。

2. 多遍过滤算法

多遍过滤算法首先用确定性强的规则对候选指称集合 $M = \{m_1, m_2, \cdots, m_N\}$ 进行划分和聚类，得到新的集合 $M' = \{m_1^{k_1}, m_2^{k_2}, \cdots, m_N^{k_N}\}$，其中上标 k_i 相同的指称具有共指关系，将其聚合为一类，也称一个共指链，当作一个元素，那么 $|M'| < |M|$。在 M' 的基础上，逐渐利用准确率稍低的规则对 M' 进行划分，即不断放松约束，归并具有共指关系的指称集合。集合 M 中的元素个数（聚类数）随着各层筛子的应用不断减少，总体上正确率不断下降，召回率不断上升。这种方法保证了确定性强的规则在消解过程中的影响更大，而且不同的筛子可以共享聚类结果中不同指称的属性信息。

多遍过滤算法对候选指称集合共进行 7 遍扫描，每一遍利用不同的共指消解规则。表 10.2 给出了算法每一步调用的消歧规则。

表 10.2 多遍过滤算法每一步调用的规则

层 (pass)	类型 (type)	规 则
1	N	精确匹配
2	N,P	同位语 | 谓语名词 | 角色同位语 | 关系代词 | 缩写 | 区域居民称谓
3	N	聚类中心词匹配&词语蕴含&修饰语兼容&非包含
4	N	聚类中心词匹配&词语蕴含&非包含
5	N	聚类中心词匹配&修饰语兼容&非包含
6	N	宽松的聚类中心词匹配&词语蕴含&非包含
7	P	代词匹配

第 1 遍扫描采用精确匹配规则：如果两个指称在字符层面完全匹配，那么这两个指称指向同一个实体，将其聚为一类。

第 2 遍扫描采用精确结构规则：如果两个指称满足下面条件之一，则认为这两个指称指向同一个实体。

条件 1）：同位语，即两个指称是同位语关系，例如，"[美国总统][特朗普] 说 ……"；

条件 2）：谓语名词，即两个指称是并列的主宾语结构，例如，"[北京] 是 [中国首都]"；

条件 3）：角色同位语，即指称的先行语是该指称的角色修饰成分，例如，"[中国科学院院士][张杰]……"；

条件 4）：关系代词，即指称是先行语的关系代词，例如，"[北京][这个地方]……"；

条件 5）：缩写，即一个指称是另一个指称的缩写形式，例如，"[中国科学院大学]……[国科大]……"；

条件 6）：区域居民称谓，即两个指称表示相同的称谓，例如，英语中的 "[Israel]…[Israeli]"。

经过两遍扫描，候选指称集合 $M = \{m_1, m_2, \cdots, m_N\}$ 被聚类后形成一个新的集合 $M' = \{m_1^{k_1}, m_2^{k_2}, \cdots, m_N^{k_N}\}$，后续的扫描都基于这个新的集合。

第 3 遍扫描采用严格的中心词匹配规则：指称或指称聚类满足下面所有条件才能将其归为某个聚类：①聚类中心词匹配，即指称的中心词必须与先行语聚类中的某个指称的中心词匹配；②词语蕴含，即指称集合中的非停用词必须都出现在先行语聚类中；③修饰语兼容，即指称的修饰成分都应该出现在先行语聚类中；④非包含，即两个指称在树结构中不是包含关系，例如，覆盖一个指称的 NP 节点不能是另一个指称 NP 节点的子节点。

第 4 遍到第 6 遍扫描采用更加宽松的匹配规则。第 7 遍扫描采用代词匹配规则，即在消解代词时要求先行语和该代词在单复数、性别、人称、动物性[①]和实体类别上保持一致。

虽然基于多遍扫描过滤的方法只是利用简单的规则匹配，但被证明在英语和汉语等多种语言的共指消解任务中表现得都非常出色，甚至优于很多数据驱动的方法。

10.3.2 数据驱动的共指消解方法

数据驱动的共指消解方法假设存在一批正确标注了共指关系的语料库，希望从标注数据中学习共指消解模型，自动对测试数据中的候选指称集合进行划分。数据驱动的方法可以分为指称对模型、实体-指称模型、指称排序模型和实体排序模型。指称对模型用于判断任意两个指称是否具有共指关系。实体-指称模型判断一个指称是否属于已形成的某个共指聚类，即判断是否与某聚类中的所有指称都具有共指关系。指称排序模型和实体排序模型则将分类问题转换为排序问题，在训练实例构建时将具有共指关系的指称赋予更高的排序值。

相对而言，指称对模型使用最为广泛。以下将以指称对模型为例从特征构建、训练和测试等过程详细介绍数据驱动的共指消解方法。无论是训练集还是测试集，指称检测

---

① 动物性表示是否为生命体，例如，人名是生命体，而地名不是。

都是第一步。前面已经介绍过，可以通过命名实体识别、利用句法结构树进行代词和名词短语提取等手段获得候选指称集合。假设候选指称集合 $M = \{m_1, m_2, \cdots, m_N\}$ 为输入。指称对模型最核心的三个模块分别是：正负指称对构建、特征提取和指称对分类模型。

正负指称对构建：学习一个二分类模型需要考虑如何在训练语料上构建正例和负例。一个朴素的想法是将训练集 M 中任意两个具有共指关系的指称作为正例，任意两个不共指的指称作为负例。显然，这样的构建方式一方面会造成训练实例过于庞大，另一方面也会造成严重的数据不平衡问题（负例样本远多于正例样本）。Soon 等（2001）提出了一种比较合理的构建方法：对于 M 中的任意指称 m_j，如果与之最近的具有共指关系的指称是 m_i（$i < j$），那么 (m_i, m_j) 构成正例，而任意的 m_k（$i < k < j$）与 m_j 形成负例 (m_k, m_j)。

特征提取：对于一个指称对 (m_i, m_j)，指称自身及其上下文特征共同决定 (m_i, m_j) 是否具有共指关系。如果用 $f(m_i, m_j)$ 表示特征函数，常用的特征包括词法、句法，距离、位置和语义特征等。宋洋等（2015）总结了一批具体的特征，见表 10.3。

表 10.3 共指关系消解中的常用特征

词法特征
$f(m_i, m_j) = \{1,$ 如果 m_i 和 m_j 字符串精确匹配; $0,$ 否则$\}$
$f(m_i, m_j) = \{1,$ 如果 m_i 和 m_j 为代词且字符串精确匹配; $0,$ 否则$\}$
$f(m_i, m_j) = \{1,$ 如果 m_i 和 m_j 为专有名词且字符串精确匹配; $0,$ 否则$\}$
$f(m_i, m_j) = \{1,$ 如果 m_i 和 m_j 不是代词且字符串精确匹配; $0,$ 否则$\}$
$f(m_i, m_j) = \{1,$ 如果 m_i 和 m_j 中心词精确匹配; $0,$ 否则$\}$
$f(m_i, m_j) = \{1,$ 如果 m_i 和 m_j 存在子串精确匹配; $0,$ 否则$\}$
$f(m_i, m_j) = \{m_i$ 和 m_j 中心词对组合$\}$

语法特征
$f(m_i, m_j) = \{1,$ 如果 m_i 和 m_j 单复数一致; $0,$ 否则$\}$
$f(m_i, m_j) = \{1,$ 如果 m_i 和 m_j 性别一致; $0,$ 否则$\}$
$f(m_i, m_j) = \{1,$ 如果 m_i 和 m_j 单复数和性别均一致; $0,$ 否则$\}$
$f(m_i, m_j) = \{1,$ 如果 m_i 和 m_j 性别和单复数均一致且之间没有其他指称; $0,$ 否则$\}$
$f(m_i, m_j) = \{1,$ 如果 m_i 和 m_j 动物性一致; $0,$ 否则$\}$
$f(m_i, m_j) = \{1,$ 如果 m_i 和 m_j 之间相互嵌套; $0,$ 否则$\}$
$f(m_i, m_j) = \{1,$ 如果 m_i 和 m_j 由相同的名词短语管辖; $0,$ 否则$\}$
$f(m_i, m_j) = \{1,$ 如果 m_i 和 m_j 均在引用句子中; $0,$ 否则$\}$
$f(m_i, m_j) = \{1,$ 如果 m_i 或 m_j 具有自反性质; $0,$ 否则$\}$
$f(m_i, m_j) = \{1,$ 如果 m_i 或 m_j 是所有格; $0,$ 否则$\}$
$f(m_i, m_j) = \{1,$ 如果 m_i 或 m_j 是包含限定词的名词短语; $0,$ 否则$\}$
$f(m_i, m_j) = \{1,$ 如果 m_i 或 m_j 是指示性的名词短语; $0,$ 否则$\}$
$f(m_i, m_j) = \{m_i$ 或 m_j 的指称类型字符串$\}$

续表

语义特征
$f(m_i, m_j) = \{1,$ 如果 m_i 和 m_j 是别名关系; $0,$ 否则$\}$
$f(m_i, m_j) = \{1,$ 如果 m_i 和 m_j 源自相同的陈述者; $0,$ 否则$\}$
$f(m_i, m_j) = \{1,$ 如果 m_i 和 m_j 具有相同的语义角色; $0,$ 否则$\}$
$f(m_i, m_j) = \{1,$ 如果 m_i 和 m_j 的实体类型一致; $0,$ 否则$\}$
$f(m_i, m_j) = \{1,$ 如果 m_i 和 m_j 受相同动词支配; $0,$ 否则$\}$
$f(m_i, m_j) = \{1,$ 如果 m_i 和 m_j 是同位语关系; $0,$ 否则$\}$
$f(m_i, m_j) = \{1,$ 如果 m_i 和 m_j 由系动词连接; $0,$ 否则$\}$
$f(m_i, m_j) = \{m_i$ 或 m_j 的实体类型字符串$\}$
$f(m_i, m_j) = \{m_i$ 与 m_j 在 WordNet 中的距离值$\}$
距离和位置特征
$f(m_i, m_j) = \{m_i$ 与 m_j 之间的句子数目$\}$
$f(m_i, m_j) = \{m_i$ 与 m_j 之间的指称数目$\}$
$f(m_i, m_j) = \{m_i$ 或 m_j 是否为句子的首个指称$\}$

指称对分类模型: 所有的二分类模型都可以应用于共指消解任务, 如朴素贝叶斯模型、最大熵模型、支持向量机和神经网络模型等。以最大熵模型为例, 分类模型直接对指称对 (m_i, m_j) 是否共指的条件概率 $p(Y|m_i, m_j)$ 进行建模:

$$p(Y|m_i, m_j) = \frac{\exp\left\{\sum_{k=1}^{K} \lambda_k f_k(Y, m_i, m_j)\right\}}{\sum_{Y'} \exp\left\{\sum_{k=1}^{K} \lambda_k f_k(Y', m_i, m_j)\right\}} \tag{10.22}$$

其中, $Y \in \{0, 1\}$, $f_k(Y, m_i, m_j)$ 是取确定 Y 值时的特征, λ_k 是对应的特征权重。最大熵模型一般采用通用迭代缩放算法(generalized iterative scaling, GIS)优化权重参数 λ_k。研究者们开发了多个最大熵开源工具, 如张乐开发的 C++开源工具包。

基于指称对模型的共指消解框架如图 10.10 所示。

对于测试文本, 在得到指称对分类结果之后, 还需进行必要的操作以获得共指聚类结果。常见的聚类方法有三种: 最近最先(closest-first)、最优最先(best-first)和传递性约束。最近最先方法为当前指称选择最近的满足共指关系的那个指称作为先行语。最优最先方法则为当前指称选择与之具有共指关系概率最高的那个指称作为先行语。传递性约束方法是指三个指称中如果有两对满足共指, 那么第三对也满足共指。图划分和谱聚类等方法是利用传递性约束进行聚类的常用方法。

近年来, 也有不少研究者开始探索利用深度学习的方法研究共指消解问题, 如(Clark and Manning, 2016a, 2016b)等。其主要思想是除了上述提到的常用离散特征以外, 还将指称自身、指称内部词汇、指称对、指称聚类对等利用分布式向量表示,然后采用多层神经网络模型对 (m_i, m_j) 进行打分。这类模型取得了很好的效果，显示了巨大的发展潜力。

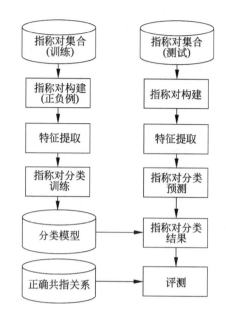

图 10.10 基于指称对模型的共指消解框架

10.3.3 共指消解评价

由于共指消解任务包括指称检测和共指消解两个子任务，因此评价共指消解系统的性能也需要从这两方面考虑。假设测试文本为 T，T 中的指称和共指关系已被人工正确地标注，从中提取出的指称和实体集合为 $M^* = \{m_1^{*k_1^*}, m_2^{*k_2^*}, \cdots, m_{N^*}^{*k_{N^*}^*}\}$（$N^*$ 表示正确指称的数目，k_i^* 表示 m_i^* 所属的聚类编号）。共指消解系统在 T 上自动生成的指称和共指关系聚类集合为 $M = \{m_1^{k_1}, m_2^{k_2}, \cdots, m_N^{k_N}\}$。$M^*$ 与 M 之间的关系如图 10.11 所示。其中，最左侧的实线圆圈从上至下分别是 M^* 中的标准划分 G_1 和 G_2，虚线圆圈从上至下分别是 M 中的系统划分 S_1，S_2 和 S_3。

评价目标是度量 M^* 与 M 之间的相似性。通常用正确率（P）、召回率（R）和 F_1 值作为度量指标。F_1 的计算公式为

$$F_1 = \frac{2PR}{P + R} \tag{10.23}$$

由于 P 和 R 给定后 F_1 值是确定的，因此不同评价方法的区别在于如何计算正确率 P 和召回率 R。常用评价方法包括 MUC 方法、B^3 方法和 CEAF 方法（Pradhan et al., 2014），以下分别进行介绍。

MUC 方法是 MUC 会议组织评测时采用的方法，通过如下公式计算 P 和 R（用图 10.11 中给出的数据代入公式）：

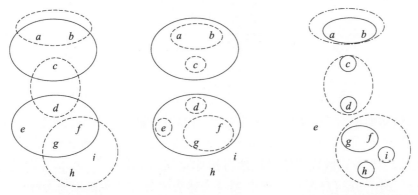

图 10.11 标准共指关系和系统预测的共指关系示意图

$$P = \frac{\sum_{i=1}^{N_s}(|S_i| - |p(S_i)|)}{\sum_{i=1}^{N_s}(|S_i| - 1)} \times 100\% = \frac{(2-1) + (2-2) + (4-3)}{(2-1) + (2-1) + (4-1)} \times 100\% = 40.0\%$$

(10.24)

$$R = \frac{\sum_{i=1}^{N_g}(|G_i| - |p(G_i)|)}{\sum_{i=1}^{N_g}(|G_i| - 1)} \times 100\% = \frac{(3-2) + (4-3)}{(3-1) + (4-1)} \times 100\% = 40.0\%$$

(10.25)

其中 G_i 表示第 i 个正确的指称聚类，$p(G_i)$ 表示系统在正确结果 G_i 上的划分，可见图 10.11 中间的示意图，G_1 包含 3 个指称 a, b 和 c，系统将 a, b, c 划分为两个聚类 (a, b) 和 c，因此 $|G_1| = 3$，$|p(G_1)| = 2$。S_i 是系统给出的第 i 个指称聚类，$p(S_i)$ 表示正确结果在系统结果 S_i 的划分，可见图 10.11 最右侧的示意图，S_3 包含 4 个指称 f, g, h 和 i，正确结果将 f, g, h, i 划分为 3 个聚类 $(g, f), h$ 和 i，因此 $|S_3| = 4$，$|p(S_3)| = 3$。N_g 和 N_s 分别表示正确和系统预测的指称聚类数目（如图 10.11 所示，$N_g = 2$，$N_s = 3$）。得到正确率 P 和召回率 R 后，可以计算 MUC 的 $F_1 = 0.4$。

MUC 方法更偏爱产生较少实体指称的系统，从而在系统区分度方面存在不足。为了解决这个问题，B^3 方法（Bagga and Baldwin, 1998）对每个指称计算其正确率和召回率，所有指称的正确率和召回率的加权平均作为最终的结果，其计算公式如下：

$$P = \frac{\sum_{i=1}^{N_g}\sum_{j=1}^{N_s}\frac{|G_i \cap S_j|^2}{|S_j|}}{\sum_{i=1}^{N_s}|S_j|}$$

(10.26)

$$R = \frac{\sum\limits_{i=1}^{N_g} \sum\limits_{j=1}^{N_s} \frac{|G_i \cap S_j|^2}{|G_i|}}{\sum\limits_{i=1}^{N_g} |G_i|} \tag{10.27}$$

B^3 方法仍然面临一个问题：同一个实体指称可能被多次计算。例如，假设系统错误地将指称 a, b, c, d, e, f 和 g 聚为一类 (a,b,c,d,e,f,g)，那么利用上述公式就会得到 100% 的召回率；假设系统错误地将指称 a, b, c, d, e, f 和 g 分别聚为 7 类 (a), (b), (c), (d), (e), (f) 和 (g)，便会发现上述公式计算的正确率为 100%。显然这些结果并不合理，为了克服这个问题，CEAF 方法（Luo, 2005）首先计算标准答案与系统输出结果之间的指称聚类的最佳对齐。为了更好地计算两个指称聚类之间的相似度，CEAF 方法提出了 4 种策略：

$$\phi_1(G_i, S_j) = \begin{cases} 1, & \text{如果} G_i = S_j \\ 0, & \text{否则} \end{cases} \tag{10.28}$$

$$\phi_2(G_i, S_j) = \begin{cases} 1, & \text{如果} G_i \cap S_j \neq \varnothing \\ 0, & \text{否则} \end{cases} \tag{10.29}$$

$$\phi_3(G_i, S_j) = |G_i \cap S_j| \tag{10.30}$$

$$\phi_4(G_i, S_j) = \frac{2|G_i \cap S_j|}{|G_i| + |S_j|} \tag{10.31}$$

在图 10.11 中，以标准答案为基准，首先计算与 G_1 对齐的系统输出。如果采用 $\phi_4(G_i, S_j)$ 分别计算 S_1、S_2 和 S_3 与 G_1 的相似度，显然与 G_1 的最佳对齐是 S_1。类似地，S_3 与 G_2 对齐，S_2 未对齐。正确率和召回率可以通过如下公式计算：

$$P = \frac{|G_1 \cap S_1| + |G_2 \cap S_3|}{|S_1| + |S_2| + |S_3|} \tag{10.32}$$

$$R = \frac{|G_1 \cap S_1| + |G_2 \cap S_3|}{|G_1| + |G_2|} \tag{10.33}$$

当然，上述公式中的分子 $|G_i \cap S_j|$ 可以采用 $\phi_4(G_i, S_j)$ 替换，从而图 10.11 中例子可以利用 CEAF_{ϕ_4} 计算其正确率和召回率：

$$P = \frac{\phi_4(G_1, S_1) + \phi_4(G_2, S_3)}{N_s} \tag{10.34}$$

$$R = \frac{\phi_4(G_1, S_1) + \phi_4(G_2, S_3)}{N_g} \tag{10.35}$$

根据最近的研究工作（Clark and Manning, 2016a），在 CoNLL 2012 提供的共指消解标注数据集上，最好的共指消解方法在英文任务中 MUC，B^3 和 CEAF_{ϕ_4} 三种计算方法获得的平均 F_1 值为 66% 左右，在中文任务中的平均 F_1 值为 65% 左右。可见，共指消解技术的性能仍有很大的提升空间。

10.4 实 体 消 歧

实体歧义指的是一个实体指称可对应到多个真实世界的实体，多发生在不同的文档中。请看下面例 2 中关于人名指称"张杰"的两个句子：

例 2：

①张杰多次在春节联欢晚会上演出。

②原上海交通大学校长张杰院士出任中国科学院副院长。

在句子①中，"张杰"指的是歌手张杰，而在句子②中"张杰"指的是中国科学院院士张杰。确定实体指称与真实世界中实体对应关系的过程称为实体消歧，或称实体链接。

以下以文献中常用的人名"Michael Jordan"为例，介绍实体消歧方法。

形式化地，实体消歧任务可以表示成一个四元组：$\mathrm{ED} = \{M, E, K, f\}$，其中，$E = \{e_1, e_2, \cdots, e_T\}$ 表示真实世界中所有实体概念的集合。在文档、网页、论文等数据集合中，所有的实体都以指称的形式存在，这些指称由命名实体、代词和名词短语等组成。根据前面的介绍，与命名实体具有共指关系的代词和名词短语的歧义可通过共指消解技术得到消解，因此，本节以命名实体为考察对象。但是，即使仅仅以命名实体为考察对象，也会面临同一个命名实体以全称、简称和别称等不同形式出现的情形，所以实体消歧任务将面临更多复杂的问题。例如，"United States of America"在很多情况下以缩写"USA"的形式出现，而"人大"究竟指中国人民大学还是指中国人民代表大会，需要根据具体的上下文确定。

$M = \{m_1, m_2, \cdots, m_N\}$ 是文档集合中需要进行消歧的指称。

K 表示可用于实体消歧的知识源，或称背景知识，例如，与人名相关的社会网络、维基百科和 WordNet 等知识库。

$f : M \times K \rightarrow E$ 是实体消歧函数，表示将具体指称映射到真实世界的实体概念，如将句子"Michael Jordan is a leading researcher in machine learning and artificial intelligence"中的指称"Michael Jordan"映射到实体概念"Michael Jordan (Professor)"，将"Michael Jordan wins NBA MVP"中的"Michael Jordan"映射到实体概念"Michael Jordan (Basketball Player)"。

不同的实体消歧方法之间的主要区别在于对实体概念集合 E 的假设和对知识源 K 的利用程度两个方面。根据真实世界的实体概念集合 E 是否已知，实体消歧方法可划分为基于聚类的方法和基于链接的方法两种。

10.4.1 基于聚类的实体消歧方法

在实体概念集合 E 未知的情况下，实体消歧函数 f 转变为对文档集合中所有指称 $M = \{m_1, m_2, \cdots, m_N\}$ 进行聚类的问题，即判断任意两个同名指称是否指向相同的实体概念。

目前，实体消歧多以数据驱动的方法为主，可利用的知识主要包括上下文信息 C 和背景知识 K。上下文信息 C 指的是指称所在的上下文语境，如以指称为中心的某个窗口中的所有词语。背景知识 K 表示社会网络、维基百科、实体概念的分类体系和关联体系等知识库。根据所使用背景知识的不同，基于聚类的实体消歧方法又可大致分为基于文本向量空间的聚类方法、基于社会网络的聚类方法和基于维基百科的聚类方法。

1. 基于文本向量空间的聚类方法

基于文本向量空间的聚类方法不使用任何背景知识，只使用指称所在的上下文信息，代表性的工作有（Bagga and Baldwin, 1998；Mann and Yarowsky, 2003；Fleischman and Hovy, 2004；Pedersen et al., 2005）等。该方法基于一个分布式假设：指向相同实体概念的指称具有相似的上下文分布，而指向不同实体概念的指称拥有迥然不同的上下文。

基于文本向量空间的聚类方法一般分为三个步骤：①利用向量空间模型获得 $M = \{m_1, m_2, \cdots, m_N\}$ 中每个实体指称的实数向量表示；②计算实体指称之间的距离；③基于指称之间的距离进行聚类，确定哪些指称指向相同的实体概念。

下面以基于词袋模型的上下文表示为例，假设 m_i 的上下文是 $c_i = \{c_{i1}, c_{i2}, \cdots, c_{im}\}$，其中 c_{ik} 是以 m_i 为中心词的上下文窗口中的词语，或者是 m_i 所在文档中的词语（一般不包含停用词）。例如，在前面给出的关于 "Michael Jordan" 的两个例句中，可用{researcher, machine learning, artificial intelligence}词汇表示第一个句子中的 "Michael Jordan"，用 {NBA, MVP}表示第二个句子中的 "Michael Jordan"。然后，可以采用 TF-IDF 计算 m_i 的上下文向量 $\boldsymbol{X}_i = \{x_{i1}, x_{i2}, \cdots, x_{iV}\}$（$V$ 表示词汇表规模，x_{ik} 表示第 k 个词的权重），即利用文档集合中所有词汇构成的词表作为特征空间，计算词表中每个词在 m_i 上下文中的权重：

$$x_{ik} = \text{tf-idf}\,(w_k) \tag{10.36}$$

除了 TF-IDF 方法以外，也可以采用文本表示章节介绍的多种分布式文本表示方法。例如，采用词向量的加权平均法，或者采用句子篇章的分布式表示方法获得 m_i 的上下文表示 X_i。

在 m_i 上下文向量表示的基础上，向量之间的余弦距离用于表示两个实体指称之间的距离：

$$\text{sim}\,(\boldsymbol{X}_i, \boldsymbol{X}_j) = \text{cosinc}\,(\boldsymbol{X}_i, \boldsymbol{X}_j) \tag{10.37}$$

层次合并聚类（hierarchical agglomerative clustering, HAC）是面向余弦距离的常用方法，在实体消歧任务评测中被多次采用。HAC 采用自底向上的合并聚类策略，首先将每个实体指称作为一类，然后迭代地合并相似度最高的两个聚类，直至最大相似度小于某个阈值或者仅剩下一个聚类。聚类之间的距离可通过如下公式计算：

$$\text{Csim}\,(u_i, u_j) = \frac{\sum\limits_{x \in u_i, y \in u_j} \text{sim}\,(x, y)}{\|u_i\| \times \|u_j\|} \tag{10.38}$$

最终, 在同一个聚类中的实体指称指向同一个实体概念。

2. 基于社会网络的聚类方法

基于社会网络的聚类方法主要用于人名消歧。该方法假设某个指称对应的实体概念由与其关联的实体网络所决定[①]。这种方法以实体概念之间的社会网络作为背景知识 (Malin et al., 2005; Minkov et al., 2006; Bekkerman and McCallum, 2005)。例如, "Michael Jordan (Basketball Player)" 的社会网络包括 {Scottie Pippen, Dennis Rodman, Magic Johnson, Shaquille O'Neal, Kobe Bryant, $\cdots$}; 而 "Michael Jordan (Professor)" 的社会网络包括 {Yoshua Bengio, David Blei, Andrew Ng, Geoffrey Hinton, Yann LeCun, $\cdots$}。下面以面向网页中的人名消歧任务为例介绍基于社会网络的聚类方法。

社会网络方法的核心思想是基于以下观察现象: 相熟的人或者具有相似背景的人所在的网页很可能是相互链接的, 而同名却不同背景的人很少会有链接关系。该人名消歧方法的基本思路是: 对于人名概念 h, 其指称或名称为 t_h, 背景知识 K 是与 h 有社会关系的人名集合 $T_H = \{t_{h_1}, t_{h_2}, \cdots, t_{h_N}\}$ (T_H 包含 t_h), 利用 $t_{h_1}, t_{h_2}, \cdots, t_{h_N}$ 作为查询项提交给搜索引擎, 每个查询项返回最前面的 L 个网页, 得到包含 $h_N \times L$ 个网页的集合 D。由于检索 t_h 返回的网页可能指向人名概念 h, 也可能指向同名概念 h', 因此人名消歧的目标是学习函数 f, 在背景知识 K 的帮助下, 判断某个包含人名指称 t_h 的网页 $d \in D$ 是否指向具体的人名概念 h。

社会网络聚类方法旨在为网页集合 D 构建连接图 $G_{LS} = (V, E)$, V 中的每个节点对应 D 中的一个网页, 如果 d_i 和 d_j 之间存在一条边, 则说明两个网页 d_i 和 d_j 具有链接关系。给定 G_{LS}, 从中容易找到节点最多的一个连接子图[②], 称之为中心聚类 C_0。其余聚类 (连接子图) 分别为 $C_1, C_2, \cdots, C_B$ ($B < h_N \times L$)。那么, D 中的某个网页 d 是否指向 h 将由下面的函数 f 决定:

$$f(d, h) = \begin{cases} 1, & \text{如果} \quad d \in C_i : \|C_i - C_0\| < \delta, \quad i = 0, 1, \cdots, B \\ 0, & \text{其他} \end{cases} \tag{10.39}$$

这里有三个问题需要解决: ①如何判断两个网页是否具有链接关系; ②如何度量两个聚类之间的距离; ③如何决定距离阈值 δ。Bekkerman and McCallum (2005) 对这三个问题采用如下解决方案。

对于问题①, 为每个网页 d 定义一个超链接集合 $\text{LS}(d)$。如果 d_i 和 d_j 满足 $\text{LS}(d_i) \cap \text{LS}(d_j) \neq \varnothing$, 则表示存在链接关系; 否则, 不存在链接关系。$\text{LS}(d)$ 由三部分组成:

$$\text{LS}(d) = \text{url}(d) \cup (\text{links}(d) \cap \text{TR}(D)) \tag{10.40}$$

其中, $\text{url}(d)$ 将 d 对应的 URL 进行截取, 保留第一层目录, 例如, 如果 d 的网址是 http://www.ia.cas.cn/yjsjy/zs/sszs/, $\text{url}(d)$ 返回如下结果: http://www.ia.cas.cn/yjsjy。

---

① 这一思想与搜索引擎中采用的 PageRank 算法非常相似, 即一个网页的重要性由与其存在链接关系的网页所决定。
② 该子图中的网页节点至少通过检索两个人名获得。

当然，如果 d 的网址是 http://www.ia.cas.cn，url (d) 将仍然返回 http://www.ia.cas.cn。TR (D) = {url (d_i)}\POP，其中 POP 表示流行网址集合，如 www.google.com 等，即TR (D) 是{url (d_i)}返回的所有结果排除流行网址后的网址。links (d) 表示网页 d 中的所有网址集合。

对于问题②，两个聚类之间的距离采用向量之间的余弦距离度量。向量中的每个元素采用特定的 tf-idf (w) 表示：

$$\text{tf-idf}(w) = \frac{\text{tf}(w)}{\log \text{google\_df}(w)} \tag{10.41}$$

其中，google_df (w) 表示 Google 搜索引擎根据查询 w 返回的网页数目，可通过 Google API 估计获得。

对于问题③，一般不明确设置阈值 δ，而是要求 D 中一定比例（如 1/3 以上）的网页满足阈值 δ 的要求。

3. 基于维基百科的聚类方法

维基百科是目前国际上最大的半结构化知识库，包含大规模的概念以及概念之间丰富的语义知识。这些概念绝大多数是人物、组织机构、职业、地点和出版物等。维基百科中的每一篇文章描述一个概念，文章题目对应概念名称，如"Artificial Intelligence"，而且文章中包含了丰富的概念之间的链接信息，能够直接反映概念之间的相关性，如"Artificial Intelligence"的网页中包含了若干超链接，指向"Computer Science""Machine Learning"和"Natural Language Processing"等概念。因此，在实体消歧任务中，维基百科可以作为一个强大的背景知识。

以下面三个句子为例，介绍利用维基百科对"Michael Jordan"进行消歧的方法。

MJ1: Michael Jordan is a leading researcher in machine learning and artificial intelligence.

MJ2: Michael Jordan has published over 300 research articles on topics in computer sciences, statistics and cognitive science.

MJ3: Michael Jordan wins NBA MVP.

基于维基百科的聚类方法分为三个步骤：①利用维基百科的概念向量表示每一个实体指称；②计算实体指称之间的相似度；③利用层次合并聚类算法对实体指称进行聚类，从而实现消歧。由于第三步可以采用前面 10.4.1 节介绍过的层次合并聚类算法（HAC），因此这里不再赘述，只介绍前两个步骤的实现方法。

基于如下考虑：如果两个指称指向相同的实体概念，那么它们所在上下文中的维基百科概念应该是高度相关的，否则，它们所在上下文中的概念不会很相关。因此，对于一个实体指称 m，可以用其上下文中的维基百科概念列表表示：

$$m = \{(c_1, w(c_1, m)), (c_2, w(c_2, m)), \cdots, (c_n, w(c_n, m))\} \tag{10.42}$$

其中，$w(c_i, m)$ 表示上下文中的维基百科概念 c_i 与实体指称 m 的相关性得分，可由下面的公式计算得到：

$$w(c_k, m) = \frac{1}{|m|} \sum_{c_k \in m, c_k \neq c} \mathrm{sr}(c, c_k) \tag{10.43}$$

其中，$\mathrm{sr}(c, c_k)$ 表示两个维基百科概念之间的相关性得分，利用以下公式计算：

$$\mathrm{sr}(c_i, c_j) = \frac{\log(\max(|A|, |B|)) - \log(|A \cap B|)}{\log(|W|) - \log(\min(|A|, |B|))} \tag{10.44}$$

其中，A 和 B 分别表示维基百科中链接到 c_i 和 c_j 的所有概念的集合，W 是维基百科中的概念总数。根据上述公式得到的计算结果，可以将 MJ1，MJ2 和 MJ3 分别表示成如下形式：

MJ1: Researcher (0.42) Machine Learning (0.54) Artificial Intelligence (0.51)

MJ2: Research (0.47) Statistics (0.52) Computer Science (0.52) Cognitive Science (0.51)

MJ3: NBA (0.57) MVP (0.57)

接下来需要计算任意两个指称 m_i 和 m_j 之间的相似度。首先，将 m_i 和 m_j 中的概念进行对齐，例如，对于 m_i 中的任意一个概念 c，在 m_j 中搜索与其最相似的概念：

$$\mathrm{align}(c, m_j) = \operatorname*{argmax}_{c_k \in m_j} \mathrm{sr}(c, c_k) \tag{10.45}$$

然后，计算 $m_i \rightarrow m_j$ 方向的语义相关性得分：

$$\mathrm{SR}(m_i \rightarrow m_j) = \frac{\sum\limits_{c \in m_i} w(c, m_i) \times w(\mathrm{align}(c, m_j), m_j) \times sr(c, \mathrm{align}(c, m_j))}{\sum\limits_{c \in m_i} w(c, m_i) \times w(\mathrm{align}(c, m_j), m_j)} \tag{10.46}$$

类似地，可以计算 $\mathrm{SR}(m_j \rightarrow m_i)$。

最后，通过以下公式可以求得实体指称 m_i 和 m_j 之间的相似度：

$$\mathrm{Sim}(m_i, m_j) = \frac{1}{2}(\mathrm{SR}(m_i \rightarrow m_j) + \mathrm{SR}(m_j \rightarrow m_i)) \tag{10.47}$$

基于任意两个实体指称之间的相似度，调用层次合并聚类算法实现最终的实体消歧。

关于这项工作的详细介绍可参阅文献（Han and Zhao, 2009a）。

10.4.2 基于链接的实体消歧

基于链接的实体消歧也称为实体链接，其目标是学习一个映射函数 $f : M \times K \rightarrow E$，将文档中每一个实体指称 $M = \{m_1, m_2, \cdots, m_N\}$ 准确地链接到实体概念集合 $E = \{e_1, e_2, \cdots, e_T\}$ 中的某个对应的实体。通常采用维基百科作为背景知识 K。

假设某个文档由如下句子组成：

EL1: *Michael Jordan* is a leading *researcher* in *machine learning* and *artificial intelligence*, and he also plays *basketball* in free time.

实体指称集合为{Michael Jordan, researcher, machine learning, artificial intelligence, basketball}，其中，"Michael Jordan"的歧义性最大，其候选实体概念包括{Michael Jordan (basketball player), Michael Jordan (football player), Michael Jordan (mycologist), Michael I. Jordan (professor), $\cdots$}。实体链接的目的是将该文档中的 Michael Jordan 链接至 Michael Jordan (professor)。

典型的实体链接方法包括两个步骤：①确定候选实体概念；②对候选实体概念进行排序。候选概念的确定就是对于给定的实体指称 m，从 E 中找出可能的候选集合 E_m。对候选实体概念进行排序就是对候选集合 E_m 中的所有实体进行打分，选择排在最前面的实体概念作为最终答案。

1. 候选实体概念的确定

候选实体概念的确定直接影响实体链接的候选空间，如果正确的实体概念未能进入候选空间，无论后续的实体排序算法多么准确，都无法获得正确的答案。因此，确定候选实体概念集合至关重要。

借助搜索引擎确定候选实体概念是一种比较简单的方法。Shen 等 (2015) 总结了多种候选实体概念集合的确定方法，其中构造"指称、实体概念"词典的方法被广泛采用。这种方法以维基百科为知识源构造"指称、实体概念"词典，最终生成键值对形式的词典 Dic = {key, value}，其中，key 表示实体指称（如 Michael Jordan），value 表示指称对应的候选概念集合（如 { Michael Jordan (basketball player), Michael Jordan (football player), Michael Jordan (mycologist), Michael I. Jordan (professor), $\cdots$ }）。构造词典 Dic 时主要利用维基百科页面的各种特性，如实体页面、重定向页面、消歧页面、首段黑体短语和页面中的超链接等。

在有实体描述的维基百科页面中，题目通常是实体概念对应的最常见的指称，例如，标题是"Microsoft"的维基百科页面描述的是"Microsoft Corporation"的实体概念。因此，"标题、实体概念"可作为 ⟨key, value⟩ 加入到词典中。

重定向页面连接了相同实体概念的不同指称，一般表示同义词或缩写等，例如，"Edson Arantes do Nascimento"重定向到"Pelé"。因此，"Edson Arantes do Nascimento"与"Pelé"可分别作为 ⟨key, value⟩ 添加到词典中。

消歧页面包含了同一指称对应的不同实体概念，例如，"Michael Jordan"的消歧页面中包含了多个指向不同概念的链接。因此，可将消歧页面的标题作为 key，页面中的所有实体概念作为 value 加入到词典中。

维基百科页面的第一段往往是整篇文章的一个摘要，经常包含一些字体加黑的短语。这些短语通常是对应实体概念的别名、全称或者缩写等。例如，"Michael Jordan"的页面首段包含字体加黑的短语"Michael Jeffrey Jordan"和"MJ"，前者是全称，后者是缩写。因此,可将每个黑体短语作为 key,页面描述的实体概念作为 value 添加到词典中。

每个维基百科页面中包含若干个超链接,如"Michael Jordan"页面中包含超链接"ACC",指向页面"Atlantic Coast Conference"。这些超链接通常提供了实体概念的别名或者缩写等信息。因此,可将超链接部分作为 key,所链接的实体作为 value 加入到词典中。

通过上述操作,可以构建一个全面的指称到候选实体概念的映射词典 Dic。根据 Dic,文档中的每个实体指称 m 可通过字符串的精确匹配或部分匹配的方式获得对应候选实体概念集合 E_m(据统计,每个实体指称平均对应 10 个以上的候选实体概念)。

Han and Zhao (2009b) 曾将实体指称与上下文词语一起提交给 Google 等搜索引擎,将返回的在维基百科页面中描述的实体作为候选实体概念集合。

2. 候选实体概念的排序

给定指称 m 的候选实体概念集合 E_m 以后,下一步就是对 E_m 中的实体进行排序,以获得正确的实体链接关系。从是否独立预测的角度,实体排序方法可被划分为独立式实体排序和联合式实体排序两种。独立式实体排序方法假设文档中的多个指称之间是相互独立的,对某个指称的候选实体进行排序时仅仅关注该指称的上下文和候选实体概念的语义信息。而联合式实体排序方法假设文档中的指称是相关的,在一定程度上属于同一个主题,因此在实体链接过程中应该是相互影响的。

以下针对这两类方法,分别介绍几种典型的实体排序模型。

(1)独立式实体排序方法

独立式实体排序方法面临的核心问题是如何计算指称与候选实体概念之间的语义相关度。模型上下文和语义知识库为主要排序依据。

基于上下文的排序方法假设共享相似上下文的指称和实体概念之间具有链接关系,该方法的关键是度量指称与候选实体概念之间的上下文相似性。向量空间模型是使用最为广泛的上下文表示方法。首先,为指称和候选实体概念构建上下文向量,例如,以指称在文本中的位置为中心取 $\pm K$ 个词语的窗口(如 $K = 50$)。同样,实体概念所在维基百科网页中的所有词语也可以作为上下文。然后,采用词袋模型表示指称和实体概念的上下文,用 TF-IDF 计算指称与实体概念之间的相似度 $\text{Sim}_{\text{TF-IDF}}$(Chen et al., 2010)。

(Han and Zhao, 2009b)曾利用上下文中出现的维基百科概念构建上下文向量,然后计算指称与实体概念之间的语义距离 Sim_{wiki}。这与基于聚类的实体消歧方法中计算 $\text{Sim}(m_i, m_j)$ 的方法一致,只是将维基百科页面中的候选实体概念视为一个实体指称。

随着深度学习方法的兴起,近年来出现了基于神经网络的实体链接算法,其核心思想是利用分布式文本表示模型计算指称与候选实体概念之间的语义相似性 $\text{Sim}_{\text{distri}}$(He et al., 2013; Sun et al., 2015)。图 10.12 是基于神经网络的实体链接算法的基本框架(Sun et al., 2015)。该算法的目标是计算指称及其上下文与实体概念之间的相似度。

首先，对上下文中的词语和位置进行向量表示，利用卷积神经网络获得上下文的分布式向量表示 v_c，同时，利用词向量平均的方法获得指称、实体概念和实体类别[①]的向量表示，分别记为 v_m，v_{ew} 和 v_{el}；然后，采用张量模型分别组合 v_c 和 v_m，v_{ew} 和 v_{el}，得到指称及上下文的向量表示 v_{mc} 和实体概念的综合表示 v_e；最后，利用余弦距离 $\text{Sim}_{\text{distri}} = \text{cosine}(v_{mc}, v_e)$ 度量指称与候选实体概念之间的相似度。

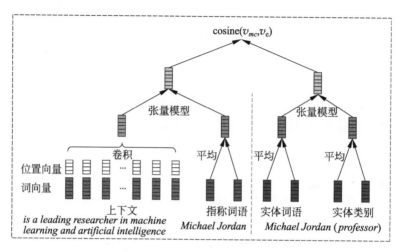

图 10.12　基于神经网络模型的实体链接方法

关于文本分布式表示，在本书第 3 章中已经详细介绍了卷积神经网络和词向量平均方法，这里不再赘述。以下简要介绍张量模型的计算方法。

给定列向量 $v_c \in \mathbb{R}^d$ 和 $v_m \in \mathbb{R}^d$，利用张量模型计算 v_{mc} 的公式如下：

$$v_{mc} = [v_c; v_m]^{\text{T}} [M_i]^{[1:L]} [v_c; v_m] \tag{10.48}$$

其中，$[v_c; v_m]$ 表示上下文向量与指称向量的拼接，$M_i \in \mathbb{R}^{d \times d}$ 表示一个张量，每个张量对 $[v_c; v_m]$ 进行运算得到一个元素，L 个张量运算将得到一个 L 维的向量输出，即 $v_{mc} \in \mathbb{R}^L$。利用相同的方法可以获得实体概念的向量表示 v_e。其中，词向量、位置向量和张量矩阵 M_i 都是神经网络参数，需要在训练过程中进行优化。

训练过程通常是在标注数据集上优化某个目标函数。在基于排序的实体链接中，一般用最大间隔损失（max-margin loss，MML）作为目标优化函数，希望存在链接关系的指称实体对 (m, e) 比不存在链接关系的指称实体对 (m, e') 具有更高的相似度得分，并且分差应该大于某个阈值 ε：

$$\text{loss} = \sum_{(m,e) \in T} \max \{0, \text{score}(m, e') + \varepsilon - \text{score}(m, e)\} \tag{10.49}$$

其中，T 表示标注数据集中所有正确的指称实体对，(m, e) 是正例样本，(m, e') 是负例样本，$e' \neq e$，可从实体集合 E 中随机选择。得分函数 $\text{score}(m, e)$ 可以采用指称实体对

① 实体类别从知识库中检索得到，一般用一个短语表示，例如，Donald Trump 的实体类别是 president of the United States。

之间分布式表示的相似度 $\mathrm{Sim}_{\mathrm{distri}}$，也可以对 $\mathrm{Sim}_{\mathrm{TF\text{-}IDF}}$，$\mathrm{Sim}_{\mathrm{Wiki}}$ 和 $\mathrm{Sim}_{\mathrm{distri}}$ 等各种相似度进行加权。在加权算法中，除了这些相似度特征以外，还可以采用候选实体概念的流行度特征 $\mathrm{Pop}(e_i)$，其计算公式如下：

$$\mathrm{Pop}(e_i) = \frac{\mathrm{count}_m(e_i)}{\sum\limits_{e_j \in E_m} \mathrm{count}_m(e_j)} \tag{10.50}$$

其中，$\mathrm{count}_m(e_i)$ 表示所有维基百科页面中以指称 m 为链接指向 e_i 的次数。

（2）联合式实体排序方法

联合式实体排序方法对文档中所有指称的实体链接进行联合推断，以充分利用文档主题的一致性特点。下面以基于图的排序算法为例（Han et al., 2011），介绍联合式实体排序方法。

该方法包含两个步骤：①为文档中的指称及其对应的候选实体概念集合构建语义相关图（referent graph, RG）；②在相关图 RG 上进行实体链接的全局推断。以本节开始时给出的 EL1 句子为例，首先介绍语义相关图的构建方法，然后阐述实体链接的全局推断算法。

文档中的指称与候选实体概念之间的相关图 RG 是一个加权的无向图 $G = (V, E)$，其中，V 包含文档中所有指称与对应的候选实体概念，E 中包括两类边，一类是"指称-实体"边，刻画指称与实体之间的相关性；另一类是"实体-实体"边，刻画实体之间的语义相关性。图 10.13 是文档 EL1 对应的一个语义相关图。如何计算"指称-实体"边和"实体-实体"边的权值是构建 RG 图的核心问题。图中"指称-实体"的相关性可通过基于上下文的词袋模型实现，即前面介绍的$\mathrm{Sim}_{\mathrm{TF\text{-}IDF}}(m, e)$。"实体-实体"语义相关性采用 10.4.1 节介绍的基于维基百科的实体概念相关度计算公式 $\mathrm{sr}(e_i, e_j)$。

在图 10.13 中，*Michael Jordan*[1]、*Michael Jordan*[2]、*Michael Jordan*[3] 和*Michael Jordan*[4] 分别表示 Michael Jordan (basketball player)、Michael Jordan (football player)、Michael Jordan (mycologist) 和 Michael I. Jordan (professor)。

构建完成指称-实体相关图 RG 之后，下一步需要进行实体链接的联合推断。该联合推断过程可分为三个步骤：①为指称的每个候选实体概念赋予一个置信度得分；②基于图的随机游走思想利用"指称-实体"边和"实体-实体"边进行置信度的传播；③根据实体置信度进行最后的实体链接推断。

在第①步的初始化阶段，候选实体概念的置信度得分由与之对应指称的重要性得分近似替代。文档中每个指称 m 的重要性得分由归一化的 TF-IDF 值表示：

$$\mathrm{Importance}(m) = \frac{\mathrm{tf\text{-}idf}(m)}{\sum\limits_{m' \in D} \mathrm{tf\text{-}idf}(m')} \tag{10.51}$$

其中，m' 表示文档 D 中的任意指称。

第②步的关键是计算候选实体概念的最终置信度得分 $r_D(e)$。$r_D(e)$ 的计算涉及三个变量，分别是 s，r 和 T。s 表示初始置信度向量，$s_i = \mathrm{Importance}(m_i)$；$r$ 表示候选

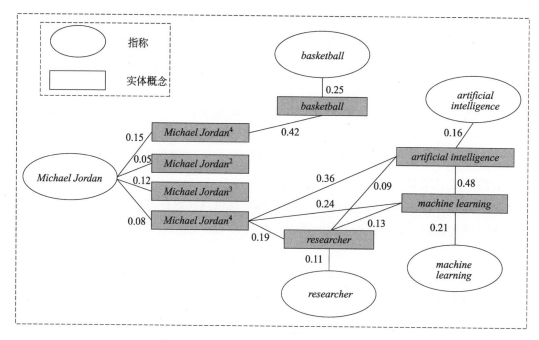

图 10.13　指称和候选实体构成的语义相关图

实体概念最终置信度的得分向量，r_i 表示第 i 个实体节点的置信度，即 $r_D(e_i)$；$\boldsymbol{T}$ 是传递矩阵，T_{ij} 表示节点 j 到节点 i 的置信度传递权重。T_{ij} 分为指称到实体[①]的传递权重 $P(m \to e)$ 和实体到实体的传递权重 $P(e_i \to e_j)$，分别通过如下公式求得：

$$P(m \to e) = \frac{\text{Sim}_{\text{TF-IDF}}(m, e)}{\sum\limits_{e' \in E_m} \text{Sim}_{\text{TF-IDF}}(m, e')} \tag{10.52}$$

$$P(e_i \to e_j) = \frac{\text{sr}(e_i, e_j)}{\sum\limits_{e_k \in N_m} \text{sr}(e_i, e_k)} \tag{10.53}$$

其中，E_m 表示指称 m 的候选实体集合，N_m 表示 e_i 在图 RG 中的相邻实体。依据 $\boldsymbol{s}$ 和 $\boldsymbol{T}$，通过如下迭代过程计算 $\boldsymbol{r}$：

$$\boldsymbol{r}^0 = \boldsymbol{s} \tag{10.54}$$

$$\boldsymbol{r}^{t+1} = (1 - \lambda) \times \boldsymbol{T} \times \boldsymbol{r}^t + \lambda \times \boldsymbol{s} \tag{10.55}$$

求解上述式子能够得到封闭解：

$$\boldsymbol{r} = \lambda \times [\boldsymbol{I} - (1 - \lambda)\boldsymbol{T}]^{-1} \boldsymbol{s} \tag{10.56}$$

其中，$\boldsymbol{I}$ 是单位矩阵。最终，文档中每个指称的实体链接可通过下面的公式优化得到：

$$e^* = \underset{e}{\arg\max}\, \text{Sim}_{\text{TF-IDF}}(m, e) \times r_D(e) \tag{10.57}$$

---

① 指称到实体的传递是单向的，不存在实体到指称的传递。

10.4.3 实体消歧任务的评价方法

针对基于聚类的实体消歧方法和基于链接的实体消歧方法，研究者们分别设计了不同的性能自动评价方法。以下分别进行介绍。

针对基于聚类的实体消歧任务，主要评测文档集合中相同名字的指称[①]聚类效果。假设在 n 个指称的集合上人工标注的正确聚类结果是 $L = \{L_1, L_2, \cdots, L_M\}$，系统给出的聚类结果是 $C = \{C_1, C_2, \cdots, C_N\}$。自动评价方法主要从聚类的纯度（purity）和逆纯度（inverse purity）两个角度进行评价。对于每个系统的聚类 C_i，在正确聚类结果 L 中一定可以找到与之交集最多的聚类 L_j，$\dfrac{|C_i \cap L_j|}{|C_i|}$ 称为类别 C_i 的正确率，所有类别正确率的加权和称为纯度。逆纯度的计算与纯度类似，只是逆纯度关注聚类的召回率。两个指标的计算公式如下：

$$\text{Purity} = \sum_i \frac{|C_i|}{n} \max_j \text{Precision}\,(C_i, L_j) \tag{10.58}$$

$$\text{Precision}\,(C_i, L_j) = \frac{|C_i \cap L_j|}{|C_i|} \tag{10.59}$$

$$\text{Inverse Purity} = \sum_i \frac{|L_i|}{n} \max_j \text{Precision}\,(L_i, C_j) \tag{10.60}$$

$$\text{Precision}\,(L_i, C_j) = \frac{|L_i \cap C_j|}{|L_i|} \tag{10.61}$$

通常采用纯度和逆纯度的调和平均值（$F_{\alpha=0.5}$）度量聚类的性能：

$$F_\alpha = \frac{1}{\alpha \dfrac{1}{\text{Purity}} + (1-\alpha) \dfrac{1}{\text{Inverse Purity}}} \tag{10.62}$$

针对基于链接的实体消歧任务，其评测方法类似于分类任务评测，直接利用准确率和召回率度量实体链接方法的性能。对于文档 D，假设人工标注的指称列表为 $M = \{m_i, m_j, \cdots, m_M\}$，正确的实体链接结果为 $E = \{e_i, e_j, \cdots, e_M\}$，而系统识别的指称列表为 $M' = \{m'_{i'}, m'_{j'}, \cdots, m'_N\}$，系统产生的实体链接结果为 $E' = \{e'_{i'}, e'_{j'}, \cdots, e'_N\}$，其中 i, j, i', j' 分别表示指称在文档中的位置。那么，系统输出的指称识别结果和实体链接结果与人工标注结果的交集 M^* 和 E^* 分别为

$$M^* = \{m_k | \forall k, m_k = m'_k\} \tag{10.63}$$

$$E^* = \{e_k | \forall k, , m_k \in M^*, e'_k = e_k\} \tag{10.64}$$

其中，M^* 是系统识别的指称列表中正确的元素集合，E^* 是 M^* 中实体链接正确的

[①] 该指称通常是人名，且含有歧义，在不同的上下文语境下对应不同的实体概念，如 Michael Jordan 对应若干个文档，基于聚类的实体消歧方法对文档集合中所有出现的 Michael Jordan 都进行聚类评测。

元素集合。正确率和召回率以及 F_1 值分别通过如下式子计算：

$$\text{Precision} = \frac{|E^*|}{|E'|} \times 100\% \tag{10.65}$$

$$\text{Recall} = \frac{|E^*|}{|E|} \times 100\% \tag{10.66}$$

$$F_1 = \frac{2 \times \text{Precision} \times \text{Recall}}{\text{Precision} + \text{Recall}} \tag{10.67}$$

10.5　关系抽取

在非结构化的自然语言文本中，一个个独立的实体无法提供丰富的结构化语义信息。例如，在下面的两个句子中，仅仅识别出人名"姚明"和"叶莉"以及地名"上海"，很难揭示文本所蕴含的信息。

例 3：[姚明] 是 [上海] 人。[姚明]2007 年与 [叶莉] 正式领取了结婚证书。

可以把真实世界看作一个由节点和边构成的复杂网络结构：节点表示各种实体，边表示实体间的关系。因此，除了识别出实体并进行消歧以外，还有一项重要的任务是识别出实体之间的语义关系。在例 3 中，"姚明"与"上海"之间是"市民"关系，可以表示成 citizen_of（姚明，上海）；"姚明"和"叶莉"是"配偶"关系，表示成 spouse（姚明，叶莉）。

关系抽取是一项识别文本中的实体并判别实体之间关系的技术，该技术在知识图谱构建、社交网络分析和自动问答等任务中扮演着关键角色。

形式化地，实体关系可以表示为一个 n+1 元组 $t = (e_1, e_2, \cdots, e_n, r)$，其中 $e_1, e_2, \cdots, e_n$ 表示自然语言文本中的 n 个实体，而 r 表示 n 个实体之间的关系，称为 n 元关系。目前，二元关系（两个实体之间的关系）是研究的主流，而且大多数限定两个实体在同一个句子中。所以，本节讨论的关系抽取方法也聚焦于一句话中的一对实体概念识别和关系抽取，即识别句子中的三元组 $t = (e_1, e_2, r)$。在上面例 3 中，每个分句包含一个三元组，分别为 $t_1 = $（姚明，上海，citizen_of）和 $t_2 = $（姚明，叶莉，spouse）。

假设句子中的实体已经被识别出来，那么，实体之间的关系识别就是关系类别判断。关系的类别在开放域环境中有成千上万种，而且未知的关系种类繁多，为了简化问题，我们以信息抽取国际评测（如 MUC，ACE，SemEval 等）为例说明关系抽取技术的实现方法。这三个国际评测均提供人工正确标注的实体关系数据（记作 $D_{\text{train}} = \{s_i, (e_{i1}, e_{i2}, r_i)\}_{i=1}^{N}$）、关系类别集合（记作 $R = \{r_k\}_{k=1}^{K}$）和测试数据（记作 $D_{\text{test}} = \{s_j, (e_{j1}, e_{j2})\}_{j=1}^{M}$），其中，训练数据包括 N 个句子（每个句子记作 s_i）和 K 种关系。关系识别系统需要判别测试数据中的每对实体概念 (e_{j1}, e_{j2}) 属于关系集合 R 中的哪一类。例如，在 ACE 2003 和 ACE 2004 关系抽取评测中，标注数据包括来自 1000 个英文文档的 16771 个关系实例，5~7 个主要关系类别，23~24 个子关系类别。表 10.4 给出了 ACE 2003 训练数据中各类关系的统计信息。

表 10.4　ACE 2003 训练集中的关系类别分布情况

关系类别（type）	子关系类别（subtype）	出现频次
AT (2781)（处所）	Based-in（驻扎位置）	347
	Located（当前所在地）	2126
	Residence（居住地）	308
NEAR(201)（临近）	Relative-location*（相对位置）	201
PART(1298)（部分）	Part-of（部分）	947
	Subsidiary（附属）	355
	Other（其他）	6
ROLE (4756)（角色）	Affiliate-partner（联盟式伙伴）	204
	Citizen-of（市民）	328
	Client（客户）	144
	Founder（创始人）	26
	General-staff（职员）	1331
	Management（管理）	1242
	Member（成员）	1091
	Owner（所有权人）	232
	Other（其他）	158
SOCIAL (827)（社会关系）	Associate*（合作伙伴）	91
	Grandparent（祖父母）	12
	Other-personal（其他亲戚关系）	85
	Other-professional*（其他专业关系）	339
	Other-relative*（其他关系）	78
	Parent（父母）	127
	Sibling*（兄弟姐妹）	18
	Spouse*（配偶）	77

其中，带有星号（*）标记的关系是对称的，例如，在配偶（Spouse）关系中，A 是 B 的配偶，B 也是 A 的配偶。

从表 10.4 中的统计数据可以看出，关系类别的分布非常不均衡，如角色（ROLE）关系下的创始人（Founder）子关系以及社会（SOCIAL）关系下的祖父母（Grandparent）子关系仅分别出现了 26 次和 12 次，而处所（AT）中的 Located 子关系超过了 2100次。另外，ACE 关系抽取任务中还定义了一些很难识别的子关系类别，如表示位置关系的 "Based-in" "Located" "Residence"。在 "中国公司华为的生意遍布全世界"中，"华为"和"中国"是 "Based-in" 关系，在 "李芒去北京出差了"中，"李芒"和"北京"是 "Located" 关系；而在 "李芒搬到北京了"中，"李芒"和"北京"是 "Residence" 关系。可见，这些关系之间的细微差别人类专家有时候都很难区分。

由于关系类别的集合已知，限定领域上的关系识别任务通常被转化为有监督的关系分类问题，基本实现思路是：从两个实体及其所在句子的上下文中抽取代表性特征，利用机器学习模型在标注语料上训练分类模型 $f(s, (e_1, e_2)) \in R$，最后，分类器预测实体之间的关系。分类方法一般分为基于离散特征的方法和基于分布式特征的方法。下面分别进行介绍。

10.5.1　基于离散特征的关系分类方法

判别实体之间的关系最重要的是如何挖掘和利用实体及其上下文特征信息。例如，在训练数据中"结婚"是表示"配偶"关系的关键特征之一，例 3 的第二子句中，如果能够有效地挖掘出"领取结婚证书"这样重要的上下文特征，"姚明"和"叶莉"的语义关系便可以得到准确的预测。

基于离散特征的关系分类方法也有若干种，它们之间的主要区别在于不同的特征利用方法和分类模型。在特征选择方面，可以采用词汇、句法和语义等不同层次的特征；在分类器模型方面，可以利用最大熵、感知器和支持向量机等模型。下面以支持向量机为分类器模型，从特征选择的角度介绍两种典型关系分类方法：基于显式离散特征的分类方法和基于隐式特征的核函数分类方法。

1. 基于显式离散特征的分类方法

顾名思义，显式离散特征是指词汇、句法和语义结构等显式的字符串特征。假设以判别"姚明 2007 年与叶莉正式领取了结婚证书"句子中"姚明"和"叶莉"的关系为例，介绍可采用的离散特征。Zhou 等 (2005) 在离散特征选取方面做了非常细致的研究工作，根据他们的研究，如下离散特征比较有效。

（1）词汇化离散特征

这类特征主要有 4 类：①实体对 (e_1, e_2) 包含的词汇；②实体 e_1 和 e_2 之间的词汇；③实体 e_1 前面的词汇；④实体 e_2 后面的词汇。对应上面的例子，具体特征列举如下：

$WE1$：实体 e_1 中的词汇特征，该例中为"姚明"。

$HE1$：实体 e_1 的中心词特征，如果 e_1 是一个短语，$HE1$ 则对应短语的中心词，如果 e_1 只是一个词语，$HE1$ 则为 e_1 本身，该例中为"姚明"。

$WE2$：实体 e_2 中的词汇特征，该例中为"叶莉"。

$HE2$：实体 e_2 的中心词特征，该例中为"叶莉"。

$HE12$：$HE1$ 和 $HE2$ 的组合，即"姚明-叶莉"。

$WBNULL$：布尔变量，若 e_1 和 e_2 之间没有词汇，则为真，否则为假。在该例子中为假。

$WBFL$：若 e_1 和 e_2 之间仅有一个词语，则 $WBFL$ 表示该词语。

WBF：若 e_1 和 e_2 之间有多个词语，则 WBF 表示第一个词语，该例中为"2007 年"。

WBL：若 e_1 和 e_2 之间有多个词语，则 WBL 表示最后一个词语，该例中为"与"。

WBO：若 e_1 和 e_2 之间有多个词语，则 WBO 表示除了 WBF 和 WBL 外其他的词语，该例子中 WBO 的值为空。

$BM1F$：e_1 之前的第一个词语，该例子中"姚明"之前没有词语，故 $BM1F$ 为空。

$BM1L$：e_1 之前的第二个词语，该例子中 $BM1L$ 为空。

$AM1F$：e_2 之后的第一个词语，该例子中 $AM1F$ 为"正式"。

$AM1L$：e_2 之后的第二个词语，该例子中 $AM1L$ 为"领取"。

（2）实体类型特征

实体类型对判断实体之间的语义关系具有很强的指示性作用。如果 e_1 是人名，e_2 是组织机构名，那么，基本上可以断定 e_1 和 e_2 之间的关系属于下面集合中的一种：{Client, Founder, General-staff, Management，Member，Owner}。因此，实体类型是一个重要的特征。实体类型主要包括：人名（PERSON）、机构名（ORGANIZATION）、地名（LOCATION）、设施名称（FACILITY）和地缘政治实体（geo-political entity，GPE，如国家名称）等。该类特征的使用方式如下：

$ET12$：e_1 和 e_2 实体类型的组合，上述例子中，$ET12$ 为"PERSON-PERSON"。

（3）实体指称层级

实体指称特征是指文本中的实体指称类型，是具体名称（NAME）、名词性代词（NOMIAL），还是代词（PRONOUN）。使用时同样采用组合的方式。

$ML12$：e_1 和 e_2 指称类型的组合，上述例子中，$ML12$ 为"NAME-NAME"。

（4）重叠特征

重叠特征是指两个实体 e_1 和 e_2 之间词汇的重叠关系，具体特征包括：

$\#EB$：e_1 和 e_2 之间的实体数目，上述例子中 $\#EB = 0$。

$\#WB$：e_1 和 e_2 两个实体的词汇数目，上述例子中 $\#WB = 2$。

$E1 > E2$：布尔变量，如果 e_1 包含 e_2，则取值为"真"，否则为"假"。上述例子中该布尔变量为"假"。类似的特征还包括：$E2 > E1$，$ET12 + E1 > E2$，$ET12 + E1 < E2$，$HE12 + E1 > E2$ 和 $HE12 + E1 < E2$。

（5）基本短语块特征

使用该特征之前，需要对实体所在的句子进行短语结构分析。基本短语块特征主要包括 3 类：①实体对 (e_1, e_2) 之间的短语中心词，分为第一个短语、最后一个短语和中间短语的中心词；②实体 e_1 前面的短语中心词，包括前两个短语的中心词；③实体 e_2 后面的短语中心词，包括后面两个短语的中心词。同时还可以考虑实体对之间的短语路径。具体使用方式如下：

$CPHBNULL$：布尔变量，如果 e_1 和 e_2 之间没有短语，取值为"真"，否则，取值为"假"。上述例子中该变量为"假"。

$CPHBFL$：如果 e_1 和 e_2 之间仅有一个短语，那么 $CPHBFL$ 表示该短语的中心词，否则为空。在上述例子中 $CPHBFL$ 为空。

$CPHBF$：如果 e_1 和 e_2 之间有多个短语，那么 $CPHBF$ 表示第一个短语的中心词，否则为空。在上述例子中 $CPHBF$ 取值为"2007 年"。

$CPHBL$：如果 e_1 和 e_2 之间有多个短语，那么 $CPHBL$ 表示最后一个短语的中心词，否则为空。上述例子中 $CPHBL$ 取值为"与"。

$CPHBO$：如果 e_1 和 e_2 之间有多个短语，那么 $CPHBO$ 表示除了第一个和最后一个短语之外的短语的中心词，否则为空。上述例子中 $CPHBO$ 取值为空。

$CPHBE1F$：e_1 之前第一个短语的中心词。上述例子中 $CPHBE1F$ 取值为空。

$CPHBE1L$：e_1 之前第二个短语的中心词。上述例子中 $CPHBE1L$ 取值为空。

$CPHAE1F$：e_2 之后第一个短语的中心词。从图 10.14 中可以看出，e_2 后面有两个短语，分别是 $ADVP$ 和 VP，这两个短语的中心词分别是"正式"和"领取"，所以，$CPHAE1F$ 的取值为"正式"。

$CPHAE1L$：e_2 之后第二个短语的中心词。在上述例子中 $CPHAE1L$ 的取值为"领取"。

CPP：连接两个实体 e_1 和 e_2 在短语结构树中的路径。由图 10.14 可以看出，CPP 的取值应为"NP-IP-VP-PP-NP"。

$CPPH$：若 e_1 和 e_2 之间最多有两个短语，那么，$CPPH$ 表示 e_1 和 e_2 之间短语路径以及中心词，否则为空。在上述例子中，$CPPH$ 应为"NP(姚明)-IP(领取)-VP(领取)-PP(与)-NP(叶莉)"。

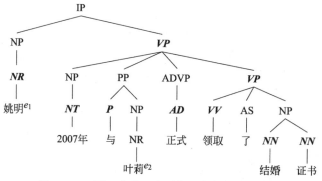

图 10.14　例 3 中第二个子句对应的短语结构树

（6）依存关系特征

使用该特征之前，需要对实体所在的句子进行依存关系分析，图 10.15 是上面例子的依存关系图。

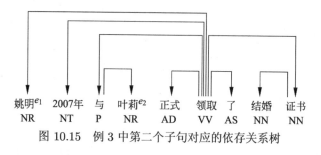

图 10.15　例 3 中第二个子句对应的依存关系树

依存关系特征的使用方式如下：

$ET1DW1$：e_1 的实体类型与依存词语的组合。在上述例子中 $ET1DW1$ 的取值为"PERSON-领取"。

$H1DW1$：e_1 的中心词与依存词语的组合。在上述例子中 $H1DW1$ 的取值为"姚明-领取"。

$ET2DW2$：e_2 的实体类型与依存词语的组合。在上述例子中 $ET2DW2$ 的取值为 "PERSON-与"。

$H2DW2$：e_2 的中心词与依存词语的组合。在上述例子中 $H2DW2$ 的取值为 "叶莉-与"。

$ET12SameNP$：e_1 和 e_2 是否属于同一个名词短语的布尔变量与 $ET12$ 的组合。在上述例子中 $ET12SameNP$ 的取值为 "PERSON-PERSON-False"。

$ET12SamePP$：e_1 和 e_2 是否属于同一个介词短语的布尔变量与 $ET12$ 的组合。在上述例子中 $ET12SamePP$ 的取值为 "PERSON-PERSON-False"。

$ET12SameVP$：e_1 和 e_2 是否属于同一个动词短语的布尔变量与 $ET12$ 的组合。在上述例子中 $ET12SameVP$ 的取值为 "PERSON-PERSON-False"。

（7）短语结构树特征

短语结构树特征包括以下两种：

PTP：e_1 和 e_2 之间的短语标签路径（去掉重复的标签）。如图 10.14 所示，PTP 的取值为 "NR-NP-IP-VP-PP-NP-NR"。

$PTPH$：e_1 和 e_2 之间的短语标签路径（去掉重复的标签）与顶层短语的中心词组合。在图 10.14 中，$PTPH$ 的取值为 "NR-NP(姚明)-IP(领取)-VP(领取)-PP(与)-NP(叶莉)-NR"。

（8）语义资源特征

除了词汇和各种句法特征以外，很多语义资源也可以用来加强特征的表示。国家名列表和人名之间关系的触发词（trigger）列表是常用的资源。国家名列表很容易收集，表示国家名与人名之间关系的触发词可以通过如下两种途径获得：一种是从 WordNet 和 HowNet 等语义词典中收集，另一种是从训练数据中获得。具体的特征使用方式如下：

● 国家名列表特征

$ET1Country$：如果 e_2 是国家名，那么，$ET1Country$ 表示 e_1 的实体类型。

$CountryET2$：如果 e_1 是国家名，那么，$CountryET2$ 表示 e_2 的实体类型。

● 人之间关系触发词列表特征

$ET1SC2$：如果 e_2 触发人的社会关系类型，那么 $ET1SC2$ 表示 e_1 的实体类型与 e_2 的语义类别的组合。

$SC1ET2$：如果 e_1 触发人的社会关系类型，那么 $SC1ET2$ 表示 e_2 的实体类型与 e_1 的语义类别的组合。

对于一对实体 (e_1, e_2) 及其所在的句子，按照上述方式可以抽取出词汇、句法和语义等各种离散特征，然后采用支持向量机等分类器预测 (e_1, e_2) 的语义关系。

2. 基于隐式特征的核函数分类方法

显式离散特征的粒度通常都比较小，很难捕捉句法结构之间的相似度。在很多情形下，如果测试句子 s_{test} 的句法结构与训练数据中某个句子 s_{train} 的句法结构非常相似，

那么 s_test 中的实体对与 s_train 中的实体对很可能具有相同的关系。因此，如何抽取结构化特征，并有效计算两个句法结构之间的相似度，成为关系分类的难题之一。

我们可以想到一种直观的方法：抽取一棵句法树中的所有子树作为特征，然后对比两个句子的句法树所共享子树的程度，将其作为两个句子之间的结构相似度。如图 10.16 所示，从一棵含有两个叶节点的短语结构树中可以列举出 9 棵子树。从训练数据中的每个句子对应的句法树上可以穷举出所有的子树，假设在所有的句子上共计出现了 n 个不同的子树，按照出现顺序分别记为 $\text{subt}_1, \text{subt}_2, \cdots, \text{subt}_n$。那么，任意句子对应的句法树都可以表示成一个 n 维的向量，其中第 i 个元素表示 subt_i 在句法树中出现的次数。如果用 $h_i(T)$ 表示 subt_i 在句法树 T 中的出现次数，那么句法树 T 可以表示为 $h(T) = (h_1(T), h_2(T), \cdots, h_n(T))$。

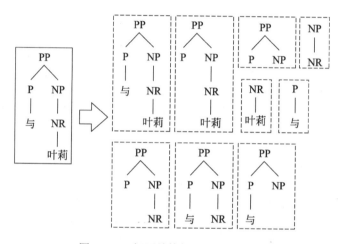

图 10.16　短语结构树及其子树集合

按照上述表示方式，任意两个句子之间的结构相似度可以通过计算内积 $h(T_1) \cdot h(T_2)$ 求得，方法简单易行，但是子树的数目 n 非常大，通常与树中节点的数目成指数关系，而且在句法树中穷举出所有的子树也并不是一件容易的事情。因此，如何规避这种方法所带来的问题成为研究关注的焦点。Collins and Duffy（2002）提出了基于树核（tree kernel）和卷积树核计算 $h(T_1) \cdot h(T_2)$ 的方法，并将其用于句法分析等任务。后来，研究者们将该方法引入关系分类任务，提出了基于短语结构树的核方法（Zelenco et al., 2003）、基于依存句法树的核方法（Culotta and Sorensen, 2004）以及基于卷积核的方法（Zhang et al., 2008）等。

下面以短语结构树为例，介绍基于树核的内积 $h(T_1) \cdot h(T_2)$ 计算方法。假设用 N_1 和 N_2 分别表示句法树 T_1 和 T_2 中的节点集合。如果句子对应的句法树中以节点 n 为根节点的子树匹配子树集合中的第 i 棵子树，则 $I_i(n) = 1$，否则 $I_i(n) = 0$。由于 $h_i(T_1) = \sum_{n_1 \in N_1} I_i(n_1)$，$h_i(T_2) = \sum_{n_2 \in N_2} I_i(n_2)$，因此，$h(T_1) \cdot h(T_2)$ 可以通过下面的核函数 $K(T_1, T_2)$ 计算：

$$K\left(T_1, T_2\right) = h\left(T_1\right) \cdot h\left(T_2\right) = \sum_i h_i\left(T_1\right) h_i\left(T_2\right)$$

$$= \sum_{n_1 \in N_1} \sum_{n_2 \in N_2} \sum_i I_i\left(n_1\right) I_i\left(n_2\right)$$

$$= \sum_{n_1 \in N_1} \sum_{n_2 \in N_2} C\left(n_1, n_2\right) \tag{10.68}$$

其中，$C\left(n_1, n_2\right) = \sum_i I_i\left(n_1\right) I_i\left(n_2\right)$，可以采用以下递归方法求解：

（1）如果 T_1 中以 n_1 为根节点的 CFG 规则和 T_2 中以 n_2 为根节点的 CFG 规则[①]不同，那么 $C\left(n_1, n_2\right) = 0$；

（2）如果 T_1 中以 n_1 为根节点的 CFG 规则和 T_2 中以 n_2 为根节点的 CFG 规则相同，而且 n_1 和 n_2 都是词性节点（叶子节点（词）的父节点），那么 $C\left(n_1, n_2\right) = 1$；

（3）如果 T_1 中以 n_1 为根节点的 CFG 规则和 T_2 中以 n_2 为根节点的 CFG 规则相同，但 n_1 和 n_2 不是词性节点，那么，

$$C\left(n_1, n_2\right) = \sum_{j=1}^{\mathrm{nc}(n_1)} \left(1 + C\left(\mathrm{ch}\left(n_1, j\right), \mathrm{ch}\left(n_2, j\right)\right)\right) \tag{10.69}$$

其中，$\mathrm{nc}\left(n_1\right)$ 表示 n_1 的孩子节点数目，$\mathrm{ch}\left(n_i, j\right)$ 表示 n_i（$i = 1, 2$）的第 j 个孩子节点。由于 T_1 中以 n_1 为根节点的 CFG 规则和 T_2 中以 n_2 为根节点的 CFG 规则相同，所以 $\mathrm{nc}\left(n_1\right) = \mathrm{nc}\left(n_2\right)$。（Collins and Duffy, 2002）证明，上述递归计算方法与通过穷举所有子树的方式直接计算 $h\left(T_1\right) \cdot h\left(T_2\right)$ 是等价的，而且核函数 $K\left(T_1, T_2\right)$ 的计算复杂度仅为 $O\left(|N_1| \cdot |N_2|\right)$。

上述递归算法适用于任意的树结构，无论该树结构是整棵句法树还是某个子树片段。基于这个特性，研究者们提出了用卷积核函数对关系分类进行建模的方法。该方法的基本思路是：将整棵句法树按照某种策略选出若干子树片段，例如，针对关系分类任务从句法树结构中重点选出实体对周围的子树片段，每个子树片段都可以按照上述递归算法进行核函数计算，最后将所有核函数的计算结果求和得到两个句子之间的结构相似度。与树核方法不同的是，由于在两棵句法树的树片段之间计算核函数，而树片段之间的节点数目可能相差很大，如 T_1 中的树片段含有 10 个节点，T_2 中的树片段仅仅包含 3 个节点，因此，卷积树核函数方法需要考虑树片段节点数目的差别。通常采用一个超参数 λ（$0 < \lambda \leqslant 1$）调节具有不同节点数目的子树片段，于是将上述递归算法中第（2）步和第（3）步里的计算公式分别修改为

$$C\left(n_1, n_2\right) = \lambda \tag{10.70}$$

$$C\left(n_1, n_2\right) = \lambda \sum_{j=1}^{\mathrm{nc}(n_1)} \left(1 + C\left(\mathrm{ch}\left(n_1, j\right), \mathrm{ch}\left(n_2, j\right)\right)\right) \tag{10.71}$$

---

① CFG 规则表示上下文无关规则，例如 VP → PP VP。

相应地，卷积核函数定义为

$$h\left(T_1\right) \cdot h\left(T_2\right) = \sum_k \lambda^{\text{size}_k} h_k\left(T_1\right) \cdot h_k\left(T_2\right) \tag{10.72}$$

其中，size_k 为第 k 个子树片段的 CFG 规则数目。

确定核函数 $h\left(T_1\right) \cdot h\left(T_2\right)$ 之后，可以采用支持向量机或其他分类器模型对关系分类进行建模。Zhang 等（2008）采用该方法取得了比基于显式离散特征方法更好的关系分类效果。

10.5.2 基于分布式特征的关系分类方法

无论是基于显式离散特征的关系分类方法，还是基于隐式特征的核函数分类方法，都存在如下缺陷：一方面，这些方法依赖于词性标注和句法分析的结果；另一方面，离散特征容易产生数据稀疏问题，并且不能捕捉特征之间的潜在语义相似性。为了克服这些问题，近年来很多研究者开始尝试基于分布式特征表示的关系分类方法，并且取得了较好的分类效果。以下参阅（Zeng et al., 2014）中介绍的基于卷积神经网络的关系分类方法，说明基于分布式表示的关系分类方法。

该方法的主要思路是：①所有的特征都采用分布式表示，以克服数据稀疏和语义鸿沟问题；②采用局部表示捕捉实体对周围上下文词汇化特征；③采用卷积神经网络模型捕捉实体对所在句子的全局信息。方法的整体框架如图 10.17 所示。

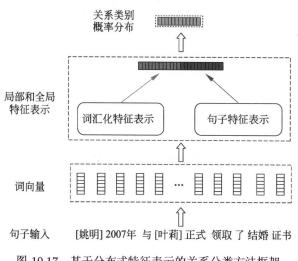

图 10.17　基于分布式特征表示的关系分类方法框架

模型的输入是一个句子（如果是汉语句子，经过分词处理）$s = (w_1, w_2, \cdots, w_n)$，标注了待辨别关系的两个实体 e_1 和 e_2。模型首先将每个词语 w_i 映射为词向量 $\boldsymbol{x}_i \in \mathbb{R}^d$，形成词向量列表 $\boldsymbol{X} = (\boldsymbol{x}_1, \boldsymbol{x}_2, \cdots, \boldsymbol{x}_n)$。然后进入两个核心模块：①学习词汇化分布式特征表示 $\boldsymbol{X}_{\text{lex}} \in \mathbb{R}^{d_1}$；②学习句子的分布式特征表示 $\boldsymbol{X}_{\text{sen}} \in \mathbb{R}^{d_2}$。拼接词汇化特征表示和句子特征表示，得到全局的特征表示：$\boldsymbol{X}_{\text{final}} = [\boldsymbol{X}_{\text{lex}}; \boldsymbol{X}_{\text{sen}}] \in \mathbb{R}^{d_1 + d_2}$。最后采用线性变

换和 softmax 函数计算关系类别集合的概率分布，其中最大概率值对应的类别被认定为实体对 (e_1, e_2) 之间的关系：

$$O = W_o \times X_{\text{final}} \tag{10.73}$$

$$p(l_i|s, e_1, e_2) = \text{softmax}(O_i) = \frac{e^{O_i}}{\sum_{k=1}^{n_l} e^{O_k}} \tag{10.74}$$

其中，权重矩阵 $W_o \in \mathbb{R}^{n_l \times (d_1 + d_2)}$，$n_l$ 表示关系类别数目，l_i 表示第 i 个类别。根据本书第 3 章中介绍的文本分布式表示方法，词向量可以通过预训练和微调（fine-tuning）的方法学习。初始词向量可由预训练获得，如采用 Skip-gram 和 CBOW 等方法从大规模无标注数据上训练得到。微调（fine-tuning）就是在关系分类任务训练集上优化词向量。

以下分别介绍词汇化分布式特征表示 X_{lex} 和句子分布式特征表示 X_{sen} 的学习方法。

1. 词汇化分布式特征表示

词汇化特征是判断实体关系类别的关键线索，也是基于离散特征的传统关系分类方法的实现基础。词汇化分布式特征表示考虑三类特征：①实体对 (e_1, e_2) 自身；②两个实体的上下文词汇；③实体对在语义知识库（如英文的 WordNet、中文的 HowNet 等）中的上位词。由于这三类特征都是具体的词，因此将句子中每个词所对应的词向量进行拼接，就可以得到输入句子的词汇化分布式特征表示 X_{lex}。

2. 句子分布式特征表示

由于词汇化特征仅仅考虑实体对自身及其局部的上下文信息，很多时候无法捕捉辨别实体关系的关键信息。例如，图 10.17 中的关键信息"结婚"与实体对"姚明"和"叶莉"距离较远，很难由局部信息捕捉到。因此，学习全局的句子分布式特征表示是一种理想的解决方案。图 10.18 给出了基于卷积神经网络的句子表示学习框架。本书第 3 章详细介绍了基于卷积神经网络的句子表示方法，在实体关系分类任务中利用这些方法的关键环节在于对输入信息的处理。

在实体关系分类任务中，词汇之间（尤其是普通词汇与实体之间）的依赖关系是非常重要的特征，而传统的神经网络方法并不能捕捉到这些依赖信息。因此，通常需要对卷积神经网络的输入做适当的调整。这里的方法对卷积神经网络的输入进行了适应性调整。词向量 WF 是基本特征，由固定窗口的上下文表示，如第 i 个词 w_i 对应窗口大小为 3 的 WF 为 $[x_{i-1}; x_i; x_{i+1}]$，即三个词语对应词向量的拼接。另外也将词在句子中的位置（PF）作为输入特征，PF 是该词与两个实体 e_1, e_2 相对距离的向量表示。例如，图 10.17 中"结婚"与两个实体"姚明"和"叶莉"的相对距离分别是 7 和 4。在模型中，相对距离也可以映射到连续实数向量空间，得到对应的实数向量。假设词 w_i 与 e_1 和 e_2 的距离分别为 d_{i1}, d_{i2}，那么，PF 就是相对距离 d_{i1} 和 d_{i2} 所对应向量的拼接表示：$PF = [\boldsymbol{x}_{d_{i1}}; \boldsymbol{x}_{d_{i2}}]$。可以将词汇特征 $\boldsymbol{WF}$ 与位置特征 $\boldsymbol{PF}$ 的拼接作为卷积神经网络的输入。

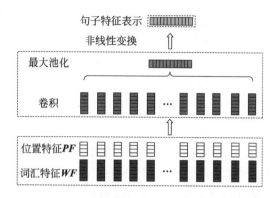

图 10.18 基于卷积神经网络的句子特征表示示意图

Zeng 等（2014）研究发现，不采用任何句法、语义特征，而仅仅使用词汇和句子的分布式特征表示，也可以取得最好的关系分类性能，而且位置特征 $\boldsymbol{PF}$ 起到了非常关键的作用。

10.5.3 基于远程监督的关系分类方法

上述基于离散特征的关系分类方法和基于分布式特征的关系分类方法都是有监督的模型，这种模型一方面需要人工标注的实体关系语料，耗时耗力，且通常样本规模有限；另一方面，有限的标注语料都是某些特定领域的，一旦跨领域时分类性能将显著下降。于是，研究人员提出了一种基于远程监督（distant supervision）的关系分类方法，该方法利用一种算法从海量无标注数据中自动获取置信度较高的典型样本，并将这些样本视为标注数据，然后采用有监督的学习方法优化实体关系分类模型（Mintz et al., 2009）。

已有的开放语义知识库（如 Freebase，HowNet 等）是远程监督方法采用的重要资源。语义知识库中提供了大量实体关系示例 $(e_1, e_2, \text{relation})$，如（姚明，叶莉，配偶）。Mintz 等（2009）从 Freebase 中清理出了连接 94 万英文实体的 180 万个实体关系实例，其中包含 102 种关系。远程监督的目标就是利用这些实体关系实例作为种子，对无标注数据进行自动标注。

远程监督方法的基本思想是：对于语义知识库中的一个实体关系例子 $(e_1, e_2, \text{relation})$，如果海量无标注数据中存在某个句子 s，s 中恰好包含实体对 (e_1, e_2)，那么句子 s 中 e_1 与 e_2 的关系很可能也是 relation，因此，可以从 s 中抽取出针对关系 relation 的若干特征。例如，对于实体关系实例（姚明，叶莉，配偶），实体对（姚明，叶莉）在下面无标注的句子中出现了：

> 姚明携妻子叶莉亮相央视春晚。叶莉顺利生产，姚明喜获千金正式当爸。

那么，远程监督模型假设该句子中两个实体之间就是"配偶"关系，从这些句子中可以抽取出词汇化特征和句法等相关信息用来丰富原始模型中所采用的特征。

为了尽可能地降低噪声的影响，远程监督模型采用了一种特征合并技术，针对一个实体关系实例 $(e_1, e_2, \text{relation})$，如果无标注数据中存在 n 个句子都包含相同的实体对 (e_1, e_2)，那么将从这 n 个句子中抽取出来的特征向量进行合并，合并后的向量作为一个特征向量。例如，从句子"姚明和叶莉都是中国著名篮球运动员。"中抽取出的特征与"配偶"无关，如果单独作为特征使用的话将成为噪声，而与上面句子中获取的特征进行合并，将最大程度地降低无关特征的影响。

在 Mintz 等（2009）的实验中，这种简单的方法获得了精度为 67.6% 的关系分类性能。

10.5.4 关系分类性能评价

对于关系分类方法的评价一般主要考察准确率（precision, P）、召回率（recall, R）和 F_1 值。针对一个测试集，假设人工标注的实体关系集合为 R，分类器自动识别出来的实体关系集合为 O，那么 P, R 和 F_1 的计算公式分别为

$$\text{precision} = \frac{|O \cap R|}{|O|} \times 100\% \tag{10.75}$$

$$\text{recall} = \frac{|O \cap R|}{|R|} \times 100\% \tag{10.76}$$

$$F_1 = \frac{2 \times \text{precision} \times \text{recall}}{\text{precision} + \text{recall}} \tag{10.77}$$

其中，$|O|$ 和 $|R|$ 分别表示系统输出和参考答案的实体关系数目，而 $|O \cap R|$ 表示系统输出与参考答案匹配的实体关系数目。

10.5.5 知识图谱

如前所述，关系抽取可以从句子中抽取出一对实体之间的语义关系。因此，海量文本句子通过实体识别和关系抽取可以识别并抽取出大规模的实体和实体关系。如果将实体视为节点、实体之间的关系视为边，那么海量实体和关系将构成一张巨大且稠密的网络图。例如，"姚明是中国人，1980 年出生于上海。姚明 2007 年与叶莉正式领取了结婚证书。目前，姚明是中国篮球协会主席。中国篮球协会总部位于中国的首都北京。"这一段话中我们可以抽取出 7 组实体关系:（姚明，中国，国籍）、（姚明，上海，出生地）、（姚明，1980 年，生日）、（姚明，叶莉，配偶）、（姚明，中国篮球协会，主席）、（中国篮球协会，北京，驻扎位置）和（北京，中国，首都），这些实体和关系构成的图如图 10.19 所示。

现在，我们将实体和实体关系构成的图结构称为知识图谱。形式化地，知识图谱是现实世界中实体与实体关系形成的三元组的集合（赵军等，2018），表示为 $G = (E, R, T)$，其中 $E = \{e_1, e_1, \cdots, e_n\}$ 表示实体集合，$R = \{r_1, r_2, \cdots, r_m\}$ 表示关系集合，$T \subseteq E \times R \times R$ 表示知识图谱中三元组的集合。通常，每个三元组对应现实世界

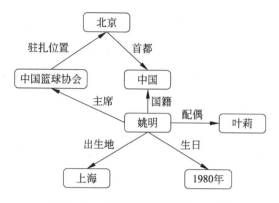

图 10.19　实体和实体关系的示意图

中的一个事实，描述了头实体、尾实体以及这两个实体之间的关系。可以发现，前述章节介绍的关系抽取是知识图谱构建的核心技术，不仅可以从无到有构建知识图谱，也可以为知识图谱中缺失的实体或者关系进行补全。

知识图谱根据领域和应用通常可以划分为语言知识图谱、领域知识图谱、百科知识图谱和常识知识图谱等几个类别。WordNet 是典型的英语语言知识图谱，电影知识图谱 IMDB 是一种领域知识图谱。百科知识图谱包括 DBpedia 和 Wikidata 等大型开放知识图谱。ConceptNet 是一种典型的常识知识图谱。此外，比较常见的产业界知识图谱包括：谷歌知识图谱、微软 Probase、百度知心和搜狗知立方等。知识图谱为智能问答、搜索、推荐和人机对话提供了强大的知识引擎，是下一代人工智能系统的基础资源。

10.6　事 件 抽 取

一个事件包括事件类型、参与者、时间、地点、原因等诸多元素。不同于目标明确、结构简单的实体识别和关系分类，事件抽取是一件更加复杂的任务，不同类型的事件对应不同的组织结构。例如，"公司收购"这一事件包含"收购者""被收购者""金额"等，而"离职"事件包含"离职者""公司机构""职位""离职时间"等。事件之间的差异性使得在开放域中进行任意事件的抽取成为一个极具挑战性的难题。本节重点关注特定领域的事件抽取任务。

10.6.1　事件描述模板

在 MUC，ACE 和 TAC 组织的事件抽取任务评测中，对事件的定义和待抽取的事件类型略有不同，以下采用 ACE 2005 中的事件标注标准。ACE 2005 共计标注了 8 个大类、33 个子类事件，要求参评者利用给定的标注语料训练模型，从指定的测试数据中发现特定类型的事件，并且识别出与事件相关的信息填入预设的事件模板中。每个事件类型对应一个模板。表 10.5 列出了 ACE 2005 标注的事件类型。

表 10.5   ACE 2005 标注的事件类型

事件类型（大类）	事件类型（子类）
Life（生活）	Be-Born（出生），Marry（结婚），Divorce（离婚），Injure（受伤），Die（去世）
Movement（转移）	Transport（运输）
Transaction（交易）	Transfer-Ownership（所有权转移），Transfer-Money（资金转移）
Business（商业）	Start-Org（创办），Merge-Org（合并），Declare-Bankruptcy（破产），End-Org（倒闭）
Conflict（冲突）	Attack（袭击），Demonstrate（示威）
Contact（联系）	Meet（会见），Phone-Write（电话书信）
Personnel（人员变动）	Start-Position（履职），End-Position（离职），Nominate（提名），Elect（选举）
Justice（司法）	Arrest-Jail（拘捕），Release-Parole（释放），Trial-Hearing（审判），Charge-Indict（指控），Sue（起诉），Convict（定罪），Sentence（量刑），Fine（罚款），Execute（处决），Extradite（引渡），Acquit（宣告无罪），Appeal（上诉），Pardon（赦免）

事件通常由一个句子描述，句子中一定存在一个关键词，如下面例 4 中的"出生"、例 5 中的"离职"等，能够清晰地表明某类事件的发生，这类词语称为触发词。

例 4：[李敖][1935 年]出生于 [黑龙江哈尔滨市]。

例 5：[3 月 22 日]，[百度首席科学家吴恩达] 在 Twitter 发文宣布离职[百度]。

触发词是决定事件类型的核心要素，因此是事件抽取的关键。事件抽取的主要任务就是在已知事件类型的前提下，从句子中抽取出事件的各个元素，并判别事件元素的角色。事件元素的角色由两部分组成：事件参与者和事件属性（event attribute）。

事件参与者是事件的必要成分，通常是命名实体中的人名和组织机构名。事件属性包括两类：通用事件属性和事件相关属性。由于事件发生的地点、时间和时长几乎在所有的事件中都会出现，因此这类属性称为通用事件属性。事件相关属性由具体的事件类型决定，如"定罪"事件中的"罪名"属性，"履职"事件中的"职位"属性，都是事件相关的属性。如果将每个事件属性视为一种角色，在 ACE 2005 的标注体系中一共有 35 个角色。

每种类型的事件可以通过一个模板表示，模板可以是通用模板，也可以是事件类型相关的特定模板。通用模板包含 36 个槽位，其中一个槽位需要填充触发词，其余槽位对应 35 个角色。由于不同类型的事件对应的事件角色差异较大，每个事件类型仅仅触发通用模板中 36 个槽位的少数几个，因此在已知事件类型的前提下可以采用特定模板。

表 10.6 和表 10.7 分别是针对"出生"和"离职"两个事件给出的特定模板。其余事件类型对应的特定模板可参考（LDC, 2005）。

表 10.6   "出生"事件对应的模板

Trigger（触发词）	出生
Person-Arg（人名）	李敖
Time-Arg（时间）	1935 年
Place-Arg（地点）	黑龙江哈尔滨市

表 10.7   "离职"事件对应的模板

Trigger（触发词）	离职
Person-Arg（人名）	吴恩达
Entity-Arg（公司机构）	百度
Position-Arg（职位）	首席科学家
Time-Arg（时间）	3 月 22 日

确定了描述事件的模板之后，事件抽取任务就转化为模板填充任务，即发现事件触发词、识别事件元素及对应的角色，并将其填充到模板对应的槽位中。除了事件类型和事件元素之外，事件的整体特性也经常被作为信息抽取的对象。所谓的事件整体特性主要包括如下 4 类：Polarity（极性，取值为"正面"或"负面"），Modality（语态，取值为"确定"或"未知"），Genericity（泛型，取值为"具体"或"普遍"），以及 Tense（时态，取值为"过去""现在""将来"或"未知"）。

10.6.2   事件抽取方法

1. 管道式的事件抽取方法

Ahn（2006）提出了一种管道式的事件抽取方法（pipeline method），该方法将事件抽取任务按顺序分解为 4 个子任务，依次为：①触发词识别（trigger detection），即识别事件类型；②事件元素抽取与角色分类（argument classification）；③事件整体特性判别（attribute classification）；④上报预判（reportability classification）。Ahn 将每一个子任务都视为一个分类问题，为每一个子任务设计相应的特征，然后采用相同的分类器，如最大熵模型和支持向量机模型等进行训练，获得最终的分类结果。

与后两个子任务相比，前两个子任务更为重要，所以更受关注。以下重点介绍触发词识别和事件元素抽取这两个子任务。在 Ahn 给出的管道式方法（pipeline method）中，分类器的使用没有特别之处，主要创新在于其特征选择方法。因此，下面重点介绍 Ahn 的方法中用于触发词和事件元素识别及分类所采用的特征。

事件类型偶尔会由多个词（或短语）共同触发，但是分析发现，超过 95%的触发词都是单个词，因此触发词的识别问题可简单视为词的分类问题。同时，触发词往往只是动词、部分名词和代词等，所以，触发词的识别问题又进一步简化为特定词性的多分类问题（一共 34 个类，其中 33 类是事件类型，还有一个"None 类"表明不是任何事件类型的触发词）。例如，在例 4 中，"李敖""1935 年""出生""黑龙江哈尔滨市"都可作为触发词候选，理想的分类模型能够将"李敖""1935 年""黑龙江哈尔滨市"判别为 None 类，而将"出生"正确判别为"出生"（Be-Born）类。为了训练高质量的分类器，Ahn 设计了如下的特征：

（1）词汇化特征：包括词汇本身、词性以及词汇在短语结构句法树中的深度信息。

（2）语义词典特征：针对英文文本中触发词的识别，借助 WordNet 判断，如果待识别词属于动词、名词、形容词和副词之一，并且在 WordNet 中有对应的义项，则将第一个义项作为特征值。

（3）上下文词汇信息：包括待识别词左右 3 个词以及相关词性。

（4）依存特征：如果待识别词是某个依存关系中的中心词，那么该依存关系、依存词、词性以及实体类别都将作为特征。

还有一些实体关系也可以作为特征。依据上述特征，可以从 ACE 标注的数据中抽取出训练实例，用于优化分类器模型。通过分析 ACE 标注数据可以发现，触发词在所有词中所占的比例不到 3%，也就是说，绝大多数词都不是触发词，因此 34 类的多分类问题面临严重的数据不平衡问题。为了缓解这一问题，可以采用两步策略：第一步是训练一个二类分类器，过滤掉非触发词；第二步是训练一个 33 类的多分器，判别触发词属于哪一种事件类型。实验证明，两步策略有助于获得更优的性能。

在事件元素的抽取中，通常假设命名实体、时间和专有名词等候选实体已经给定（可利用本章前面介绍的实体识别和消歧方法实现），例如，人名“李敖”、时间“1935 年”和地点“黑龙江哈尔滨市”已经给定。事件元素抽取要完成的任务实际上就是对每一个候选实体进行角色分类。由于 ACE 标注数据中有 35 个事件角色，加上一个 None 角色，一共 36 个事件角色，因此，事件元素抽取任务可简化为一个 36 类候选实体的多分类问题。类似于触发词识别任务，事件元素抽取任务也面临严重的数据不平衡问题：超过 70% 的候选实体不属于任何角色，即 None 角色占据 70% 以上。此外，还需要注意另一个现象，每个事件类型涉及的角色远少于 36 个，如“出生”事件仅包括 3 个角色，“离职”事件仅包括 4 个角色。所以，除了形式化为 36 类的多分类问题以外，事件元素抽取任务也可针对具体的事件类型进行多分类建模，如在触发词“出生”被正确地识别出来以后，该事件的类型就确定了，之后便可以对候选实体“李敖”“1935 年”和“黑龙江哈尔滨市”进行 4 分类（人物、时间、地点和 None）。

无论是 36 类的多分类模型，还是针对事件类型的多分类模型，特征设计仍是核心。Ahn 采用的特征包括：

（1）事件触发词与事件类型特征：触发词本身、触发词的词性、触发词在短语结构句法树中的深度，以及事件类型。

（2）实体中心词与限定词特征：实体中心词、词性及其在句法树中的深度，如果实体有限定词，则将其作为特征。

（3）实体与实体指称的类型特征：实体指称类型包括人名、代词与其他名词，实体类型包括人名、地名、机构名、时间和地点等。

（4）实体中心词与触发词之间的依存路径特征：依存路径由词语、词性与依存关系的路径组成。

在 ACE 2005 数据集上的实验表明，针对事件类型的多分类模型能够取得较好的分类结果。

2. 联合事件抽取模型

管道式的事件抽取方法存在无法克服的错误传递问题：前续模块的错误将不可避免地传递到后续模块中，并不断放大，而后续模块也不能影响前续模块的决策过程。例如，如果触发词识别产生错误，那么后续的事件元素识别和角色分类都不可能正确，而且事件元素抽取过程中的信息也无法用于矫正触发词识别中的问题。实际上，触发词与事件元素在很多情况下是相互影响的。在例 6 中，"失去"是"去世"的触发词，而在例 7 中"失去"是"破产"的触发词。在例 6 中，如果模型在"袭击"事件判别中将"大兵瑞恩"正确识别为"目标"角色，那么该结果也能够帮助判别句子中的"失去"是"去世"事件的触发词。类似地，如果将例 7 中的"天鸿公司"正确识别为机构名称，那么也能够帮助判别"失去"是"破产"的触发词。

例 6：[恐怖分子]炸弹**袭击**[美国大使馆]，让美国**失去**了 [大兵瑞恩]。

例 7：两年前的生意失败，让 [陈兵]**失去**了原本价值数亿美元的 [天鸿公司]。

此外，同一个句子中可能存在多个事件，如在例 6 中，同时存在"袭击"和"去世"两个事件。管道式的抽取方法无法捕捉不同事件之间触发词和事件元素之间的依赖关系。图 10.20 给出了例 6 中两个事件正确的触发词、事件元素及其角色。管道式的方法对这两个事件进行独立抽取，很可能无法将"大兵瑞恩"识别为"袭击"事件的目标。理想情况下，应该充分利用全局信息将"去世"事件的受害者角色"大兵瑞恩"作为目标角色传递给"袭击"事件。

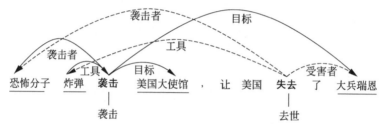

图 10.20 "袭击"和"去世"两个事件共享"袭击者"和"工具"两个事件元素

为了解决上述问题，(Li et al., 2013b) 提出了一种触发词与事件元素的联合标注算法，将事件抽取任务视为一个结构学习问题，采用结构感知器模型（perceptron model）同时预测触发词与事件元素，并在整个句子上寻找一组最优解。这种方法不仅能够捕捉不同事件之间触发词和事件元素之间的依赖关系，而且可以充分利用全局信息。以下介绍这种联合标注算法。

首先，对联合标注模型进行形式化。触发词的标记集合用 $L \cup \{\varnothing\}$ 表示，其中 L 包含 33 种事件类型，$\varnothing$ 表示待识别词不是触发词。$R \cup \{\varnothing\}$ 表示事件元素的角色集合，R 包含 35 个事件角色，$\varnothing$ 表示待标注的候选事件元素不属于当前触发词的角色集合。

算法的输入是由 n 个词或短语、标点组成的句子 $x = (x_1, x_2, \cdots, x_n)$ 以及候选事件元素列表 $\varepsilon = \{e_k\}_{k=1}^m$。如对于例 6 中的句子，$n = 10$，$\{e_k\}_{k=1}^m =\{$ 恐怖分子，炸弹，美国大使馆，大兵瑞恩$\}$。因此，输入可以用 $x = \langle (x_1, x_2, \cdots, x_n), \{e_k\}_{k=1}^m \rangle$ 表示。

算法的输出 y 由下面的式子表示：

$$y = \langle t_1, (a_{11}, \cdots, a_{1m}), \cdots, t_n, (a_{n1}, \cdots, a_{nm}) \rangle \tag{10.78}$$

其中，$t_i \in L \cup \{\varnothing\}$ 是第 i 个词或短语 x_i 的触发词标记，$a_{ij} \in R \cup \{\varnothing\}$ 表示事件元素 e_j 属于事件类型 t_i 的角色标记。以最简单的句子"马云 创立 阿里巴巴"为例，输入和标准

输出分别为

$$x = \langle (马云, 创立, 阿里巴巴), \{马云, 阿里巴巴\} \rangle \tag{10.79}$$

$$y = \langle \varnothing, (\varnothing, \varnothing), \text{Start\_Org}, (\text{Agent}, \text{Org}), \varnothing, (\varnothing, \varnothing) \rangle \tag{10.80}$$

其中，$n = 3$，$m = 2$，$\{e_k\}_{k=1}^m = \{马云, 阿里巴巴\}$。在输出结果 y 中，Start_Org 表示第二个词"创立"是触发词，属于"创办 (Start_Org)"事件，Agent 和 Org 分别表示"马云"和"阿里巴巴"分别是"创办 (Start_Org)"事件的创始人和所创办的公司。联合事件抽取算法的目标就是对于任意 x，准确地输出标注结果 y，该问题可通过以下目标函数进行求解：

$$y = \underset{y' \in \mathcal{Y}(x)}{\operatorname{argmax}} \boldsymbol{W} \cdot \boldsymbol{F}(x, y') \tag{10.81}$$

其中，$\boldsymbol{F}(x, y')$ 表示特征向量，$\boldsymbol{W}$ 是对应的特征权重。特征向量可以采用管道式的事件抽取的特征，也可以设计一些全局特征。参数 $\boldsymbol{W}$ 可以基于感知器模型通过一种在线更新（online update）的算法进行优化。如果 z 是 x 上正确的人工标注结果，y 是模型预测的错误结果，那么，$\boldsymbol{W}$ 可以通过以下公式更新：

$$\boldsymbol{W} = \boldsymbol{W} + \boldsymbol{F}(x, z) - \boldsymbol{F}(x, y) \tag{10.82}$$

详细的训练算法见算法 10.3（Huang et al., 2012）。

输入：训练数据集 $D = \left\{ x^{(i)}, z^{(i)} \right\}_{i=1}^N$，最大迭代次数 T。
输出：特征权重参数 $\boldsymbol{W}$。
1. 初始化：$\boldsymbol{W} = 0$
2. for $t \leftarrow 1 \cdots T$ do
3.   for each $(x, z) \in D$ do   ▷ 对每个训练实例在线更新
4. $y = \text{beamSearch}(x, z, \boldsymbol{W})$
5.   if $y \neq z$ then
6. $\boldsymbol{W} \leftarrow \boldsymbol{W} + \boldsymbol{F}\left(x, kz_{1:|y|}\right) - \boldsymbol{F}(x, y)$ ▷ 参数更新

算法 10.3 联合事件抽取中的参数训练算法

对于数据集 D 中的每一个训练实例 (x, z)，利用柱搜索（beamSearch）算法预测 x 对应的标注结果 y。如果预测的结果 y 与真实结果 z 不一致，则采用感知器算法更新参数 $\boldsymbol{W}$。该训练过程可以在数据集 D 上遍历 T 次。柱搜索算法是其中的核心，见算法 10.4。

柱搜索算法开始时设置一个空栈 B，然后自左往右考察输入句子的每一个位置（算法第 2 行）。对于待预测的词语 x_i，枚举其属于触发词的可能性，并保留最佳的 K 个候选（算法第 3～4 行）。如果是参数训练过程，则需要判断到目前为止模型的输出是否与真实的标注结果相匹配，如果不匹配，则提前退出（算法第 5～6 行）。然后，对候选事件元素的角色进行分类（算法第 7～13 行）：对于每一个候选事件元素 e_k，考察栈 B 中的每一个候选标注结果（算法第 9 行），如果 x_i 是触发词，则将所有可能的事件角色集合放入缓冲区 buf 中（算法第 10～12 行）。根据打分保留最佳的 K 个候选（算法第 13

行）。算法第 14～15 行与第 5～6 行的功能类似。迭代执行该过程，直至句子结束。如果是测试阶段，则输出最佳预测结果 y。

输入：句子与候选事件元素 $x = \langle(x_1, x_2, \cdots, x_n), \{e_k\}_{k=1}^m\rangle$；若是训练阶段则包括正确标注结
  果 z；beamSize 柱大小 K，事件类型标记集合 $L \cup \{\varnothing\}$，事件元素角色集合 $R \cup \{\varnothing\}$。
输出：x 的最优预测序列。
1. 设置柱存储空间，$B \leftarrow [\varepsilon]$ ▷ 初始化为空
2. for $i \leftarrow 1 \cdots n$ do
3. buf $\leftarrow \{y' \Diamond l | y' \in B, l \in L \cup \{\varnothing\}\}$ ▷ 进行触发词预测
4. $B \leftarrow \text{Kbest(buf)}$
5. if $z_{1:t_i} \notin B$ then
6. return $B[0]$ ▷ 早期更新算法
7. for $e_k \in \{e_k\}_{k=1}^m$ do ▷ 进行事件元素预测
8. buf $\leftarrow \varnothing$
9. for $y' \in B$ do
10.   buf $\leftarrow$ buf $\cup \{y' \Diamond \varnothing\}$
11.   if $y'_{t_i} \neq \varnothing$ then ▷ x_i 是触发词
12.   buf $\leftarrow$ buf $\cup \{y' \Diamond r | r \in R\}$ ▷ 考察所有角色类型
13. $B \leftarrow \text{Kbest(buf)}$
14. if $z_{1:a_{ik}} \notin B$ then
15.   return $B[0]$
16. return $B[0]$

算法 10.4 训练测试中的柱搜索算法

3. 基于分布式表示的事件抽取模型

联合事件抽取模型不仅考虑触发词识别与事件角色分类之间互为影响的关系，而且充分挖掘多个事件之间的依赖信息。但是，正如所有基于离散符号特征的方法，联合事件抽取模型同样无法捕捉词汇之间的语义相似性，难以利用句子层面的深层特征，因此事件抽取的性能受到制约。

近年来，基于分布式特征表示的方法被不断地尝试用于事件抽取任务中，并且与基于离散特征的方法相比，使性能得到了提升。这类方法的主要思想是：利用分布式连续向量表示词语，以克服数据稀疏问题，并捕捉词汇之间的语义相似性。在此基础上学习层次更深、范围更广的特征，最终利用分类算法完成触发词识别和事件角色分类任务。

下面以（Chen et al., 2015b）的工作为例介绍分布式特征表示在事件抽取任务中的应用方法。从机器学习的角度来说，神经网络模型并没有从方法论上改变事件抽取方法，仍然是将该任务分解为触发词识别和事件角色分类。而且，这两个级联的子任务都被视为一个多分类问题，因此在神经网络框架内可以采用同一套模型进行处理。

相对于触发词识别任务，事件角色分类问题更为复杂，所以下面重点介绍分布式特征表示在事件角色分类任务中的应用方法，然后讨论针对触发词识别任务需要进行的模型改进。

以句子表示的事件为例，事件角色分类就是在确定触发词 t 之后，判断句子中每一个候选事件元素 e 是否是触发词 t 的某个角色，并判断属于哪个事件角色。以判断例 6 给出的句子中候选事件元素"炸弹"与触发词"失去"之间的关系为目标，图 10.21 给出了基于分布式特征表示的事件角色分类模型示意图。

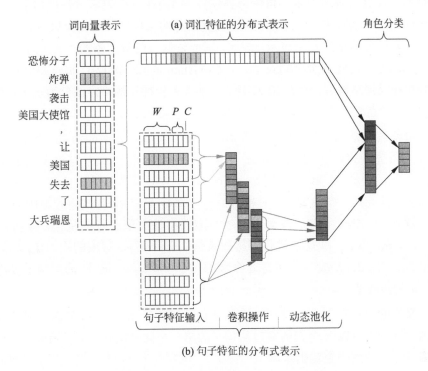

图 10.21 基于分布式特征表示的角色分类模型

在图 10.21 中，模型分为三部分、四个主要模块：第一部分是词向量表示，即学习每个词语的分布式连续向量表示；第二部分是词汇组合特征与句子级特征的分布式特征学习，包括图 10.21（a）词汇特征的分布式表示（学习词汇级的各种特征组合）；图 10.21（b）句子特征的分布式表示（挖掘句子级的深层特征表示）；第三部分是角色分类模型，即在表示学习的基础上进行角色分类。

第一部分的词向量表示学习是基础。由于事件抽取的训练数据非常小，仅仅利用标注数据很难获得高质量的词向量表示，因此，一般会借助海量无标注的单语数据获得一个质量尚可的词向量表示。例如，可采用维基百科中的大规模数据对词向量进行初始化。在本书第 3 章介绍分布式表示方法时，讨论过诸如 Skip-gram 等高效的词向量学习方法。这些方法可以用于从海量无标注数据上预训练（pre-train）一个词向量模型，然后在图 10.21 所示的事件抽取模型中进一步优化（fine-tune）。

第二部分是整个角色分类模型的重点。将句子中的每个词语表示为连续向量之后，将分别学习词汇级和句子级两类特征表示。在词汇级特征学习时，以触发词 t 和候选事件元素 e 为中心，分别对其上下文进行建模。具体地讲，选择窗口大小 K_l，将 t 和 e 及其左右 K_l 个词语的词向量进行拼接，形成一个代表词汇级特征的向量表示 R_l。

由于局部上下文无法捕捉全局信息，容易忽略重要的线索，如在图 10.21 中，如果取上下文窗口为 $K_l = 1$，那么指示性信息"大兵瑞恩"就无法体现在触发词"失去"的上下文中。因此，学习句子级的特征表示成为整个模型的核心。卷积神经网络是句子表示学习的典型方法，已成功应用于文本分类、情感分析和机器翻译等任务。但是，传统的卷积神经网络不适合直接应用于事件角色分类任务，因为在一个表示事件的句子中，触发词和候选事件元素可能有多个，传统不考虑位置信息的卷积神经网络难以得到对触发词和候选事件元素敏感的全局句子表示。因此，需要依据当前所考察的"触发词-候选事件元素 (t, e)"动态地学习句子级全局表示。于是，(Chen et al., 2015b) 提出了针对这一问题的动态卷积神经网络模型，如图 10.21 所示，动态卷积神经网络方法分为三个步骤：①句子特征输入；②卷积操作；③动态池化（dynamic pooling）。

句子级特征包括词向量、相对位置信息和事件类型三方面的信息。对于句子的第 i 个词语 w_i，首先获得对应的词向量 $\boldsymbol{x}_i \in \mathbb{R}^{d_w}$，然后分别计算 w_i 与触发词 t 和候选事件元素 e 之间的距离 p_{it} 和 p_{ie}，例如，在图 10.21 中词语"美国大使馆"与触发词"失去"和候选事件元素"炸弹"之间的相对距离分别是 4 和 2。其次将距离映射为连续的向量 $\boldsymbol{p}_{it}$ 和 $\boldsymbol{p}_{ie} \in \mathbb{R}^{d_p}$。再次，将触发词 t 对应的事件类型进行向量化，得到 $\boldsymbol{c} \in \mathbb{R}^{d_c}$。最后，将 $\boldsymbol{x}_i$，$\boldsymbol{p}_{it}$ 和 $\boldsymbol{p}_{ie}$ 以及 $\boldsymbol{c}$ 进行拼接作为第 i 个词语 w_i 对应的输入 $\boldsymbol{L}_i \in \mathbb{R}^d$，其中 $d = d_w + 2 \times d_p + d_c$。给定一个包含 n 个词的句子 $s = w_1 \cdots w_i \cdots w_n$，句子级特征就是一个 $n \times d$ 的矩阵 $\boldsymbol{L}_{1:n}$。

卷积操作的目标在于利用特征过滤器从句子级特征 $\boldsymbol{L}_{1:n}$ 中抽象出全局信息。一个过滤器 $f_k \in R^{h \times d}$ 将以 h 个词的窗口从句子的第一个词开始扫描，直到最后一个词，每个窗口 $\boldsymbol{L}_{i:h+i-1}$ 得到一个输出：

$$v_{ki} = f\left(\boldsymbol{W}_k \cdot \boldsymbol{L}_{i:h+i-1} + b_k\right) \tag{10.83}$$

其中，$\boldsymbol{W}_k$ 和 b_k 分别是权重和偏置，f 为非线性激活函数。遍历每个窗口，f_k 将得到一个 $(n - h + 1)$ 维的向量 $\boldsymbol{v}_k = [v_{k1}, \cdots, v_{ki}, \cdots, v_{k,n-h+1}]$。如果采用 K 个过滤器，将得到一个 $K \times (n - h + 1)$ 维的矩阵。由于 n 是句子的长度，对于不同的句子过滤器得到的向量维度不同，因此需要进行池化操作。

最大池化和平均池化是最为常用的池化操作，最大池化就是从向量 $\boldsymbol{v}_k$ 中选择最大的元素作为典型特征。由于之前提到的全局最大池化方法对位置不敏感，无法区分触发词和候选事件元素的作用，不适合于事件角色分类任务，因此需要对池化方法进行优化。动态最大池化方法是针对事件抽取任务提出的，是一种触发词和候选事件元素敏感的池化方法。如图 10.21 所示，根据触发词和候选事件元素将向量 $\boldsymbol{v}_k$ 动态地划分为三组：$\boldsymbol{v}_k = [\boldsymbol{v}_{k,1:e}, \boldsymbol{v}_{k,e+1:t}, \boldsymbol{v}_{k,t+1:n-h+1}]$，其中，$e$ 和 t 分别表示候选事件元素和触发词的位置，如果触发词在候选事件元素之前，那么 $\boldsymbol{v}_k = [\boldsymbol{v}_{k,1:t}, \boldsymbol{v}_{k,t+1:e}, \boldsymbol{v}_{k,e+1:n-h+1}]$。最后，分别从三组向量 $\boldsymbol{v}_{k,1:e}$，$\boldsymbol{v}_{k,e+1:t}$ 和 $\boldsymbol{v}_{k,t+1:n-h+1}$ 中选择最大值输出，便得到一个三维的向量。再将 K 个过滤器的动态池化输出进行拼接，最终得到一个维度固定的向量 $\boldsymbol{R}_s \in \mathbb{R}^{K \times 3}$。由于向量中每个维度与触发词和候选事件元素相关，因此，该向量能够在一定程度上表示触发词与候选事件元素敏感的句子语义。

第三部分的角色分类模型采用前馈神经网络，将词汇特征的分布式表示 R_l 与句子特征的分布式表示 R_s 拼接之后得到的表示 $[R_l; R_s]$ 作为输入，利用 softmax 函数计算给定触发词 t，候选事件元素 e 在角色集合上的概率分布。

回到触发词识别任务，可以采用与图 10.21 相同的框架，只是模型更为简单。不同于事件角色分类任务，输入包括句子、触发词和候选事件元素，在触发词识别任务中输入是句子和候选触发词。因此，第二部分的词汇特征的分布式表示与句子特征的分布式表示需要相应地调整。在词汇特征的分布式表示中，只需要取候选触发词相邻的词汇作为上下义。在句子特征的分布式表示中，动态池化仅将候选触发词作为分割点，取左右卷积向量中的最大值。第三部分的分类模型无需做任何改变。

实验表明，基于分布式特征表示的事件抽取模型能够取得更好的事件抽取性能。

10.6.3 事件抽取评价

对事件抽取模型进行客观评价的一般方法是：给定一个测试集 $Test_{event}$，人类专家对 $Test_{event}$ 进行了正确的事件标注，获得已知参考答案 Ref_{event}。事件抽取模型 M 在测试集 $Test_{event}$ 上进行事件标注，得到预测结果 $Model_{event}$，对比预测结果 $Model_{event}$ 和已知答案 Ref_{event}，分别计算准确率、召回率和 F_1 测度值。

由于几乎所有的模型都将事件抽取任务分解为触发词识别和事件角色分类两个步骤，其中触发词识别又可分解为触发词定位与事件类型分类两个子任务，而事件角色分类又可分解为事件元素识别与角色分类两个子任务，因此，客观评测一般对这四个子任务分别进行测试。

如果模型找到了触发词在事件描述中的具体位置，那么触发词定位正确。在触发词定位正确的基础上，如果事件类型也预测正确，那么事件类型分类的结果正确。如果某候选事件元素被正确地识别为触发词的关联属性，那么事件元素识别是正确的。如果被正确识别的事件元素进一步被预测为正确的事件角色，那么最终的事件角色分类结果是正确的。根据结果匹配情况，准确率、召回率和 F_1 测度值很容易被计算出来。这三个指标的计算公式已在很多章节中介绍过了，这里不再赘述。

10.6.4 事理图谱

事件抽取可以从文本中抽取出不同的事件，而事件和事件之间往往不是独立发生，通常蕴含着发生模式和演化规律，也即事理逻辑。例如，下面的一段话包含"买电影票""到达影院""买饮料""进影厅""看电影""电影不好看""退场""回家""下雨""带伞"和"淋湿"等事件。

"他买了一张电影票，到达电影院买了一杯饮料后就进影厅看电影了。由于电影不好看，他饮料还没喝完就退场了。他回家路上正好遇到下雨，他如果带伞的话就不会被淋湿了。"

图 10.22 展示了以事件（这里的事件概念相比于事件抽取章节中的事件概念更加泛化）为节点、事件间关系为边构成的一张呈现事件逻辑的图。这样的图现在被称为事理图谱。从定义上，事理图谱是一个由事理逻辑组成的知识库，描述了事件之间的演化规

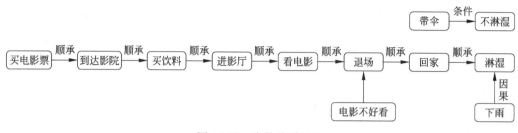

图 10.22　事件关系示例

律和发生模式。与知识图谱相比，事理图谱的节点不再是实体而是事件，每一条边表示事件之间的关系而不是实体关系。相比于知识图谱中关系类别繁多，事理图谱中的事件关系很少，主要包括顺承、因果、条件和上下位等逻辑关系。如图 10.22 所示，"顺承"是事件之间最常见的关系，表示两个事件在事件上相继发生。"因果"关系是指前一个事件（原因）导致后一个事件（结果）的发生，从时序上前一个事件发生在后一个事件之前，因此，"因果关系"是"顺承"关系的子集。例如，图 10.22 中的"电影不好看"和"退场"两个事件之间是"因果"关系。"条件"关系表示前一个事件是后一个事件发生的条件，例如，图 10.22 中事件"带伞"是事件"不被淋湿"的条件。事件之间的上下位关系主要包括名词性上下位关系和动词性上下位关系。例如，事件"产品升级"是事件"工业产品升级"的上位，事件"恐怖袭击"是事件"袭击"的下位。

　　类似于知识图谱，事理图谱也是一种基础性知识资源，在事件预测、消费意图挖掘和推荐、问答对话、辅助决策和推理等领域都将发挥非常重要的作用，并且可以有力提升人工智能模型和系统的可解释性能力。当前，事理图谱还处于初步发展阶段，主要集中于金融等领域的事理图谱构建和应用，未来一定会在各个应用中扮演越来越重要的作用。

10.7　进一步阅读

　　综上所述，信息抽取包括实体识别、关系分类和事件抽取等多个相互关联的任务。目前的处理方法仍然以级联的管道式策略为主，并且每个任务的关注重点仍然是在限定的领域。

　　从方法的角度，深度学习方法已成为信息抽取各子任务的主流模型。如何探索更加有效的模型成为一种趋势。例如，(Miwa and Bansal, 2016) 和（Peng et al., 2017）采用表达能力更强的神经网络结构（如基于树和图的长短时记忆网络 TreeL-STM, GraphLSTM）对关系抽取等任务进行建模；(Narasimhan et al., 2016) 和（Wu et al., 2017）借助强化学习和对抗学习等方法优化信息抽取模型。为了减少错误传递，对两个以上的任务进行联合建模也是众多研究者关注的方向。例如，对实体识别和关系分类进行联合建模 (Li and Ji, 2014; Zheng et al., 2017)，即将实体识别和关系分类两个任务形式化为一个统一的序列标注任务。为了利用更多的上下文信息，对信息抽取任务进行全局优化和推断，也是一个潜在的热点 (Zhang et al., 2017)。

　　从数据的角度，目前信息抽取各任务的训练数据规模都比较有限，很难支撑复杂的机器学习模型。如何自动生成大规模高质量的训练数据成为信息抽取领域关注的热点。基于知识库的远程监督方法是近年来提出的主流方法，且比较有效，备受研究者的青睐（Mintz et al., 2009；Riedel et al., 2010；Hoffmann et al., 2011；Surdeanu et al., 2012；Zeng et al., 2015；Lin et al., 2016；Chen et al., 2017b；Luo et al., 2017）。但是，远程监督方法面临大量噪声和错误问题，例如，并不是所有包含"姚明"和"叶莉"的句子都表明是"配偶"关系。因此，如何尽可能地降低噪声的影响成为学界研究的重点。最近有学者提出了基于"至少一个正例"假设的多示例学习（multi-label learning）方法（Zeng et al., 2015）和基于选择注意机制的模型（Lin et al., 2016）。除了关系分类中使用远程监督方法以外，该方法也被引入事件抽取任务中，产生了大量事件标注数据（Chen et al., 2017b）。此外，高效的众包（crowdsourcing）方法也成为扩充训练数据的一种策略（Abad et al., 2017）。

从应用的角度，限定类型、限定领域的信息抽取技术仍然是学术界研究的重心，但是在实际应用中，尤其在大数据的网络环境中，开放类型、开放领域的信息抽取技术更为实用。因此，研究开放域的信息抽取技术受到越来越多的关注。开放域实体抽取任务聚焦于开放文本（网络数据）的实体扩充（entity expansion）技术（Pennacchiotti and Pantel, 2009；Jain and Pennacchiotti, 2010）；开放域的关系抽取重点解决无预设关系类别的实体关系分析（Banko et al., 2007；Mausam et al., 2012；Angeli et al., 2015；Stanovsky and Dagan, 2016）；事件综合与新事件预测关注多个事件的聚合以及无预设类型的新事件发现等问题（Do et al., 2012；Huang and Huang, 2013）。

习　题

10.1 在基于隐马尔可夫模型的命名实体识别方法中，维特比算法常常用来搜索最优的标签序列。请分析维特比算法的时间复杂度和空间复杂度。

10.2 当前，命名实体识别通常采用基于字符的序列标注方法，请分析如果采用基于词的序列标注方法，会遇到哪些问题？基于字符的识别方法和基于词的识别方法是否可以结合，如何结合？

10.3 在基于聚类的实体消歧任务中，假设一个测试数据上一共有 10 个指称分别为 $\{m_1, m_2, \cdots, m_{10}\}$，人工标注的正确聚类结果是 $L = \{\{m_1, m_2, m_5\}, \{m_3, m_4, m_6, m_7\}, \{m_8, m_9, m_{10}\}\}$，实体消歧系统给出的聚类结果是 $L = \{\{m_1, m_2, m_3, m_5\}, \{m_6, m_7\}, \{m_4, m_8, m_9, m_{10}\}\}$，请计算聚类的纯度、逆纯度和调和平均值 $F_{\alpha=0.5}$。

10.4 实验表明，在基于分布式特征的关系分类方法中，位置向量特征起到了非常关键的作用。请分析位置特征的重要性或者作用体现在哪些方面。

10.5 远程监督方法是解决关系分类任务中训练数据匮乏问题的一种有效手段，但是远程监督方法会引入很多噪声，请分析噪声的类型并指出如何最大限度地降低噪声的影响。

10.6 事件抽取任务中，可以采用通用模板，也可以采用事件类型相关的特定模板，请分析两种方法的优劣以及适合的场景。

10.7 本章介绍的事件抽取任务都假设事件发生在一个句子中，然而很多事件由多个句子表述。请分析当多个句子描述一个事件时，事件抽取面临的问题和挑战有哪些，并给出可能的解决方案。

第 11 章　文本自动摘要

11.1　概　　述

文本自动摘要或称文档自动摘要，也称自动文本摘要（automatic text summariza-tion），是利用计算机自动地将文本（或文档集合）转换成简短摘要的一种信息压缩技术。一般而言，生成的简短摘要必须满足信息量充分、能够覆盖原文的主要内容、冗余度低和可读性高等要求。在互联网迅速普及、信息过度膨胀的今天，文本自动摘要技术已经成为数据挖掘、信息过滤、获取和推荐的一个重要手段。

1958 年，H.P. Luhn 首次提出了自动文摘的思想（Luhn, 1958），由此揭开了文本自动摘要研究的序幕。随着信息时代的兴起，互联网上每天随时产生的各种语言、各种题材、各种领域和主题的海量文本，迫切需要一种技术，能够帮助用户高效、快速地获取有用信息，使用户能够在短时间内了解新闻事件的梗概，压缩阅读时间，这种需求推动着自动文摘技术快速发展，并逐步走向成熟。美国国家标准与技术研究院（National Institute of Standards and Technology, NIST）自 2000 年起组织的文本自动摘要技术国际评测（DUC[①], TAC[②]等）进一步加速了这项技术研究，吸引了更多研究者和企业家的关注。

从不同的角度文本自动摘要技术可以被划分为不同的类型。按照摘要的功能划分，可以分为指示型摘要（indicative）、报道型摘要（informative）和评论型摘要（critical）。指示型摘要仅提供输入文档（或文档集）的关键主题，旨在帮助用户决定是否需要阅读原文，如标题生成。报道型摘要提供输入文档（或文档集）的主要信息，使用户无须阅读原文。评论型摘要不仅提供输入文档（或文档集）的主要信息，而且需要给出关于原文的关键评论。

根据输入文本的数量划分，可以划分为单文档摘要（single-document summariza-tion）和多文档摘要（multi-document summarization）两种类型。而根据输入和输出语言的不同，自动文摘可以划分为单语言摘要（monolingual summarization）、跨语言摘要（cross-lingual summarization）和多语言摘要（multi-lingual summarization）。单语言摘要的输入和输出都是同一种语言，跨语言摘要的输入是一种语言（如英语），而输出是另一种语言（如汉语），多语言摘要的输入是多种语言（如英语、汉语和法语等），输出是其中的某一种语言（如汉语）。

---

① http://duc.nist.gov/。

② https://tac.nist.gov/about/index.html。

根据应用形式的不同，自动摘要技术又可划分为通用型摘要（generic summarization）和面向用户查询的摘要（query-based summarization），前者总结原文作者的主要观点，后者提供与用户兴趣密切相关的内容。从文摘与原文的关系（即文摘获取方法）划分，自动摘要技术还可以分为抽取式摘要（extraction-based summarization）、压缩式摘要（compression-based summarization）和理解型摘要（abstraction-based summarization）。抽取式摘要通过摘录原文中的重要句子形成文摘，压缩式摘要通过抽取并简化原文中的重要句子构成文摘，理解型摘要则通过改写或重新组织原文内容形成最终文摘。

图 11.1 给出了文本自动摘要技术的基本框架。如图所示，如果按照输出文摘的长度划分，摘要可以分为标题式摘要、短摘要和长摘要。

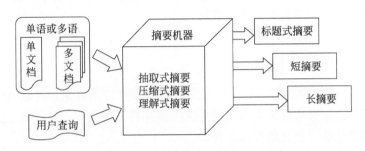

图 11.1　文本自动摘要技术的基本框架

由于多文档摘要的概念具有更大的外延，而且多文档摘要技术涉及更加广泛的技术内容，因此，多文档摘要一直是自动文摘领域最受关注和最具挑战性的研究方向。根据前面的解释，从概念上讲多文档摘要是将多个文本表述的信息按照压缩比提炼成一个文摘。从应用的角度看，一方面，在互联网上搜索信息时，搜索同一主题的文档往往会返回成千上万个网页，如果将这些网页形成一个统一、精炼、能够反映主要信息的摘要，必将极大地提升用户获取信息的效率。另一方面，对于某一新闻单位针对同一事件的系列报道，或者数家新闻单位在某一时间段内对于同一事件的报道，如果能够从这些相关性很强的文档中提炼出一个覆盖性强、形式简洁的摘要，将会有效降低信息存储和传播的代价，节省用户阅读的时间。这两种情况正是多文档摘要技术的典型应用。

相比而言，单文档自动摘要可以视为多文档自动摘要的特例，近年来由于大量单文档摘要标注数据的公开，也逐渐成为大家关注的重点之一。本章将首先以单文档和多文档自动摘要为例分别介绍自动摘要技术的不同实现方法，然后介绍其他类型的摘要，如基于查询的自动摘要、跨语言和多语言自动摘要，最后介绍公开的自动摘要评测数据和摘要自动评价方法。

11.2　抽取式自动摘要

抽取式自动摘要技术直接从原文中抽取句子形成摘要。虽然这样做似乎偏离摘要的本质，但是在实际应用中简单有效，而且能保持句子的流畅性和可读性，所以一直受到业界青睐。以下以多文档自动摘要为例，详细介绍抽取式自动摘要方法的基本思想和实现方法。

多文档自动摘要任务可以形式化地描述为：给定文档集合 $D = \{D_i\}$，$i = 1, 2, \cdots, N$，其中每个文档 $D_i = \{S_{i_1}, \cdots, S_{i_j}, \cdots, S_{i_M}\}$ 由 i_M 个句子按顺序构成，从文档集合 D 中选出 K 个句子组成摘要，其中 K 是人为设定的句子数目或者由压缩比得到的句子数目。在很多自动文摘系统中，可允许句子数目 K 动态变化，只需要将最终生成的摘要控制在限定的字数范围内（如 100 字的中文摘要）。

从上述形式化描述可以看出，完成自动摘要需要三个关键步骤：①找出最重要、最具信息量的候选句子集合；②尽量降低候选句子集合的冗余性；③根据压缩比或摘要长度的要求，结合句子顺序等约束生成摘要。第①步需要设计针对句子重要性的评估算法，后两步需要构造基于约束的摘要生成算法。

11.2.1　句子重要性评估

自 1958 年 Luhn 和 Baxendale 等人研究自动摘要技术以来，相继出现了若干句子重要性评估算法，如果从算法是否借助于人工标注样本的角度，可以将这些评估算法划分为无监督的算法和有监督的算法两种。

1. 无监督的数据驱动算法

无监督的数据驱动算法又可分为三类：①基于词语频率的评估算法；②基于文档结构的评估算法；③基于图（graph-based）的评估算法。

（1）基于词语频率的评估算法

词语是句子重要性评估算法最常用的特征，这种算法的基本假设是：如果一个词语在文档中出现的频率越高，说明该词越重要。如果一个句子包含的高频词越多，那么说明该句子越重要。基于这种假设，可以采用如下公式计算句子 S_{i_j} 的重要性得分：

$$\text{Score}\left(S_{i_j}\right) = \frac{\displaystyle\sum_{w_k \in S_{i_j}} \text{Score}\left(w_k\right)}{\left|\left\{w_k | w_k \in S_{i_j}\right\}\right|} \tag{11.1}$$

$$\text{Score}\left(w_k\right) = \text{TF}_{w_k} = \frac{\text{count}\left(w_k\right)}{\displaystyle\sum_w \text{count}\left(w\right)} \tag{11.2}$$

其中，$\text{Score}\left(S_{i_j}\right)$ 表示第 i 个文档中的第 j 个句子的重要性得分，$\text{count}\left(w_k\right)$ 是词语 w_k 在整个文档 D_i 中出现的次数，$\sum_w \text{count}\left(w\right)$ 表示整个文档 D_i 中所有词出现的次数总和。由于有些词语，如"在""的""这个""对于"等对于句子重要性评估没有实质性意义，因此在实际应用中一般都会在预处理时作为停用词去掉（见第 2 章的介绍）。$\text{Score}\left(w_k\right)$ 通常称为词频，即 TF（term frequency）。

这种方法简单易行，但是存在一个严重的缺陷：有些词语对于表达句子的含义并不重要，但在不同的文档、不同的句子中都经常出现，在 TF 算法中得分却很高。为了克服这一缺陷，逆向文档频率 IDF（inverse document frequency）被普遍采用：

$$\text{IDF}_{w_k} = \log \frac{|D|}{|\{j | w_k \in D_j\}|} \tag{11.3}$$

IDF_{w_k} 是词语 w_k 普遍性的度量，如果 IDF_{w_k} 越大，式（11.3）中的分母就越小，说明较少的文档含有该词语，那么该词语对于那些所在的文档就比较重要。关于这一点，在本书第 3 章和第 5 章里都有介绍。

可以看出，TF_{w_k} 与 IDF_{w_k} 都只能表示词语 w_k 的某一方面的作用，为了更加全面地刻画词语 w_k 对于文档 S_{i_j} 的重要性，结合两种度量方法形成 TF-IDF_{w_k} 计算方法，即利用下面的公式计算最终得分 $\text{Score}(w_k)$：

$$\text{Score}(w_k) = \text{TF-IDF}_{w_k} = \text{TF}_{w_k} \times \text{IDF}_{w_k} \tag{11.4}$$

式（11.1）~ 式（11.4）给出的句子重要性得分计算方法非常简单，但无法刻画最终摘要的覆盖度。为了弥补这一缺陷，人们提出了主题分析方法，如潜在语义分析（LSA）方法（Landauer, 2006）和潜在狄利克雷分配（LDA）模型（Blei et al., 2003）。关于这类方法的详细介绍，请见本书第 7 章。

此外，一些线索词语（如"显著""总之"等）和命名实体也通常作为重要性评估的特征。

（2）基于文档结构的评估算法

除了内容特征以外，有些文档结构特征往往能够表明句子的重要程度。其中，句子在文档中的位置和句子的长度是两个常用的文档结构特征（Edmundson, 1969）。有研究表明，每个段落中的首句最能够反映和表达整个段落的内容，尤其在英文的评论性文章中，可见句子位置的重要性。在很多研究中，句子位置的重要性可通过如下的公式计算获得：

$$\text{Score}(S_{i_j}) = \frac{n - j + 1}{n} \tag{11.5}$$

其中，j 表示句子 S_{i_j} 在文档中的位置，n 表示该文档中的句子数目。

（3）基于图的评估算法

一个句子的重要性不仅体现在句内的词语构成上，更应该体现在该句子与文档（或文档集）中其他句子之间的相互关系：如果支持该句子重要性的其他句子越多，那么该句子越重要。这一思想来源于网页排序中的 PageRank 算法（Page Rank algorithm）：如果一个网页被若干网页链接到或被多个重要网页链接到，说明该网页越重要（Page and Brin, 1998）。

PageRank 算法是一种基于有向图的排序模型。对于有向图 $G(V, E)$，V 是节点集合，每个节点表示一个网页，E 是有向边集合，每条边 $e = (V_i, V_j)$ 表示可从网页 V_i 跳转至网页 V_j。对于一个节点 V_i，$\text{In}(V_i)$ 表示链接至 V_i 的网页集合，$|\text{In}(V_i)|$ 表示 V_i 的

入度。$\mathrm{Out}\,(V_i)$ 表示由 V_i 链接到的其他网页集合，$|\mathrm{Out}\,(V_i)|$ 表示 V_i 的出度。每个网页的权重即为该网页的重要性得分。权重可由如下公式计算获得：

$$S\,(V_i) = \frac{1-d}{N} + d \times \sum_{V_j \in \mathrm{In}(V_i)} \frac{1}{|\mathrm{Out}\,(V_j)|} S\,(V_j) \tag{11.6}$$

其中，N 表示图中节点数目，$d \in [0,1]$ 为阻尼因子（damping factor），赋予节点 V_i 跳转至任意节点 V_j 的一个先验概率，在网页排序中通常设为 0.85。基于图的排序算法在初始阶段为每一个节点的权重赋予一个随机值，然后，算法迭代计算式 (11.6)，直至图中每个节点的权重在两轮迭代之间的差 $S^{k+1}\,(V_i) - S^{k}\,(V_i)$ 小于设定的阈值。

　　基于图的句子重要性评估算法是 PageRank 的一种扩展，如 LexRank 算法（Erkan and Dragomir, 2004），除了有向图 $G\,(V,E)$ 变为无向图之外，图中每一条边 $e = (V_i, V_j)$ 都携带一个权重 W_{ij}。图 $G\,(V,E)$ 中的 V 表示句子集合，E 表示无向边集合。如果存在 $e = (V_i, V_j) \in E$，则说明句子 V_i 和 V_j 具有相关性或相似性。相关或相似程度由权重 W_{ij} 表示。W_{ij} 有多种计算方法，以下介绍一种常用的基于 TF-IDF 的余弦相似度方法计算两个句子 V_i 和 V_j 的相似度（LexRank 算法中的句子相关性计算方式略有不同）：

$$W_{ij} = \frac{\displaystyle\sum_{w \in V_i, V_j} (\mathrm{TF\text{-}IDF}_w)^2}{\sqrt{\displaystyle\sum_{x \in V_i} (\mathrm{TF\text{-}IDF}_x)^2} \times \sqrt{\displaystyle\sum_{y \in V_j} (\mathrm{TF\text{-}IDF}_y)^2}}$$

其中，$w \in V_i, V_j$ 表示句子 V_i 和 V_j 中同时出现的词语。给定一个加权的无向图 $G\,(V,E)$，每个节点（句子）的重要性得分由如下公式计算：

$$S\,(V_i) = \frac{1-d}{N} + d \times \sum_{V_j \in \mathrm{adj}(V_i)} \frac{W_{ij}}{\displaystyle\sum_{V_k \in \mathrm{adj}(V_j)} W_{jk}} S\,(V_j) \tag{11.7}$$

其中，$V_j \in \mathrm{adj}\,(V_i)$ 表示 V_i 的相邻节点集合，即与 V_i 有链接边的节点集合。节点的重要性得分初始值设置和算法收敛的条件与 PageRank 算法类似。

　　TextRank 算法（TextRank algorithm）（Mihalcea and Tarau, 2004）与 LexRank 算法基本思想一致，主要区别在于两个句子 V_i 和 V_j 之间相似度的计算方式。TextRank 算法采用两个句子之间的词语重叠度作为相似度：

$$W_{ij} = \frac{|\{w_k | w_k \in V_i \,\&\, w_k \in V_j\}|}{\log |V_i| + \log |V_j|}$$

其中，$|\{w_k | w_k \in V_i \,\&\, w_k \in V_j\}|$ 表示两个句子中同现的词语数目，$|V_i|$ 和 $|V_j|$ 分别表示句子 V_i 和 V_j 中词语的数目。下面通过一个具体例子说明 LexRank 算法的执行过程。假设有三个关于同一主题的文档，将每个文档切分为句子，组成句子集合，见表 11.1。"d1s1" 表示第一个文档中的第一个句子，"d2s2" 表示第二个文档中的第二个句子，依次类推。表 11.2 给出了任意两个句子之间的 TF-IDF 余弦相似度得分。图 11.2 展示了三

个文档中的 12 个句子构成的无向图。算法迭代地计算式 (11.7)，直至收敛，最终获得了每个句子的重要性得分，如图 11.2 中方括号内的数值所示。其中，最终得分最高的句子为 d1s1，与人的判断相符，表明该算法比较合理。

表 11.1 多文档句子集合

序号	ID	句子
1	d1s1	1 月 10 日讯，国际足联周二宣布世界杯扩军至 48 支球队，这是世界杯自 1998 年以来首次扩军，而在世界杯 87 年的历史上，赛制、赛程已经经历了多次改变，参赛球队也从 16 支扩大到 48 支
2	d1s2	因凡蒂诺主政国际足联已接近一年的时间，他上任之初就提出改革的口号，世界杯扩军就是他上任近一年以来最大的改革举措
3	d1s3	他提出扩军的构想与他此前促成欧洲杯扩军的动机是一样的，他不希望参加世界杯决赛圈的队伍总是一些老面孔，希望有更多的边缘球队能够进入决赛圈，体会足坛盛宴的快乐
4	d2s1	昨日，国际足联理事会正式对扩军方案进行投票表决，不出意外，扩军至 48 队分为 16 个小组的方案获得通过，国际足联官方推特也立即对外宣布了这一消息
5	d2s2	自 2016 年 2 月因凡蒂诺当选国际足联主席后，世界杯扩军便已势在必行，唯一悬念只在于扩军的规模与赛制的改变
6	d2s3	最开始时，因凡蒂诺提出的是扩军至 40 支球队参赛，在此前提下又分为两种赛制，一种是分为八个小组，每个小组五支球队，另一种是分为十个小组，每个小组四支球队
7	d2s4	两个月后，因凡蒂诺再度提出新方案，48 支球队参赛，分为 16 个小组，每个小组 3 支球队，小组前两名出线，然后进行淘汰赛决出冠军
8	d2s5	世界杯参赛队伍将从 32 队扩展到 48 队，这也意味着未来的世界杯将有接近四分之一的国际足联成员国可以参赛。一些在以前进不了世界杯的足球弱国，终于看到了希望
9	d2s6	"想在一个地方推广足球，没有比让他们的国家队参与到世界杯更好的方法了。"因凡蒂诺之前就这样表态
10	d3s1	北京时间 1 月 10 日，国际足联宣布，从 2026 年世界杯开始，世界杯参赛球队将由目前的 32 支球队扩充至 48 支
11	d3s2	最终国际足联官方宣布，自从 2026 年开始，小组赛将分为 16 个小组，每个小组 3 支球队，小组内进行单循环比赛，排名前两位的球队晋级下一轮，然后进行淘汰赛，全部比赛将在 32 天内完成
12	d3s3	虽然此前各方意见不尽一致，但扩军符合更多国际足联成员的利益，这也与因凡蒂诺去年当选国际足联主席时的承诺和陈述相符，因此本次扩军乃大势所趋

2. 基于有监督的重要性评估算法

在很多应用场景中，特别是单文档的自动摘要，存在大量专家总结的摘要，即每个文档都有一个人工给出的摘要，这就形成了大量"文档-摘要"(Doc, Sum) 对，如在科技

表 11.2　句子之间的 TF-IDF 余弦相似度

1.000	0.129	0.141	0.121	0.187	0.106	0.137	0.173	0.076	0.471	0.266	0.150
0.129	1.000	0.239	0.040	0.114	0.039	0.032	0.086	0.085	0.137	0.109	0.120
0.141	0.239	1.000	0.044	0.101	0.094	0.027	0.167	0.052	0.140	0.144	0.199
0.121	0.040	0.044	1.000	0.152	0.262	0.365	0.197	0.071	0.072	0.138	0.096
0.187	0.114	0.101	0.152	1.000	0.156	0.196	0.109	0.088	0.091	0.029	0.176
0.106	0.039	0.094	0.262	0.156	1.000	0.498	0.114	0.082	0.119	0.214	0.051
0.137	0.032	0.027	0.365	0.196	0.498	1.000	0.135	0.084	0.142	0.282	0.020
0.173	0.086	0.167	0.197	0.109	0.114	0.135	1.000	0.152	0.206	0.091	0.069
0.076	0.085	0.052	0.071	0.088	0.082	0.084	0.152	1.000	0.040	0.021	0.043
0.471	0.137	0.140	0.072	0.091	0.119	0.142	0.206	0.040	1.000	0.369	0.129
0.266	0.109	0.144	0.138	0.029	0.214	0.282	0.091	0.021	0.369	1.000	0.162
0.150	0.120	0.199	0.096	0.176	0.051	0.020	0.069	0.043	0.129	0.162	1.000

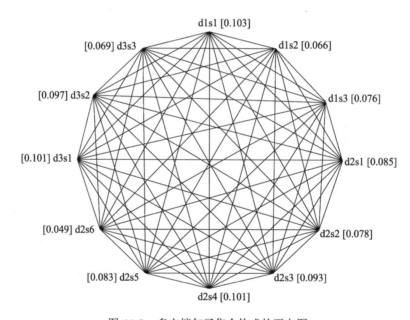

图 11.2　多文档句子集合构成的无向图

领域里几乎每一篇论文都有作者给出的摘要。显然，给定标注训练数据的前提下，句子重要性的评估不仅可以综合更多有价值的特征（如位置信息、词频信息、图模型排序得分等），而且可以考察更多的机器学习模型（如支持向量机、对数线性模型、神经网络模型等）。

　　对于有监督的算法来说，最佳的人工参考摘要应该由原始文档中的句子组成，而不是人工抽象生成的句子（虽然这更符合摘要的本质），并且训练文档中的每一个句子都被赋予一个 [0,1] 之间的值，表示隶属于摘要句子的程度，即句子的重要性。一般地，一篇文档包含数十个或者数百个句子，甚至更多，如果让专家对若干篇文档中的每一个句子都逐一判断打分，这显然不切合实际。可见，收集理想的用于抽取式自动摘要的训练数据非常困难。因此，如何将人工抽象生成的"文档-摘要"集合自动转化为理想的适合于抽取式自动摘要的训练数据，成为监督算法需要解决的一个重要问题。

给定"文档-摘要"(Doc, Sum) 集合，我们的目标是依据人工参考摘要 Sum 为文档 $\text{Doc} = \{s_0, s_1, \cdots, s_n\}$ 中的每一个句子 s_i 赋予一个 0 或 1 布尔值，或者赋予 0~1 的一个实数值。如果赋予句子布尔值，则句子的重要性评估转换为机器学习中的分类问题；如果赋予 0~1 的实数值，则转换成为一个回归问题。实际上，无论赋予什么类型的值，给句子 s_i 打分就是计算 s_i 与人工参考摘要 Sum 之间的相似度或相关性。常用的方法包括基于字符串匹配的算法，如编辑距离（edit distance），或者基于表示学习的方法，如基于低维实数向量句子表示的余弦距离等。根据相似度匹配算法，某个句子 s_i 与 Sum 中的每一个句子都会得到一个相似度得分，可将最高得分作为 s_i 与 Sum 之间相关性的最终分值。如果只需要布尔值，那么检查 s_i 的分值是否大于设定的先验阈值即可，如果大于阈值，则赋值为 1，否则，为 0。经预处理后，可以获得最终的训练数据：文档 $\text{Doc} = \{s_0, s_1, \cdots, s_n\}$ 及其对应的句子得分 $\text{SenLabel} = \{\text{sl}_0, \text{sl}_1, \cdots, \text{sl}_n\}$。

以 sl_i 取布尔值为例，句子重要性评估任务被转化为序列标注问题：给定大量的"文档-句子标签"$(\text{Doc}, \text{SenLable})$ 集合，学习一个分类器 F，使其能够对未见文档 $\text{Doc}' = \{s_0', s_1', \cdots, s_n'\}$ 中的每个句子预测一个布尔值标签，而标签为真的概率将作为句子的重要性。以下分别从离散特征和连续特征两个角度介绍有监督的句子重要性评估算法。

（1）基于对数线性模型的句子重要性评估算法

对于评估句子的重要性而言，设计有效的特征是机器学习算法的核心和前提。不同的机器学习方法有不同的假设前提。朴素贝叶斯方法假设在标签已知的情况下特征之间是条件独立的，对数线性模型没有特征独立性假设，而隐马尔可夫模型则假设句子之间满足一阶马尔可夫性。下面以对数线性模型为例介绍一种句子重要性评估算法（Osborne, 2002）。

对数线性模型（log-linear model）是一种判别式机器学习方法，直接综合各种特征对后验概率 $p(\text{sl}, s)$（即句子的重要性）进行建模：

$$p(\text{sl}, s) = \frac{1}{Z(s)} \exp\left\{\sum_i \lambda_i f_i(s, \text{sl})\right\} \tag{11.8}$$

其中，$Z(s) = \sum_{\text{sl}} \exp\left\{\sum_i \lambda_i f_i(s, \text{sl})\right\}$ 为归一化因子。$f_i(s, \text{sl})$ 是各种句子特征，λ_i 是对应的特征权重。sl 是布尔值句子标签，取值"真（1）"和"假（0）"分别对应"是"和"不是"摘要句子。由于训练数据类别极端不均衡（一篇文档中仅有几个正例表明是摘要句子，其他句子都是负例），因此，包括对数线性模型在内的很多机器学习算法很容易倾向于将绝大多数测试句子判断为负例（非摘要句子）。为了缓解这一问题，可以增加一个类别先验：

$$\text{sl}^* = \underset{\text{sl}}{\arg\max}\, p(\text{sl}) \times p(s, \text{sl}) = \underset{\text{sl}}{\arg\max}\left(\log p(\text{sl}) + \sum_i \lambda_i f_i(s, \text{sl})\right) \tag{11.9}$$

一般地，先验概率 $p(\text{sl})$ 可依据目标函数在训练数据上优化获得。在离散特征选择方面，可以尝试从表层信息到深层知识的各种特征，如句子在文档中的位置、句长、句中词的 TF-IDF 统计量、基于图模型的排序得分以及篇章结构信息等。

对数线性模型依据上述特征进行优化，而在测试时对输入文档中的每个句子都可以得到一个后验概率 $p(\text{sl}, s)$，也即该句子的重要性。如果需要直接判断该句子是否应该被选入摘要，那么可以依据后验概率 $p(\text{sl}, s)$ 是否大于某个阈值（如 0.5）做出选择。

（2）基于深度神经网络的句子重要性评估算法

句长、词频等离散特征虽然在一定程度上可以刻画一个句子的重要性，但是无法表征句子完整的语义信息。更为重要的是，离散特征面临严重的数据稀疏问题，且无法捕捉词语（短语、句子）间的语义相似性。例如，"摘要"和"文摘"具有相近的语义，词频等表层统计信息却无法体现出来。

近年来，深度学习方法为了克服这一缺陷，将词汇、短语、句子和文档等不同粒度的语言单位都映射至低维连续的实数向量空间，希望语义相近的语言单元在实数向量空间中分布也相近。这一表示方法避免了繁杂的特征工程，只需要考虑采用什么样的神经网络结构进行句子的语义表示学习，采用什么样的框架对句子标签预测任务进行建模。句子的语义表示学习通常采用递归神经网络、循环神经网络和卷积神经网络等。句子标签预测可看为点分类任务（句子间无依赖关系）和序列标注任务。下面介绍一种基于卷积神经网络的句子表示方法和基于序列标注的句子重要性预测方法（Nallapati et al., 2017）。

给定句子 $s = w_0 w_1 \cdots w_{n-1}$，每个词语都被映射至 k 维的低维实数向量（详见本书第 3 章），并按顺序排列在一起 $\boldsymbol{Xw} = [\boldsymbol{Xw}_0, \boldsymbol{Xw}_1, \cdots, \boldsymbol{Xw}_{n-1}]$，如图 11.3 的最底端所示。卷积神经网络包括卷积算子（convolution operator）和池化算子，卷积算子用于提取句子的局部信息，而池化算子用于抽象句子的全局信息。

卷积算子由 L 个过滤器 $\boldsymbol{W} \in \mathbb{R}^{h \times k}$ 组成，每个过滤器沿着 h 个词语的窗口 $\boldsymbol{Xw}_{i:i+h-1}$ 顺序提炼局部特征：

$$\boldsymbol{u}_i = \sigma\left(\boldsymbol{W} \cdot \boldsymbol{Xw}_{i:i+h-1} + \boldsymbol{b}\right) \tag{11.10}$$

其中，σ 为非线性激活函数（如 ReLU, sigmoid），$\boldsymbol{b}$ 是偏置项。当过滤器沿着 $\boldsymbol{Xw}_0$ 直到 $\boldsymbol{Xw}_{n-1}$ 时，可获得一个向量 $\boldsymbol{u} = [u_0, u_1, \cdots, u_{n-1}]$。如果采用 L 个不同的过滤器，则获得 L 个向量，其中每个向量的维度都是句子的长度。

由于句子的长度不尽相同，为了保持卷积神经网络的输出具有固定的维度，同时对局部特征进行综合，池化算子成为必需。一般地，最大池化方法被运用得最为频繁，该方法选择一个向量中的最大值作为该向量的代表：$\hat{u} = \max(\boldsymbol{u})$。从而，每个过滤器对应一个维度的输出，$L$ 个过滤器将对应一个 L 维的向量。当然，也可以叠加多层卷积算子与池化算子，最后再经过一系列线性和非线性变换，得到一个固定维度的输出 $\boldsymbol{x}_i$，作为句子的全局语义表示，如图 11.3 所示。

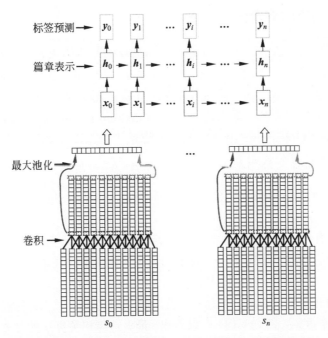

图 11.3 文档中的句子表示与句子重要性评估模型，"真" 标签对应的后验概率即为句子的重要性

在给定句子表示的前提下，可采用多种形式的序列标注算法。以下介绍一种常用的基于长短时记忆网络（LSTM）的神经网络模型：

$$h_i = \text{LSTM}\,(x_i, h_{i-1}) \tag{11.11}$$

$$y_i = \text{softmax}\,(h_i) \tag{11.12}$$

其中，$h_i = \text{LSTM}\,(x_i, h_{i-1})$ 的计算公式如下：

$$\begin{bmatrix} i_i \\ f_i \\ o_i \\ \hat{c}_i \end{bmatrix} = \begin{bmatrix} \sigma \\ \sigma \\ \sigma \\ \tanh \end{bmatrix} W \begin{bmatrix} x_i \\ h_{i-1} \end{bmatrix}$$

$$c_i = i_i \odot \hat{c}_i + f_i \odot c_{i-1}$$

$$h_i = o_i \odot \tanh\,(c_i)$$

由公式（11.12）可知，每个句子最终将获得一个属于"真"标签的后验概率，这个后验概率将作为句子的重要性得分。

对于单文档抽取式摘要来说，选择重要性得分高的句子可以满足信息量的要求，将抽取的句子按照在文档中出现的顺序组成摘要，能够保证摘要的流畅性和可读性，而对于多文档摘要任务，如果每个文档携带时间戳，那么先根据同一文档中句子出现的顺序，再按照多文档句子的时间顺序组成摘要，也能够保证摘要具有较高的可读性（Barzilay et al., 2002）。但是，对于缺乏时间戳的多文档摘要任务来说，如何优化摘要中句子的顺序目前仍然是一个开放的问题。

11.2.2 基于约束的摘要生成方法

本章开始提到覆盖面广和冗余度低是自动摘要的基本约束。一般情况下，摘要都比较简短，限定不超过 K 个句子或不多于 N 个词语（如一般限定中文摘要的长度不超过 200 个汉字）。因此，在这样的约束条件下最大化覆盖面实际上等价于最小化冗余度。常用的最小化冗余度算法来源于最大边缘相关（maximal marginal relevance, MMR）的思想（Carbonell and Goldstein, 1998）。MMR 算法主要是面向查询相关的文档自动摘要任务提出来的，其计算公式如下：

$$\text{MMR}(R, A) = \underset{s_i \in R \setminus A}{\arg\max} \left\{ \lambda \text{Sim}_1(s_i, Q) - (1 - \lambda) \max_{s_j \in A} \text{Sim}_2(s_i, s_j) \right\} \tag{11.13}$$

其中，R 表示所有句子的集合，A 表示已经选择的摘要句子，Q 表示用户查询，s_i 表示未选句子集合中的任意一个句子，s_j 表示已选句子集合中的任意一个句子。$\text{Sim}_1(s_i, Q)$ 表示句子 s_i 与用户查询的相关性，$\text{Sim}_2(s_i, s_j)$ 表示两个句子 s_i 与 s_j 之间的相似性，λ 是权衡相关度和冗余度的参数。λ 越大，表示越强调句子 s_i 与用户查询之间的相关度，反之，越强调冗余度。从式 (11.13) 可以看出，最大边缘相关算法的基本思想是在未选句子集合 $R \setminus A$ 中选择一个与输入查询最相关并且与已选句子最不相似的句子，迭代执行该操作，直至句子数目或单词数目达到上限。

在通用的文档自动摘要任务中，采用的冗余度计算方法都类似于最大边缘相关算法。一般地，可以采用如下计算公式：

$$\text{MMR}'(R, A) = \underset{s_i \in R \setminus A}{\arg\max} \left\{ \lambda \text{Score}(s_i) - (1 - \lambda) \max_{s_j \in A} \text{Sim}(s_i, s_j) \right\} \tag{11.14}$$

其中，$\text{Score}(s_i)$ 表示句子 s_i 的重要性得分，即每次迭代选择重要性得分最高但与已选摘要结果最不相似的句子。如果采用基于图的方法计算句子的重要性得分，那么，可以在消除冗余度时充分利用图的结构信息。下面以基于图的算法为例，介绍给定句子重要性得分后最终的摘要生成方法：

（1）初始化两个集合 $A = \varnothing$ 和 $B = \{s_i | i = 1, 2, \cdots, n\}$，分别表示摘要句子集合和未选句子集合；初始化每个句子的重要性和冗余度的综合得分（开始时冗余度得分未知，综合得分只包含句子的重要性得分），$\text{RS}(s_i) = \text{Score}(s_i)$，$i = 1, 2, \cdots, n$。

（2）根据 $\text{RS}(s_i)$ 的结果对集合 B 按照得分从高到低进行排序。

（3）假设 s_i 是得分最高的句子，即 B 中排序第一的句子，将 s_i 从 B 中移除，并加入到 A 中，然后按照下面的公式更新 B 中剩余每个句子的综合得分：

$$\text{RS}(s_j) = \text{RS}(s_j) - \lambda \text{Sim}(s_i, s_j)$$

（4）返回第（2）步，进行下一步迭代计算，直至集合 B 为空，或者句子集合 A 达到句子数目的要求，结束算法。

抽取式自动摘要方法以句子为基本单元，算法简单直观，并且能够保持句子的流畅性和可读性。但是，抽取式方法面临一些难以克服的问题，例如，摘要的覆盖度与摘要长度之间存在不可调和的矛盾。摘要的长度约束一般以最终摘要包含的词语数目或者句子数目体现。长度约束限定了抽取句子的数量,但是摘要覆盖度的要求则希望抽取更多的信息,也即抽取更多的句子。如果被选为摘要的句子虽然重要却包含过多的次要信息,导致句子冗长,将直接影响其他重要的句子成为摘要内容。

11.3 压缩式自动摘要方法

压缩式自动摘要在一定程度上可以缓解抽取式摘要的问题。其基本思路是:对句子进行压缩,保留重要的句子成分,删除无关紧要的成分,使得最终的摘要在固定长度的范围内包含更多的句子,以提升摘要的覆盖度。在这种方法中如何压缩句子是其中的关键。

11.3.1 句子压缩方法

句子压缩(sentence compression)任务可以被定义为一个删词问题(Knight and Marcu, 2002):删除句子中不重要的词语,形成该句子的一个压缩式表达。该任务可以形式化为:给定句子 $s = w_0 \cdots w_i \cdots w_{n-1}$,目标是找到 s 的一个子串 $t = w'_0 \cdots w'_j \cdots w'_{m-1}$ 作为该句子的一个压缩表达,子串 t 可能是连续的句子,也可能是不连续的,$m < n$。如果 $w'_j = w_i$,则 $\forall w'_{j'>j}, \exists w_{i'>i}, w'_{j'} = w_{i'}$,即压缩结果与原句子保持相同的词序。

实现句子的压缩可以采用简单的无监督方法,也可以利用数据驱动的有监督方法。无监督方法一般依赖于人工设计的规则,基于句法分析树的压缩方法较为常用(Turner and Charniak, 2005)。对于任意一个句子,该方法首先需要得到句子对应的短语结构树,然后在树上根据规则删除不重要的子树,剩余的树结构组成压缩句子。人工设计的规则通常包括:去掉介词短语子树、删除时间短语子树和从句等。如图 11.4 所示的例子,从左边的短语结构树中删除介词短语和表示时间的短语之后,得到右边的树结构,根据该删减后的树结构可以得到压缩后的句子:"两国首脑举行了电话会议"。

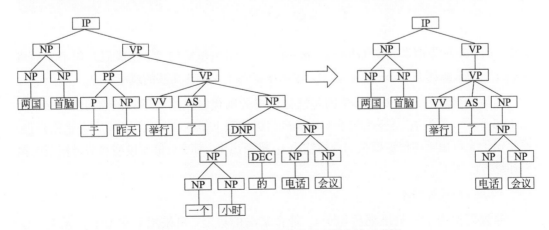

图 11.4 基于短语结构树的句子压缩方法示意图

以下分别从生成式模型和判别式模型两个角度介绍有监督的句子压缩方法（Knight and Marcu, 2002）。

大规模原始句子和对应的压缩结果构成的平行句对 $\{s_k, t_k\}_{k=1}^{K}$ 是有监督句子压缩方法实现的基础。下面是部分平行句对样例（S_i 是原始句子，T_i 是压缩后的句子）：

S_1：两国 首脑 于 昨天 举行 了 一个 小时 的 电话 会议

T_1：两国 首脑 举行 了 电话 会议

S_2：孩子们 在 门前 看着 天空 数 星星

T_2：孩子们 数 星星

S_3：外交部 对 该 事件 未 发表 任何 意见

T_3：外交部 未 发表 意见

需要说明的是，压缩后的结果只是原始句子的一个（非连续）子序列。相关研究中使用较多的是英语数据，如 Ziff-Davis 语料和基于英国广播新闻人工构造的对照语料。数据规模相对较小，一般在 1000～1500 句对。

以下介绍两种有监督的句子压缩方法。

1. 基于噪声信道模型的句子压缩方法

基于噪声信道模型（noise channel model）的句子压缩方法假设原始句子 s 是由压缩句子 t 经过添加附加信息后生成的。给定原始长句子 s，目标是寻找最佳的压缩句子 t，使得后验概率 $p(t|s)$ 最大。利用贝叶斯准则将后验概率展开：

$$p(t|s) = \frac{p(t) \cdot p(s|t)}{p(s)}$$

由于原始句子 s 是确定的，因此在优化过程中上面公式右边的分母 $p(s)$ 可忽略不计，在寻找最佳压缩句子 t 时等价于

$$t^* = \underset{t}{\operatorname{argmax}}\, p(t) \cdot p(s|t)$$

其中，$p(s|t)$ 称为信道模型（channel model），表示由压缩句子 t 生成原始句子 s 的概率；$p(t)$ 为信源模型（source model），表示压缩句子 t 符合文法的概率。

典型的处理方式是采用等价的句法分析树分别代替原始句子和压缩后的句子。如图 11.5 所示，假设 t_1 是原始句子 s 在噪声信道模型下得到的最优压缩句子，也就是说，原始句子 s 可由噪声信道模型的观察输出 t_1 推断出来。那么，信源模型和信道模型的概率计算方法如下：

（1）信源模型概率

信源模型用于度量压缩后句子 t_1 符合文法的程度，可采用概率上下文无关文法（probablistic context-free grammar, PCFG）的推导概率和词串的二元文法语言模型概

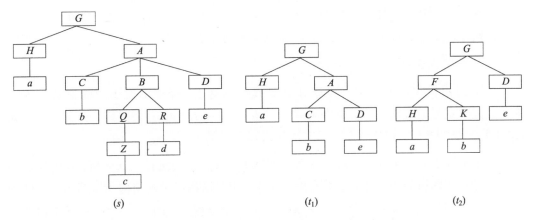

图 11.5 原始句子对应的句法分析树与噪声信道模型的输出结果示例

率计算获得：

$$\hat{p}_{\text{tree}}(t_1) = p_{\text{cfg}}(\text{TOP} \rightarrow G|\text{TOP}) \cdot p_{\text{cfg}}(G \rightarrow HA|G) \cdot p_{\text{cfg}}(A \rightarrow CD|A) \cdot$$
$$p_{\text{cfg}}(H \rightarrow a|H) \cdot p_{\text{cfg}}(C \rightarrow b|C) \cdot p_{\text{cfg}}(D \rightarrow e|D) \cdot p_{\text{bigram}}(a|\text{EOS}) \cdot$$
$$p_{\text{bigram}}(b|a) \cdot p_{\text{bigram}}(e|b) \cdot p_{\text{bigram}}(\text{EOS}|e)$$

其中，$p_{\text{cfg}}(\text{TOP}\rightarrow G|\text{TOP})$ 表示由句子节点 TOP 生成节点 G 的概率，$p_{\text{cfg}}(G\rightarrow HA|G)$ 表示由节点 G 利用上下文无关文法生成两个节点 HA 的概率，$p_{\text{bigram}}(b|a)$ 表示叶子节点 ab 之间的二元语言模型概率。公式中的其他变量具有类似的含义。

（2）信道模型概率

信道模型概率包含两部分：一部分是压缩句子的树结构 t_1 扩展为原始句子 s 的树结构概率；另一部分是原始句子的树结构中新增子树的上下文无关文法的推导概率：

$$p_{\text{expand\_tree}}(s|t_1) = p_{\text{exp}}(G \rightarrow HA|G \rightarrow HA) \cdot p_{\text{exp}}(A \rightarrow CBD|A \rightarrow CD) \cdot$$
$$p_{\text{cfg}}(B \rightarrow QR|B) \cdot p_{\text{cfg}}(Q \rightarrow Z|Q) \cdot p_{\text{cfg}}(Z \rightarrow c|Z) \cdot$$
$$p_{\text{cfg}}(R \rightarrow d|R)$$

其中，$p_{\text{exp}}(G \rightarrow HA|G \rightarrow HA)$ 和 $p_{\text{exp}}(A \rightarrow CBD|A \rightarrow CD)$ 分别表示二叉树结构 $G \rightarrow HA$ 保持不变的概率和二叉树结构 $A \rightarrow CD$ 扩展为三叉树结构 $A \rightarrow CBD$ 的概率。新增加的节点 B 通过四个步骤生成一棵子树：①首先通过上下文无关文法 $B \rightarrow QR$ 生成两个节点 Q 和 R；②新节点 Q 进一步生成节点 Z；③节点 Z 最终生成终结符 c；④节点 R 直接生成终结符 d。$p_{\text{cfg}}(B \rightarrow QR|B)$、$p_{\text{cfg}}(Q \rightarrow Z|Q)$、$p_{\text{cfg}}(Z \rightarrow c|Z)$ 和 $p_{\text{cfg}}(R \rightarrow d|R)$ 分别度量每个步骤的生成概率。

（3）选择最佳压缩句子

根据信源模型概率和信道模型概率的定义，最佳压缩句子 t_1 的后验概率可通过下面的公式计算：

$$\hat{p}_{\text{compress\_tre}}(t_1|s) = \frac{\hat{p}_{\text{tree}}(t_1) \cdot p_{\text{expand\_tree}}(s|t_1)}{\hat{p}_{\text{tree}}(s)}$$

在实际应用中，选择后验概率最大的压缩句子。对于两个候选的压缩句子树 t_1 和 t_2，如果 $\hat{p}_{\text{compress\_tre}}(t_1|s) > \hat{p}_{\text{compress\_tre}}(t_2|s)$，那么选择 t_1。

（4）模型参数训练

从信源模型和信道模型的概率计算公式可以看出，噪声信道模型的参数分为三类：①上下文无关文法的规则推导概率，如 $p_{\text{cfg}}(G \to HA|G)$；②树结构扩展概率，如 $p_{\text{exp}}(A \to CBD|A \to CD)$；③二元文法的语言模型概率，如 $p_{\text{bigram}}(b|a)$。

为了估计上述三类概率，需要将训练数据 $\{\langle s_k, t_k \rangle\}_{k=1}^{K}$ 进行句法分析，获得原始句子和压缩句子的树结构。对于①类概率，可以分别在原始句子树结构和压缩句子树结构中利用最大似然估计获得上下文无关文法的规则推导概率。例如，若 $G \to HA$ 出现了 20 次，G 出现了 100 次，那么 $p_{\text{cfg}}(G \to HA|G) = 0.2$。

对于②类概率，需要首先对 $\langle s, t \rangle$ 的树结构进行节点对齐，然后采用最大似然估计方法计算树结构的扩展概率。例如，若 $(A \to CD, A \to CBD)$ 同时出现了 10 次，$A \to CD$ 出现了 100 次，那么 $p_{\text{exp}}(A \to CBD|A \to CD) = 0.1$。对于③类语言模型概率，可以简单地依据词串统计二元文法的概率。

（5）模型解码

对于原始句子 s，如果对应的树结构具有 n 个孩子节点，在句子压缩过程中，每个节点都存在两个选择：删除或保留。因此，在压缩原始句子 s 时存在 $(2^n - 1)$ 种选择。所有的压缩候选句子可以存储在一个共享森林中，然后采用动态规划算法搜索最佳的压缩候选。

由于上述计算公式中需要对所有概率进行累积，压缩候选句子越长，计算出来的后验概率值越小，因此，如果不做调整，噪声信道模型会倾向于选择较短的压缩候选句子。为了克服这一问题，可以用长度对后验概率进行归一化处理：$(\hat{p}_{\text{compress\_tre}}(t_1|s))^{\frac{1}{\text{length}(t_1)}}$。

2. 基于决策的句子压缩方法

基于决策的句子压缩方法从结构树改写的角度对句子进行处理。对于图 11.5 给出的例子，该方法的目标是将原始句子 s 对应的结构树改写为压缩句子 t_2 对应的结构树。该改写过程可通过一系列"移进-规约-删除"动作实现（类似于基于"移进-规约"的句法分析方法）。

在该算法中，栈（ST）和输入列表（IList）是两个核心的数据结构。栈用于存储目前为止得到的压缩句子对应的树结构片段，算法开始时栈为空。输入列表存储原始句子对应的词语及其句法结构标签，如图 11.6 所示，按顺序输入每个词语和该词语对应的所有句法标签。值得注意的是，每个句法标签仅赋予该句法标签覆盖子树的最左端的词语。在该例中原始句子 s 对应的结构树的根节点是 G，因此 G 仅赋予句子的首词 a，同理 H 也赋予首词 a，从而与词语 a 相关联的句法标签包括 G 和 H。在执行删除动作时，如果要删除词语 a，那么能够保证与词语 a 相关的整棵子树都被删除掉。

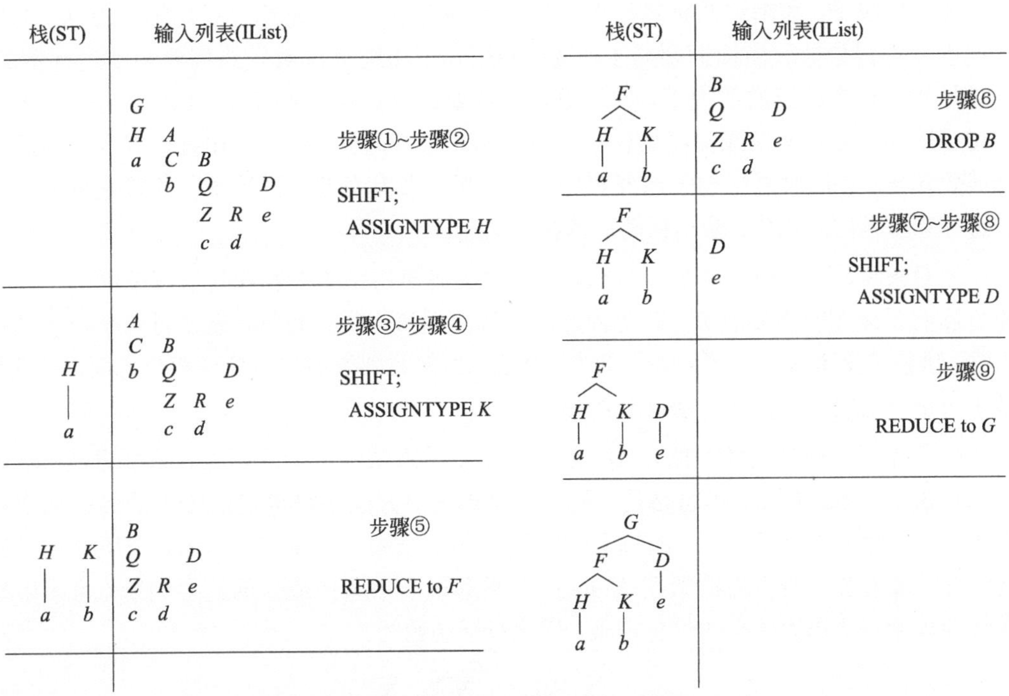

图 11.6 基于决策的句子压缩方法示例

句法结构树的改写过程由如下 4 类动作完成：

- **SHIFT**：该动作将输入列表 IList 中的第一个词语移入栈 ST 中。
- **REDUCE**：将栈 ST 中顶部的 k 个树片段弹出，合并为一棵新的子树，并且将新子树移入 ST 中。
- **DROP**：从输入列表 IList 中删除句法标签对应的完整子树。
- **ASSIGNTYPE**：赋予栈 ST 中的顶部子树一个新的根节点标签，一般用于改写一个词语的词性标签。

图 11.6 展示了如何利用上述 4 类动作通过 9 个步骤将原始句子 s 改写为压缩句子 t_2 的详细过程。每个步骤执行哪种动作，是基于决策的句子压缩模型的关键，可视为该模型需要学习的参数。

依据训练数据集 $\{\langle s_k, t_k \rangle\}_{k=1}^{K}$，每个原始句子的树结构与压缩句子的树结构形成一个树对，从中可以统计出 4 类动作出现的次数和上下文环境，然后利用上下文环境作为输入，具体动作作为输出，训练一个动作分类器。例如，从上下文中挖掘动作和树结构相关的特征，采用决策树（如 C4.5 算法）、最大熵或支持向量机等分类算法训练动作的执行参数。

11.3.2 基于句子压缩的自动摘要方法

基于句子压缩的自动摘要方法主要包含两个核心算法：候选句子选择算法和句子压缩算法。前面已经介绍了句子的重要性评估算法和句子压缩算法，以下介绍如何结合这两种算法获得文本摘要。

通常情况下，考虑这两种算法的如下三种结合方式：①先选择后压缩的方法，首先依据重要性得分抽取候选摘要句子，然后利用句子压缩算法对候选摘要句子进行精简，在满足摘要长度约束的前提下，展示更多的摘要信息；②先压缩后选择的方法，首先采用句子压缩算法对文档或文档集合中的所有句子进行简化，然后采用抽取式摘要算法选择摘要句子；③同时进行句子选择和句子压缩的一体化处理，设计统一的算法框架对句子选择和压缩同时优化，输出精简后的摘要句子。

相对来说，第一种方法效率最高，但是候选摘要句子的限制和句子压缩的唯一结果输出影响了最终的摘要质量。后两种方法以摘要质量为优化目标，需要对每个句子进行压缩，牺牲了文本摘要系统的执行效率。那么，如何兼顾效率和质量这两个方面，就成为基于句子压缩的文本摘要方法研究的核心问题。

以下介绍一种兼顾第①种方法的效率和第③种方法的质量的压缩式摘要方法（Li et al., 2013a）。该方法的基本思路是：利用抽取式摘要方法获得覆盖面较大的候选摘要句子集合 V_s，然后为集合 V_s 中的每个句子利用句子压缩方法生成 K-Best 个压缩句子候选，最后采用统一的优化框架在 K-Best 个候选句子中选择最佳的摘要句子。可采用整数线性规划算法作为统一的优化框架，优化目标函数为

$$\max \quad \sum_i w_i c_i + \sum_j v_j \sum_k s_{jk} \tag{11.15}$$

$$\text{s.t.} \quad \sum_k s_{jk} \leqslant 1 \ \forall j \tag{A}$$

$$s_{jk}\text{Occ}_{i\_jk} \leqslant c_i \tag{B}$$

$$\sum_{jk} s_{jk}\text{Occ}_{i\_jk} \geqslant c_i \tag{C}$$

$$\sum_{jk} L_{jk}s_{jk} \leqslant L \tag{D}$$

$$c_i \in \{0,1\} \ \forall i \tag{E}$$

$$s_{jk} \in \{0,1\} \ \forall j, k \tag{F}$$

w_i 表示第 i 个概念的权重，这里用概念的覆盖度表示摘要的覆盖度。其中，概念由二元组构成，例如，"两国-首脑"和"电话-会议"分别是两个概念。有多种方式计算概念的权重 w_i，如可采用 TF-IDF 方法。v_j 表示压缩句子的权重，由对应原始句子的权重代替，可通过抽取式摘要方法中句子的重要性度量计算获得。c_i 和 s_{jk} 是二值变量，表示是否选择某个概念或句子，如果 $s_{jk} = 1$，说明第 j 个句子的第 k 个压缩候选被选中。式（11.15）是目标优化函数，最大化概念的覆盖度和句子的重要性得分；式（A）～式（F）都是约束条件，其中，式（A）表示对于集合 V_s 中任意一个原始句子，最多只能选择一个压缩候选结果。Occ_{i_jk} 表示第 i 个概念是否在句子 s_{jk} 中出现。不等式（B）和不等式（C）对概念和句子进行了联合约束，式（D）是最终摘要的长度约束。

通过整数线性规划求解便可以得到最终的满足各种约束的文本摘要结果，从而兼顾了效率和质量两个方面。

压缩式自动摘要能够去除句子中的次要信息或者重复信息，使得在有限长度的约束下生成信息量足、覆盖面广的摘要结果。相比于抽取式摘要方法，压缩式摘要方法显然更加合理。但是，压缩式摘要方法仍然存在不足之处：无法将多个相似且互补的句子进行信息融合，最大限度地删除冗余信息，保留更多的重要信息。假设有两个句子的重要性得分都很高，由于两个句子之间的相似性，抽取式摘要和压缩式摘要只会选择其中的一个句子，从而可能导致重要的信息丢失。

11.4　理解式自动摘要

理解式自动摘要也称生成式自动摘要，旨在模拟人类撰写摘要的过程：文档理解 → 信息压缩 → 摘要生成。本节介绍两种生成式自动摘要方法，分别是基于信息融合的生成式摘要方法和基于编码-解码的生成式摘要方法。

11.4.1　基于信息融合的生成式摘要方法

基于信息融合的生成式摘要方法对抽取式摘要方法和压缩式摘要方法进行了继承和发展，从概念和事实[①]的角度出发，在思想上模拟人类生成摘要的方式：人们在阅读文本过程中将重要的概念和相关的事实挑选出来，然后重新组织这些概念和事实，生成新的摘要句子。以图 11.7 为例，概念 "Joe's dog" 和事实 "was chasing a cat" "in the garden" 比较重要，因此将其提取出来，重组后得到摘要句子："Joe's dog was chasing a cat in the garden"。这个过程实际上是对两个句子进行信息融合后生成一个新的句子。

依据对概念和事实的不同定义方式，基于信息融合的生成式摘要方法也分为多种。如图 11.7 中给出的例子通过如下三步实现自动摘要：①采用深度语义分析方法将相似的句子分析为抽象语义表示（abstract meaning representation, AMR）；②将两个 AMR 图合并为一个 AMR 图；③利用谓词-论元信息定义概念和事实，基于核心论元（如 "dog"）生成对应的表述（Liu et al., 2015a）。由于从句子到抽象语义表示的自动分析效果还未能达到令人满意的程度，因此这种方法还只是一种理论上的探讨。

下面介绍一种基于句法分析树的信息融合技术（Bing et al., 2015）。不同于上述基于抽象语义表示的方法，该方法利用句法结构树定义概念和事实，计算概念和事实的重要性，度量概念和事实之间的兼容性，并最终组合概念和事实形成摘要句子。

1. 概念和事实的定义

概念和事实基于句法分析树确定。概括地讲，概念由名词短语（NP）构成，而事实由动词短语（VP）构成。由于一棵句法分析树往往层次很深，以 NP 和 VP 为根节点的子树也很多，因此不能将每个 NP 或 VP 短语都作为概念或事实的候选。

---

① 概念和事实有不同的定义方式，一般来讲，概念对应实体（人、物、机构等），事实对应动作。

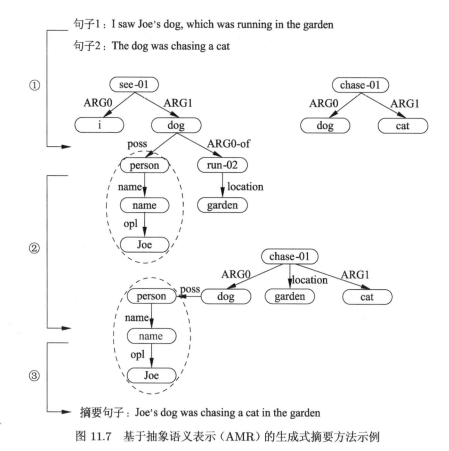

图 11.7　基于抽象语义表示（AMR）的生成式摘要方法示例

对于哪些 NP/VP 短语可作为概念/事实的候选，可以给出如下规定[①]：

（1）如果 NP/VP 是表示完整句子或子句节点（如图 11.8 中的 S 和 SBAR 等节点）的子节点，则被视为概念/事实候选，用 S（NP）和 S（VP）表示；

（2）如果 NP/VP 的父节点是 S（NP）（S（VP）），则视其为概念/事实候选，记为 S（NP（NP））和 S（VP（VP））；

（3）如果 NP/VP 的父节点是 S（NP（NP））（S（VP（VP））），则视 NP/VP 为概念/事实候选。

其余的 NP 和 VP 短语一般不能完整地表示一个概念或事实，所以不做考虑。需要说明的是，有些节点的子节点表示指代，如图 11.8（a）中的 WHNP 节点，实际上指代其左侧的 NP 短语，这时 WHNP 节点所指代的 NP 短语也作为概念候选。从图 11.8 中可以抽取出的候选概念有"I""Joe's dog"和"the dog"，候选事实有"saw Joe's dog which was running in the garden""was running in the garden""running in the garden""was chasing a cat"和"chasing a cat"。

给定文档或文档集合，对每个句子进行句法分析后获得该句子的句法分析树，依据上述定义可以抽取出所有候选概念和事实的集合。

---

① 实际应用中可以根据具体需求适当地扩大或者收缩概念和事实的候选范围。

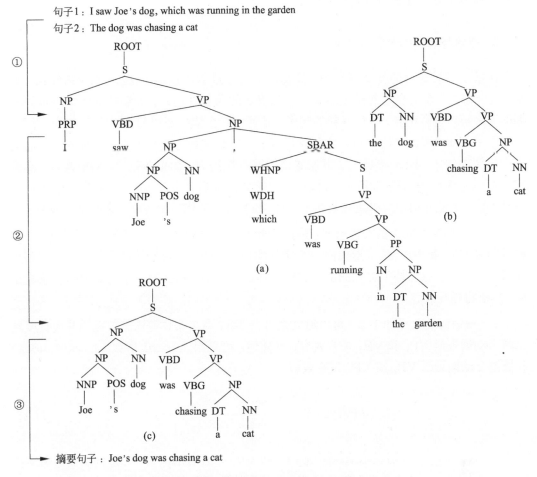

图 11.8　基于句法分析树的生成式摘要方法

2. 概念和事实的重要性评估

在抽取式摘要方法中已经给出了多种句子重要性评估算法，这些算法都可以用来计算 NP 和 VP 短语的重要性得分。例如，基于文档位置的方法，可以采用 TF-IDF 算法以及基于图的算法等，也可以采用基于命名实体的方法评估 NP 和 VP 短语的重要性。

由于人名、地名和机构名等命名实体往往蕴含了文本的关键信息，因此一个概念或者事实所包含的命名实体数目能够在很大程度上反映其重要性。因此，可以通过下面的简单公式计算 NP 短语的重要性：

$$\mathrm{Score}\,(\mathrm{NP}) = \frac{\mathrm{count}\,(\mathrm{NE_{NP}})}{\mathrm{count}\,(\mathrm{NE_{doc}})} \tag{11.16}$$

其中，$\mathrm{count}\,(\mathrm{NE_{NP}})$ 表示 NP 短语中含有的命名实体数目，$\mathrm{count}\,(\mathrm{NE_{doc}})$ 表示 NP 短语所在的文档中含有的命名实体总数目。

类似地，VP 短语的重要性也可以按这种方式计算出来。各种类型（文档位置、TF-IDF、图算法和命名实体等）的重要性得分可通过线性加权的方式进行融合，从而获得概念和事实更加准确的重要性得分。

3. 概念与事实的兼容性定义

在基于信息融合的摘要方法中，摘要句子将通过 NP 短语（概念）和 VP 短语（事实）组合得到。在组合之前必须解决概念与事实的兼容性问题，即哪些 NP 短语可以与哪些 VP 短语进行组合，以构成新的句子。显然，如果 NP_i 短语与 VP_i 短语来自于同一个句子节点 S，那么这两个短语自然可以组合，但是这种方式只能得到原始句子，而无法产生新的句子。因此需要定义更加宽松的兼容性约束：如果 NP_j 与 NP_i 兼容，那么 NP_j 短语与 VP_i 短语可以组合；如果 VP_j 与 VP_i 兼容，那么 NP_i 短语与 VP_j 短语也可以组合。下面介绍如何确定任意两个 NP_i 和 NP_j（或 VP_i 和 VP_j）之间是否兼容。

由于很多 NP 短语由实体构成，因此判断两个名词短语 NP_i 和 NP_j 是否兼容，可通过判别 NP_i 和 NP_j 是否指代同一个实体实现。首先，针对文档或文档集合，可利用共指消解技术[①]将文档中提到的所有 NP 实体进行聚类，那么同一个聚类中的任意两个 NP 短语将相互兼容。

VP 短语的变化更加丰富，可以通过词语、词组、命名实体等语言单元的共现程度判别两个动词短语 VP_i 和 VP_j 是否兼容。具体地，可采用 Jaccard 指数（Jaccard index）计算两个动词短语 VP_i 和 VP_j 是否兼容：

$$J\left(\mathrm{VP}_i, \mathrm{VP}_j\right) = \frac{\left|\mathrm{Set}_{\mathrm{V_{P_i}}} \cap \mathrm{Set}_{\mathrm{V_{P_j}}}\right|}{\left|\mathrm{Set}_{\mathrm{V_{P_i}}} \cup \mathrm{Set}_{\mathrm{V_{P_j}}}\right|} \tag{11.17}$$

其中，$\mathrm{Set}_{\mathrm{V_{P_i}}} \mathrm{Set}_{\mathrm{V_{P_j}}}$ 分别表示动词短语 VP_i 和 VP_j 中含有的词语、二元词组和命名实体的集合。上述公式可计算出 VP_i 和 VP_j 中共现的语言单元占所有语言单元的比例。如果该比例大于某个阈值，则认为动词短语 VP_i 和 VP_j 是兼容的。

4. 基于概念和事实的摘要生成

在概念与事实的兼容性约束前提下，摘要生成的目标是从所有名词短语 NP（概念）和动词短语 VP（事实）的候选集合中搜索一组 NP 短语和 VP 短语，使得重要性得分最高。形式化地，该优化过程可用整数线性规划建模，其目标函数定义为

$$\max \quad \sum_i \alpha_i S_i^N - \sum_{i<j} \alpha_{ij}\left(S_i^N + S_j^N\right) R_{ij}^N + \sum_i \beta_i S_i^V - \sum_{i<j} \beta_{ij}\left(S_i^V + S_j^V\right) R_{ij}^V \tag{11.18}$$

其中，α_i 和 β_i 的取值为 0 或 1，分别表示是否选择名词短语 NP_i 和动词短语 VP_i；S_i^N 和 S_i^V 分别表示 NP_i 和 VP_i 的重要性得分。$\alpha_{ij} \in \{0,1\}$，$\beta_{ij} \in \{0,1\}$，分别表示名词短语 NP_i 和 NP_j，动词短语 VP_i 和 VP_j 是否同时出现在最终的摘要中；R_{ij}^N 与 R_{ij}^V 分别表示 NP_i 与 NP_j，VP_i 和 VP_j 的相似度，如果 NP_i 和 NP_j 是共指关系，则 $R_{ij}^N = 1$，其他情形通过上述 Jaccard 指数计算。

[①] 例如，针对英文可采用斯坦福大学的开源工具进行共指消解: https://nlp.stanford.edu/projects/coref.shtml。

通过上述目标函数，利用第一项和第三项最大化所选名词短语和动词短语的重要性得分，并利用第二项和第四项惩罚相似短语的选择。在优化上述目标函数的同时，需要保证概念与事实的兼容性约束以及其他约束。

为了对兼容性约束进行建模，引入一个二值变量 γ_{ij}，如果 NP_i 和 VP_j 兼容，则 $\gamma_{ij} = 1$。那么，名词短语和动词短语的兼容性约束为

$$\forall i, j, \alpha_i \geqslant \gamma_{ij}; \ \forall i, \sum_j \gamma_{ij} \geqslant \alpha_i \tag{11.19}$$

$$\forall j, \sum_i \gamma_{ij} = \beta_j \tag{11.20}$$

名词短语之间的选择或动词短语之间的选择应遵循下面的共现约束：

$$\alpha_{ij} - \alpha_i \leqslant 0 \tag{11.21}$$

$$\alpha_{ij} - \alpha_j \leqslant 0 \tag{11.22}$$

$$\alpha_i + \alpha_j - \alpha_{ij} \leqslant 1 \tag{11.23}$$

$$\beta_{ij} - \beta_i \leqslant 0 \tag{11.24}$$

$$\beta_{ij} - \beta_j \leqslant 0 \tag{11.25}$$

$$\beta_i + \beta_j - \beta_{ij} \leqslant 1 \tag{11.26}$$

上述前两个不等式说明，如果 NP_i 和 NP_j 在最终摘要中共现，则 $\alpha_{ij} = 1$，那么这两个短语都应该出现；第三个不等式表明相反的约束。类似地，后三个不等式适用于动词短语 VP_i 和 VP_j 共现约束。

当然，摘要的长度约束必不可少，具体如下：

$$\sum_i l(NP_i) \times \alpha_i + \sum_j l(VP_j) \times \beta_j \leqslant L \tag{11.27}$$

其中，L 是允许输出的摘要长度上限，例如，100 个词语；$l(NP_i)$ 和 $l(VP_j)$ 分别表示名词短语 NP_i 和动词短语 VP_j 的长度。

为了更好地控制摘要输出，也可以适当地加入更多的约束，例如，要求名词短语不能是代词（你、我、他等），或要求概念（即名词短语）的数目不能超过某一上限等。整数线性规划算法将在概念和事实的候选集合中搜索一组最佳子集，不仅使得重要性得分最高，而且同时满足上述所有约束。根据所选子集和兼容性变量 γ_{ij} 的取值，便可生成多个新的摘要句子。实验结果表明这种基于信息融合的生成式摘要方法显著优于抽取式摘要方法。

但是，基于信息融合的生成式摘要方法包含多个级联步骤，从句子的语义要素识别和划分到语义要素的重要性评估和提取，再通过不同来源的语义要素拼接形成最终的摘要句子。整个摘要系统比较复杂，而且强烈依赖于句法分析或语义分析的质量，因此难以得到广泛应用。

11.4.2　基于编码-解码的生成式摘要方法

人工实现自动摘要时，通常在读完一篇或多篇文章之后将整体内容在大脑中形成一个抽象的语义表示（编码），然后对该语义表示进行归纳和抽取，产生最终的摘要文本（解码）。

受到端到端的神经机器翻译方法的启发，Rush 等（2015）提出了一种基于编码-解码的生成式摘要方法。基于编码-解码的生成式摘要方法首先在语义向量空间内对文本进行编码，以模拟人脑进行文本理解的过程，然后通过解码网络逐词生成摘要，以模拟人生成自然语言句子的过程。

不同于机器翻译中的等价语义转换，文本摘要是一个语义压缩过程，即摘要包含的语义是原文本语义的一个子集。虽然理论上可以对文本和文档集合进行语义表示，然后再进行语义压缩和映射，最终产生短文本摘要，但是到目前为止，还未出现有效的方法利用实数语义空间中的一个向量表示整个文本或文档集合的完整语义信息，极高比例的压缩映射方法也有待于进一步研究。因此，基于编码-解码的生成式摘要方法目前主要应用于微博文本摘要、句子摘要和标题生成等任务。

下面以句子摘要为例介绍基于编码-解码的摘要生成方法。给定一个原始句子 $X = (x_1, x_2, \cdots, x_{T_x})$，希望生成该句子的一个精简版本 $Y = (y_1, y_2, \cdots, y_{T_y})$，$\boldsymbol{x}_j$ 和 $\boldsymbol{y}_i$ 分别表示句子 X 和 Y 中的第 j 和 i 个词语对应的低维实数向量表示，并且要求 $T_y < T_x$，即简化后的句子长度应小于原始句子的长度。不失一般性，可采用一个双向的循环神经网络（BiRNN）对原始句子 X 进行编码，得到隐含语义表示 $\boldsymbol{C} = (\boldsymbol{h}_1, \boldsymbol{h}_2, \cdots, \boldsymbol{h}_{T_x})$；另一个循环神经网络以原始句子的隐含语义表示 $\boldsymbol{C}$ 为输入，通过最大化条件概率 $p(y_i|y_{<i}, \boldsymbol{C})$ 逐词生成简化的句子 $Y = (y_1, y_2, \cdots, y_{T_y})$，其中，$y_{<i} = y_0, y_1, \cdots, y_{i-1}$。以下介绍如何利用编码器获得 $\boldsymbol{C}$，以及如何利用解码器计算条件概率 $p(y_i|y_{<i}, \boldsymbol{C})$。

如前面所述，编码器采用前向循环神经网络和逆向循环神经网络（即双向循环神经网络）获得原始句子 X 的隐含语义表示 $\boldsymbol{C}$。前向循环神经网络从左到右逐词进行编码，为每个位置生成一个隐含语义表示 $\overrightarrow{\boldsymbol{h}} = \left(\overrightarrow{\boldsymbol{h}}_1, \overrightarrow{\boldsymbol{h}}_2, \cdots, \overrightarrow{\boldsymbol{h}}_{T_x} \right)$，其中，

$$\overrightarrow{\boldsymbol{h}}_j = \mathrm{RNN} \left(\overrightarrow{\boldsymbol{h}}_{j-1}, \boldsymbol{x}_j \right) \tag{11.28}$$

$\overrightarrow{\boldsymbol{h}}_0$ 一般可被初始化为所有元素均为 0 的向量，RNN 表示循环神经网络算子，用于将两个输入向量 $\overrightarrow{\boldsymbol{h}}_{j-1}$ 和 $\boldsymbol{x}_j$ 转换为一个输出向量 $\overrightarrow{\boldsymbol{h}}_j$，可以采用门限单元 GRU（gated recurrent unit）或长短时记忆单元 LSTM。以 GRU 为例，其计算方式如下：

$$\overrightarrow{\boldsymbol{r}}_j = \mathrm{sigmoid} \left(\boldsymbol{W}^r \boldsymbol{x}_j + \boldsymbol{U}^r \overrightarrow{\boldsymbol{h}}_{j-1} \right) \tag{11.29}$$

$$\overrightarrow{\boldsymbol{z}}_j = \mathrm{sigmoid} \left(\boldsymbol{W}^z \boldsymbol{x}_j + \boldsymbol{U}^z \overrightarrow{\boldsymbol{h}}_{j-1} \right) \tag{11.30}$$

$$\overrightarrow{\boldsymbol{m}}_j = \tanh \left(\boldsymbol{W} \boldsymbol{x}_j + \boldsymbol{U} \left(\overrightarrow{\boldsymbol{r}}_j \odot \overrightarrow{\boldsymbol{h}}_{j-1} \right) \right) \tag{11.31}$$

$$\overrightarrow{\boldsymbol{h}}_j = \overrightarrow{\boldsymbol{z}}_j \odot \overrightarrow{\boldsymbol{h}}_{j-1} + \left(1 - \overrightarrow{\boldsymbol{z}}_j \right) \odot \overrightarrow{\boldsymbol{m}}_j \tag{11.32}$$

其中，$\vec{r}_j$ 和 $\vec{z}_j$ 分别表示重置门和更新门，$\boldsymbol{W}^r$，$\boldsymbol{U}^r$，$\boldsymbol{W}^z$，$\boldsymbol{U}^z$，$\boldsymbol{W}$ 和 $\boldsymbol{U}$ 分别表示参数矩阵，$\odot$ 表示对应元素相乘。$\overleftarrow{\boldsymbol{h}}_j$ 可采用类似的方式计算。$\boldsymbol{C}$ 中的每个元素 $\boldsymbol{h}_j = \left[\vec{\boldsymbol{h}}_j; \overleftarrow{\boldsymbol{h}}_j\right]$ 表示两个向量的拼接。

解码器利用注意力机制模型动态计算条件概率 $p(y_i|y_{<i}, \boldsymbol{C})$：

$$p(y_i|y_{<i}, \boldsymbol{C}) = p(y_i|y_{<i}, \boldsymbol{c}_i) = g(y_{i-1}, \boldsymbol{z}_i, \boldsymbol{c}_i) \tag{11.33}$$

其中，$g(\cdot)$ 表示非线性变换函数，$\boldsymbol{z}_i$ 表示解码器第 i 个时刻的隐含表示，由前一个时刻的隐含表示 $\boldsymbol{z}_{i-1}$、前一个时刻的输出 y_{i-1} 和 $\boldsymbol{c}_i$ 共同决定：

$$\boldsymbol{z}_i = \mathrm{RNN}(\boldsymbol{z}_{i-1}, y_{i-1}, \boldsymbol{c}_i) \tag{11.34}$$

值得注意的是，$\boldsymbol{c}_i$ 并不是 $\boldsymbol{C}$ 中的第 i 个元素，而是通过注意力机制模型计算获得：

$$\boldsymbol{c}_i = \sum_{j=1}^{T_x} \alpha_{ij} \boldsymbol{h}_j \tag{11.35}$$

α_{ij} 表示当前时刻的输出 y_i 与原始句子第 j 个位置的语义表示 $\boldsymbol{h}_j$ 之间的相关程度，由以下公式计算：

$$\alpha_{ij} = \frac{\exp(e_{ij})}{\sum_{j'=1}^{T_x} e_{ij'}} \tag{11.36}$$

$$e_{ij} = \boldsymbol{v}_a^{\mathrm{T}} \tanh(\boldsymbol{W}_a \boldsymbol{z}_{i-1} + \boldsymbol{U}_a \boldsymbol{h}_j) \tag{11.37}$$

其中，$\boldsymbol{W}_a$，$\boldsymbol{U}_a$ 和 $\boldsymbol{v}_a$ 表示注意力机制模型中的参数矩阵。如果训练数据包含 N 个（原始句子，简化句子）样例：$D_{\mathrm{Train}} = \{(X_n, Y_n)\}_{n=1}^{N}$，编码-解码模型将优化其中的所有权重参数，使得训练数据 D_{Train} 上的条件对数似然最大：

$$\mathcal{L}(\theta) = \frac{1}{N} \sum_{n=1}^{N} \sum_{i=1}^{T_y} \log p(y_i^n|y_{<i}^n, X^n; \theta) \tag{11.38}$$

图 11.9 给出了基于上述编码-解码模型的句子简化方法示意图。对于原始句子"人生 应该 允许 不 成功"，在添加结束标志 EOS 之后利用双向循环神经网络编码器可得到每个位置对应的隐含语义表示。循环神经网络解码器在每个时刻首先利用注意力机制模型动态计算应该关注的输入端上下文，如 $\boldsymbol{c}_2$，然后依据解码器前一时刻的状态和输出以及输入端的上下文 $\boldsymbol{c}_2$，预测当前时刻的输出，如第二个时刻的输出应该是"容忍"。该过程迭代进行，直至输出结束符 EOS，从而获得简化后的句子"人生 容忍 失败"。

在编码-解码框架（encoder-decoder framework）中编码器除了使用双向循环神经网络以外，还可以采用卷积神经网络等结构，解码器也可以采用简单的前馈神经网络。为了在句子简化任务中考虑更多的原始句子信息，除了原始句子以外，也可以利用输入词语的词性、词频和 TF-IDF 等信息，并统一进行语义编码，使得在解码过程中可以参考更加丰富的输入端信息。

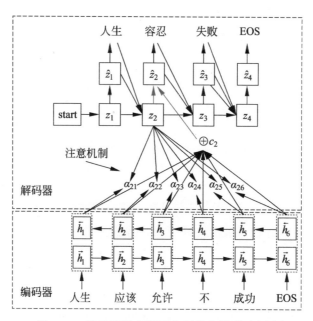

图 11.9　基于编码-解码的句子简化模型示意图

句子简化模型可视为很多其他摘要任务的核心技术。例如，可将标题生成任务转化为句子简化任务：输入是一篇文章，输出是一个简单的句子。如果只利用文章的第一句话（或前两句话）作为输入，标题生成任务便转化为句子简化任务。但是，目前这种武断截取的方法容易丢失重要信息，并不是一种十分合理的解决方案。因此，可以采用由粗略到精细的渐进式方法：首先采用抽取式摘要方法从文章中选择 1～2 个重要的句子，然后再以这些候选句子作为输入，采用编码-解码框架生成文章标题。

11.5　基于查询的自动摘要

前面介绍的自动摘要方法可以说是通用的，只考虑了文档内容本身，除了重要性之外没有其他内容方面的约束。这种摘要技术一般称为通用型摘要（generic summarization）。在实际应用中，人类产生摘要的时候往往只关注某个主题相关的重要信息，因此基于主题或基于查询的自动摘要方法逐渐成为研究热点。

基于查询的自动摘要方法可以形式化地定义为：给定一个文档或文档集合 D 以及一个以字符串或句子表示的查询 τ，希望生成一个与查询 τ 密切相关的摘要。从定义可以看出，与通用型摘要相比，基于查询的自动摘要方法不仅强调摘要的重要性，同时还强调摘要与查询的相关性。下面介绍几种计算文本中的句子与查询之间相关性的方法。

11.5.1　基于语言模型的相关性计算方法

在研究早期，基于查询的自动摘要方法研究主要关注个人简介（或人物传记）的摘要生成。这类系统处理"X 是谁"的人物简介问题和"X 是什么"的定义查询问题。下面以人物简介的摘要生成为例，简单介绍一种基于语言模型的相关性计算方法（Biadsy et al., 2008）。

对于查询"X 是谁"，该方法通过设计一种分类器对文档或文档集 D 中的句子进行判别，识别出属于人物介绍的句子。首先，采用无监督的方法基于维基百科中的人物简介文本训练出一个信息抽取系统，从中抽取出人物简介的模板。然后，利用抽取出的模板识别文档或文档集合 D 中讲述人物简介信息的句子 s。为了判别抽取出的句子 s 是否是真正的人物简介信息，分别利用维基百科中人物简介文本数据和新闻文本数据训练两个语言模型 L_{wiki} 和 L_{news}，如果 $L_{\text{wiki}}(s) > L_{\text{news}}(s)$，则认为句子 s 属于人物简介信息，否则不属于。

11.5.2 基于关键词语重合度的相关性计算方法

下面介绍一种面向开放查询的文本摘要方法。这类方法主要通过计算文本句子中含有关键词语的数目来度量句子的重要性，而关键词语由查询语句和原始文档集合共同决定。

对于一个查询语句，并不是其中的每个词语都值得关注，通常的做法是将查询句子中所有出现的名词、动词、形容词和副词都归属于查询关键词，用集合 WS_{query} 表示。

原始文档集合中的关键词可以通过计算主题标志词语 WS_{topic} 获得。主题标志词语更有可能出现在当前文档中而不是任何文本中的词语，例如，"国际空间站"更可能出现在航空航天相关的新闻报道中，属于主题标志词语，而"今天"可能会出现在任何文档中，不属于主题标志词语。因此，句子中含有主题标志词语的比例基本上可以反映该句子的重要程度。主题标志词语集合可以通过似然率（likelihood ratio）、互信息或 TF-IDF 等统计量确定。例如，计算文档集合中每个词语的 TF-IDF 值，并对所有的词语排序，根据阈值选择前 N 个词语作为主题标志词语集合 WS_{topic}。

然后，采用如下方法赋予文本中每一个词语 w 一个概率：

$$p(w) = \begin{cases} 0.0, & \text{if } w \notin \text{WS}_{\text{topic}} \text{ and } w \notin \text{WS}_{\text{query}} \\ 0.5, & \text{if } w \in \text{WS}_{\text{topic}} \text{ or } w \in \text{WS}_{\text{query}} \\ 1.0, & \text{if } \in \text{WS}_{\text{topic}} \text{ and } w \in \text{WS}_{\text{query}} \end{cases} \tag{11.39}$$

对于文档中的每一个句子，利用词语概率 $p(w)$ 的加权平均值作为句子的得分，在一定程度上这个得分不仅反映了内容的重要性，而且体现了句子与查询之间的相关程度。最后，可以采用与通用摘要方法相同的方法依据句子的重要性生成最终的摘要。

11.5.3 基于图模型的相关性计算方法

正如前面所述，在抽取式的通用型摘要方法中广泛使用的句子排序算法是基于图的 PageRank 算法，对该算法进行适当的扩展就可以适应基于查询的自动摘要任务。在基于图的 PageRank 算法中句子的重要性得分由式（11.7）计算得到，下面再重复一下式（11.7）：

$$S\left(V_i\right)=\frac{1-d}{N}+d\times\sum_{V_j\in\text{adj}(V_i)}\frac{W_{ij}}{\sum\limits_{V_k\in\text{adj}(V_j)}W_{jk}}S\left(V_j\right) \tag{11.40}$$

为了适应基于用户查询的摘要方法，文中的句子与查询语句之间的余弦相似度可作为该句子对用户需求的相关度 $\text{rel}\left(V_i,\tau\right)$，并设为该句子 V_i 给定查询 τ 的初始相关性得分 $S\left(V_i|\tau\right)=\text{rel}\left(V_i,\tau\right)$。对式（11.7）进行适当修改，便可以迭代计算每个句子的重要性和与查询语句相关性的综合得分：

$$S\left(V_i|\tau\right)=(1-d)\times\frac{S\left(V_i|\tau\right)}{\sum\limits_{V_k\in\text{adj}(V_i)}S\left(V_k|\tau\right)}+d\times\sum_{V_j\in\text{adj}(V_i)}\frac{W_{ij}}{\sum\limits_{V_k\in\text{adj}(V_j)}W_{jk}}S\left(V_j|\tau\right) \tag{11.41}$$

利用上述公式计算每个句子的得分后，根据长度约束和冗余度要求就可以产生最终的摘要句子集合。

11.6　跨语言和多语言自动摘要方法

如何在多语言的复杂环境下快速有效地获取信息，也是学术界和产业界共同关注的问题。文本自动摘要技术的研究也自然向跨语言和多语言的场景扩展。

11.6.1　跨语言自动摘要

跨语言自动摘要是以源语言 A 的文档（或文档集合）为输入，输出以目标语言 B 呈现的文本摘要。下面以源语言为英文、目标语言是中文的跨语言摘要为例，介绍一些常用的方法。

在理想情况下，如果机器翻译的译文质量足够好，跨语言摘要并不需要单独作为一个问题研究。在这种情况下可以首先产生英文摘要，然后借助机器翻译将其转换成汉语摘要。但是，目前机器翻译的水平还远未达到令人满意的程度。因此，如何同时考虑内容的重要性和翻译质量的准确性，成为跨语言摘要面临的关键问题。

目前的跨语言摘要以抽取式方法为主，最简单的两种方法都不考虑机器翻译的译文质量，一种是先摘要后翻译的方法，另一种是先翻译后摘要的方法（Wan et al., 2010）。顾名思义，先摘要后翻译的方法是首先从英文文档（或文档集合）中抽取出摘要句子，然后将英文的摘要翻译成中文的摘要。先翻译后摘要的方法则是首先将英文文档（或文档集合）翻译成中文，然后再从中文译文中抽取出摘要句子。这两种方法各有利弊，先摘要后翻译的方法可以充分利用英文端特征，但是因为机器翻译质量欠佳的缘故容易导致英文摘要翻译为中文后包含大量错误，即原本重要的摘要句子并没有得到正确翻译。先翻译后摘要的方法可以充分利用中文端信息，但是从包含翻译错误的中文译文中选择的摘要句子，其所对应的原始英文句子未必是重要的，即依据中文特征选出的摘要句子有可能是因为翻译错误导致的。因此，单方面地利用某一种语言的特征无法获得满意的跨语言摘要结果。下面介绍一种基于图的跨语言摘要方法，该方法同时对两种语言的特征进行联合建模，一定程度上避免了翻译错误导致的摘要不可靠的问题（Wan, 2011）。

形式化地，给定英文文档集合 D^{en}，利用机器翻译将其翻译成中文文档集合 D^{cn}。假设 $V^{\text{en}} = \{s_i^{\text{en}} | 1 \leqslant i \leqslant n\}$ 和 $V^{\text{cn}} = \{s_i^{\text{cn}} | 1 \leqslant i \leqslant n\}$ 分别表示 D^{en} 和 D^{cn} 中的句子集合。其中，n 表示文档集合中的句子数目，s_i^{cn} 是 s_i^{en} 通过机器翻译获得的中文句子。以图 11.10 为例，构建一个包含五种元素的无向图 $G = (V^{\text{en}}, V^{\text{cn}}, E^{\text{en}}, E^{\text{cn}}, E^{\text{encn}})$，其中 E^{en} 表示英文文档集合中任意两个句子之间的关系，E^{cn} 表示中文译文中任意两个句子间的关系，E^{encn} 表示 V^{en} 中的任意一个句子与 V^{cn} 中任意一个句子之间的关系。

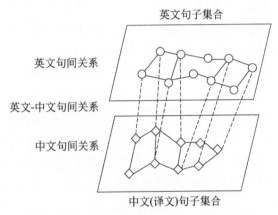

图 11.10　基于图模型的跨语言摘要方法

设 $\boldsymbol{W}^{\text{en}} = \left(W_{ij}^{\text{en}}\right)_{n \times n}$ 是 E^{en} 中边之间的权重矩阵，W_{ij}^{en} 表示 V^{en} 中第 i 个英文句子 s_i^{en} 和第 j 个英文句子 s_j^{en} 之间的相似度：

$$
W_{ij}^{\text{en}} = \begin{cases} \text{sim}_{\text{cosine}}\left(s_i^{\text{en}}, s_j^{\text{en}}\right), & i \neq j \\ 0, & \text{其他} \end{cases} \tag{11.42}
$$

其中，$\text{sim}_{\text{cosine}}\left(s_i^{\text{en}}, s_j^{\text{en}}\right)$ 表示 s_i^{en} 和 s_j^{en} 的 TF-IDF 向量的余弦相似度。E^{cn} 中边之间的权重矩阵 $\boldsymbol{W}^{\text{cn}} = \left(W_{ij}^{\text{cn}}\right)_{n \times n}$ 可以用类似的方法计算。

在 E^{encn} 对应的权重矩阵 $\boldsymbol{W}^{\text{encn}} = \left(W_{ij}^{\text{encn}}\right)_{n \times n}$ 中，每个元素 W_{ij}^{encn} 涉及英文句子 s_i^{en} 和中文句子 s_j^{cn}，对应的 TF-IDF 向量属于两种语言，不在同一个语义空间中，因此无法直接利用向量余弦计算这两个句子之间的相似度。但由于 s_i^{cn} 是 s_i^{en} 的中文译文，s_j^{cn} 的英文原文是 s_j^{en}，而 s_i^{en} 和 s_j^{en}、s_i^{cn} 和 s_j^{cn} 在相同的空间中，因此，可以采用 $\text{sim}_{\text{cosine}}\left(s_i^{\text{en}}, s_j^{\text{en}}\right)$ 和 $\text{sim}_{\text{cosine}}\left(s_i^{\text{cn}}, s_j^{\text{cn}}\right)$ 近似地计算 W_{ij}^{encn}：

$$
W_{ij}^{\text{encn}} = \sqrt{\text{sim}_{\text{cosine}}\left(s_i^{\text{en}}, s_j^{\text{en}}\right) \times \text{sim}_{\text{cosine}}\left(s_i^{\text{cn}}, s_j^{\text{cn}}\right)} \tag{11.43}
$$

由于采用的是无向图模型，因此 $\boldsymbol{W}^{\text{en}}$，$\boldsymbol{W}^{\text{cn}}$ 和 $\boldsymbol{W}_{ij}^{\text{encn}}$ 都是对角阵，即 $\boldsymbol{W}^{\text{en}} = \left(\boldsymbol{W}^{\text{en}}\right)^{\text{T}}$，$\boldsymbol{W}^{\text{cn}} = \left(\boldsymbol{W}^{\text{cn}}\right)^{\text{T}}$ 和 $\boldsymbol{W}^{\text{encn}} = \left(\boldsymbol{W}^{\text{encn}}\right)^{\text{T}}$。在矩阵中对每一行元素归一化就可以

得到 $\hat{\boldsymbol{W}}^{\text{en}}$，$\hat{\boldsymbol{W}}^{\text{cn}}$ 和 $\hat{\boldsymbol{W}}^{\text{encn}}$。如果用 $u(s_i^{\text{cn}})$ 和 $v(s_j^{\text{en}})$ 分别表示中文句子 s_i^{cn} 和英文句子 s_j^{en} 的重要性得分，那么，$u(s_i^{\text{cn}})$ 和 $v(s_j^{\text{en}})$ 可通过如下公式迭代更新，直至收敛：

$$u\left(s_i^{\text{cn}}\right) = \alpha \sum_j W_{ji}^{\text{cn}} u\left(s_j^{\text{cn}}\right) + \beta \sum_j W_{ji}^{\text{encn}} v\left(s_j^{\text{en}}\right) \tag{11.44}$$

$$v\left(s_j^{\text{en}}\right) = \alpha \sum_i W_{ij}^{\text{en}} v\left(s_i^{\text{en}}\right) + \beta \sum_i W_{ij}^{\text{encn}} u\left(s_i^{\text{cn}}\right) \tag{11.45}$$

其中，$\alpha + \beta = 1$，用于调节两种语言的贡献。获得 $u(s_i^{\text{cn}})$ 之后，便可采用通用摘要方法中的句子选择方法得到最终的中文摘要句子。

为了更加充分地考虑内容的重要性和译文结果的准确性两方面因素，(Zhang et al., 2016) 对通用型摘要中基于信息融合的生成式方法进行了拓展，使其适应跨语言摘要任务的特殊要求，所不同的是，通用型摘要中采用名词短语和动词短语分别表示概念和事实，而 (Zhang et al., 2016) 采用谓词-论元结构中的施事（ARG0）表示概念，谓词和受事（Predicate+ARG1 或 Predicate+ARG2）表示事实。类似于抽取式摘要方法，首先借助机器翻译引擎将英文句子翻译成中文句子，然后进行概念和事实抽取。

图 11.11 给出基于信息融合模型的生成式跨语言摘要方法示意图。从图中可以看出，首先对英文句子进行语义角色标注，得到该句子的谓词-论元结构，然后利用词语之间的互译关系（即机器翻译中的词语对齐）将英文句子中的概念（ARG0）和事实（Predicate+ARG1 或 Predicate+ARG2）映射到中文短语上。例如，"美国 总统 布什"和"布什 总统"表示概念，"他 第二 次 访问""访问 该 地区""授权 为 受灾 地区""授权 的 联邦 救灾 援助""计划 检查 的 状态"均表示事实。由于这两个句子描述的是同一个概念"布什 总统"，因此在摘要生成过程中可以融合这两个句子的重要事实，并压缩为一个句子。通过计算发现，事实"他 第二 次 访问""访问 该 地区""授权 为 受灾 地区""授权 的 联邦 救灾 援助"不仅重要性得分高，而且译文质量好。将概念和事实进行融合，就可以得到最终的摘要句子："布什 总统 他 第二 次 访问 该 地区，授权 为 受灾 地区 的 联邦 救灾 援助"。在整个过程中最关键的两个问题是概念和事实的综合性得分（重要性与翻译质量）计算及概念和事实的兼容性判别。

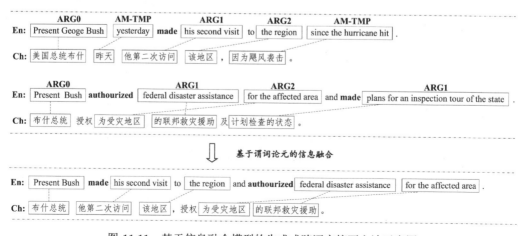

图 11.11　基于信息融合模型的生成式跨语言摘要方法示意图

在概念和事实的综合性得分计算中，重要性得分 S_{im} 可通过上述介绍的各种方式求解，例如，计算命名实体的比例或采用基于图的双语联合模型。在翻译质量 S_{trans} 的评估中，（Zhang et al., 2016）融合了词汇翻译概率 p_{lex} 和语言模型得分 p_{lm}。具体计算方法如下：给定一个英文概念或事实 $ph_{en} = e_0e_1\cdots e_l$ 及其对应的中文翻译 $ph_{cn} = c_0c_1\cdots c_m$，词汇翻译概率的计算公式如下：

$$p_{lex}(ph_{cn}|ph_{en}, a) - \left\{ \prod_{j=0}^{m} \frac{1}{|\{i|(i,j) \in a\}|} \sum_{\forall (i,j) \in a} p(c_j|e_i) \right\}^{\frac{1}{m+1}} \tag{11.46}$$

其中，a 表示 ph_{cn} 和 ph_{en} 之间的词语互译关系（词语对齐关系），如 $(i,j) \in a$ 表示 c_j 和 e_i 是互为翻译的词对。a 和词语之间的翻译概率 $p(c_j|e_i)$ 可以通过机器翻译中的词语对齐工具 GIZA++[①]获得。中文译文 ph_{cn} 的语言模型概率由下述的 n-gram 模型计算：

$$p_{lm}(ph_{cn}) = \sum_{j=0}^{m} p(c_j|c_{j-n+1}\cdots c_{j-1}) \tag{11.47}$$

翻译质量可通过词汇翻译概率和语言模型概率的乘积表示：$S_{trans} = p_{lex}(ph_{cn}|ph_{en}, a) \times p_{lm}(ph_{cn})$。最后，采用重要性得分 S_{im} 与翻译质量的加权之和 S_{trans} 表示概念或事实的综合性得分：$S_{com} = \alpha S_{im} + \beta S_{trans}$。

概念和事实的兼容性包括概念之间的兼容性与概念和事实之间的兼容性。概念之间的兼容性判别旨在判定不同句子中描述的两个概念是否属于同一个概念。概念和事实之间的兼容性判别旨在判定概念是否就是事实的施事主体。概念之间的兼容性可以通过指代消解和相似度计算判别。例如，"美国 总统 布什"和"布什 总统"由于共享相同的实体"布什"和头衔"总统"，相似度很高，所以是两个兼容的概念。概念 $concept_{ch}$ 和事实 $fact_{ch}$ 当且仅当满足以下条件时才符合兼容性约束：① $concept_{ch}$ 和 $fact_{ch}$ 来源于同一个句子，或者② $concept_{ch}$ 和 $fact'_{ch}$ 来源于同一个句子，并且 $fact'_{ch}$ 和 $fact_{ch}$ 互相兼容。

已知概念和事实的综合性得分以及它们的兼容性约束之后，类似于通用型摘要方法中的整数线性规划模型，可对跨语言摘要任务建模求解，获得满足长度约束的中文摘要。

11.6.2 多语言自动摘要

多语言自动摘要任务的输入是多种语言关于同一主题的文本（或文本集合），输出是用其中的一种语言表达的摘要。例如，在已有英文、日文和中文等关于同一主题的混合文本集合基础上，生成一个中文的摘要。在实际生活中，多语言摘要任务十分常见，例如，全球各大媒体对某一重要事件（如叙利亚难民事件、朝鲜核问题等）每天都以不同的语言进行大量的报道，虽然主题相同，但往往侧重点各有不同。因此，将多语言文本的内容压缩为用户需要的某种语言摘要是一种重要的信息获取途径。

[①] http://www.statmt.org/moses/giza/GIZA++.html。

在多语言摘要任务中，一种典型的方法是采用先翻译后摘要的思想：首先借助机器翻译引擎将所有其他语言的文本翻译成为用户需要的语言，然后以用户需要的语言文本集合作为模型的输入，采用通用型摘要方法获得最终的摘要。以英文和中文混合的文本集合生成中文摘要为例，典型方法是首先将英文文档中所有句子通过机器翻译系统转换成中文句子，然后与原始的中文句子混合，采用通用型摘要方法生成中文摘要。很多研究发现，从机器翻译的结果中抽取摘要句子往往会降低摘要的质量。这与跨语言摘要方法一样，存在一个关键问题：如何利用并不完美的机器翻译结果？在先翻译后摘要的方法中，通常对机器翻译得到的中文句子与原始中文句子不作任何区分，但实际上机器翻译获得的中文句子在信息保持和流畅性等方面显然不如原始的句子，不应该与原始自然的中文句子同等对待。

因此，Li 等（2016a）提出了一种基于自适应图模型的多语言摘要方法。该方法是无向图模型的扩展，通过自适应的方法在连接两种语言的无向边中自动选择某些边，并将其转换为有向边。其基本思路为：给定英文文档集合 D^{en} 和中文文档集合 D^{cn}，$V^{en} = \{s_i^{en} | 1 \leqslant i \leqslant n\}$ 和 $V^{cn} = \{s_i^{cn} | 1 \leqslant i \leqslant m\}$ 分别表示 D^{en} 和 D^{cn} 中的句子集合。首先，构建一个无向图 $G = (V^{en}, V^{cn}, E^{en}, E^{cn}, E^{encn})$，在进行图的迭代算法之前，将连接两种语言的边集合 E^{encn} 中的某些边从无向边（即双向）变为单向边（英文句子指向中文句子），表示英文句子仅对中文句子的重要性有贡献，反之则不然。

如图 11.12 所示，英文句子 S_1^{en} 的中文翻译结果 S_1^{en2cn} 和原始中文句子 S_1^{cn} 的意思接近，而且该中文翻译 S_1^{en2cn} 还丢失了原文信息，在这种情形下，应该更倾向于选择原始的中文句子 S_1^{cn}，而不选择与其相似的翻译结果 S_1^{en2cn}。因此，英文句子 S_1^{en} 和中文句子 S_1^{cn} 之间的无向边需要转换成 S_1^{en} 到 S_1^{cn} 的单向边。

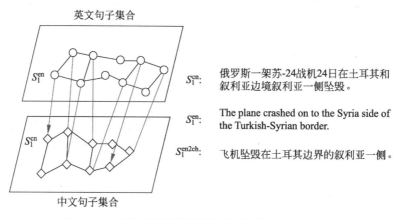

英文句子集合

S_1^{en}

S_1^{cn}

中文句子集合

S_1^{cn}: 俄罗斯一架苏-24战机24日在土耳其和叙利亚边境叙利亚一侧坠毁。

S_1^{en}: The plane crashed on to the Syria side of the Turkish-Syrian border.

$S_1^{en2ch.}$: 飞机坠毁在土耳其边界的叙利亚一侧。

图 11.12 基于自适应图模型的多语言摘要方法示意图

那么，如何判断 S_1^{cn} 与 S_1^{en2cn} 之间是否相似呢？可以从多个角度处理这个问题。其一，采用余弦相似度计算 S_1^{cn} 与 S_1^{en2cn} 之间的相关性，如果计算结果大于某个阈值，则认为两个句子相似，否则，不相似；其二，采用文本蕴涵的方法判别 S_1^{cn} 是否蕴涵 S_1^{en2cn}，如果蕴涵成立，则认为 S_1^{cn} 与 S_1^{en2cn} 相似，否则不相似；其三，通过机器翻译模型判断原始中文句子 S_1^{cn} 是否是英文句子 S_1^{en} 的译文，如果可能性超出某个阈值，则认为 S_1^{cn}

与 S_1^{en2cn} 相似，否则不相似。

E^{encn} 中的边经过变换之后，基于图的算法就可以迭代计算中文句子和英文句子的重要性得分。这种方法不仅可以避免选择与原始中文内容相似的英文句子，还可以保留内容互补且重要的英文句子，其中文译文将成为最终摘要的一部分。

11.7 摘要质量评估方法和相关评测

在文本自动摘要研究中，人们不断提出新的模型和方法，希望及时发现新的模型和方法是否对摘要质量有所改进，所以，摘要质量的评估方法在一定程度上成为摘要技术能否快速迭代的重要因素。

11.7.1 摘要质量评估方法

相对于文本分类和机器翻译等应用的技术评测，摘要质量评估是更加棘手的问题，因为理论上没有完美的摘要，对于同一文档或文档集合，不同的人总结生成的摘要可能差异很大。尽管摘要质量评估面临巨大的困难和挑战，但还是吸引了众多学者的关注。总的来说，摘要质量评估方法主要分为人工评价方法和自动评价方法两种。

1. 人工评价方法

人工评价最为直观，简单地说就是请专家对系统的自动摘要结果进行打分，打分依据主要参考一致性、文法合理性和内容含量等指标。在 2005 年 NIST 组织的 DUC 评测中，人工评价指标包括如下 5 项：摘要合乎文法性（grammaticality）、非冗余性（non-redundancy）、指代清晰程度（referential clarity）、聚焦情况（focus）和结构一致性（structure and coherence）。每项得分从 1 到 5，1 表示最差，5 代表最优。这 5 个评价指标也是目前被广泛接受的人工评测参考标准。但是，人工评测过程中人与人之间打分的差异非常大，某位专家认为质量很好的系统摘要结果在另一位专家眼里可能根本不像摘要，因此，如何克服评分专家之间的差异性成为研究者关注的焦点。其中，金字塔方法（pyramid method）是解决这一问题的有效途径之一（Nenkova and Passonneau, 2004）。

在金字塔方法中，摘要内容单元（summary content unit, SCU）是核心概念，表示摘要中子句级的重要语义单元，不同的摘要结果可能共享多个 SCU，即使这些摘要结果采用的词汇不尽相同。SCU 可短至一个名词短语的修饰成分，也可长至一个从句。在 SCU 的分析标注过程中，标注者需要以自己的语言描述不同摘要共享的 SCU。如果某个句子包含的信息仅出现于一个摘要，那么将该句子按从句划分，每个从句作为一个 SCU。

对于一个文档集合（测试集），首先邀请 m 位专家撰写参考摘要，产生 m 个参考摘要 $\text{Sum}_{\text{ref}}(r_0, r_1, \cdots, r_m)$。然后人工分析每个参考摘要，提取摘要内容单元 SCU 的集合，并为参考摘要中每个 SCU 进行赋值，如果某个 SCU 被 w 个参考摘要提及，则该 SCU 的权值为 w。由于被 m 个参考摘要全部提及的 SCU 最少，被 $(m-1)$ 个参考摘要同时提及的 SCU 相应增多, 被 1 个参考摘要提及的 SCU 最多, 因此 SCU 值呈金字塔分布, 这也是金字塔方法命名的缘由。根据专家的打分情况可以计算出参考摘要（或称"理想摘要"）的得分。

对于一个系统输出的摘要, 第一步, 人工分析系统摘要的 SCU; 第二步, 计算所有 SCU 在参考摘要中的得分之和 $Score_{sys}$; 第三步, 计算系统摘要得分 $Score_{sys}$ 与"理想摘要"得分的比值, 作为系统摘要的质量评价得分。

下面通过一个例子介绍摘要内容单元 SCU 的确定方法。

A2:	2016 年美国大选, 特朗普击败希拉里, 当选第 45 任美国总统。
B4:	他赢得了第 45 任美国总统大选。
C3:	特朗普成为第 45 任美国总统。
D1:	2016 年的美国大选悬念迭起, 最终特朗普有惊无险, 赢得胜利。

如上表所示, 假设共有 4 个人工参考摘要, A2 表示第一个参考摘要中的第二句话, B4 表示第二个参考摘要中的第 4 句话, C3 和 D1 类似。标注者从这些参考摘要中提取包含相似信息的摘要内容单元 SCU。从语义角度分析, 这些句子中包含如下两个摘要内容单元 SCU1 和 SCU2, 由于 SCU1 出现在 4 个参考摘要中, 则 SCU1 的值为 4, 类似地, SCU2 的值为 2。

SCU1:　特朗普当选第 45 任美国总统
　　　　A2: 特朗普击败希拉里, 当选第 45 任美国总统
　　　　B4: 他赢得了第 45 任美国总统大选
　　　　C3: 特朗普成为第 45 任美国总统
　　　　D1: 特朗普有惊无险, 赢得胜利
SCU2:　2016 年美国举行总统大选
　　　　A2: 2016 年美国大选
　　　　D1: 2016 年的美国大选

m 个参考摘要对应一个最高为 m 层的金字塔, 图 11.13 是一个由 4 个参考摘要形成的 4 层金字塔。如果一个 SCU 出现在 4 个参考摘要中, 则将该 SCU 放入金字塔的最上层, $W = 4$; 只被一个摘要提及的 SCU 放入最下层, $W = 1$。金字塔的层数可能小于参考摘要的数目, 例如, 如果不存在一个 SCU 被其中 3 个摘要共享, 那么金字塔将没有 $W = 3$ 那一层。

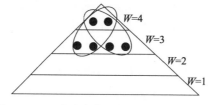

图 11.13　4 个参考摘要构成的金字塔示意图

对于一个 m 层的金字塔，T_i 表示第 i 层，T_i 中所有 SCU 的权值都是 i，即这些 SCU 被 i 个参考摘要提及，$|T_i|$ 表示 T_i 中 SCU 的数目。对于一个需要包含 X 个 SCU 的理想摘要，希望能够包含金字塔最上层的 SCU，然后依次包含 $m-1$ 层、$m-2$ 层的 SCU，直至包含 X 个 SCU，其得分的计算公式如下：

$$\text{Score}_{\text{ideal}} = \sum_{i=j+1}^{m} i \times |T_i| + j \times \left(X - \sum_{i=j+1}^{m} |T_i| \right) \tag{11.48}$$

其中，$j = \underset{k}{\arg\max} \left(\sum_{t=k}^{m} |T_t| \geqslant X \right)$。

图 11.13 展示了 4 个参考摘要构成的金字塔示意图。该图表明 4 个参考摘要中一共有 6 个 SCU，其中两个被所有参考摘要包含，其他 4 个出现在 3 个参考摘要中。对于需要包含 4 个 SCU 的理想摘要，那么一定是有两个 SCU 在金字塔的最上层（$W=4$），其余两个在 $W=3$ 层，图中的两个实线圈表示包含 4 个 SCU 的理想的摘要。

假设一个自动摘要系统输出的摘要 Sum_{sys} 经与参考摘要对比分析后，发现金字塔每一层 T_i 中 D_i 个 SCU 出现在系统摘要中，即系统摘要中 D_i 个 SCU 被 i 个参考摘要提及，那么 Sum_{sys} 共含有 SCU 的数目为 $\sum_{i=1}^{m} D_i$，其得分为

$$\text{Score}_{\text{sys}} = \sum_{i=1}^{m} i \times D_i \tag{11.49}$$

设 $X = \sum_{i=1}^{m} D_i$，表示理想摘要中应该包含的 SCU 数目，那么系统摘要的质量得分即为 $\dfrac{\text{Score}_{\text{sys}}}{\text{Score}_{\text{ideal}}}$。

金字塔方法在摘要质量评估方面可以尽可能地降低人工摘要的差异性对质量打分的影响。但是，人工评价方法每次需要消耗大量的人力资源，例如，DUC 组织的摘要评测每年需要 3000 个小时的人工评价摘要质量。因此，设计自动的摘要质量评估方法逐渐成为研究热点。

2. 自动评价方法

文摘自动评价方法主要包括两类：一类称为内部（intrinsic）评价方法，即通过直接分析摘要的质量评价文摘系统；另一类称作外部（extrinsic）评价方法，它是一种间接的评价方法，与具体应用任务相关，依据摘要结果对其他应用任务的效果评价摘要系统的性能。

内部评价方法直观高效，是一种广泛采用的方法。一般地，内部评价方法又可分为两类：形式度量（form metrics）和内容度量（content metrics）。形式度量侧重于语法、摘要的连贯性和组织结构，内容度量更加侧重内容和信息，是大多数自动评价方法

关注的焦点。下面介绍一种常用的采用内容度量的评价方法 ROUGE（Recall-Oriented Understudy for Gisting Evaluation）（Lin, 2004）。

Lin（2004）提出的 ROUGE 评价方法几乎成为摘要自动评价的标准方法。该方法的基本思想来源于机器翻译评价指标 BLEU（BiLingual Evaluation Understudy）（Papineni et al., 2002），但 BLEU 面向的是准确率，而 ROUGE 关注召回率。

假设一个文档集合对应人工参考摘要 r，系统产生的摘要为 sum，ROUGE-n（n 表示作为匹配单元的词组所包含的词语数目）的计算公式如下：

$$\text{ROUGE-}n\,(\text{sum}, r) = \frac{\sum\limits_{n\text{-gram} \in r} \text{count}_{\text{match}}\,(n\text{-gram}, \text{sum})}{\sum\limits_{n\text{-gram} \in r} \text{count}\,(n\text{-gram})} \tag{11.50}$$

其中，n 表示词组 n-gram 的长度，$\text{count}_{\text{match}}(n\text{-gram}, \text{sum})$ 表示 n-gram 在参考摘要 r 和系统摘要 sum 中同现的最大次数，如果 n-gram 在参考摘要中出现 a 次，在系统摘要中出现 b 次，那么 $\text{count}_{\text{match}}(n\text{-gram}, \text{sum})=\min(a, b)$。从上面的计算公式可以看出，ROUGE-$n$ 是面向召回率的评价指标。

如果同时拥有多个参考摘要 $R = \{r_0, r_1, \cdots, r_m\}$，那么可以将系统摘要与每个参考摘要计算 ROUGE-n，并取最大值作为最终结果，计算方法如下：

$$\text{ROUGE-}n_{\text{multi}}\,(\text{sum}) = \max_{r \in R} \text{ROUGE-}n\,(\text{sum}, r) \tag{11.51}$$

ROUGE 中还有多种召回率驱动的摘要质量评价方法，例如，ROUGE-L 和 ROUGE-S 等。其中，ROUGE-L 计算公共子串的匹配率，基本思路是如果两个句子包含的公共子串越长，说明这两个句子越相似。设 $s_0, s_1, \cdots, s_u$ 为参考摘要 R 中的所有摘要句子，sum 为系统给出的摘要（视为所有句子的拼接），那么，ROUGE-L 可用下面的公式计算：

$$\text{ROUGE-}L\,(\text{sum}) = \frac{(1 + \beta^2)\,R_{\text{LCS}}P_{\text{LCS}}}{R_{\text{LCS}} + \beta^2 P_{\text{LCS}}} \tag{11.52}$$

其中，R_{LCS} 和 P_{LCS} 分别利用如下公式计算：

$$R_{\text{LCS}} = \frac{\sum\limits_{i=1}^{u} \text{LCS}\,(s_i, \text{sum})}{\sum\limits_{i=1}^{u} |s_i|} \tag{11.53}$$

$$P_{\text{LCS}} = \frac{\sum\limits_{i=1}^{u} \text{LCS}\,(s_i, \text{sum})}{|\text{sum}|} \tag{11.54}$$

其中，$\text{LCS}\,(r_i, \text{sum})$ 表示 s_i 和 sum 中最长公共子串的长度，$|s_i|$ 表示参考摘要句子的长度，$|\text{sum}|$ 表示系统摘要的长度。

ROUGE-S 是 ROUGE-n（$n=2$）的一种扩展，称为间隔二元组（skip bigram）匹配率。例如，"特朗普 当选 总统"中，"特朗普-总统"是一个间隔二元组。ROUGE-S 的计算公式如下：

$$\text{ROUGE-}S(\text{sum}) = \frac{(1+\beta^2)\,R_S P_S}{R_S + \beta^2 P_S} \tag{11.55}$$

其中，R_S 和 P_S 分别为间隔二元组的召回率和准确率，计算公式与 ROUGE-n 相同。

11.7.2 相关评测活动

对文档自动摘要方法和系统进行公开评测是推动该技术发展的强大动力。自 2001 年以来，几乎每年都会举办国际或国内的自动摘要方法评测，包括美国国家标准技术研究院（NIST）组织的 DUC 和 TAC 评测，国际计算语言学学会（ACL）组织的 MSE 和 MultiLing 评测，以及国内 NLPCC 组织的自动摘要评测等。这些评测的流程基本一致：首先，由组织单位给各参评单位发布训练集，供参评单位对自己的摘要系统进行参数训练和模拟测试。其次，在某个特定时间组织单位给参评单位统一发放测试数据，并要求所有参评单位在规定的时间内提交摘要系统的运行结果。再次，组织单位通过自动评测和人工评测对各参与单位提交的结果进行打分排序。最后，在举行的评测研讨会上，各参评单位分别介绍各自系统所采用的模型和算法，进行深入交流和探讨。

以下简要介绍几个评测的基本情况。

1. DUC 文本摘要评测

NIST 在美国南加州大学 Daniel Marcu 等人的倡导下于 2001 年发起了文档理解会议 DUC（Document Understanding Conference），主要任务就是评测文本摘要技术的发展水平，从 2001 年至 2007 年，平均每年吸引了 20 家单位参与这项技术评测。2001 年与 2002 年，DUC 关注单文档和多文档的新闻摘要评测。NIST 收集了 60 个新闻文档集合，每个集合对应一个主题，并且为每篇文档、每个文档集合生成多个人工摘要作为参考。其中 30 个文档集合作为训练集，另外 30 个作为测试集。

2003 年 DUC 增加了新的测试任务，例如，为单文档生成极短摘要，类似于新闻标题生成；基于事件和观点的多文档摘要生成以及面向问题的摘要生成，即要求系统产生的摘要能够回答指定的问题。2004 年，DUC 又探索了跨语言文本摘要技术的评测，只不过更像是对"先翻译再摘要"方法进行的评测，因为组织方仅提供机器翻译后的英文文档作为输入，对于参评单位来说源语言信息是未知的。2005 年至 2007 年三年间，DUC 主要对基于查询的多文档摘要技术进行评测。DUC 会议于 2008 年停止举办，同样是 NIST 组织的 TAC（Text Analysis Conference）开始接管文本摘要评测任务。

2. TAC 文本摘要评测

从 2008 年开始 TAC 组织包括文本摘要、自动问答、文本蕴涵和知识库填充 4 个评测任务。其中，文本摘要评测共组织了 5 次（2008—2011 年和 2014 年）。2008 年和 2009 年，TAC 设计了更新式摘要方法的评测任务（update summarization）：即假设用户已经阅读了关于某个主题的早些时间的文章，给定同一主题当前时间的多篇文档，要求参评系统产生一个更新式的摘要结果。

TAC 在 2010 年和 2011 年开始关注基于指导的摘要任务（guided summarization）：给定同一主题的多篇文档，为指定的事件类别（categories）和要素（aspects），提取并生成包含所有指定要素的摘要结果。TAC 在 2011 年还探索了一种语言无关的多语言摘要任务，该任务希望参与者提出的自动摘要方法具有通用性，不仅在某一种语言的文本摘要任务中有效，而且在其他多种语言的文本摘要任务中也取得好的效果。后来这种语言无关的摘要评测任务由 MultiLing 研讨会持续举办，并且每两年评测一次。

TAC 于 2014 年组织了面向生物医学的科技文献自动摘要评测任务：给定一组引用了同一文献的论文，要求参评系统识别出描述引用的文本块，并为被引文献生成一个结构化的摘要，使其包含各引用文本的相关信息。

3. MSE 文本摘要评测

ACL 于 2005 年和 2006 年分别组织了多语言摘要评测（multi-lingual summarization evaluation, MSE）的研讨会。组织方提供阿拉伯语和英语两种语言关于同一主题的文本集合，要求参评系统提交 100 词以内的英文摘要。绝大多数参评者利用机器翻译系统将阿拉伯语文档翻译成英语文档，从而将其转换为单一语言的通用型文本摘要任务。评测结果发现，这种“先翻译再摘要”的方法生成的摘要质量还不如仅仅利用原始英文文档生成的摘要。这种现象可能由两个原因所致，一方面是当时的机器翻译系统水平还比较低，阿拉伯语到英语的翻译质量不高；另一方面是当年的多语言摘要方法并未有效地利用机器翻译结果。

4. NLPCC 文本摘要评测

DUC 和 TAC 等国际文本摘要评测关注的语言基本都是英语，而面对汉语文本的摘要技术评测几乎没有。中国计算机学会中文信息处理专委会（现为中国计算机学会自然语言处理专委会）主办的自然语言处理与中文计算 NLPCC（Natural Language Processing and Chinese Computing）会议从 2015 年起开始组织中文自动摘要评测。2015 年和 2017 年，NLPCC 针对单文档新闻摘要任务进行了评测，其中 2015 年的评测任务更加面向社交网络，即为新闻文档生成一个可以在微博发布的 140 个汉字以内的摘要。

2016 年 NLPCC 探索了一个全新的体育新闻生成的文本摘要任务：给定一项体育赛事直播的中文脚本文件，要求参评系统生成该体育赛事的简短报道。从评测任务可以看出，国内在文本摘要任务评测方面更加关注实际应用。

11.8　进一步阅读

本章介绍了自动摘要技术的典型方法和任务,还有很多摘要任务并未涉及,例如,比较式摘要(comparative summarization)(Huang et al., 2011)、更新式摘要(update summarization)(Dang and Owczarzak, 2008)、时间轴摘要(timeline summarization)(Yan et al., 2011)和多模态摘要(multimodal summarization)(Wang et al., 2016b; Li et al., 2017b)等。比较式摘要旨在为相似主题的文档集合生成多侧面比较的总结性文摘,如为 2008 年和 2016 年奥运会的报道生成对比性摘要。假设用户已知某个话题的历史摘要信息,更新式摘要的目标是为用户生成最新的与之前信息不同的简短文摘。时间轴摘要则是为某个事件或话题按照时间节点生成一系列的简短报道。关于这些任务的详细介绍和最新进展可参考文献(Yao et al., 2017)。

以文本为核心的多模态摘要受到越来越广泛的关注。例如,如何在产生摘要的过程中充分利用相关图片信息(Wang et al., 2016b),如何将同一话题下的文本报道、图片视频新闻和语音报道综合考虑,对文本、语音和视觉三种模态信息统一建模,生成全方位但简短的文本摘要(Li et al., 2017b),以及如何以图文并茂的方式生成摘要结果(Zhu et al., 2018)。

从方法的角度,端到端的生成式模型是近年来当仁不让的前沿方法(Rush et al., 2015; Chopra et al., 2016; Gu et al., 2016; Tan et al., 2017; Nema et al., 2017; Zhou et al., 2017),这种方法涉及三个关键技术:如何准确地编码原文、如何精准地选择和关注文档的重点以及如何压缩生成最终的摘要。文献(Zhou et al., 2017),(Gu et al., 2016; Tan et al., 2017)和(Nema et al., 2017)分别针对这三方面的问题进行了深入探讨。但是,目前端到端的方法还只是停留在复杂句子或单文档的摘要生成上,如何将其应用于多文档、多语言和多模态等摘要仍然是一个开放的问题。

虽然基于词组匹配的 ROUGE 方法几乎成为自动摘要质量评估的通用方法,但是如何设计更加准确的评价指标始终是研究人员关注的焦点。Kurisnkel et al.(2016)提出了融入上下文独立性的评价指标,旨在判断摘要句子的信息是否完整,Peyrard and Eckle-Kohler(2017)希望将人工评价方法自动化,并提出了金字塔模型的自动评价方法。Zhu 等(2018)设计了一种基于多模态的摘要质量评估算法。虽然评价方法的研究相对迟缓,但是相信自动摘要质量评估方法将会随着自动摘要方法不断得到发展和完善。

习　　题

11.1　对于一个抽取式多文档自动摘要任务,核心模块就是计算每个句子的重要性得分。假设输入三篇文档,第一篇文档 3 个句子,第二篇文档 6 个句子,第三篇文档 3 个句子。每个句子作为一个节点(例如,d1s1 表示第一篇文档的第一个句子),句子之间的相似度作为边的权重(表 11.3 给出了任意两个句子之间的相似度得分),从而构成一个图(见图 11.14)。假设每个句子的重要性得分都初始化为 0.1,即 $S(v) = 0.1$,其中 v

表示图中任意的节点（句子）。根据上述信息，写出基于图的自动摘要方法中句子重要性得分的迭代计算公式，并计算 d1s1 和 d3s1 经过第一次迭代后的重要性得分。

表 11.3 句子间相似度得分统计（如第一行的第五个元素 0.15 表示第一个句子 d1s1 与第五个句子 d2s2 之间的相似度得分）

1.00	0.10	0.12	0.16	0.15	0.10	0.14	0.17	0.08	0.50	0.30	0.15
0.10	1.00	0.24	0.04	0.11	0.04	0.03	0.09	0.09	0.14	0.11	0.12
0.12	0.24	1.00	0.04	0.10	0.09	0.03	0.17	0.05	0.14	0.14	0.20
0.16	0.04	0.04	1.00	0.15	0.26	0.37	0.20	0.07	0.07	0.14	0.10
0.15	0.11	0.10	0.15	1.00	0.16	0.20	0.11	0.09	0.09	0.03	0.15
0.10	0.04	0.09	0.26	0.16	1.00	0.50	0.11	0.08	0.12	0.21	0.05
0.14	0.03	0.03	0.37	0.20	0.50	1.00	0.14	0.08	0.14	0.28	0.02
0.17	0.09	0.17	0.20	0.11	0.11	0.14	1.00	0.15	0.21	0.09	0.06
0.08	0.09	0.05	0.07	0.09	0.08	0.08	0.15	1.00	0.04	0.02	0.04
0.50	0.14	0.14	0.07	0.09	0.12	0.14	0.21	0.04	1.00	0.37	0.18
0.30	0.11	0.14	0.14	0.03	0.21	0.28	0.09	0.02	0.37	1.00	0.25
0.15	0.12	0.20	0.10	0.15	0.05	0.02	0.06	0.04	0.18	0.25	1.00

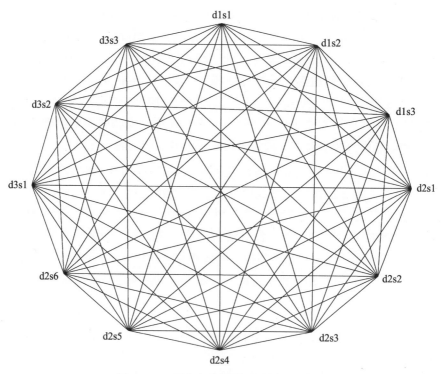

图 11.14 面向多文档摘要的图结构表示

11.2 在基于编码-解码的生成式摘要方法中，摘要结果中的很多词语直接来源于输入文本，直觉上这种情形不需要从词表中通过 softmax 函数计算概率分布的方式搜索最佳输出词汇，请设计一种方法直接对这类词汇拷贝机制建模并说明其原理。

11.3 请分析多文档自动摘要相比于单文档自动摘要有哪些挑战，并阐述可能的解决方案。

11.4 跨语言摘要以一种语言的文本或文本集合为输入，生成另一种语言摘要。请查阅相关参考文献并设计一种端到端的方法，直接将源语言文本映射为目标语言摘要，并说明该方法的优缺点。

11.5 假设一篇英文文档的人工参考摘要是 Cristiano Ronaldo heads back to Manchester United where he became a star，系统输出的摘要是 Chrisiano Ronaldo returns to Machester United，请计算自动评价指标 ROUGE-1 和 ROUGE-2。

11.6 ROUGE 这样的摘要自动评价指标都是基于字符串匹配的方式，很多时候无法捕捉系统摘要与参考摘要之间的语义相似性，请分析如何更好地刻画系统摘要与参考摘要之间的语义相似性，并给出具体的建模思路。

第 12 章　技术应用

12.1　概　　述

前面自第 2 章起，从数据准备到理论基础和关键技术，全方位地介绍了文本数据挖掘技术的核心内容，每一种理论方法和技术都是有针对性地解决某一类问题，有其明确的应用目标，也有其独特的处理方式。但在实际应用中，任务目标往往并不单一，很难用一个清晰的理论模型去定义。当然，很多任务所面临的问题也存在共性，所以一个实用系统中通常是多种方法和技术的混合与集成。

从方法论上，基于知识工程的文本挖掘方法主要以符号逻辑和推理为理论基础，通过词典、规则或模板完成挖掘任务。这种方法的优势在于，不需要收集和标注大规模的训练样本，实现方法简单，计算量小，而且规则具有较好的泛化能力，几条规则就可以处理一批（类）语言现象，在任务相对简单、领域范围确定、编写规则和词典的技术人员能够理解的语言文本上，可以得到较好的性能。

数据驱动的文本挖掘方法是在大规模标注样本上建立模型，并对未知样本进行预测，最终获得挖掘结果。传统的机器学习方法和深度学习方法都属于这类方法，两者具有异曲同工之妙，只是模型建立和实现的方法不同，但其基本假设是一致的，即先验知识和事例存在于大量收集的样本之中，只要在训练样本上充分学习到先验知识和各种事例发生的条件，就可以在测试集上准确地给出预测和推断。这类方法的优点在于，样本标注工作和后续的模型研究可以分别完成，尤其是神经网络方法，甚至不需要人工进行特征选择，只要有足够多的高质量的训练样本，就能够得到较好的挖掘性能。但问题的关键在于获得和标注大规模高质量的训练样本是一项耗时、费力、耗财的工程任务，而且如何表征和"充分学习"训练样本中的先验知识，如何通过已有的事例实现对未知事例的准确预测，尤其在测试集与训练集不太满足概率同分布条件的情况下，如何获得较好性能，诸多问题都没有得到很好的解决，仍是众多学者正在研究的。且不说训练神经网络模型需要大规模数据和算力的支撑，数据驱动方法对训练样本的依赖性和缺乏解释性等问题，始终备受诟病。

我们的基本观点是，任何一种方法都有其独特之处，尤其从应用系统实现的角度，很难说哪一种方法能够完全替代其他方法。因此，多种方法结合，让不同的方法和策略在不同的阶段和任务上发挥作用，针对不同的场景和需求设计不同的方案，才是解决问题的可行路线。

本章通过电子病历分析与挖掘和多语言政策信息分析两个应用案例，简要说明文本挖掘技术的应用方法和实现过程①。在案例介绍中，我们不展开讨论每一种技术具体的实现细节和性能表现，只是概要性地说明任务目标、实现思路和所采用的技术。至于具体实现细节，我们相信读者可以根据前面章节的介绍，并参阅相关网站的开源代码自行实现。

12.2　电子病历分析与挖掘系统

病历是指医务人员在医疗活动过程中形成的文字、符号、图表、影像、切片等资料的总和，包括门（急）诊病历和住院病历，是对医务人员通过问诊、查体、辅助检查、诊断、治疗、护理等医疗活动获得有关资料，并进行归纳、分析、整理形成医疗活动的记录②。目前各大医院都已实现病历的信息化管理。基于大规模病历数据分析发掘疾病、症状、药物等各种因素之间的关系，对比以往相似病历，不仅有助于医生研判病状，给出更加合理的治疗措施和医嘱，而且对于医学研究和调查等，都具有非常重要的意义。因此，电子病历的分析和挖掘系统研发成为医疗信息领域的热点。

下面以心血管科电子病历的分析和挖掘任务为例，介绍系统设计和实现方法。

12.2.1　任务目标

（1）将已有的电子病历结构化，构建知识图谱；

（2）对于任意给定的大病程记录自动生成摘要；

（3）相似病历检索。

上述任务是电子病历分析和管理中常见的三个基本应用，其他应用大都基于这三个任务展开，尤其是第 1 项任务完成的结果，即电子病历的结构化数据和知识图谱，是很多其他后续任务的重要基础。病程摘要主要是针对大病程记录进行的重要信息抽取和简要描述生成。相似病历检索则是针对给定的某个病历从已有的病历库中检索出符合条件的相似度较高的病历。

完成这些任务的主要困难在于：病历中实体类型多，关系复杂，样本标注专业性强、难度大，很多术语的边界和关系定义等需要在专业人员的帮助下完成，标注大规模的病历往往是不现实的。在技术实现时，有时候仅仅从标注的病历样本中学习先验知识是不够的，需要借助于常识或者其他科室的专业知识，而常识和其他科室的专业知识范围往往难以把握。

在实际系统构建时首先需要明确应用目标，即确定分析挖掘系统应用的科室，是心血管科，还是泌尿科，或者其他科。系统的用户是谁？是临床医生，还是从事临床研究的科研人员，或者就医患者。不同科室使用的术语（实体、概念、属性等）有很大的差异，实体、概念和属性之间的关系类型也不同，不同用户关注的信息也不一样。因此，在具体

① 本章介绍的两个应用案例由北京中科凡语科技有限公司提供，特此感谢。

② 见中华人民共和国卫生部卫医政发〔2010〕11 号文件。

开展工作之前，必须对这些问题有明确的界定，即便如此，在系统的构建过程中还会根据情况不断地进行调整和修改。

上述三个任务的关系大致如图 12.1 所示。图中的箭头是指支撑关系，即箭头端的任务模块是在箭头发出端的任务基础上完成的。下面简要介绍各技术模块的实现方法。

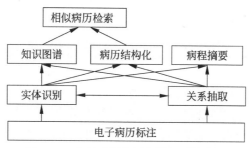

图 12.1　电子病历分析与挖掘系统框架

12.2.2　数据准备和标注

确定了任务目标之后就需要收集整理和标注病历。对于同一科室的电子病历分析和挖掘任务，有很多可利用的数据，如入院记录、检查、化验报告和各种影像资料等。由于影像数据和化验报告的分析涉及图像处理和数据分析等其他技术，为了简化问题，这里不做叙述，仅以入院记录为例说明数据标注方法。

入院记录是指患者入院后，由经治医师通过问诊、查体、辅助检查获得有关资料，并对这些资料归纳分析书写而成的记录。我国卫生部对各类病历书写都制定了相应的规范[①]。一份完整的入院记录通常包括：患者个人信息、主诉和现病史、既往史、个人史（有时也包括婚育史等）和家族史等，以及体格检查、化验及特殊检查等。图 12.2 是一个典型的入院记录样例。

从上述入院记录样例可以看出，病历文本数据非常复杂，既有文字、数据和各种数量单位，也有符号（如↑、↓等），还有表格。针对这样的入院记录，需要系统设计人员在专业医务人员的指导下讨论制定标注标准。对于入院记录中的不同内容，标记的实体类型也不完全一样。例如，针对现病史和既往史可确定标注的"实体"类型（括弧中的符号为实体标记符号）：疾病＋（DISP）、疾病－（DISN）、时间（TIME）、症状＋（SYMP）、症状－（SYMN）、部位（POSP）、缓解方式（WORP）、诱因（INCP）、发生频率（FREP）等。针对"既往史"需要标注如下实体类型：服用药物剂量（FYJL）、服用药物频次（FYPC）、病史＋（BSPP）、病史－（BSNN）、病史时间（BSSJ）等。其中，加号"＋"是指该实体描述的症状、疾病和病史实际存在，减号"－"是指该实体描述的症状、疾病和病史不存在。如图 12.3 中的"闷痛"是患者实际存在的症状，而"头晕""大汗"和"晕厥"是不存在的症状。需要说明的是，这里所说的"实体"并非都是通常意义上的实体，而是针对这一特定领域和任务定义的一些名称、概念，甚至行为，例如，"口服'速效救心丸'"实际上是描述缓解方式的一种行为。

① 见中华人民共和国卫生部卫医政发〔2010〕11 号文件。

第 12 次入院记录

张××，女，79 岁，汉族，已婚。于 2021-11-18 16:00 入院，当日采集病史，患者本人陈述病史，可靠。

主诉： 发作性胸痛、胸闷 10 余年，加重 10 天。

现病史： 患者于 2011 年活动后出现心前区闷痛，无头晕、大汗、晕厥等症状，口服"速效救心丸"可缓解，每月发作 1～2 次。2013 年 8 月于我院行冠脉造影结果左主干 50% 狭窄，······ 给予口服阿司匹林等药物治疗。2014 年 10 月出现 ······ 血生化示尿素 15.42mmol/L↑、肌酐 192.0 umol/L↑······。给予抗感染、扩血管等治疗，今晨复查血钾 5.35mmol/L······

既往史： 高血压病史 20 多年，血压最高为 185/95mmHg，目前服用培哚普利 4mg/日、苯磺酸氨氯地平 4mg/日，血压控制可；糖尿病史 10 多年······；慢性肾功能不全 1 余年；······

个人史： 生于 ×× 省 ×× 县，久居本地，无疫区、疫情、疫水居住史······

家族史： 家族中无传染病及遗传病史。

体格检查

体温：36.5°C，脉搏：72 次/分，呼吸：19 次/分，血压：172/65mmHg······

心界向左扩大，心脏相对浊音界如下：

右侧/cm	肋间	左侧/cm
2.0	I	2.5
2.0	II	4.5

化验及特殊检查

心电图（2021-11-18，入院时）：窦性心律，V2-V5 导联 ST 段轻微上抬、T 波倒置。

血生化（2021-11-18，本院）：尿素 15.34mmol/L↑······

血常规（2021-11-18，本院）：血红蛋白测定 73.0g/L↓、红细胞计数 2.53×10^{12}/L↓、白细胞计数······

胸片（2021-11-18，本院）：老年性心肺改变，左肺炎，······

肺 CT（2021-11-18，本院）：支气管炎或肺水肿可能，请结合临床；······

最后诊断：初步诊断：

                1. 冠状动脉粥状硬化性心脏病······

                2. 高血压 3 级，极高危

                3. 肺部感染

                ······

***

2021-11-18

病历完成时间：2021-11-18 16:42

以上情况属实，患者或家属签名：***

图 12.2 入院记录样例

确定了实体类型之后，还需要明确实体之间的关系类型。例如，针对"现病史"可标注实体之间的疾病属性、症状属性、缓解方式属性和治疗属性等。针对"既往史"可标注实体之间的病史属性、手术属性和服药属性等。

实体类型数目和各种关系的数量因科室不同而异，心血管科的病历包括的实体数目通常在 40～45，关系类别为 35～40。

实体及其关系类型确定之后，就可以借助标注工具进行病历标注。标注工具通常由技术人员根据标注规范和具体需要专门开发。一个好的标注工具应具备标注界面简单、友善、易操作的基本特点。在具体标注时也往往需要专业人员的帮助，以便对各种医学术语的边界及其实体之间的关系给出正确的标注。在前面第 2 章中我们曾经给出了一个病历标注的示例。图 12.3 给出的是现病史中一条标注的例子。

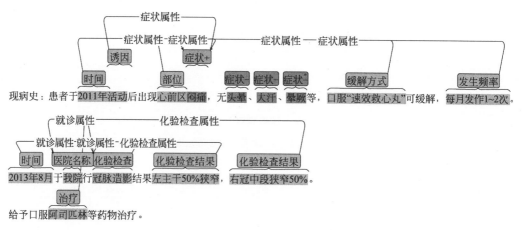

图 12.3　现病史标注实例

从例子可以看出，标注后的一条病历记录转换为一个由实体、概念及其关系构成的图，我们称为实体关系图。在实际的标注系统中通常采用不同的颜色表示不同的实体类型，而带箭头的线源端和箭头指向端分别表示两个相互关联的实体或概念，线上的文字则表示关联关系。这种展示方式是为了便于标注人员和专业医务人员观看，而实际上在系统内部存储的是实体或概念名称、边界标记、实体类型标签和关系名称。例如，如果采用 "BIO" 标记法，图 12.3 中 "无晕厥，口服速效救心丸可缓解" 对应下面第二行的标记序列：

无	晕	厥	，	口	服	速	效	救	心	丸	可缓解
O	B-SYMN	I-SYMN	O	B-WORP	I-WORP	I-WORP	I-WORP	I-WORP	I-WORP	I-WORP	O O O

理论上，标注的病历样本数量越多、样本差异性越大（即覆盖现象越广）、标注质量越高，后续各项任务能够达到的性能越好。一般而言，针对一个科室标注的病历数量至少应达到 1000 份以上，有效记录（指相对完整的描述语句）1 万条以上。

12.2.3　系统实现

针对本系统的三个任务，需要实现如下关键技术：实体识别和消歧、关系识别和消歧、摘要生成和相似病历检索。

根据前面第 10 章介绍的方法，在实体识别时我们可以采用序列标注方法。通常采用的模型是长时-短时记忆模型（LSTM）或者 BERT 与条件随机场（CRFs）的结合。实体消歧、关系识别与消歧则采用分类技术，或者多任务学习方法。详见第 10 章介绍，这里不再赘述。

正如前面第 10 章所述，构建知识图谱的主要任务是从文本中识别和抽取所有的实体及实体之间的关系，并补全到已有的知识图谱中，使其尽量完备，且没有重复和冲突。这里不再对其具体过程进行阐述。

病历结构化的目的就是提取病历中的关键信息，将其填写在二维表格里。以图 12.2 给出的入院记录为例，经实体识别和关系抽取之后，从中抽取出的关键信息填写在表 12.1 中。

表 12.1　病历结构化格式

个人信息	姓名	张××							
	性别	女							
	民族	汉族							
	婚姻状况	已婚							
主诉及现病史	主要症状	胸痛	胸闷						
	主要症状开始时间	2021 年							
	主要症状持续特点	发作性							
	发生频率	每月 1~2 次							
	缓解方式	口服"速效救心丸"							
	……								
既往史	高血压	有 →	病史时间	20 多年	舒张压最高	95mmHg	收缩压最高	185mmHg	……
	高血脂	否							
	糖尿病	有 →	病史时间	10 多年	……				
	……								
……									

结构化表格的填充过程通常采用模板和规则方法完成，读者可以参阅后面面向病程摘要生成进行关键要素提取的实现方法。

以下对病程摘要和相似病历检索的实现方法略作详细介绍。

1. 病程摘要方法

病程记录是指继入院记录之后，对患者病情和诊疗过程所进行的连续性记录。内容包括患者的病情变化情况、重要的辅助检查结果及临床意义、上级医师查房意见、会诊意见、医师分析讨论意见、所采取的诊疗措施及效果、医嘱更改及理由、向患者及其近亲属告知的重要事项等[①]。病程摘要通常是对患者的每一条记录信息进行解析，给出一个简单明了的摘要。图 12.4 是一个真实的首次病程记录的部分内容。患者在住院过程中会做很多检查和治疗，每一次检查和治疗都会有相应的记录，每次查房情况也都有记录。图 12.5(a) 和 12.5(b) 分别是患者李××（图 12.4）2021 年 11 月 24 日的查房记录和 2021 年 11 月 25 日的术前小结。

首次病程记录

2021-11-18 19:40

李××，男，55 岁，已婚，×× 省，农民，现住 ******。主因"活动后心悸、气急、浮肿 20 余年，加重 1 月余。"，于 2021-11-18 入院。

一、病例特点如下：

　　1. 中年男性，55 岁。

　　2. 患者于 1999 年发现风湿性心脏病，未予特殊治疗。2000 年，患者出现双下肢浮肿。2001 年开始出现重体力劳动后心悸、气急……。近一月来活动后再次出现胸闷、心悸、气急加重……。患者目前精神状态欠佳，体力差，食欲、睡眠欠佳……

　　3. 查体：体温：36.8℃，脉搏：89 次/分，呼吸：24 次/分，血压 110/70mmHg，身高：170cm，体重：70Kg，BMI：24.2……心律齐，心尖区可闻及向左腋下传导的收缩期粗糙Ⅳ级吹风样杂音及舒张期隆隆样杂音。主动脉瓣第二听诊区闻及Ⅲ级收缩期喷射样杂音向颈部传导。三尖瓣区可闻及收缩期柔和Ⅰ级吹风样杂音……

　　4. 辅助检查：心脏彩超（2021-11-13，本院）示：二尖瓣狭窄及关闭不全（重度）……

二、拟诊讨论：

　　患者活动后心悸、气急、浮肿 20 余年……诊断明确为：风湿性心脏病二尖瓣狭窄及关闭不全……

　　鉴别诊断如下：

　　患者起病缓慢，病情进行性加重，病程较长……体检发现心尖区有双期杂音，主动脉瓣第二听诊区、三尖瓣区有杂音，故拟诊风湿性心脏病，二尖瓣狭窄及关闭不全……

三、初步诊断：

　　风湿性心脏病，二尖瓣狭窄及关闭不全……

四、诊疗计划：

　　1. 查血沉、C 反应蛋白、电解质、肝功能……

　　2. 超声心动图。

　　3. 治疗原则：强心，利尿，补钾，保护胃黏膜……

图 12.4　首次病程记录实例

　　医务人员一般关注病程中的如下关键信息：个人信息、病例特点（包括病史、体格检查、辅助检查等）、拟诊讨论、初步诊断、诊疗计划、查房记录、术前小结、术前讨论、手术记录、术后病程记录、抢救记录和出院记录等。第 11 章中我们曾经介绍了 4 种自动文

---

　　① 见中华人民共和国卫生部卫医政发〔2010〕11 号文件。入院记录和病程记录都属于住院病历的内容，但是病程记录与入院记录不同，它包括首次病程记录、日常病程记录、上级医师查房记录、会诊记录、手术记录等。每一次住院都会有"第 × 次入院记录"和"首次病程记录"。

2021-11-24 10:00 ××× 主管医生查房记录

  患者一般情况如前，精神状态欠佳、体力差、食欲、睡眠欠佳，昨日上午 9 时到今日上午 9 时尿量 1500ml，无特殊不适主诉。查体：血压 115/82mmHg······ 心率 86 次/分，心律齐，心尖区可闻及向左腋下传导的收缩期粗糙 4/6 级吹风样杂音及舒张期隆隆样杂音。主动脉瓣第二听诊区闻及 Ⅲ 级收缩期喷射样杂音向颈部传导。三尖瓣区可闻及收缩期柔和 Ⅰ 级吹风样杂音······

(a) 查房记录实例

2021-11-25 11:00 术前小结

  患者李××，男性，55 岁，住院号：****，主诉活动后心悸、气急······ 于 2021-11-18 09:35 入院。查体：T36.8°C、P89 次/分、R24 次/分、BP110/70mmHg······ 心律齐，心尖区可闻及······ 主动脉瓣第二听诊区可闻及······ 三尖瓣区可闻及······ 心脏彩超（2021-11-13，本院）示：主动脉瓣狭窄、二尖瓣关闭不全（重度）······ 诊断：风湿性心脏病，二尖瓣狭窄及关闭不全······ 目前诊断明确，无手术禁忌症，拟定于 15:00 行二尖瓣置换术······

(b) 术前小结实例

图 12.5   病程记录实例

摘方法，包括抽取式方法、压缩式方法、生成式方法和基于查询的方法。面对病程摘要这样的复杂任务，无论哪一种方法都很难取得令人满意的效果，在应用系统研发中一种相对可行的方法是先对一条记录（如查房记录或术前小结）进行实体识别和关系抽取，然后利用预先设定的规则模板提取病历中的关键信息，填充到预设的框架中。以下以图 12.5（a）所示的查房记录为例说明从中抽取"心脏杂音"这一要素，生成摘要句子的实现过程。假设待填充的框架为：

    Framework_Heart_murmur = {

  听诊部位:

  杂音性质:

  杂音分级:

  杂音时相:

  传导部位:

      }

  也就是说，"听诊部位""杂音性质""杂音分级""杂音时相"和"传导部位"是待填充的 5 个槽位。抽取"心脏杂音"要素信息的模板可以设计为如下形式：

    Template_Heart_murmur = {

  听诊部位: [^ 。，]*? 区 | 心尖部

  杂音性质: 喷射样 | 吹风样 | 隆隆样 | 叹气样

  杂音分级: 1-6/6| Ⅰ - Ⅳ

  杂音时相: 收缩期 | 舒张期

  传导部位: 左腋下 | 心尖部 | 颈部

      }

　　模板中的方括号表示方括号中的内容可有可无。"听诊部位"后面的表达式
"[^ 。，]*"是指可以匹配不包含句号和逗号的任意字符，紧跟其后的问号表示前面
的匹配为非贪婪模式。也就是说，"[^ 。，]*? 区 | 心尖部"可以匹配记录中出现"区"字
或者"心尖部"字样的任意子句。"杂音分级"后面的"1-6/6"指 1 至 6 级，共分 6 个
等级，或者 I 至 VI 级。医生在写查房记录时，习惯上将杂音分级写成阿拉伯数字时会写
成"3/6"类似的形式，而写成罗马数字时直接用 I～VI 中的一种标明等级，无须用"/VI"
说明。

　　对查房记录进行词语切分、命名实体识别、属性和关系抽取之后，使用上述模板对
查房记录中的子句逐个进行匹配，一旦模板条件得到满足，相应位置的槽值便被提取
出来。例如，利用"听诊部位"的匹配模板对图 12.5（a）给出的查房记录从开始逐句进
行比对，"区"字首次匹配成功时便锁定第一个满足条件的子句，于是在该子句范围内
自"区"字向左回溯，得到"心尖区"部位，被填充到"听诊部位"指定的槽位上。然后在
该子句范围内用条件"喷射样 | 吹风样 | 隆隆样 | 叹气样"向"心尖区"右边搜索匹配，
得到"吹风样"和"隆隆样"，被填入"杂音性质"指定的槽位。同样，在该子句范围内
用条件"1-6/6|I-VI"搜索匹配，得到"4/6"，被填入"杂音分级"对应的槽位。用条件模
板"收缩期 | 舒张期"在该子句中匹配，得到"收缩期""舒张期"，填入"杂音时相"对
应的槽位。用条件"左腋下 | 心尖部 | 颈部"匹配时得到"左腋下"，填入"传导部位"对
应的槽位。根据属性及关系抽取模块得到的结果，"舒张期"和"隆隆样"同属于"心尖
区"，即存在两种不同的杂音性质，因此得到如下两个"心脏杂音"抽取结果：

```
{
        听诊部位: 心尖区
        杂音性质: 吹风样
        杂音分级: 4/6
        杂音时相: 收缩期
        传导部位: 左腋下
}
```

和

```
{
        听诊部位: 心尖区
        杂音性质: 隆隆样
        杂音分级:
        杂音时相: 舒张期
        传导部位:
}
```

　　在后面的两个子句中也出现了"区"字，用同样的方法可以分别得到如下两个满足
条件的框架：

```
{
        听诊部位: 主动脉瓣第二听诊区
        杂音性质: 喷射样
        杂音分级: III
        杂音时相: 收缩期
        传导部位: 颈部
}
{
        听诊部位: 三尖瓣区
        杂音性质: 吹风样
        杂音分级: I
        杂音时相: 收缩期
        传导部位:
}
```

整个查房记录被分析完成之后，共有几处对该要素匹配成功，已经可以统计出来，假设计数为 n，该例中 $n = 4$。利用如下摘要生成模板就可以对每一个框架生成一句关于"心脏杂音"的摘要：

> 心脏杂音共 n 处，[{听诊部位}{杂音性质}，{杂音分级}/6->VI级，{杂音时相}，{传导部位}；]*。

该模板中大括号里的字段为前面分析框架中的槽位变量，中括号外面的星号（*）表示该中括号里的内容可以被重复 n 次。如果某个槽位值为空，摘要中相应的位置不生成表述，相应的标点也被省略。对于"杂音分级"描述，如果抽取出来的级别描述是用阿拉伯数字书写的"4/6"形式，则将其统一转换为罗马数字形式"IV"。于是，根据上面 4 个填充的框架得到如下关于"心脏杂音"的摘要：

> 心脏杂音共 4 处，心尖区吹风样，IV级，收缩期，左腋下；心尖区隆隆样，舒张期；主动脉瓣第二听诊区喷射样，III级，收缩期，颈部；三尖瓣区吹风样，I级，收缩期。

从该例可以看出，生成的摘要与原始查房记录中的表述非常类似，通过调整生成模板中的字段顺序也可以得到与原始记录一致的表述。当然，每一位主管医生撰写查房记录的语序也不尽相同，模板必须考虑对于大多数记录语序的通用性。另外，摘要也可以通过表格形式陈列所有填充框架里的抽取结果。

在实际系统实现时，除了采用模板方法以外，有时也采用抽取式摘要方法或者几种方法的结合。类似地，可以得到其他要素的摘要结果。对于医务人员关注的其他关键信息都可以采用类似的方式处理。

2. 相似病历检索方法

相似病历检索模块需要完成的任务是：针对选定的病历从电子病历库中检索相关度

最高的前 N(自然数) 份病历，依次排序输出。其基本流程如图 12.6 所示。

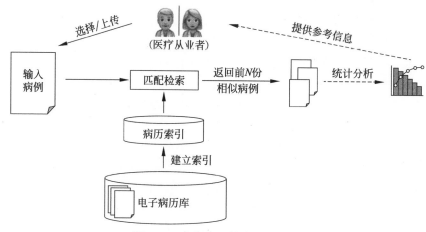

图 12.6　相似病历检索基本流程

用户首先需要上传或者选择一份待检索的病历，确定选择相似病历的条件，如相似或相同的症状、相同的年龄段、相同的治疗方案，或者相同性别，甚至相同的住院时间段等。系统根据用户提出的检索条件，首先在整个病历库（已被建索引）中选择满足检索条件的候选病历，如果没有找到满足用户条件的候选病历，则直接给出用户回复，否则，将待检索的病历与候选病历逐个进行比对，将相似度最高的前 N 份病历依次输出，用户可以将待检索的病历与输出的相似病历逐份对比，查看两份病历之间的区别。系统也可以根据用户选择的对比要素，专门提取和对比待检索病历与相似病历中的某个关注要素，显示其差异。当然，在系统设计时需要根据用户的具体要求确定检索条件、关注要素和显示方式等技术细节。

检索任务的核心技术是文本表示和检索模型。本书第 3 章已经介绍了多种文本表示方法。考虑到病历标注的成本很高，难以获得大量高质量的有标样本，因此通常采用无监督的训练方法获得文本表示。但是，实体关系图中蕴含着大量的医疗领域知识，那么，能否利用实体关系图增强文本表示呢？对此，王克欣（2020）做了大量的探索工作，他在 Levi 图（Gross and Yellen, 2003）的基础上提出了一种融合结构信息的文本表示方法，其基本思路如图 12.7 所示。

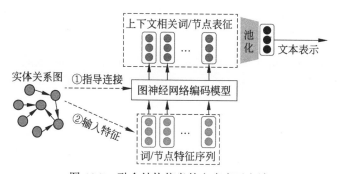

图 12.7　融合结构信息的文本表示方法

该图的含义可以理解为：对实体关系图中的每个节点进行编码，使用与该节点相关联的节点和边作为指导信息，利用图神经网络编码得到上下文相关的词（节点）表征。然后，再经过池化（pooling）操作（如取最大或取平均等），得到最终的文本表示。对于池化操作，为了引入实体类型信息，可采用加权平均的方法，权重为实体类型对应的标量，其取值在训练过程中设为 1，在训练完成后固定模型其他部分，在验证集上调节实体权重得到最终的取值。具体地，在训练过程中使用图神经网络作为文本编码模型，建模实体关系图中的上下文依赖，以融入结构信息。对于训练方式，可以选择基于词级别上下文预测的文本表示训练方式：CBOW（continuous bag-of-words），Sent2Vec 和 DAE（denoising autoencoder）以及图神经网络的训练方式 GAE（graph autoencoder）和 Node2Vec。在模型推断过程中，得到文本表示之后，可以选取向量相似度计算方法（如余弦相似度）计算文本之间的相似度。王克欣（2020）对比了不同编码模型和训练方式组合的效果，发现对于融入结构信息的文本表示模型，DAE 是最佳的无监督训练目标。

由于实体和概念的名称以及属性往往都比较长，如属性"胃底隆起性质待定"，时间实体"2021 年 11 月 18 日"等，这将导致严重的数据稀疏问题。因此，在利用实体关系图的结构信息时，如何化解数据稀疏问题成为方法是否成功的关键。为了解决这一问题，王克欣提出了将实体、概念名称和属性描述进行分解的处理方法，分解后子实体、子概念和子属性描述与分解前的名称和描述具有同等效用。图 12.8（a）和图 12.8（b）分别为名称分解前后的结构。

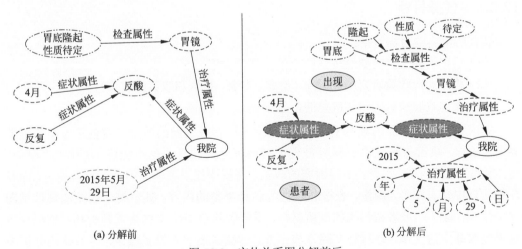

(a) 分解前　　　　　　　　　　　　(b) 分解后

图 12.8　实体关系图分解前后

图中对应的病历文本为：

> 患者 4 月反复出现反酸症状 …… 为求诊治于 2015 年 5 月 29 日来我院行胃镜示：胃底隆起性质待定 ……

图 12.8（a）中的实线节点表示实体名称，虚线节点表示属性，不同形状的虚线和背景色表示不同类型的属性。图 12.8（a）转换成图 12.8（b）时，实体名称和属性描述采用字节对编码的子词压缩方法（BPE）进行拆分，图 12.8（a）中由边表示的不同类型的属性在图 12.8（b）中改用节点表示。

为了不丢失病历文本中的非实体词表达的信息，非实体词可以被归为一类，作为孤立的实体节点纳入图 12.8（b）中，记作"WORD"。如 12.8（b）中的"患者"和"出现"实际上都是普通词汇，在该图中被标记为 WORD 类型的"实体"。为了简化起见，其他孤立节点没有在图中全部画出。最终分解变换后的图被称为子实体 Levi 图（sub-entity Levi graph），简称 SLevi 图。在实际构建系统时 SLevi 图替代原来的实体关系图，用于获得上下文相关的词（节点）表征，以指导文本表示学习。

获得病历文本的表示之后，就可以采用很多不同的方法计算两个病历之间的相似度，如余弦相似度等。读者可以参阅第 5 章和第 6 章介绍的文本相似度计算方法。

12.3　多语言政策法规分析与挖掘系统

本节介绍面向地方政府、高校和科研机构及科研人员的政策咨询及服务系统实现方法。

在经济、科技、医疗、金融和教育等各个领域和各个行业，各个国家都会围绕本国的发展目标制定相应的政策和法规，对本国相应的行业和领域进行保护或扶持，以维护本国的利益。在制定相应的政策和法规之前，相关部门和人员都会分析、对比和挖掘其他国家对应的政策和法规，并在后续的政策和法规执行过程中随时跟踪国外政策的变化，以及时调整本国的策略。实现该任务的核心技术就是文本分析和挖掘技术。

12.3.1　任务目标

该任务的主要目标包括：
（1）构建面向世界主要经济体的政策法规全文库；
（2）构建面向政策研究的成果库（论文、专著、报告和政策解读等）；
（3）支撑政府和机构科学决策的信息服务。

完成该任务的主要困难在于：不同领域、不同行业之间的政策法规往往没有清晰的界限，法规、政策与研究论著和科普宣传材料等之间的界限也不明确，需要在"保全"与"聚焦"之间权衡。另外，不同国家的政策、法规往往采用本国的官方语言表达，而且政策法规中含有图形、图像、表格和数据等各种类型的内容，甚至整个政策法规都是图像文件（扫描件），或者待扫描的纸质材料，需要借助 OCR、文档格式解析和机器翻译等技术提取其中的文本，并将外文翻译成中文，这就必然引入很多噪声，为后续的分析模块带来困难。

各功能模块之间的关系大致如图 12.9 所示。

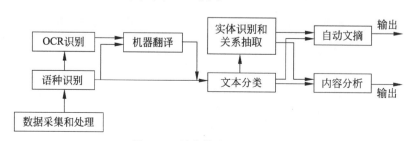

图 12.9　技术模块关系示意图

12.3.2 数据采集和标注

数据采集和标注的主要目的有两个：一是构建大规模政策法规库；二是利用采集标注的数据进行后续任务的建模。正如前面所述，在数据采集和标注之前，首先需要确定数据采集的范围和基本原则。例如，如果系统关注的是科技金融、科技成果转化和科技人才相关的国内外政策和法规，那么，需要进一步明确，国内关注什么级别的行政区，在省、直辖市、自治区和特别行政区级别上，还是进一步到地区级行政区；国外包括哪些国家、地区，或者政府的哪些机构。主题和区域确定后，需要收集相关政策和法规发布的发文机关、发文字号、发布时间和发布的网站地址。与科技相关的政策法规，国内主要由各地政府的科技局、科技厅、促进会、金融或创业等服务平台发布，国外则针对不同的国家和地区分别确定其信息来源。

确定信息源之后，对于网络数据需要开发网络爬虫，进行任务调度和字段采集梳理等。在爬取数据时，数据所在网站的分类标签，包括文体、专题、机构和区域等，都应被记录，这些信息对于后续的政策分类分析等都非常重要。爬取数据后，需要进行统一编码、去重和清洗等处理。来自不同格式文件中（如 HTML，Doc，Docx，Xlsx 等）的内容编码可能不同，如 GBK，UTF-8 和 GB2312 等，需要将不同编码的内容转换成统一的编码。乱码和不完整程度较大的字段内容将被清除掉。去重通常采用基于标题和文本内容的局部敏感哈希算法（SimHash）（Manku et al., 2007）。对于纸质材料，则需要利用扫描技术对文件进行文字识别和相关处理。

由于某个政府机关发布的文件通常具有规范的格式，如发文机关、发文字号、发布日期和网站地址等信息都会出现在相对固定的版面位置上，因此，可以通过模板和规则将其提取出来。自动处理方法无法完成的部分内容需要人工干预处理。

数据标注的目的是用于训练特定任务模型和算法，针对不同的任务需要标注不同的信息。例如，针对分类任务需要标注政策的类别标签，尽管从网站爬取数据时已经记录了相关文件的部分标签信息，但在后续的分类分析中往往还需要更细粒度的分析，如对于科技成果转化主题，需要标注相关政策法规针对的科技领域，是农、林、牧、渔业，还是制造业、建筑业、金融业等。针对国内公文，需要标注公文的题材类别，如法律法规、领导讲话、通知公告或政策解读等。对于自动文摘任务，需要撰写相关文件的摘要。当然，为了进行信息抽取和其他相关分析，需要对大量文件进行命名实体及其关系标注。需要说明的是，尽管我们国家民政部门和工商部门等都对所有合法注册机构和企事业单位的名称、地址和法人等信息有备案，可以利用机构列表帮助进行机构名称的实体识别，但是在实际系统研发时仍然面对很多困难。例如，有些机构名称在不同的历史时期发生了变化，如"国土资源部"于 2018 年被整合为"自然资源部"，"中华人民共和国教育部"曾在 1985 年至 1998 年间名为"中华人民共和国国家教育委员会"；有些机构名称通常使用缩写，如"中华人民共和国工业和信息化部"缩写为"工信部"等。在去重和标注时都需要进行归一化处理和映射。同样，在系统运行时也需要做归一化和消歧处理。

12.3.3   系统实现

根据 12.3.1 节中描述的任务目标，实现该系统涉及如下技术（暂不考虑 OCR 文字识别）：

（1）政策法规库构建：确定政策和法规的国家和地区，划分政策板块，确定政策法规来源（网址），制定分类和标注标准，包括板块内部的多级分类和标注规范等。

（2）语种识别：设计实现专门的语种识别器。

（3）机器翻译：根据系统处理的外语种类，确定机器翻译引擎。通常需要针对领域范围和外文语种训练专门的机器翻译模型。

（4）政策法规自动分类：利用采集和标注政策法规数据训练专门的文本分类器。

（5）主题词提取：利用主题模型，借助主题词表等提取主题词。

（6）信息抽取：根据用户需要提取相关政策法规中的关键信息，进行关联性分析、对比和可视化展示。

（7）自动摘要：利用采集和标注政策法规数据训练专门的自动摘要模型，并结合具体需要，设计专门的基于模板的摘要语句生成方法。

（8）相似法规检索、分析：对类型、内容等相似的政策法规进行相似性计算和分析，对政府和相关机构的科学决策提供支撑。

在系统实现时，需要根据用户的具体需要设计功能模块和用户界面，用到的技术可能远不止上面列出的几项，但无论如何变化，其关键技术基本都在本书前面几章所覆盖的范围之内。考虑到真实场景下的数据复杂性和某些技术的性能局限性，可能需要将多种技术结合起来，如类似于 12.2 节中病程摘要的处理方式，将基于模板或规则的方式与抽取方法、生成方法和端到端的方法等结合起来。

另外需要说明的是，在本应用中涉及外语文本时借助了机器翻译技术，考虑到机器翻译译文可能产生的错误或噪声干扰，对于外语的政策法规，在后续的分析时通常不完全在译后的中文文本上进行，而是需要结合外语原文的内容进行综合处理。至于具体实现方法，这里不再展开叙述。

习　　题

12.1　设计实现基于网络内容的医学领域知识图谱构建系统。

12.2　设计实现基于社交媒体多语言文本的事件检测与摘要生成系统。

12.3　设计实现基于某领域客服对话内容的信息抽取和自动文摘系统。

12.4　设计实现基于某特定社交网站（可针对某个主题或实体等）的内容检测、分析及检索系统。

12.5　设计实现基于网络内容的某特定人物或机构的画像生成及问答系统。

12.6　设计实现针对某特定事件境内外不同网站报道内容的差异性对比分析系统。

参 考 文 献

ABAD A, NABI M, MOSCHITTI A. 2017. Self-crowd sourcing training for relation extraction[C]// Proceedings of ACL: 518-523.

ABDUL-MAGEED M, UNGAR L. 2017. EmoNet: Fine-grained emotion detection with gated recurrent neural networks[C]//ACL.

AGGARWAL C C. 2018. Machine learning for text. Springer.

AHN D. 2006. The stages of event extraction[C]//Proceedings of TERQAS: 1-8.

ALLAN J, CARBONELL J, DODDINGTON G, et al. 1998a. Topic detection and tracking pilot study final report. DARPA: 194-218.

ALLAN J, LAVRENKO V, JIN H. 2000. First story detection in TDT is hard[C]//Proceedings of CIKM: 374-381.

ALLAN J, PAPKA R, LAVRENKO V. 1998b. Online new event detection and tracking [C]// Proceedings of SIGIR: 37-45.

ALM C O, ROTH D, SPROAT R. 2005. Emotions from text: Machine learning for text-based emotion prediction[C]//EMNLP.

AMAN, STANSZPAKOWICZ. 2007. Identifying expressions of emotion in text[C]//TSD.

ANDREEVSKAIA A, BERGLER S. 2006. Mining WordNet for a fuzzy sentiment: sentiment tag extraction from WordNet glosses[C]//Proceedings of EACL: 209-216.

ANGELI G, PREMKUMAR M J J, MANNING C D. 2015. Leveraging linguistic structure for open domain information extraction[C]//Proceedings of ACL-IJCNLP, 1: 344-354.

ARORA S, LI Y Z, LIANG Y Y, et al. 2016. A latent variable model approach to PMI-based word embeddings[C]//Transactions of the Association for Computational Linguistics: 385-400.

AUE A, GAMON M. 2005. Customizing sentiment classiers to new domains: a case study[C]//Proceedings of RANLP. http://citeseerx.ist.psu.edu/viewdoc/download?doi=10.1.1.90.3612&rep=rep1&type=pdf.

BACCIANELLA S, ESULI A, SEBASTIANI F. 2010. Sentiwordnet 3.0: an enhanced lexical resource for sentiment analysis, opinion mining[C]//Proceedings of LREC: 2200-2204.

BAGGA A, BALDWIN B. 1998. Entity-based cross-document coreferencing using the vector space model[C]//Proceedings of ACL-ICCL: 79-85.

BANKO M, CAFARELLA M J, SODERL, S, et al. 2007. Open information extraction from the Web[C]// Proceedings of IJCAI: 2670-2676.

BARZILAY R, ELHADAD N, MCKEOWN K R. 2002. Inferring strategies for sentence ordering in multidocument news summarization[J]. Journal of Articial Intelligence Research, 17: 35-55.

BAXENDALE P B. 1958. Machine-made index for technical literature: an experiment[J]. IBM Journal of Research and Development, 2(4): 354-361.

BAZIOTIS C, NIKOLAOS A, CHRONOPOULOU A, et al. 2018. NTUA-SLP at SemEval-2018 Task 1: Predicting affective content in tweets with eeep attentive RNNs and transfer learning[C]//SemEval workshop.

BECKER H, NAAMAN M, GRAVANO L. 2011. Beyond trending topics: real-world event identification on Twitter[C]//Proceedings of ICWSM: 438-441.

BEKKERMAN R, MCCALLUM A. 2005. Disambiguating Web appearances of people in a social network[C]//Proceedings of WWW: 463-470.

BENGIO Y, DUCHARME R, VINCENT P. 2003. A neural probabilistic language model[J]. Journal of Machine Learning Research, 3(3): 1137-1155.

BIADSY F, HIRSCHBERG J, FILATOVA E. 2008. An unsupervised approach to biography production using Wikipedia[C]//Proceedings of ACL-HLT: 807-815.

BICKEL S, MICHAEL C, TOBIAS S. 2009. Discriminative learning under covariate shift[J]. Journal of Machine Learning Research, 10(5): 2137-2155.

BING L D, LI P J, LIAO Y, et al. 2015. Abstractive multi-document summarization via phrase selection and merging[C]//Proceedings of ACL: 1587-1597.

BLAIR-GOLDENSOHN S, HANNAN K, MCDONALD R, et al. 2008. Building a sentiment summarizer for local service reviews[C]//Proceedings of WWW Workshop Track: 339-348.

BLEI D M, GRIFFITHS T L, JORDAN M I, et al. 2004. Hierarchical topic models and the nested Chinese restaurant process[C]//Proceedings of NIPS:17-24.

BLEI D M, LAFFERTY J D. 2006. Dynamic topic models[C]//Proceedings of ICML: 113-120.

BLEI D M, NG A Y, JORDAN M I. 2003. Latent Dirichlet allocation[J]. Journal of Machine Learning Research, 3(4-5): 993-1022.

BLITZER J, DREDZE M, PEREIRA F. 2007. Biographies, Bollywood, boomboxes and blenders: Domain adaptation for sentiment classification[C]//Proceedings of ACL: 440-447.

BOJANOWSKI P, GRAVE E, JOULIN A, et al. 2017. Enriching word vectors with subword information[J]. Transactions on ACL: 135-146.

BOLLEN J, MAO H N, PEPE A. 2011. Modeling public mood and emotion: Twitter sentiment and socio-economic phenomena[C]//ICWSM.

BREIMAN L. 1996. Bagging predictors[J]. Machine Learning, 24(2): 123-140.

BRODY S, ELHADAD N. 2010. An unsupervised aspect-sentiment model for online reviews[C]//Proceedings of NAACL: 804-812.

BROWN T B, MANN B, RYDER N, et al. 2020. Language models are few-shot learners[C]//Proceedings of NeurIPS 2020: 1877-1901.

CARBONELL J, GOLDSTEIN J. 1998. The use of MMR, diversity-based reranking for reordering documents and producing summaries[C]//Proceedings of SIGIR: 335-336.

CATALDI M, CARO L D , SCHIFANELLA C. 2010. Emerging topic detection on Twitter based on temporal and social terms evaluation[C]//Proceedings of the Tenth International Workshop on Multimedia Data Mining: 1-10.

CHANG D-S, CHOI K-S. 2006. Incremental cue phrase learning and bootstrapping method for causality extraction using cue phrase and word pair probabilities[J]. Information Processing & Management.

CHANG J, BLEI D. 2009. Relational topic models for document networks[J]. Artificial Intelligence and Statistics: 81-88.

CHAUMARTIN F-R. 2007. UPAR7: A knowledge-based system for headline sentiment tagging[C]// SemEval workshop.

CHEN P, SUN Z, BING L, et al. 2017a. Recurrent attention network on memory for aspect sentiment analysis[C]//Proceedings of EMNLP: 452-461.

CHEN X X, XU L, LIU Z Y, et al. 2015a. Joint learning of character and word embeddings[C]// Proceeding of IJCAI: 1236-1242.

CHEN Y B, LIU S L, ZHANG X, et al. 2017b. Automatically labeled data generation for large scale event extraction[C]//Proceedings of ACL: 409-419.

CHEN Y B, XU LH, LIU K, et al. 2015b. Event extraction via dynamic multi-pooling convolutional neural networks[C]//Proceedings of ACL, 1:167-176.

CHEN Y F, ZONG C Q. 2008. A structure-based model for Chinese organization name translation[C]//ACM Transactions on Asian Language Information Processing, 7(1).

CHEN Y, AMIRI H, LI Z, et al. 2013. Emerging topic detection for organizations from microblogs[C]// Proceedings of SIGIR: 43-52.

CHEN Y, HOU W J, CHENG X Y. 2018a. Hierarchical convolution neural network for emotion cause detection on microblogs[C]//ICANN.

CHEN Y, HOU W J, CHENG X Y, et al. 2018b. Joint learning for emotion classification and emotion cause detection[C]//EMNLP.

CHEN Z, TAMANG S, LEE A, et al. 2010. CUNY-BLENDER TAC-KBP 2010 entity linking and slot filling system description[C]//TAC 2010 Workshop.

CHENG X Y, CHEN Y, CHENG B X, et al. 2017. An emotion cause corpus for Chinese microblogs with multiple-user structures[J]. ACM Transactions on Asian and Low-Resource Language Information Processing.

CHERNYSHEVICH M. 2014. IHS R&D Belarus: cross-domain extraction of product features using conditional random fields[C]//Proceedings of SemEval: 309-313.

CHO K, MERRIENBOER B V, GULCEHRE C, et al. 2014. Learning phrase representations using RNN encoder-decoder for statistical machine translation[C]//Proceedings of EMNLP: 1724-1734.

CHOI Y, CARDIE C. 2008. Learning with compositional semantics as structural inference for subsentential sentiment analysis[C]//Proceedings of EMNLP: 793-801.

CHOPRA S, AULI M, RUSH AM. 2016. Abstractive sentence summarization with attentive recurrent neural networks[C]//Proceedings of ACL: 93-98.

CLARK K, MANNING C D. 2016a. Improving conference resolution by learning entity-level distributed representations[C]//Proceedings of ACL: 643-653.

CLARK K, MANNING C D. 2016b. Deep reinforcement learning for mention-ranking conference models[C]//Proceedings of EMNLP: 2256-2262.

COLLINS M, DUFFY N. 2002. Convolution kernels for natural language[C]//Proceedings of NIPS: 625-632.

COLLOBERT R, WESTON J, BOTTOU L, et al. 2011. Natural language processing (almost) from Scratch[J]. The Journal of Machine Learning Research, 12: 2493-2537.

COLLOBERT R, WESTON J. 2008. A unified architecture for natural language processing: Deep neural networks with multitask learning[C]//Proceedings of ICML: 160-177.

CONNELL M, FENG A, KUMARAN G, et al. 2004. Umass at TDT[C]//Proceedings of TDT: 109-155.

CONSORTIUM L D. 2005. ACE (Automatic Content Extraction) English Annotation Guidelines for Entities.

CUI H, MITTAL V, DATAR M. 2006. Comparative experiments on sentiment classification for online product reviews[C]//Proceedings of AAAI: 1265-1270.

CULOTTA A, SORENSEN J. 2004. Dependency tree kernels for relation extraction[C]//Proceedings of ACL: 423-429.

DAI Z H, YANG Z-L, YANG Y M, et al. 2019. Transformer-xl: Attentive language models beyond a fixed-length context[Z/OL]. arXiv preprint arXiv:1901.02860.

DANG H T, OWCZARZAK K. 2008. Overview of the TAC 2008 opinion question answering and summarization tasks[C]//Proceedings of TAC, 2: 637-674.

DANISMAN T, ALPKOCAK A. 2008. Feeler: Emotion classification of text using vector space model[C]// AISB.

DAS S R, CHEN M Y. 2007. Yahoo! for Amazon: sentiment extraction from small talk on the Web[J]. Management Science, 53(9): 1375-1388.

DAVE K, LAWRENCE S, PENNOCK D M. 2003. Mining the Peanut Gallery: Opinion extraction and semantic classification of product reviews[C]//Proceedings of WWW: 519-528.

DEERWESTER S, DUMAIS S T, FURNAS G W, et al. 1990. Indexing by latent semantic analysis[J]. Journal of the American Society for Information Science, 41(6): 391-407.

DIAO Q, JIANG J, ZHU F D. 2012. Finding bursty topics from microblogs. [C]//Proceedings of ACL: 536-544.

DING X, LIU B, YU P S. 2008. A holistic lexicon-based approach to opinion mining[C]//Proceedings of WSDM: 231-240.

DING X, LIU B. 2007. The utility of linguistic rules in opinion mining[C]//Proceedings of SIGIR, 2007: 811-812.

DING Y, YU J F, JIANG J. 2017. Recurrent neural networks with auxiliary labels for cross-domain opinion target extraction[C]//Proceedings of AAAI: 3436-3442.

DING Z X, HE H H, ZHANG M R, et al. 2019. From independent prediction to reordered prediction: Integrating relative position and global label information to emotion cause identification[C]//Proceedings of AAAI: 6343-6350.

DING Z X, HE H H, ZHANG M R, et al. 2019. From independent prediction to reordered prediction: Integrating relative position and global label information to emotion cause identification[C]//AAAI.

DO Q X, LU W, DAN R. 2012. Joint inference for event timeline construction[C]//Proceedings of EMNLP-CoNLL: 677-687.

DONG L, WEI F, TAN C, et al. 2014. Adaptive recursive neural network for target-dependent Twitter sentiment classification[C]//Proceedings of ACL: 49-54.

DONG L, YANG N, WANG W H, et al. 2019. Unified language model pre-training for natural language understanding and generation[C]//Proceedings of NeurIPS 2019: 13063-13075.

DUMAIS S T, FURNAS G W, LANDAUER T K, et al. 1998. Using latent semantic analysis to improve access to textual information[C]//Proceedings of SIGCHI: 281-285.

DUMAIS S T. 2005. Latent semantic analysis[J]. Annual Review of Information Science and Technology, 38(1). 188-230.

EDMUNDSON H P. 1969. New methods in automatic extracting[J]. Journal of the ACM (JACM), 16(2): 264-285.

EKMAN P, FRIESEN W V, ELLSWORTH P. 1972. Emotion in the human face: Guidelines for research and an integration of findings[M]. Pergamon General Psychology Series.

ERKAN G, RADEV D R. 2004. LexRank: graph-based lexical centrality as salience in text summarization[J]. Journal of Artificial Intelligence Research, 22: 457-479.

ESULI A, SEBASTIANI F. 2007. Pageranking WordNet Synsets: an application to opinion mining[C]// Proceedings of ACL, 7: 442-431.

FAN C, YAN H Y, DU J C, et al. 2019. A knowledge regularized hierarchical approach for emotion cause analysis[C]//EMNLP-IJCNLP.

FANG A, MACDONALD C, OUNIS I, et al. 2016. Using word embedding to evaluate the coherence of topics from Twitter data[C]//Proceedings of SIGIR: 1057-1060.

FELBO B, MISLOVE A, SωGAARD A, et al. 2017. Using millions of emoji occurrences to learn any-domain representations for detecting sentiment, emotion and sarcasm[C]//EMNLP.

FENG W, ZHANG C, ZHANG W, et al. 2015. StreamCube: hierarchical spatio-temporal hashtag clustering for event exploration over the Twitter stream[C]//Proceedings of ICDE: 1561-1572.

FIRTH J R. 1957. A synopsis of linguistic theory[J]. Studies in Linguistic Analysis: 1-32.

FLEISCHMAN M B, HOVY E. 2004. Multi-document person name resolution[C]//Proceedings of the Conference on Reference Resolution and Its Application: 1-8.

FORMAN G. 2003. An extensive empirical study of feature selection metrics for text classification[J]. Journal of Machine Learning Research, 3(3): 1289-1305.

FREUND Y, SCHAPIRE R E. 1996. Experiments with a new boosting algorithm[C]//Proceedings of ICML, 96: 148-156.

FUNG G P C, YU J X, YU P S, et al. 2005. Parameter free bursty events detection in text streams[C]//Proceedings of VLDB: 181-192.

GAGE P. 1994. A new algorithm for data compression[J]. The C User Journal, 12(2): 23-38.

GAMON M. 2004. Sentiment classification on customer feedback data: noisy data, large feature vectors and the role of linguistic analysis[C]//Proceedings of COLING: 841-847.

GAN Z, PU C, HENAO R, et al. 2017. Learning generic sentence representations using convolutional neural networks[C]//Proceedings of EMNLP: 2390-2400.

GAO K, XU H, WANG J S. 2015a. Emotion cause detection for Chinese micro-blogs based on ecocc model[C]//PAKDD.

GAO K, XU H, WANG J S. 2015b. A rulebased approach to emotion cause detection for chinese micro-blogs[C]//Expert Systems with Applications.

GHAZI D, INKPEN D, SZPAKOWICZ S. 2015. Detecting emotion stimuli in emotion-bearing sentences[C]// CICLing.

GIRJU R. 2015. Automatic detection of causal relations for question answering[C]//ACL workshop on multilingual summarization and question answering.

GIROLAMI M, KABAN A. 2003. On an equivalence between PLSI and LDA[C]//Proceedings of SIGIR: 433-434.

GOLDER S A, MACY M W. 2011. Diurnal and seasonal mood vary with work, sleep, and daylength across diverse cultures[J]. Science.

GOODMAN C J. 1998. An empirical study of smoothing techniques for language model[J]. Computer Speech & Language.

GRAVES A, JAITLY N, MOHAMED A. 2013. Hybrid speech recognition with deep bidirectional LSTM[J]. IEEE Workshop on Automatic Speech Recognition and Understanding (ASRU): 273-278.

GRAVES A. 2013. Generating sequences with recurrent neural networks[J]. Arxiv Preprint Arxiv: 1308. 0850.

GRIFFITHS T L, STEYVERS M. 2004. Finding scientific topics[C]//Proceedings of the National Academy of Sciences, 101: 5228-5235.

GROSS J L, YELLEN J. 2003. Handbook of graph theory[M]. Chemical Rubber Company Press.

GU J T, LU Z D, LI H, et al. 2016. Incorporating copying mechanism in sequence-to-sequence learning[C]//Proceedings of ACL: 1631-1640.

GUI L, HU J N, HE Y L, et al. 2017. A question answering approach to emotion cause extraction[C]//EMNLP.

GUI L, WU D Y, XU R F, et al. 2016a. Event-driven emotion cause extraction with corpus construction[C]//EMNLP.

GUI L, WU D, XU R F, et al. 2016. Event-driven emotion cause extraction with corpus construction[C]//Proceedings of EMNLP: 1639-1649.

GUI L, XU R F, LU Q, et al. 2016b. Emotion cause extraction, a challenging task with corpus construction[C]//SMP.

GUI L, YUAN L, XU R F, et al. 2014. Emotion cause detection with linguistic construction in Chinese weibo text[C]//NLPCC.

GUPTA N, GILBERT M, FABBRIZIO G D. 2013. Emotion detection in email customer care[J]. Computational Intelligence.

GURMEET S M, ARVIND J, ANISH D. 2007. Detecting near-duplicates for web crawling[C]// Procedings of WWW: 141-149.

HAN J W, KAMBER M, PEI J N. 2012. Data mining-concepts and techniques[M]. 3rd ed.

HAN X P, SUN L, ZHAO J. 2011. Collective entity linking in Web text: a graph-based method[C]// Proceedings of SIGIR: 765-774.

HAN X P, ZHAO J. 2009a. Named entity disambiguation by leveraging Wikipedia semantic knowledge[C]//Proceedings of CIKM: 215-224.

HAN X P, ZHAO J. 2009b. NLPR KBP in TAC 2009 KBP track: a two-stage method to entity linking[C]//TAC 2009 Workshop.

HARRIS Z S, 1954. Distributional structure[J]. Word, 10(2-3): 146-162.

HASHIMOTO K, TSURUOKA Y. 2016. Adaptive joint learning of compositional and non-compositional phrase embeddings[C]//Proceedings of ACL: 205-215.

HATZIVASSILOGLOU V, MCKEOWN K R. 1997. Predicting the semantic orientation of adjectives[C]// Proceedings of EACL: 174-181.

HE II II, XIA R. 2018. Joint binary neural network for multi label learning with applications to emotion classification[C]//NLPCC.

HE Q, CHANG K Y, LIM E P, et al. 2007b. Bursty feature representation for clustering text streams[C]//Proceedings of SDM: 491-496.

HE Q, CHANG K, LIM E P. 2007a. Analyzing feature trajectories for event detection[C]// Proceedings of SIGIR: 207-214.

HE Z Y, LIU S J, LI M, et al. 2013. Learning entity representation for entity disambiguation[C]// Proceedings of ACL, 2: 30-34.

HEALY G. 2017. Overview of ntcir-13 eca task. [C]//NTCIR.

HEINRICH G. 2009. Parameter estimation for text analysis[J]. Technical Note, 2009.

HOBBS J R. 1978. Resolving pronoun references[J]. Lingua, 44(4): 311-338.

HOCHREITER S, SCHMIDHUBER J. 1997. Long short-term memory[J]. Neural Computation, 9(8): 1735-1780.

HOFMANN R, ZHANG C L, LING X, et al. 2011. Knowledge-based weak supervision for information extraction of overlapping relations[C]//Proceedings of ACL: 541-550.

HOFMANN T. 1999. Probabilistic latent semantic indexing[C]//Proceedings of SIGIR: 50-57.

HU J X, SHI S M, HUANG H. 2019. Combining external sentiment knowledge for emotion cause detection[C]//NLPCC.

HU M, LIU B. 2004. Mining and summarizing customer reviews[C]//Proceedings of SIGKDD: 168-177.

HU W P, ZHANG J J, ZHENG N. 2016. Different contexts lead to different word embeddings[C]// Proceedings of COLING: 762-771.

HUANG C Y, TRABELSI A, QIN X B, et al. 2020. Seq2Emo for multi-label emotion classification based on latent variable chains transformation[C]//AAAI.

HUANG J Y, SMOLA A J, GRETTON A, et al. 2007. Correcting sample selection bias by unlabeled data[C]//Proceedings of NIPS: 601-608.

HUANG L F, HUANG L. 2013. Optimized event storyline generation based on mixture-event-aspect model[C]//Proceedings of EMNLP: 726-735.

HUANG L, FAYONG S, YANG G. 2012. Structured perceptron with inexact search[C]//Proceedings of ACL:142-151.

HUANG X J, WAN X J, XIAO J G. 2011. Comparative news summarization using linear programming[C]//Proceedings of ACL, 2: 648-653.

HUANG Z H, XU W, YU K. 2015. Bidirectional LSTM-CRF models for sequence tagging[J]. axXiv preprint arxiv: 1508.01991.

IKEDA D, TAKAMURA H, RATINOV L A, et al. 2008. Learning to shift the polarity of words for sentiment classification[C]//Proceedings of IJCNLP: 296-303.

INDERJEET M. 2001. Automatic summarization[M]. John Benjamins Publishing Co.

IRSOY O, CARDIE C. 2014. Deep recursive neural networks for compositionality in language[C]//Proceedings of NIPS: 2096-2104.

JAIN A, PENNACCHIOTTI M. 2010. Open entity extraction from Web search query logs[C]//Proceedings of COLING: 510-518.

JAKOB N, GUREVYCH I. 2010. Extracting opinion targets in a singleand cross-domain setting with conditional random fields[C]//Proceedings of EMNLP: 1035-1045.

JIANG F, LIU Y-Q, LUAN H-B, et al. 2015. Microblog sentiment analysis with emoticon space model[J]. Journal of Computer Science and Technology.

JIANG J, ZHAI C X. 2007. Instance weighting for domain adaptation in NLP[C]//Proceedings of ACL: 264-271.

JIANG L, YU M, ZHOU M, et al. 2011. Target-dependent Twitter sentiment classification[C]//Proceedings of ACL: 151-160.

JIAO X Q, YIN Y C, SHANG L F, et al. 2020. TinyBERT: Distilling BERT for natural language understanding[C]//Proceedings of Findings of EMNLP 2020: 4163-4174.

JIN W, HO HH, SRIHARI R K. 2009. A novel lexicalized HMM-based learning framework for Web opinion mining[C]//Proceedings of ICML: 465-472.

JO Y, OH A H. 2011. Aspect and sentiment unification model for online review analysis[C]//Proceedings of WSDM: 815-824.

JURAFSKY D, MARTIN J H. 2000. Speech and language processing: An introduction to natural language processing, computational linguistics, and speech recognition[M]. Prentice Hall.

KALCHBRENNER N, GREFENSTETTE E, BLUNSOM P. 2014. A convolutional neural network for modelling sentences[C]//Proceedings of ACL: 655-665.

KAMPS J, MARX M, MOKKEN R J, et al. 2004. Using WordNet to measure semantic orientations of adjectives[C]//Proceedings of LREC: 1115-1118.

KANAYAMA H, NASUKAWA T. 2006. Fully automatic lexicon expansion for domain-oriented sentiment analysis[C]//Proceedings of EMNLP: 355-363.

KENNEDY A, INKPEN D. 2006. Sentiment classification of movie reviews using contextual valence shifters[J]. Computational Intelligence, 22(2): 110-125.

KIM S M, HOVY E. 2004. Determining the sentiment of opinions[C]//Proceedings of COLING: 1367-1373.

KIM Y, LEE H, JUNG K. 2018. AttnConvnet at SemEval-2018 Task 1: Attention-based Convolutional Neural Networks for Multi-label Emotion Classification[C]//SemEvalworkshop.

KIM Y. 2014. Convolutional neural networks for sentence classification[C]//Proceedings of EMNLP: 1746-1751.

KIRITCHENKO S, ZHU X, CHERRY C, et al. 2014. NRC-Canada-2014: detecting aspects and sentiment in customer reviews[C]//Proceedings of SemEval: 437-442.

KIROS R, ZHU Y K, SALAKHUTDINOV R R, et al. 2015. Skip-thought vectors[C]//Proceedings of NIPS: 3294-3302.

KLEINBERG J. 2003. Bursty and hierarchical structure in streams[C]//Proceedings of DMKD: 373-397.

KNIGHT K, MARCU D. 2002. Summarization beyond sentence extraction: a probabilistic approach to sentence compression[J]. Artificial Intelligence, 139(1): 91-107.

KOBAYASHI N, INUI K, MATSUMOTO Y. 2007. Extracting aspect-evaluation and aspect of relations in opinion mining[C]//Proceedings of EMNLP and CoNLL: 1065-1074.

KRATZWALD B, SUZANA I, KRAUS M, et al. 2018. Deep learning for affective computing: Text-based emotion recognition in decision support[J]. Decision Support Systems.

KU L W, LIANG Y T, CHEN H H. 2006. Opinion extraction, summarization and tracking in news and blog corpora[C]//Proceedings of AAAI: 100-107.

KUMARAN G, ALLAN J. 2004. Text classification and named entities for new event detection[C]// Proceedings of SIGIR: 297-304.

KUMARAN G, ALLAN J. 2005. Using names and topics for new event detection[C]//Proceedings of HLT/EMNLP: 121-128.

KURISINKEL L J, MISHRA P, MURALIDARAN V, et al. 2016. Non-decreasing sub-modular function for comprehensible summarization[C]//Proceedings of NAACL: 94-101.

LAFFERTY J, MCCALLUM A, PEREIRA F C N. 2001. Conditional random fields:probabilistic models for segmenting and labeling sequence data[C]//Proceedings of ICML: 282-289.

LAI S W, LIU K, XU L H, et al. 2016. How to generate a good word embedding?[J]. IEEE Intelligent Systems: 5-14.

LAMPLE G, CONNEAU A. 2019. Cross-lingual language model pretraining[C]//Proceedings of NeurIPS 2019: 7059-7069.

LAN Z Z, CHEN M D, GOODMAN S, et al. 2020. ALBERT: A lite BERT for self-supervised learning of language representations[C]//Proceedings of ICLR 2020.

LANDAUER T K. 2006. Latent Semantic Analysis[M]. John Wiley & Sons, Ltd. Larkey L S, Croft W B. 1996. Combining classifiers in text categorization[C]//Proceedings of SIGIR: 289-297.

LARKEY L S, CROFT W B. 1996. Combining classifiers in text categorization[C]//Proceedings of SIGIR: 289-297.

LAVRENKO V, CROFT W B. 2001. Relevance based language models[C]//Proceedings of SIGIR: 120-127.

LDC. 2005. ACE (Automatic Content Extraction) English annotation guidelines for entities (Version 5.5.1) [Z/OL]. https://www.ldc.upenn.edu/sites/www.ldc.upenn.edu/ᐨles/chineseevents-guidelines-v5.5.1.pdf.

LE Q V, MIKOLOV T. 2014. Distributed representations of sentences and documents[C]// Proceedings of ICML: 1188-1196.

LEE SYM, CHEN Y, H C-R, et al. 2013. Detecting emotion causes with a linguistic rule-based approach[J]. Computational Intelligence.

LEE H, PEIRSMAN Y, CHANG A, et al. 2011. Stanford's multi-pass sieve conference resolution system at the CoNLL-2011 shared task[C]//Proceedings of CoNLL: 28-34.

LEE R, SUMIYA K. 2010a. Measuring geographical regularities of crowd behaviors for Twitter-based geo-social event detection[C]//Proceedings of ACM SIGSPATIAL: 1-10.

LEE S. 2010b. Emotion cause detection with linguistic constructions[C]//COLING.

LEEK T, RICHARD S, SRINIVASA. 2002. Probabilistic approaches to topic detection and tracking[M]. Topic Detection and Tracking: 67-83.

LEWIS M, LIU Y H, GOYAL N, et al. 2020. BART: Denoising sequence-to-sequence pre-training for natural language generation, translation, and comprehension[C]//Proceedings of ACL 2020: 7871-7880.

LI B F, LIU T, ZHAO Z, et al. 2017a. Investigating different syntactic context types and context representations for learning word embeddings[C]//Proceedings of EMNLP: 2421-2431.

LI C, LIU F, WENG F L, et al. 2013a. Document summarization via guided sentence compression[C]//Proceedings of EMNLP: 490-500.

LI F T, HAN C, HUANG M L, et al. 2010a. Structure aware review mining and summarization[C]//Proceedings of COLING: 653-661.

LI H R, ZHANG J J, ZHOU Y, et al. 2016a. GuideRank: a guided ranking graph model for multilingual multi-document summarization[C]//Proceedings of NLPCC: 608-620.

LI H R, ZHU J N, MA C, et al. 2017b. Multi-modal summarization for asynchronous collection of text, image, audio and video[C]//Proceedings of EMNLP: 1092-1102.

LI J W, LUONG M T, JURAFSKY D. 2015. A hierarchical neural autoencoder for paragraphs and documents[C]//Proceedings of ACL: 1106-1115.

LI Q, JI H, HUANG L. 2013b. Joint event extraction via structured prediction with global features[C]//Proceedings of ACL: 73-82.

LI Q, JI H. 2014. Incremental joint extraction of entity mentions and relations[C]//Proceedings of ACL: 402-412.

LI S H, CHUN T S, ZHU J, et al. 2016b. Generative topic embedding: a continuous representation of documents[C]//Proceedings of ACL: 666-675.

LI S S, HUANG L, WANG R, et al. 2015. Sentence-level emotion classification with labeland context dependence[C]//ACL.

LI S S, LEE S Y M, CHEN Y, et al. 2010b. Sentiment classification and polarity shifting[C]//Proceedings of the COLING: 635-643.

LI S S, XIA R, ZONG C Q, et al. 2009a. A framework of feature selection methods for text categorization[C]//Proceedings of ACL and AFNLP: 692-700.

LI S, HUANG C R. 2009. Sentiment classification considering negation and contrast transition[C]//Proceedings of PACLIC: 297-306.

LI T, ZHANG Y, VIKAS S. 2009b. A non-negative matrix tri-factorization approach to sentiment classification with lexical prior knowledge[C]//Proceedings of ACL: 244-248.

LI W Y, XU H. 2014. Text-based emotion classification using emotion cause extraction[J]. Expert Systems with Applications.

LI W, MCCALLUM A. 2006. Pachinko allocation: DAG-structured mixture models of topic correlations[C]//Proceedings of ICML: 577-584.

LI X J, FENG S, WANG D L, et al. 2017. Decision tree method for the NTCIR-13 ECA task[C]//NTCIR.

LI X J, FENG S, WANG D L, et al. 2019. Context-aware emotion cause analysis with multi-attention-based neural network[J]. Knowledge-Based Systems.

LI X J, SONG K S, FENG S, et al. 2018. A co-attention neural network model for emotion cause analysis with emotional context awareness[C]//EMNLP.

LI X, LAM W. 2017. Deep multi-task learning for aspect term extraction with memory interaction[C]//Proceedings of EMNLP: 2876-2882.

LI Z, ZHANG Y, WEI Y, et al. 2017c. End to end adversarial memory network for cross-domain sentiment classification[C]//Proceedings of IJCAI: 2237-2243

LI Z, ZHANG Y, WEI Y, et al. 2018. Hierarchical attention transfer network for cross-domain sentiment classification[C]//Proceedings of AAAI: 5852-5859.

LIAO W H, VEERAMACHANENI S. 2009. A simple semi-supervised algorithm for named entity recognition[C]//Proceedings of the NAACL-HLT 2009 Workshop on Semi-supervised Learning for Natural Language Processing: 58-65.

LIN C Y. 2004. Rouge: a package for automatic evaluation of summaries[J]. Text Summarization Branches Out: 74-81.

LIN C, HE Y. 2009. Joint sentiment/topic model for sentiment analysis[C]//Proceedings of CIKM: 375-384.

LIN J, SNOW R, MORGAN W. 2011. Smoothing techniques for adaptive online language models: topic tracking in tweet streams[C]//Proceedings of ACM SIGKDD: 422-429.

LIN Y K, SHEN S Q, LIU Z Y, et al. 2016. Neural relation extraction with selective attention over instances[C]//Proceedings of ACL: 2124-2133.

LING W, LIN C C, TSVETKOV Y, et al. 2015. Not all contexts are created equal: better word representations with variable attention[C]//Proceedings of EMNLP: 1367-1372.

LIU B. 2011. Web data mining: exploring hyperlinks, contents, and usage data[M]. Springer.

LIU B. 2012. Sentiment analysis and opinion mining[J]. Synthesis Lectures on Human Language Technologies: 1-167.

LIU B. 2015. Sentiment analysis: mining opinions, sentiments and emotions[M]. Cambridge University Press.

LIU C, LI W, DEMAREST B, et al. 2016a. IUCL at SemEval-2016 Task 6: an ensemble model for stance detection in Twitter[C]//Proceedings of SemEval: 394-400.

LIU F, FLANIGAN J, THOMSON S, et al. 2015a. Toward abstractive summarization using semantic representations[C]//Proceedings of ACL: 1077-1086.

LIU H G, SINGH P. 2003. OMCSNet: A commonsense inference toolkit. Submission[C]//AAAI.

LIU J, ZHANG Y. 2017. Attention modeling for targeted sentiment[C]//Proceedings of EACL: 572-577.

LIU L R, FENG S, WANG D L, et al. 2016b. An empirical study on Chinese microblog stance detection using supervised and semi-supervised machine learning methods[C]//Proceedings of Natural Language Understanding and Intelligent Applications: 753-765.

LIU M F, XIA L X, ZHANG Z L, et al. 2017. WUST CRF-based system at NTCIR-13 ECA task[C]//NTCIR.

LIU P, JOTY S R, MENG H M. 2015b. Fine-grained opinion mining with recurrent neural networks and word embeddings[C]//Proceedings of EMNLP: 1433-1443.

LIU Y H, OTT M, GOYAL N, et al. 2019. RoBERTa: A robustly optimized BERT pretraining approach[Z/OL]. arXiv preprint arXiv:1907.11692.

LIU Y, LI Z, XIONG H. 2010. Understanding of internal clustering validation measures[C]// Proceedings of ICDM: 911-916.

LOVINS J B. 1968. Development of a stemming algorithm[J]. Translation and Computational Linguistics, 11 (1): 22-31.

LOW B-T, CHAN K, CHOI L-L, et al. 2001. Semantic expectation based causation knowledge extraction: A study on hongkong stock movement analysis[C]//PAKDD.

LUHN H P. 1958. The automatic creation of literature abstracts[J]. IBM Journal of Research and Development: 159-165.

LUO B F, FENG Y S, WANG Z, et al. 2017. Learning with noise: enhance distantly supervised relation extraction with dynamic transition matrix[C]//Proceedings of ACL: 430-439.

LUO, X Q. 2005. On conference resolution performance metrics[C]//Proceedings of HLT-EMNLP 2005: 25-32.

MA C L, OSHERENKO A, PRENDINGER H, et al. 2005. A chat system based on emotion estimation from text and embodied conversational messengers[C]//AMT.

MA D, LI S, ZHANG X, et al. 2017. Interactive attention networks for aspect-level sentiment classification[C]//Proceedings of IJCAI: 4068-4074.

MALIN B, AIROLDI E, CARLEY K M. 2005. A network analysis model for disambiguation of names in lists[J]. Computational & Mathematical Organization Theory: 119-139.

MANKU G S, JAIN A, DAS SURMA A. 2007. Detecting near-duplicates for web crawling[C]// Proceedings of WWW-2007: 141-149.

MANN G S, YAROWSKY D. 2003. Unsupervised personal name disambiguation[C]//Proceedings of HLT-NAACL: 33-40.

MANNING C D, SCHÄUTE H. 1999. Foundations of statistical natural language processing[M]. Cambridge, MA: The MIT Press.

MAO Y, LEBANON G. 2007. Isotonic conditional random fields and local sentiment flow[C]// Proceedings of NIPS: 961-968.

MARCU D, ECHIHABI A. 2002. An unsupervised approach to recognizing discourse relations[C]// ACL.

MARCU D. 2000. The theory and practice of discourse parsing and summarization[M]. Cambridge, MA: The MIT Press.

MASSOUDI K, TSAGKIAS M, RIJKE M D, et al. 2011. Incorporating query expansion and quality indicators in searching microblog posts[J]. Advances in Information Retrieval: 362-367.

MATSUMOTO S, TAKAMURA H, OKUMURA M. 2005. Sentiment classification using word sub-sequences and dependency sub-trees[C]//Proceedings of PAKDD: 301-311.

MAUSAM, SCHMITZ M, BART R, et al. 2012. Open language learning for information extraction[C]//Proceedings of EMNLP: 523-534.

MCAULIFFE J D, BLEI D M. 2008. Supervised topic models[C]//Proceedings of NIPS: 121-128.

MCCALLUM A, CORRADA-EMMANUEL A, WANG X. 2005. Topic and role discovery in social networks[C]//Proceedings of IJCAI: 786-791.

MCCALLUM A, LI W. 2003. Early results for named entity recognition with conditional random fields, feature induction and Web-enhanced lexicons[C]//Proceedings of 7th CoNLL at NAACL-HLT: 188-191.

MCCALLUM A, NIGAM K. 1998. A comparison of event models for naive Bayes text classification[C]//Proceedings of AAAI Workshop Track: 41-48.

MCDONALD R, HANNAN K, NEYLON T, et al. 2007. Structured models for fine-to-coarse sentiment analysis[C]//Proceedings of ACL: 432-439.

MEI Q Z, ZHAI C X. 2006. A note on EM algorithm for probabilistic latent semantic analysis[J]. Technical Note, 2006.

MEI Q, LING X, WONDRA M, et al. 2007. Topic sentiment mixture: modeling facets and opinions in Weblogs[C]//Proceedings of WWW: 171-180.

MIHALCEA R, TARAU P. 2004. Textrank: bringing order into text[C]//Proceedings of EMNLP: 404-411.

MIKOLOV T, CHEN K, CORRADO G, et al. 2013a. Efficient estimation of word representations in vector space[C]//Proceedings of ICLR Workshop Track.

MIKOLOV T, KARAFIAT M, BURGET L, et al. 2010. Recurrent neural network based language model[C]//Proceedings of Interspeech: 1045-1048.

MIKOLOV T, SUTSKEVER I, CHEN K, et al. 2013b. Distributed representations of words and phrases and their compositionality[C]//Proceedings of NIPS: 3111-3119.

MINKOV E, COHEN W W, NG A Y. 2006. Contextual search and name disambiguation in email using graphs[C]//Proceedings of SIGIR: 27-34.

MINTZ M, BILLS S, SNOW R, et al. 2009. Distant supervision for relation extraction without labeled data[C]//Proceedings of the AFNLP: 1003-1011.

MISHNE G. 2005. Experiments with mood classification in blog posts[C]//SIGIR Workshop on Stylistic Analysis of Text for Information Access.

MIWA M, BANSAL M. 2016. End-to-end relation extraction using LSTMs on sequences and tree structures[C]//Proceedings of ACL: 1105-1116.

MOHAMMAD S M, BRAVO-MARQUEZ F, SALAMEH M, et al. 2018. Semeval-2018 task 1: Affect in tweets[C]//SemEval workshop.

MOHAMMAD S M, BRAVO-MARQUEZ F. 2017. WASSA-2017 shared task on emotion intensity[C]//WASSA workshop.

MOHAMMAD S M, KIRITCHENKO S, ZHU X. 2013. NRC-Canada: building the state-of-the-art in sentiment analysis of tweets[C]//Proceedings of SemEval: 321-327.

MOHAMMAD S M. 2012. # Emotional tweets[C]//SemEval workshop.

MOHAMMAD S, KIRITCHENKO S, SOBHANI P, et al. 2016. SemEval-2016 Task 6: detecting stance in tweets[C]//Proceedings of SemEval: 31-41.

MUKHERJEE A, LIU B. 2012. Aspect extraction through semi-supervised modeling[C]//Proceedings of ACL: 339-348.

MULLEN T, COLLIER N. 2004. Sentiment analysis using support vector machines with diverse information sources[C]//Proceedings of EMNLP: 412-418.

NA J C, SUI H, KHOO C, et al. 2004. Effectiveness of simple linguistic processing in automatic sentiment classification of product reviews[C]//Proceedings of ISKO: 49-54.

NAKAGAWA T, INUI K, KUROHASHI S. 2010. Dependency tree-based sentiment classification using CRFs with hidden variables. In Proceedings of NAACL-HLT, pp. 786-794.

NALLAPATI R, ZHOU B W, SANTOS C N, et al. 2016. Abstractive text summarization using sequence-to-sequence RNNs and beyond[C]//Proceedings of CoNLL: 280-290.

NALLAPATI R., ZHAI F F, ZHOU B W. 2017. Summarunner: a recurrent neural network based sequence model for extractive summarization of documents[C]//Proceedings of AAAI: 3075-3081.

NARASIMHAN K, YALA A, BARZILAY R. 2016. Improving information extraction by acquiring external evidence with reinforcement learning[C]//Proceedings of EMNLP: 2355-2365.

NEMA P, KHAPRA M, LAHA A, et al. 2017. Diversity driven attention model for query-based abstractive summarization[C]//Proceedings of ACL: 1063-1072.

NENKOVA A, PASSONNEAU R. 2004. Evaluating content selection in summarization: the pyramid method[C]//Proceedings of HLT-NAACL: 145-152.

NEVIAROUSKAYA A, AONO M. 2013. Extracting causes of emotions from text[C]//IJCNLP.

NEVIAROUSKAYA A, PRENDINGER H, ISHIZUKA M. 2007. Textual affect sensing for sociable and expressive online communication[C]//International Conference on Affective Computing and Intelligent Interaction.

NEVIAROUSKAYA A, PRENDINGER H, ISHIZUKA M. 2009. Compositionality principle in recognition of fine-grained emotions from text[C]//ICWSM.

NG A Y, JORDAN M I. 2002. On discriminative vs. generative classifiers: a comparison of logistic regression and naive Bayes[C]//Proceedings of NIPS: 841-848.

NG V, DASGUPTA S, ARIFIN S M. 2006. Examining the role of linguistic knowledge sources in the automatic identification and classification of reviews[C]//Proceedings of the COLING/ACL: 611-618.

NIGAM K, MCCALLUM A, THRUN S, et al. 2000. Text classification from labeled and unlabeled documents using EM[J]. Machine Learning, 39(2/3): 103-134.

ORIMAYE S O, ALHASHMI S M, SIEW E G. 2012. Buy it-don't buy it: sentiment classification on Amazon reviews using sentence polarity shift[C]//Proceedings of PRICAI: 386-399.

OSBORNE M. 2002. Using maximum entropy for sentence extraction[C]//Proceedings of ACL: 1-8.

OVESDOTTERALM C, ROTH D, SPROAT R. 2005. Emotions from text: Machine learning for text-based emotion prediction[C]//Proceedings of HLT-EMNLP: 579-586.

PAGE L, BRIN S. 1998. The anatomy of a large-scale hypertextual Web search engine[J]. Computer Networks and ISDN Systems, 30(17).

PAICE C D. 1990. Another stemmer[J]. SIGIR Forum, 24 (3): 56-61.

PAN S J, TSANG I W, KWOK T J, et al. 2011. Domain adaptation via transfer component analysis[J]. IEEE Transactions on Neural Networks: 199-210.

PAN S J, YANG Q. 2010. A survey on transfer learning[J]. IEEE Transactions on Knowledge and Data Engineering: 1345-1359.

PANG B, LEE L, VAITHYANATHAN S. 2002. Thumbs up: sentiment classification using machine learning techniques[C]//Proceedings of EMNLP: 79-86.

PANG B, LEE L. 2004. A sentimental education: sentiment analysis using subjectivity summarization based on minimum cuts[C]//Proceedings of ACL: 271-278.

PANG B, LEE L. 2008. Opinion mining and sentiment analysis[J]. Foundations and Trends in Information Retrieval: 1-135.

PAPINENI K, ROUKOS S, WARD T, et al. 2002. Bleu: a method for automatic evaluation of machine translation[C]//Proceedings of ACL: 311-318.

PARROT W G. 2001. Emotions in social psychology: Essentioal readings[M]. Psychology Press.

PEDERSEN T, PURANDARE A, KULKARNI A. 2005. Name discrimination by clustering similar contexts[C]//Proceedings of CICLING: 226-237.

PENG N Y, POON H, QUIRK C, et al. 2017. Cross-sentence n-ary relation extraction with graph LSTMs[C]//TACL:101-115.

PENNACCHIOTTI M, PANTEL P. 2009. Entity extraction via ensemble semantics[C]//Proceedings of EMNLP: 238-247.

PERSING I, NG V. 2009. Semi-supervised cause identification from aviation safety reports[C]//ACL-IJCNLP.

PETERS M E, NEUMANN M, IYYER M, et al. 2018. Deep contextualized word representations[C]//Proceedings of NAACL: 2227-2237.

PETROV S, MCDONALD R. 2012. Overview of the 2012 shared task on parsing the Web[C]//INotes of the First Workshop on Syntactic Analysis of Non-Canonical Language (SANCL).

PETROVIC S, OSBORNE M, LAVRENKO V. 2010. Streaming first story detection with application to Twitter[C]//Proceedings of NAACL HLT: 181-189.

PEYRARD M, ECKLE-KOHLER J. 2017. Supervised learning of automatic pyramid for optimization-based multi-document summarization[C]//Proceedings of ACL: 1084-1094.

PHUVIPADAWAT S, MURATA T. 2010. Breaking news detection and tracking in Twitter[C]//Proceedings of WI-IAT: 120-123.

PINTER Y, GUTHRIE R, EISENSTEIN J. 2017. Mimicking word embeddings using subword RNNs[C]//Proceedings of EMNLP: 102-112.

PLATT J. 1998. Sequential minimal optimization: a fast algorithm for training support vector machines[J]. Advances in Kernel Methods-support Vector Learning: 212-223.

PLUTCHIK R, KELLERMAN H. 1986. Emotion: Theory, research and experience[C]//Biological Foundations of Emotions. Academic Press.

POLANYI L, ZAENEN A. 2006. Contextual valence shifters[J]. Computing Attitude and Affect in Text: Theory and Applications, 20: 1-10.

POPESCU A M, ETZIONI O. 2007. Extracting product features and opinions from reviews[J]. Natural Language Processing and Text Mining: 9-28.

POPESCU A M, PENNACCHIOTTI M, PARANJPE D. 2011. Extracting events and event descriptions from Twitter[C]//Proceedings of WWW: 105-106.

POPESCU A M, PENNACCHIOTTI M. 2010. Detecting controversial events from Twitter[C]// Proceedings of CIKM: 1873-1876.

PORTER M F. 1980. An algorithm for suffix stripping[J]. Program, 14(3): 130-137.

PRADHAN S, LUO X Q, RECASENS M, et al. 2014. Scoring coreference partitions of predicted mentions: a reference implementation[C]//Proceedings of ACL: 30-35.

PURVER M, BATTERSBY S. 2012. Experimenting with distant supervision for emotion classification[C]//ACL.

QIAN Q, HUANG M, LEI J, et al. 2017. Linguistically regularized LSTMs for sentiment classification[C]//Proceedings of ACL: 1679-1689.

QIU G, LIU B, BU J, et al. 2011. Opinion word expansion and target extraction through double propagation[J]. Computational Linguistics, 37(1): 9-27.

QIU X P, SUN T X, XU Y G, et al. 2020. Pre-trained models for natural language processing: A survey[J]. SCIENCE CHINA Technological Sciences, 63: 1872-1897.

QUAN C Q, REN F J. 2009. Construction of a blog emotion corpus for Chinese emotional expression analysis[C]//EMNLP.

RABINER L R, JUANG B H. 1986. An Introduction to hidden Markov models[J]. IEEE ASSP Magazine, 3(1): 4-16.

RADFORD A, WU J, CHILD R, et al. 2019. OpenAI blog 1.8: 9.

DEVLIN J, Chang M W, LEE K, et al. 2019. Bert: Pre-training of deep bidirectional transformers for language understanding[C]//Proceedings of NAACL: 4171-4186.

RADFORD A, NARASIMHAN K, SALIMANS T, et al. 2018. Improving language understanding by generative pre-training[Z/OL]. https://s3-us-west-2.amazonaws.com/openai-assets/ researchcovers/languageunsupervised/language understanding paper.pdf.

RAFFEL C, SHAZEER N, ROBERTS A, et al. 2020. Exploring the limits of transfer learning with a unified text-to-text transformer[J]. Journal of Machine Learning Research 21 (2020) 1-67.

RAGHUNATHAN K, LEE H, RANGARAJAN S, et al. 2010. A multi-pass sieve for coreference resolution[C]//Proceedings of EMNLP: 492-501.

RAMAGE D, HALL D, NALLAPATI R, et al. 2009. Labeled LDA: a supervised topic model for credit attribution in multi-labeled corpora[C]//Proceedings of EMNLP: 248-256.

RATINOV L, ROTH D. 2009. Design challenges and misconceptions in named entity recognition[C]//Proceedings of CoNLL: 147-155.

READ J. 2004. Recognising affect in text using pointwise-mutual information[D]. University of Sussex.

REN H, REN Y F, WAN J. 2017. The GDUFS system in NTCIR-13 ECA task[C]//NTCIR.

RIEDEL S, YAO L M, MCCALLUM A. 2010. Modeling relations and their mentions without labeled text[C]//Proceedings of ECML: 148-163.

RUSH A M, CHOPRA S, WESTON J. 2015. A neural attention model for abstractive sentence summarization[C]//Proceedings of EMNLP: 379-389.

RUSSO I, CASELLI T, RUBINO F, et al. 2011. Emocause: an easy-adaptable approach to emotion cause contexts[C]//WASSA workshop.

SALTON G, WONG A, YANG C S. 1975. A vector space model for automatic indexing[J]. Communications of the ACM, 18(11): 613-620.

SANH V, DEBUT L, CHAUMOND J, et al. 2019. DistilBERT, a distilled version of BERT: smaller, faster, cheaper and lighter[C]//Proceedings of the 5th Workshop on Energy Efficient Machine Learning and Cognitive Computing - NeurIPS 2019.

SARAWAGI S. 2008. Information extraction[J]. Foundations and Trends in Databases, 1(3): 261-377.

SCHAPIRE E, SINGER Y. 2000. BoosTexter: a boosting-based system for text categorization[J]. Machine Learning, 39(2-3): 135-168.

SCHUSTER M, PALIWAL K K. 1997. Bidirectional recurrent neural networks[J]. IEEE Transactions on Signal Processing, 45(11): 2673-2681.

SEBASTIANI F. 2002. Machine learning in automated text categorization[J]. ACM Computing Surveys (CSUR), 34(1): 1-47.

SEE A, LIU J, MANNING C D. 2017. Get to the point: summarization with pointer generator networks[C]//Proceedings of ACL: 1073-1083.

SHEN W, WANG J Y, HAN J W. 2015. Entity linking with a knowledge base: issues, techniques, and solutions[J]. IEEE Transactions on Knowledge and Data Engineering, 27(2): 443-460.

SHIMODAIRA H. 2000. Improving predictive inference under covariate shift by weighting the log-likelihood function[J]. Journal of Statistical Planning and Inference, 90(2): 227-244.

SNYDER B, BARZILAY R. 2007. Multiple aspect ranking using the good grief algorithm[C]//Proceedings of HLT-NAACL: 300-307.

SOCHER R, HUVAL B, MANNING C D, et al. 2012. Semantic compositionality through recursive matrix-vector spaces[C]//Proceedings of EMNLP and CoNLL:1201-1211.

SOCHER R, LIN C C, MANNING C, et al. 2011a. Parsing natural scenes and natural language with recursive neural networks[C]//Proceedings of ICML: 29-136.

SOCHER R, PENNINGTON J, HUANG H, et al. 2011b. Semisupervised recursive autoencoders for predicting sentiment distributions[C]//Proceedings of EMNLP: 151-161.

SOCHER R, PERELYGIN A, WU J, et al. 2013. Recursive deep models for semantic compositionality over a sentiment treebank[C]//Proceedings of EMNLP: 1631-1642.

SONG K S, FENG S, GAO W, et al. 2015. Build emotion lexicon from microblogs by combining effects of seed words and emoticons in a heterogeneous graph[C]//ACM Conference on Hypertext & Social Media.

SONG S Y, MENG Y. 2015. Detecting concept-level emotion cause in microblogging[C].

SOON W M, NG H T, LIM D C Y. 2001. A machine learning approach to coreference resolution of noun phrases[J]. Computational Linguistics, 27(4): 521-544.

STAIANO J, GUERINI M. 2014. DepecheMood: A lexicon for emotion analysis from crowd-annotated news[C]//ACL.

STANOVSKY G, DAGAN I. 2016. Creating a large benchmark for open information extraction[C]//Proceedings of EMNLP: 2300-2305.

STEYVERS M, SMYTH P, ROSEN-ZVI M, et al. 2004. Probabilistic author-topic models for information discovery[C]//Proceedings of SIGKDD: 306-315.

STRAPPARAVA C, MIHALCEA R. 2007. SemEval-2007 task 14: Affective text[C]//SemEval workshop.

STRAPPARAVA C, MIHALCEA R. 2008. Learning to identify emotions in text[C]//ACM Symposium on Applied Computing.

STRAPPARAVA C, VALITUTTI A. 2004. WordNet affect: an affective extension of WordNet[C]// Proceedings of LREC: 1083-1086.

STRAPPARAVA C, VALITUTTI A. 2004. WordNet affect: An affective extension of wordnet[C]// LREC.

SUBASIC P, HUETTNER A. 2001. Affect analysis of text using fuzzy semantic typing[J]. IEEE Transactions on Fuzzy systems, 9: 483-496.

SUGIYAMA M, NAKAJIMA S, KASHIMA H, et al. 2008. Direct importance estimation with model selection and its application to covariate shift adaptation[C]//Proceedings of NIPS: 1433-1440.

SUN Y M, LIN L, TANG D Y, et al. 2015. Modeling mention, context and entity with neural networks for entity disambiguation[C]//Proceedings of IJCAI: 1333-1339.

SUN Y, WANG SH-H, LI Y K, et al. 2019. ERNIE: Enhanced representation through knowledge integration[Z/OL]. arXiv preprint arXiv:1904.09223.

SUN Y, WANG SH-H, LI Y K, et al. 2020. ERNIE 2.0: A continual pre-training framework for language understanding[C]//Proceedings of AAAI 2020: 8968-8975.

SURDEANU M, TIBSHIRANI J, NALLAPATI R, et al. 2012. Multiinstance multi-label learning for relation extraction[C]//Proceedings of EMNLP: 455-465.

SUTTLES J, IDE N. 2013. Distant supervision for emotion classification with discrete binary values[C]//CICLing.

SUTTON C, MCCALLUM A. 2012. An introduction to conditional random fields[J]. Foundations and Trends in Machine Learning, 4(4): 267-373.

SUZUKI J, ISOZAKI H. 2008. Semi-supervised sequential labeling and segmentation using gigaword scale unlabeled data[C]//Proceedings of ACL- HLT: 665-673.

TABOADA M, BROOKE J, TOFILOSKI M, et al. 2011. Lexicon-based methods for sentiment analysis[J]. Computational Linguistics, 37(2): 267-307.

TAI K S, SOCHER R, MANNING C D. 2015. Improved semantic representations from tree-structured long short-term memory networks[C]//Proceedings of ACL and IJCNLP: 1556-1566.

TAN J W, WAN X J, XIAO J G. 2017. Abstractive document summarization with a graph-based attentional neural model[C]//Proceedings of ACL: 1171-1181.

TANG D Y, QIN B, LIU T, et al. 2013. Learning sentence representation for emotion classification on microblogs[C]//NLPCC.

TANG D, QIN B, FENG X, et al. 2016a. Effective LSTMs for target-dependent sentiment classification[C]//Proceedings of COLING: 3298-3307.

TANG D, QIN B, LIU T. 2015. Document modeling with gated recurrent neural network for sentiment classification[C]//Proceedings of EMNLP: 1422-1432.

TANG D, QIN B, LIU T. 2016b. Aspect level sentiment classification with deep memory network[C]//Proceedings of EMNLP: 214-224.

TANG D, WEI F, QIN B, et al. 2014a. Building large-scale Twitterspecific sentiment lexicon: a representation learning approach[C]//Proceedings of COLING: 172-182.

TANG D, WEI F, YANG N, et al. 2014b. Learning sentimentspecific word embedding for Twitter sentiment classification[C]//Proceedings of ACL: 1555-1565.

TANG R, LU Y, LIU L Q, et al. 2019. Distilling task-specific knowledge from BERT into simple neural networks[Z/OL]. arXiv:1903.12136.

THET T T, NA J C, KHOO C S G. 2010. Aspect-based sentiment analysis of movie reviews on discussion boards[J]. Journal of Information Science, 36(6): 823-848.

TISSIER J, GRAVIER C, HABRARD A. 2017. Dict2vec: learning word embeddings using lexical dictionaries[C]//Proceedings of EMNLP: 254-263.

TITOV I, MCDONALD R. 2008. A joint model of text and aspect ratings for sentiment summarization[C]//Proceedings of ACL: 308-316.

TOH Z, WANG W. 2014. DLIREC: aspect term extraction and term polarity classification system[C]//Proceedings of SemEval: 235-240.

TURNER J, CHARNIAK E. 2005. Supervised and unsupervised learning for sentence compression[C]//Proceedings of ACL: 290-297.

TURNEY P D, LITTMAN M L. 2003. Measuring praise and criticism: inference of semantic orientation from association[J]. ACM Transactions on Information Systems (TOIS), 21(4): 315-346.

TURNEY P D. 2002. Thumbs up or thumbs down: semantic orientation applied to unsupervised classification of reviews[C]//Proceedings of ACL: 417-424.

VASWANI A, SHAZEER N, PARMAR N, et al. 2017. Attention is all you need[C]//Proceedings of NeurIPS: 5998-6008.

VO D T, ZHANG Y. 2015. Target-dependent Twitter sentiment classification with rich automatic features[C]//Proceedings of IJCAI: 1347-1353.

VO D T, ZHANG Y. 2016. Don't count, predict! An automatic approach to learning sentiment lexicons for short text[C]//Proceedings of ACL: 219-224.

WAN X J, LI H Y, XIAO J G. 2010. Cross-language document summarization based on machine translation quality prediction[C]//Proceedings of ACL: 917-926.

WAN X J. 2011. Using bilingual information for cross-language document summarization[C]//Proceedings of ACL: 1546-1555.

WANG K, ZONG C Q, SU K Y. 2012. Integrating generative and discriminative character-based models for Chinese word segmentation[J]. ACM Transactions on Asian Language Information Processing, 11(2), Article 7: 41.

WANG L, XIA R. 2017. Sentiment lexicon construction with representation learning based on hierarchical sentiment supervision[C]//Proceedings of EMNLP: 502-510.

WANG S N, ZHANG J J, LIN N, et al. 2018. Investigating inner properties of multimodal representation and semantic compositionality with brain-based componential semantics[C]//Proceedings of AAAI: 5964-5972.

WANG S N, ZHANG J J, ZONG C Q. 2017a. Exploiting word internal structures for generic Chinese sentence representation[C]//Proceedings of EMNLP: 298-303.

WANG S N, ZHANG J J, ZONG C Q. 2017b. Learning sentence representation with guidance of human attention[C]//Proceedings of IJCAI: 4137-4143.

WANG S N, ZONG C Q. 2017. Comparison study on critical components in composition model for phrase representation[J]. ACM Transactions on Asian and Low-Resource Language Information Processing (TALLIP), 16(3): 16.

WANG W Y, MEHDAD Y, RADEV D R, et al. 2016b. A low-rank approximation approach to learning joint embeddings of news stories and images for timeline summarization[C]//Proceedings of ACL: 58-68.

WANG W Y, PAN S J, DAHLMEIER D, et al. 2016c. Recursive neural conditional random fields for aspect-based sentiment analysis[C]//Proceedings of EMNLP: 616-626.

WANG X, MCCALLUM A. 2006. Topics over time: a non-Markov continuous-time model of topical trends[C]//Proceedings of SIGKDD: 424-433.

WANG Y Q, FENG S, WANG D L, et al. 2016a. Multi-label Chinese microblog emotion classification via convolutional neural network[C]//APWeb.

WANG Y S, HUANG H Y, FENG C, et al. 2016d. CSE: conceptual sentence embeddings based on attention model[C]//Proceedings of ACL: 505-515.

WANG Y, HUANG M, ZHAO L. 2016c. Attention-based LSTM for aspect-level sentiment classification[C]//Proceedings of EMNLP: 606-615.

WANG Z Q, ZHANG Y, LEE S, et al. 2016b. A bilingual attention network for code-switched emotion prediction[C]//COLING.

WANG Z, ZHANG J W, FENG J L, et al. 2014. Knowledge graph and text jointly embedding[C]//Proceedings of EMNLP: 1591-1601.

WEN S Y, WAN X J. 2014. Emotion classification in microblog texts using class sequential rules[C]//AAAI.

WENG J S, YAO Y X, LEONARDI E, et al. 2011. Event detection in Twitter[C]//Proceedings of ICWSM: 401-408.

WHITEHEAD M, YAEGER L. 2008. Sentiment mining using ensemble classification models[M]//Innovations and Advances in Computer Sciences and Engineering. Springer: 509-514.

WHITELAW C, GARG N, ARGAMON S. 2005. Using appraisal groups for sentiment analysis[C]//In Proceedings of ICDM: 625-631.

WIEBE J M, BRUCE R F, O'HARA T P. 1999. Development and use of a gold standard data set for subjectivity classifications[C]//Proceedings of ACL: 246-253.

WIEBE J, WILSON T, BRUCE R. 2004. Learning subjective language[J]. Computational Linguistics, 30(3): 277-308.

WIETING J, GIMPEL K, 2017. Revisiting recurrent networks for paraphrastic sentence embeddings[C]//Proceedings of ACL: 2078-2088.

WILSON T, WIEBE J, HOFFMANN P. 2005. Recognizing contextual polarity in phrase-level sentiment analysis[C]//Proceedings of HLT/EMNLP: 347-354.

WU F Z, HUANG Y F, SONG Y Q, et al. 2016. Towards building a high-quality microblog-specific Chinese sentiment lexicon[J]. Decision Support Systems.

WU Y, BAMMAN D, RUSSELL S. 2017. Adversarial training for relation extraction[C]//Proceedings of EMNLP: 1778-1783.

XIA R, DING Z X. 2019. Emotion-cause pair extraction: a new task to emotion analysis in texts[C]//Proceedings of ACL: 1003-1012.

XIA R, HU X L, LU J, et al. 2013a. Instance selection and instance weighting for cross-domain sentiment classification via PU learning[C]//Proceedings of IJCAI: 2176-2182.

XIA R, PAN Z, XU F. 2018. Instance weighting with applications to cross-domain text classification via trading of sample selection bias and variance[C]//Proceedings of IJCAI: 4489-4495.

XIA R, WANG C, DAI X, et al. 2015b. Co-training for semi-supervised sentiment classification based on dual-view bags of words representation[C]//Proceedings of ACL: 1054-1063.

XIA R, WANG T, HU X L, et al. 2013b. Dual training and dual prediction for polarity classification[C]//Proceedings of ACL: 521-525.

XIA R, XU F, YU J, et al. 2016. Polarity shift detection, elimination and ensemble: a three-stage model for document-level sentiment analysis[J]. Information Processing & Management, 52(1): 36-45.

XIA R, XU F, ZONG C Q, et al. 2015a. Dual sentiment analysis: considering two sides of one review[J]. IEEE Transactions on Knowledge and Data Engineering, 27(8): 2120-2133.

XIA R, YU J F, XU F, et al. 2014. Instance-based domain adaptation in NLP via in-target-domain logistic approximation[C]//Proceedings of AAAI: 1600-1606.

XIA R, ZHANG M R, DING Z X. 2019. RTHN: a RNN-transformer hierarchical network for emotion cause extraction[C]//Proceedings of IJCAI: 5285-5291.

XIA R, ZHANG M R, DING Z X. 2019. RTHN: ARNN-Transformer hierarchical network for emotion cause extraction[C]//IJCAI.

XIA R, ZONG C Q, LI S. 2011. Ensemble of feature sets and classification algorithms for sentiment classification[J]. Information Sciences, 181(6): 1138-1152.

XIA R, ZONG C Q. 2011. A POS-based ensemble model for cross-domain sentiment classification[C]//Proceedings of IJCNLP: 614-622.

XIAO X L, WEI P H, MAO W J, et al. 2019. Context-aware multi-view attention networks for emotion cause extraction[C]//ISI.

XU B, LIN H F, LIN Y, et al. 2019. Extracting emotion causes using learning to rank methods from an information retrieval perspective[J]. IEEE Access.

XU J, LIU J W, ZHANG L G, et al. 2016. Improve Chinese word embeddings by exploiting internal structure[C]//Proceedings of NAACL-HLT: 1041-1050.

XU J, XU R F, LU Q, et al. 2012. Coarse-to-fine sentence-level emotion classification based on the intra-sentence features and sentential context[C]//CIKM.

XU J, XU R F, ZHENG Y Z, et al. 2013. Chinese emotion lexicon developing via multi-lingual lexical resources integration[C]//CICLing.

XU X F, HU J N, LU Q, et al. 2017. An ensemble approach for emotion cause detection with event extraction and multikernelSVMs[J]. Tsinghua Science and Technology.

XUE G R, DAI W, YANG Q, et al. 2008. Topic-bridged PLSA for cross-domain text classification[C]//Proceedings of SIGIR: 627-634.

YADA S, IKEDA K, HOASHI K, et al. 2017. A bootstrap method for automatic rule acquisition on emotion cause extraction[C]//ICDM Workshops.

YAGHOOBZADEH Y, SCHUTZE H. 2016. Intrinsic subspace evaluation of word embedding representations[C]//Proceedings of ACL: 236-246.

YAMRON J P, KNECHT S, MULBREGT P V. 2000. Dragon's tracking and detection systems for the TDT2000 evaluation[J]. Topic Detection and Tracking Workshop: 75-79.

YAN J L S, TURTLE H R. 2016. Exposing a set of fine-grained emotion categories from tweets[C]//IJCAIWorkshop on SAAIP.

YAN R, WAN X J, OTTERBACHER J, et al. 2011. Evolutionary timeline summarization: a balanced optimization framework via iterative substitution[C]//Proceedings of SIGIR: 745-754.

YANG B, CARDIE C. 2013. Joint inference for fine-grained opinion extraction[C]//Proceedings of ACL: 1640-1649.

YANG C H, LIN K H-Y, CHEN H-H. 2007a. Building emotion lexicon from we blog corpora[C]//ACL.

YANG C H, LIN K H-Y, CHEN H-H. 2007b. Emotion classification using web blog corpora[C]//WI.

YANG Y M, TOM P, JAIME C. 1998. A study of retrospective and online event detection[C]//Proceedings of SIGIR: 28-36.

YANG Y, LIU X. 1999. A re-examination of text categorization methods[C]//Proceedings of SIGIR: 42-49.

YANG Y, PEDERSEN J O. 1997. A comparative study on feature selection in text categorization[C]//Proceedings of ICML: 412-420.

YANG Z, YANG D, DYER C, et al. 2016. Hierarchical attention networks for document classification[C]//Proceedings of HLT-NAACL: 1480-1489.

YANG Z-L, DAI Z H, YANG Y M, et al. 2019. XLNet: Generalized autoregressive pretraining for language understanding[C]//Proceedings of NeurIPS: 5753-5763.

YAO J G, WAN X J, XIAO J G. 2017. Recent advances in document summarization[C]//Proceedings of KAIS, 53(2): 297-336.

YAT S, LEE M, CHEN Y, et al. 2010a. A text-driven rule-based system for emotion cause detection[C]//NAACL-HLT Workshop on Computational Approaches to Analysis and Generation of Emotion in Text.

YAT S, LEE M, CHEN Y, et al. 2010b. Emotion cause events: Corpus construction and analysis[C]//LREC.

YAT S, LEE M, CHEN Y, et al. 2013. Detecting emotion causes with a linguistic rule-based approach[J]. Computational Intelligence.

YING W H, XIANG R, LU Q. 2019. Improving multi-label emotion classification by integrating both general and domain-specific knowledge[C]//NUT workshop.

YU J F, LUIS M, JIANG J, et al. 2018. Improving multi-label emotion classification via sentiment classification with dual attention transfer network[C]//EMNLP.

YU J, JIANG J. 2016. Learning sentence embeddings with auxiliary tasks for cross-domain sentiment classification[C]//Proceedings of EMNLP: 236-246.

YU J, ZHA Z J, WANG M, et al. 2011. Aspect ranking: identifying important product aspects from online consumer reviews[C]//Proceedings of ACL: 1496-1505.

YU M, DREDZE M. 2015. Learning composition models for phrase embeddings[J]. Transactions on ACL: 227-245.

YU N, PAN D, ZHANG M S, et al. 2016. Stance detection in Chinese microblogs with neural networks[C]//Proceedings of ICCPOL: 893-900.

YU X Y, RONG W G, ZHANG Z, et al. 2019. Multiple level hierarchical network-based clause selection for emotion cause extraction[J]. IEEE Access.

ZADROZNY B. 2004. Learning and evaluating classifiers under sample selection bias[C]//Proceedings of ICML: 114-121.

ZELENKO D, AONE C, RICHARDELLA A. 2003. Kernel methods for relation extraction[J]. Journal of Machine Learning Research: 1083-1106.

ZENG D J, LIU K, CHEN Y B, et al. 2015. Distant supervision for relation extraction via piecewise convolutional neural networks[C]//Proceedings of EMNLP: 1753-1762.

ZENG D J, LIU K, LAI S W, et al. 2014. Relation classification via convolutional deep neural network[C]//Proceedings of COLING: 2335-2344.

ZHANG J J, LIU S J, LI M, et al. 2014. Bilingually-constrained phrase embeddings for machine translation[C]//Proceedings of ACL: 111-121.

ZHANG J J, ZHOU Y, ZONG C Q. 2016a. Abstractive cross-language summarization via translation model enhanced predicate argument structure fusing[J]. IEEE/ACM TASLP, 10: 1842-1853.

ZHANG M S, ZHANG Y, FU G H. 2017. End-to-end neural relation extraction with global optimization[C]//Proceedings of EMNLP: 1730-1740.

ZHANG M S, ZHANG Y, VO D T. 2016b. Gated neural networks for targeted sentiment analysis[C]//Proceedings of AAAI: 3087-3093.

ZHANG M, ZHOU G D, AW A. 2008. Exploring syntactic structured features over parse trees for relation extraction using kernel methods[J]. Information Processing & Management, 44(2): 687-701.

ZHANG X, ZHAO J, LECUN Y. 2015. Character-level convolutional networks for text classification[C]//Proceedings of NIPS: 649-657.

ZHANG ZH-Y, HAN X, LIU ZH-Y, et al. 2019. ERNIE: Enhanced language representation with informative entities[C]//Proceedings of ACL 2019: 1441-1451.

ZHAO K C, LI D, WU J J. 2012. MoodLens: An emoticon-based sentiment analysis system for Chinese tweets[C]//KDD.

ZHAO W X, JIANG J, WENG J. 2011. Comparing Twitter and traditional media using topic models[C]//Proceedings of ECIR: 338-349.

ZHAO W X, JIANG J, YAN H, et al. 2010. Jointly modeling aspects and opinions with a Maxent-LDA hybrid[C]//Proceedings of EMNLP: 56-65.

ZHENG S C, WANG F, BAO H Y, et al. 2017. Joint extraction of entities and relations based on a novel tagging scheme[C]//Proceedings of ACL: 1227-1236.

ZHOU D Y, YANG, HE Y L. 2018. Relevant emotion ranking from text constrained with emotion relationships[C]//NAACL.

ZHOU D Y, ZHANG X, ZHOU Y, et al. 2016. Emotion distribution learning from texts[C]//EMNLP.

ZHOU G D, SU J, ZHANG J, et al. 2005. Exploring various knowledge in relation extraction[C]// Proceedings of ACL: 427-434.

ZHOU G D, SU J. 2002. Named entity recognition using an HMM-based chunk tagger[C]//Proceedings of ACL: 473-480.

ZHOU L, ZHANG J J, ZONG C-Q. 2019. Synchronous bidirectional neural machine translation[J]. Transactions of the Association for Computational Linguistics, 7: 91-105.

ZHOU Q Y, YANG N, WEI F R, et al. 2017. Selective encoding for abstractive sentence summarization[C]//Proceedings of ACL: 1095-1104.

ZHUANG L, JING F, ZHU X Y. 2006. Movie review mining and summarization[C]//Proceedings of CIKM: 43-50.

程显毅, 朱倩. 2010. 文本挖掘原理 [M]. 北京: 科学出版社.

洪宇, 张宇, 刘挺, 等. 2007. 话题检测与跟踪的评测及研究综述 [J]. 中文信息学报, 21(6): 71-87.

李航. 2019. 统计学习方法 [M]. 2 版. 北京: 清华大学出版社.

李雄飞, 董元方, 李军, 等. 2010. 数据挖掘与知识发现 [M]. 北京: 高等教育出版社.

李逸薇, 李寿山, 黄居仁, 等. 2013. 基于序列标注模型的情绪原因识别方法 [J].

刘开瑛. 2000. 中文文本自动分词和标注 [M]. 北京: 商务印书馆.

骆卫华, 刘群, 程学旗. 2003. 话题检测与跟踪技术的发展与研究 [C]//全国计算语言学联合学术会议（JSCL-2003）论文集. 北京: 清华大学出版社, 560-566.

毛国君, 段立娟, 王实, 等. 2007. 数据挖掘原理与算法 [M]. 北京: 清华大学出版社.

宋洋, 王厚峰. 2015. 共指消解研究方法综述 [J]. 中文信息学报, 29(1): 1-12.

王科, 夏睿. 2015. 一种基于连接关系的中文情感词典构建方法. 第十四届全国计算语言学会议（CCL）论文集.

王科, 夏睿. 2016. 情感词典构建方法综述 [J]. 自动化学报, 42(4): 495-511.

王克欣. 2020. 结构信息增强的文本表示模型研究与应用 [D]. 北京: 中国科学院自动化研究所.

吴信东, Vipin Kumar. 2013. 数据挖掘十大算法 [M]. 北京: 清华大学出版社.

姚源林, 王树伟, 徐睿峰, 等. 2014. 面向微博文本的情绪标注语料库构建 [J]. 中文信息学报.

于剑. 2017. 机器学习: 从公理到算法 [M]. 北京: 清华大学出版社.

张学工. 2016. 模式识别 [M]. 3 版. 北京: 清华大学出版社.

张志琳. 2014. 汉语微博情感分析方法研究与实现 [D]. 北京: 中国科学院研究生院.

赵军, 刘康, 何世柱, 等. 2018. 知识图谱 [M]. 北京: 高等教育出版社.

周志华. 2016. 机器学习 [M]. 北京: 清华大学出版社.

宗成庆. 2013. 统计自然语言处理 [M]. 2 版. 北京: 清华大学出版社.

宗成庆, 等. 2022. 自然语言处理: 案例与实践 [M]. 北京: 清华大学出版社.

名词术语索引

E

F

G

H

J

K

L

M

N

O

P

Q

R

S